污水生物处理的数学模型与应用

施汉昌　邱　勇　编著

中国建筑工业出版社

图书在版编目(CIP)数据

污水生物处理的数学模型与应用/施汉昌，邱勇编著. —北京：中国建筑工业出版社，2014.1
ISBN 978-7-112-16184-3

Ⅰ.①污… Ⅱ.①施… ②邱… Ⅲ.①污水处理-生物处理-数学模型 Ⅳ.①X703.1

中国版本图书馆 CIP 数据核字(2013)第 287542 号

本书共分 13 章，第 1 章概述了污水生物处理数学模型的发展历史，第 2 章和第 3 章对化学计量学和酶催化反应动力学进行了介绍，第 4 章系统地介绍了污水生物处理的经典模型及其应用，第 5 章和第 6 章分别介绍了厌氧生物处理的反应动力学和生物膜反应器的动力学，第 7 章介绍了二次沉淀池的模型。从第 8 章到第 11 章介绍了由国际水质协会（IAWQ）提出的 ASM 系列模型，包括 ASM1、ASM2、ASM2d 和 ASM3 模型，工艺概化模型的建立与模型求解，ASM 模型的水质表达与动力学参数估值，运用 ASM 模型进行模拟的方法与流程。鉴于污水生物处理的数值模拟技术主要应用于设计和优化运行，第 12 章和第 13 章分别提供了污水生物处理工艺复算和工艺参数优化的算例。

本书可作为给水排水和环境工程专业的教材和参考书。

责任编辑：于　莉　施佳明
责任设计：董建平
责任校对：姜小莲　关　健

污水生物处理的数学模型与应用
施汉昌　邱　勇　编著
*
中国建筑工业出版社出版、发行（北京西郊百万庄）
各地新华书店、建筑书店经销
北京科地亚盟排版公司制版
廊坊市海涛印刷有限公司印刷
*
开本：787×1092 毫米　1/16　印张：19¼　字数：480 千字
2014 年 1 月第一版　2016 年 6 月第二次印刷
定价：**65.00** 元
ISBN 978-7-112-16184-3
(24895)

序

早在1982年，水污染控制界的前辈，已故的顾夏声教授就率先在我国高校开设了“废水生物处理数学模式”这门研究生课。顾先生在20世纪80年代就学习、收集了西方水污染防治学界的新成就、新理论，于1982年出版了《废水生物处理数学模式》一书，被全国从事环境工程、给水排水专业的科技工作者和有关专业的研究生教学广泛用作参考书和教材，还由台湾晓园出版社在1990年用繁体字出版，在台湾得到了广泛的关注。顾先生又在1993年作了修改和补充，出版了“废水生物处理数学模式”的第二版。可以毫不夸张地说，顾先生在提高我国废水生物处理的理论研究和人才培养方面所做的贡献是历史性的，不可忘却的。

从1993年至今已有20年，在此期间我国的污水处理行业得到了高速发展，从当时全国只有几十座污水处理厂到现在已有3500余座大中型污水处理厂。污水处理的标准从当时以去除COD为主提高到COD、总氮、总磷的综合控制，对污水处理厂的设计和运行要求进一步提高。污水生物处理的数学模型是微生物对水中污染物降解过程的数学表达，揭示这些生物化学反应的基本规律，不仅有助于对污水生物处理原理的深入理解，而且是优化设计与运行条件的有效工具。特别是20世纪80年代国际水质协会建立ASM系列模型以后，基于ASM模型的计算机模拟软件得到了发展，使污水生物处理的数学模型从研究迅速走向实际应用。

施汉昌教授所著《污水生物处理的数学模型与应用》一书在顾夏声先生所著的《废水生物处理数学模式》（第二版）的基础上增加了ASM系列模型及其应用方法与案例；以化学计量学和酶催化反应动力学为基础，系统地介绍了污水生物处理的经典模型、ASM系列模型及其应用、厌氧生物处理反应动力学和生物膜反应器动力学。为了使读者能够更好地理解和运用污水生物处理的数学模型及其软件来解决工程设计与污水处理工艺运行中的问题，作者在书中详细介绍了污水处理工艺概化模型的建立与模型求解，ASM模型的水质表达与动力学参数估值，运用ASM模型进行模拟的方法与流程以及污水生物处理工艺复算和工艺参数优化的案例。这些内容是作者所领导的研究团队近20年来在污水生物处理的数学模型与应用方面的研究成果和运用经验的总结。可以毫不夸张地说，施老师的书稿是顾先生原作的新发展，他的著作和团队的研究工作不仅提高了教学水平，也使有关方面的研究新成果对提高我国污水生物处理的运行水平发挥了实际的作用，因此，施老师的这本书和他的实践对于污水生物处理的理论研究与实践也具有重要意义。

钱　易

2013年10月17日

前　　言

1982年由顾夏生教授在国内率先开设了“废水生物处理数学模式”作为环境工程专业的研究生课程，并以活性污泥法的经典模型为核心出版了《废水生物处理数学模式》（第一版）。1993年顾夏生教授对该书进行了修订，增添了废水生物脱氮除磷等新内容，出版了《废水生物处理数学模式》（第二版）。该书出版后被高校与专业人士作为重要的教材和参考书，为提高我国废水生物处理的理论研究能力和人才培养做出了历史性的贡献。1995年钱易教授接任这门课程的主讲，首次将ASM系列模型引入该课程，为国内同行学习和研究ASM系列模型，开展污水处理的数值模拟奠定了基础。笔者有幸作为顾夏生教授的学生和钱易教授的助教，不仅向他们学习了丰富的知识和经验，而且学习了深入浅出、理论联系实际的讲课风格，实在是受益匪浅。

2000年以来，笔者担任“废水生物处理数学模式”课程的主讲，并结合国内的工程案例开展了ASM系列模型的应用研究。随着我国城市污水处理厂的大规模建设和新排放标准的实施，对污水生物处理系统的设计和运行有了更高的要求，数学模型和数值模拟的应用日趋普及。鉴于从经典模型到ASM系列模型主要表达了城市生活污水处理的生物反应动力学，本书取名为《污水生物处理的数学模型与应用》。本书的第1章概述了污水生物处理数学模型的发展历史。由于化学计量学和酶催化反应动力学是污水生物处理数学模型的基础，第2章和第3章对这两部分进行了介绍。第4章系统地介绍了污水生物处理的经典模型及其应用。第5章和第6章分别介绍了厌氧生物处理反应动力学和生物膜反应器动力学。二次沉淀池是污水生物处理系统的重要单元，第7章介绍了二次沉淀池的模型和计算流体力学及其软件的应用。从第8章到第11章介绍了由国际水质协会（IAWQ）提出的ASM系列模型，包括ASM1、ASM2、ASM2d和ASM3模型，工艺概化模型的建立与模型求解，ASM模型的水质表达与动力学参数估值，运用ASM模型进行模拟的方法与流程。鉴于污水生物处理的数值模拟技术主要应用于设计和优化运行，第12章和第13章分别提供了污水生物处理工艺复算和工艺参数优化的算例。

本书编著过程中受到学界前辈和同行的关心与帮助。顾夏生教授生前曾多次关心本书的编写工作。钱易教授通读了本书的初稿，并提出了宝贵的修改意见。博士后范茏和邱勇参加了本书第7章和第12章的研究与编写工作；博士研究生柯细勇、徐丽婕、刘艳臣和沈童刚等参加了ASM模型应用与工艺优化运行的研究；青年教师刘广立、温沁雪、周小红和吴静等人参与了文献资料和书稿的整理工作；在此笔者对他们的贡献表示衷心的感谢。本书编著过程中参考了众多国内外的杂志与书籍，每章末都列出了主要参考文献，笔者谨向本书取材引用过的文献作者致以谢意。本书受到“北京市高等教育精品教材项目”经费的资助，在此一并致谢。

施汉昌

2013年10月20日

目　　录

第1章　概　述

1.1　污水生物处理技术的发展

污水生物处理技术已经有100余年的历史。它是一种模仿自然界中微生物降解有机物过程的工艺，依靠处理系统内自身的微生物，发挥它们正常的降解有机物的功能，使污水中的有机污染物最终转化为水和二氧化碳。从几十亿年前生命在地球上的进化开始，这些微生物实质上就在循环利用自然界的废物，包括利用死亡或腐烂植被中的元素进行有益的循环。这一过程也是一种在环境中消除人类抛弃的大部分天然和合成有机化合物的可靠方法。由于人类的增长和生活水平的提高，人类排向自然界的污水和废弃物日益增加，远远超出了自然过程的净化能力。因此，人们将这种自然过程移植到工厂里，提供一定的工艺条件予以强化，从而形成了今天的污水生物处理工艺。微生物在污水生物处理系统中起主导作用，各种反应器和工艺条件只是为微生物提供适宜的生态环境，提高它们对目标污染物降解的活性和能力。与污水的物理化学处理相比，生物处理技术在大规模污水处理中得到了广泛的应用并经久不衰，其中的本质原因是微生物降解有机物的过程是一种低能耗的酶催化反应。微生物的酶催化反应可以在常温常压条件下将有机物分解为无机物，并且所需的自由能较低，而低能耗对于污水处理至关重要。

近50年来，污水生物处理技术得到了迅速的发展，产生了许多不同类型的新工艺和新技术。这些新技术发展围绕的主要目标是：①提高处理工艺的出水水质，使处理出水的水质不仅满足向天然水体排放的标准，而且可以进一步满足污水回用的水质标准；②通过技术的改进尽可能地降低污水处理系统的造价、能耗和运行费用；③改善污水生物处理工艺的稳定性，使运行和维护工作更加简单；④在污水处理达到要求的同时尽可能地减少剩余污泥的产量。随着污水生物处理技术的不断发展，污水生物处理已经包括了好氧生物处理、缺氧生物处理和厌氧生物处理，以及在不同的处理出水目标下这三种工艺的组合工艺。同时按照微生物在污水处理系统中存在的状态不同，又可以将污水生物处理分为悬浮生长的生物处理系统和固定生长的污水生物处理系统。

在污水生物处理技术发展的同时，污水生物处理的理论也得到了进一步的发展。污水处理的微生物学原理和生物过程中有机物的降解机理得到了深入的研究。这些研究揭示了污水生物处理过程中微生物的生长、有机物的降解、溶解氧的消耗、能量和氮磷等营养物质的迁移转化过程，以及这些过程之间的相互关系、反应速率及影响因素，从而形成了污水生物处理的反应动力学。

1.2　污水生物处理的数学模型

长期以来污水生物处理构筑物的设计和运行大多根据经验数据进行，从20世纪50年代开始国外一些学者在污水生物处理的动力学方面作了大量的研究工作，如美国的H. Heukelekian、W. W. Eckenfelder、Jr. R. E. McKinney、J. F. Andrews、A. W. Lawrence、P. L. McCarty及英国的A. L. Downing等人都较深入地研究了基质降解和微生物生长的规律，以便更合理地进行处理构筑物的设计与运行[1]。污水生物处理动力学主要包括以下内容：

（1）基质降解动力学，涉及基质降解与基质浓度、生物量等因素之间的关系。

（2）微生物增长动力学，涉及基质降解与基质浓度、生物量、增长常数等因素之间的关系。

（3）基质降解与生物量增长、基质降解与需氧、营养要求等关系。

许多学者根据各自研究的成果提出了不少描述上述关系的数学表达式或数学模型。在各个模型中含有一些常数。这些常数的数值表示了一类污水生物降解的特性。

在研究污水生物处理动力学时，一般作如下一些假设：

（1）整个处理系统是在稳定状态下运行的；

（2）进入反应器内的污水中的基质均为溶解性的，污水中不含微生物群体；

（3）微生物在二次沉淀池中没有活性，不进行代谢活动；

（4）二次沉淀池中污泥没有累积且固液分离良好；

（5）除特别注明外，都假定生物反应器内的物料是充分混合均匀的。

由于活性污泥法的普遍应用，所以目前所提出的数学模型主要是根据活性污泥法推导出来的。这些模型的建模思路和模型结构为其后建立其他好氧生物处理法和厌氧生物处理法的模型提供了借鉴。污水生物处理的数学模型大致可以分为三类：

（1）经验模型

这一类模型可以Eckenfelder模型为代表，主要考虑了污水处理厂的负荷与处理之间的关系，模型的推导常以基质的降解服从一级反应为基础。Eckenfelder模型更适用于含有多种基质的污水，因为对于含有多种基质的污水来说，每一基质的去除虽然用零级反应来描述，其速率是恒定的，不受其他基质的影响，但基质的总去除量则为每个单一基质去除量之和，所以一般可以认为整个系统的动力学遵循一级反应关系。

（2）基本模型

这一类模型是将Monod方程引入污水处理领域而推导出来的。它以微生物生理学为基础，更深入地说明了微生物增长与基质降解之间的关系，一般可以Lawrence-McCarty模型为代表。因为Monod方程是根据纯菌种对单纯有机化合物作间歇培养的试验结果而得出的，所以Lawrence-McCarty模型较适用于含有单一基质的污水。

（3）综合模型

由于水污染控制的需要，污水生物处理不仅要去除污水中的有机碳，还要去除污水中的氮磷等营养元素。这就要求污水生物处理的数学模型增加对硝化过程、反硝化过程和生物除磷过程的表达。污水生物处理的实践已经发展到这样的程度，即所有这些反应过程都可以在一个单纯的活性污泥系统内完成。由于存在着微生物系统间的相互作用，因此描述这些过程的数学模型相当复杂。在综合模型研究的初期，由于模型计算的复杂性，研究人员不得不从事大量的计算，并最大限度地从数学模型中谋求答案。矩阵型综合模型的出现使模型表达大为简化，而计算机技术在模型解算中的应用与发展为综合模型的实际应用提供了重要的条件。

综合模型的早期研究可以追溯到 20 世纪 60 年代。1964 年，Downing、Painter 和 Knowles 联合发表了关于活性污泥法中硝化反应模型的文章[2]，该文章是早期尝试在污水生物处理方面引入质量平衡和动力学平衡关系的重要文献，他们的工作大大推进了对于活性污泥反应过程中硝化反应的理解。在此基础上，Wuhrmann[3] 提出硝化反应的设计参数污泥龄的概念。

1977 年瑞士的 Gujer 基于活性污泥法反应进程中某种硝化菌的动力学实验，提出以下模拟计算模型[4]：

$$\frac{\mathrm{d}S}{\mathrm{d}t}=\frac{Q\cdot S_0+R\cdot S_R-(Q+R)\cdot S}{V}-\hat{q}\cdot\frac{S}{K_S+S}\cdot X \tag{1.1}$$

$$\frac{\mathrm{d}\hat{q}}{\mathrm{d}t}=\frac{\hat{q}}{\hat{\mu}}\cdot\frac{\mathrm{d}\hat{\mu}}{\mathrm{d}t}+\frac{\hat{q}\cdot V\cdot X}{M}\cdot\left(\hat{\mu}\cdot\frac{S}{K_S+S}-D_X\right) \tag{1.2}$$

$$S_R=S(t-t_D) \tag{1.3}$$

式中：S，S_0，S_R，X——反应器中的氨，流入的氨，回流氨和活性污泥浓度；

Q，R，D_X——入流量，回流量，单位体积内生物溶解比率（污泥停留时间 SRT 的倒数）；

$\hat{q}$——活性污泥最大比硝化反应速率；

$\hat{\mu}$，K_S——硝化细菌最大生长速率和饱和常数；

V，M——反应器体积，整个系统中活性污泥量；

t，t_D——反应时间和二级沉淀池的停留时间。

方程（1.1）是单一完全混合反应器的氨质量平衡方程；式（1.2）是关于活性污泥的硝化反应活性平衡方程，其中考虑了温度和二级沉淀池中生物量变化带来的改变；式（1.3）是描述二次沉淀池中氨的停留平衡方程。这个模型得到了动力学实验的验证。

污水生物处理数学模型在欧洲发展的同时，南非开普敦大学的 Gerrit v. R. Marais 研究组也做了大量的研究工作。20 世纪 70 年代，研究组开发了大尺度范围内有机物综合降解、硝化反应和反硝化反应，以及混合反应器中氧消耗速率的计算模型。研究组首先建立了稳态条件下的计算模型（Marais and Ekama[5]），然后又建立了动力学计算模型。该研究组对污水生物处理数学模型研究的重要贡献之一是引入了易生物降解和难生物降解基质的概念。这两类基质可以通过仪器观测每日负荷的变化、反应器中氧的消耗和反硝化作用的关系来表达。研究组根据细胞外水解过程做出的难降解基质分类已经被应用于 ASM 系列模型中。

1980 年 Dold 等人在国际水污染研究与控制协会（IAWPRC）的会议上提出了活性污泥法综合计算模型[6]。该报告长达 31 页，包含了 63 个反应方程式和 40 个实验验证数据图表，其中的 6 个方程式都包含相同的速率项 $b'_h\cdot x_a$。这些方程采用转化速率项建立了 COD 守恒、化学计量平衡与动力学的关系。报告已经基本上涵盖了污水生物处理中所有能够建立联系的相关过程。但是这样复杂的模型在应用上遇到了困难，就是阅读和完全理解这份具有重要意义的模型研究报告的每个细节都是很艰辛的工作。

IAWPRC 于 1983 年成立了课题组（Task group），提出为污水生物处理系统的设计与运行开发并研究实用的模型。课题组的任务首先是对当时已有的模型进行评估，第二步是从中找到最简明的模型形式，能够真实地预测单纯的活性污泥系统的性能，包括碳氧化、硝化和反硝化过程。

1.3 活性污泥模型（ASM）

1986年课题组提出了第一份研究成果报告——活性污泥1号模型（ASM1），ASM1模型为更深入的活性污泥模型研究奠定了基础[7]。

ASM1模型采用的数学结构绝大部分来自开普敦大学研究组（IAWPRC）的工作成果，而IAWPRC课题组主要工作的卓越之处不在于具体过程模型的数学结构，而在于提供了表达整体模型的精密矩阵结构，从而使模型的表达更加简单清晰，为研究人员在科学交流和会议中讨论这些复杂模型提供了一个共同的基础。以往需要40多页，艰涩难以读懂的报告，现在只用一个表格即可表达[8]。

ASM1，ASM2等模型的编号也是IAWPRC课题组的一个重要工作贡献。ASM1模型在今天仍是活性污泥模型的主要工作框架，其他的模型都是在ASM1模型基础上扩增开发出来的。

ASM1模型开发考虑了环境工程中常见的硝化及反硝化反应。由于模型的软件程序设计十分精密，当时只有某些高级研究组能够进行动力学模拟，从而确定生物反应动力学参数和活性污泥法的工艺条件。

ASM1模型首先应用动力学模拟并计算出模型中的约42个参数（如表1.1所示）。同时课题组开始研究生物除磷过程及其在模型中的表达。1995年，课题组发表了ASM2模型，这是第一个包涵生物和化学除磷过程的计算模型。在此基础上课题组于1999年提出了ASM2d模型。由于涵盖了众多的生物反应过程，ASM2模型十分复杂，要用该模型描述一个活性污泥生物除磷工艺的状态，需要确定的131个独立的参数。各国的研究人员对ASM2d模型的应用进行了大量的研究，根据Brun[9]的分析结论，ASM2d模型的参数可识别性是可以实现的。

ASM1-ASM3模型计算需要的独立参数量 **表1.1**

参数类型	参数数量			
	ASM1	ASM2	ASM2d	ASM3
组分参数	2	13	13	8
化学计量学参数	3	9	9	7
动力学参数	14	43	45	21
温度系数	14	43	45	21
进水浓度	>9	19	19	13
参数总个数	>42	>127	>131	>70

至今活性污泥法的动力学模拟已经基本成熟，有多种应用软件可以采用，对于不同的应用目的及连续流和间歇流都分别有相应的参数设置和适用模型，甚至还开发了相应的控制策略。一个新的IWA课题组已经组建，目的是完成活性污泥模拟计算工具质量评价的协议草案，这意味这项技术将在更广泛的范围内得到应用。

ASM系列模型的缺点是收集模型所有有效的校准数据的工作量巨大，软件数据包的智能应用需要有高水平的专家经验，开发获取这种专家经验往往比购买软件的使用权还要昂贵得多，只有部分大型专业公司才能定期获得这种专家经验。这些缺点使得 ASM 系列模型的应用受到了限制。

ASM 系列模型应用的一个重要发展方向是运用模型来计算模拟真实污水厂的运行，能够得到甚至包括暴雨等突发状况的污水处理厂运行控制决策，因此可以更为合理地调配能源和资金的使用[10]。随着原有模型经过多次在线信息升级，其计算结果会逐步变得更加可靠。

1.4 污水生物处理的其他数学模型

ASM 系列模型反映的是好氧条件下悬浮生长的生物处理的主要过程。在污水生物处理中还有好氧条件下固定生长的生物处理过程和厌氧生物处理过程。

1.4.1 固定生长好氧生物处理过程的数学模型

污水的好氧生物处理技术中有一大类是固定生长的好氧生物处理技术。微生物生长在生物载体上形成生物膜，当污水流经生物膜时污水中的污染物被微生物所降解。从好氧生物处理的原理来分析，对于生物膜某处的一个微元，可以认为是处于一个相对稳定和均匀的环境条件下，也就是说好氧生物处理的反应动力学可以适用于这一微元。但是从整体看生物膜是很不均匀的，从液体到生物膜的内部，不仅基质、氧和营养元素的分布不同，而且连微生物的种群分布也是不同的。因此，研究固定生长好氧生物处理过程的数学模型主要是研究微生物在载体表面聚集生长的过程和有机物从生物膜表面向内部的传质过程。由于生物膜内部的复杂性，固定生长好氧生物处理过程的数学模型远没有悬浮生长好氧生物处理过程的数学模型健全，在模型的应用上也很不成熟。

长期的研究表明，生物膜的形成过程可以分为：微生物向载体表面的运移、可逆附着与不可逆附着过程。微生物从液相向载体表面的运移主要是通过以下两种方式完成：①主动运移是指细菌借助于水流的动力和各种扩散力向载体表面迁移；②被动运移是由布朗运动、细菌自身运动、重力或沉降等作用完成的。1980 年 Daniels 等研究人员提出，在尺度上细菌可按胶体粒子处理，细菌自身的布朗运动增加了细菌与载体表面的接触机会[11]。由浓度扩散而形成的悬浮相与载体表面间的浓度梯度对细菌从液相向载体表面移动起着不可忽视的直接作用。

微生物可逆附着的概念是 Marshall 等人在 1971 年提出的[12]。微生物被运送到载体表面后，二者间将直接发生接触，通过各种物理或化学力作用使微生物附着固定于载体表面。在细菌与载体表面接触的最初阶段，微生物与载体间首先形成的是可逆附着。微生物在载体表面的可逆附着实际上反映的是一个附着与脱附的双向动态过程。在这一阶段，可以认为微生物增长不起主要作用。微生物可逆附着的概念已被广泛接受，并被应用于微生物在载体表面附着动力学的研究中。

不可逆附着过程是可逆过程的延续。这一过程通常是由于微生物分泌多聚糖等黏性代谢物质造成的，因此附着的微生物不易被水冲刷掉，不可逆附着是形成生物膜群落的基础。可逆与不可逆附着的区别就在于是否有生物聚合物参与微生物和载体表面间的相互作用。经过不可逆附着过程后，微生物在载体表面获得一个相对稳定的生存环境，它将利用周围环境所提供的养分进一步繁殖生长，逐渐形成成熟的生物膜。

对于微生物在载体表面固定过程的研究形成了微生物固定动力学，主要研究可逆及不可逆附着固定过程中微生物在载体表面的附着固定动力学机制。1990～1995 年，Liu 对微生物可逆附着动力学进行了较为系统的研究。在反应动力学基础上，建立起了一套简明、实用、具有清晰物理意义的微生物可逆附着动力学模型[13,14]。

微生物在经过不可逆的附着过程后，固着在载体表面的微生物开始通过代谢环境所提供的基质繁殖生长。生物量的增长过程一般认为与悬浮微生物的增长过程相似，主要经历适应期、对数增长期、稳定期及衰减期。在大量实验资料的基础上，1990 年法国 Capdeville 等人对生物膜的生长过程进行了详细划分[15]，认为生物膜整个生长过程由适应期、对数生长期、线性生长期、减速生长期、生物膜稳定期和脱落期六个阶段组成。根据对生物膜生长规律的分析，从基质去除的角度来看，可以得到以下结论：在微生物生长的动力学过程末期，活性生物量达到其最大值，此时在生物膜反应器中液相达到稳定状态，这时生物膜一般很薄，不超过 50μm；在生物膜稳定期末，生物膜达到稳定状态，这时的生物膜厚可达到数百微米。由于生物膜厚度对传质的影响，靠近载体表面的微生物得不到充足的养分，从而引起了载体表面生物膜的衰减和脱落。

在对上述生物膜形成过程与传质过程深入研究的基础上，研究人员建立了生物膜生长动力学和基质降解动力学的数学模型。运用这些数学模型可以对固定生长的好氧生物处理反应过程进行初步的模拟。

1.4.2 厌氧生物处理过程的数学模型

随着厌氧微生物学研究的开展，人们对厌氧微生物学及厌氧生化过程的认识不断深入，厌氧消化理论得到了进一步的发展和完善。这些研究成果为建立厌氧生物处理过程的反应动力学提供了基础。

对于厌氧消化机理的阐述，可以划分为厌氧消化两阶段理论、厌氧消化三阶段理论和厌氧消化四阶段理论。1930 年，Buswell 和 Neave 在肯定了 Thumm、Reichle 和 Imhoff (1914) 看法的基础上，提出了厌氧消化过程分为酸性发酵和碱性发酵两个阶段。酸性发酵阶段是指复杂有机物在产酸菌的作用下转化为低级的脂肪酸、CO_2 和氢。碱性发酵阶段是指酸性发酵阶段的产物在产甲烷细菌的作用下最终转化为甲烷和二氧化碳。

1979 年 Byrant 在研究中发现，乙醇转化为甲烷的过程是由两种共生菌一起完成的，其中一种是将乙醇转化为乙酸和氢，另外一种则将氢气和二氧化碳转化为甲烷。该发现表明甲烷菌不能利用除了乙酸、氢气和二氧化碳之外的有机酸和醇类，长链脂肪酸和醇类必须经过产氢产乙酸菌转化为乙酸、氢和二氧化碳等后，才能被产甲烷菌利用。Byrant 根据对甲烷菌和产氢产乙酸菌的研究结果，认为两阶段理论不够完善，提出了三阶段理论[16]。

1982 年 Zeikus 在第一届厌氧消化会议上提出了四种群理论，该理论认为复杂有机物厌氧消化过程有四种群厌氧微生物参与，这四种群微生物即是：水解发酵细菌、产氢产乙酸细菌、同型产乙酸菌（又称耗氢产乙酸菌）和产甲烷菌[17]。在三阶段理论的基础上又增加了有机物的水解阶段，从而形成了厌氧消化的四阶段理论。

1999 年 Batstone 在四阶段理论的基础上将复杂有机物的分解分为胞外分解和胞内水解过程，厌氧消化中的组分可以分为初级基质、中间化合物和产物。他进一步完善了厌氧消化过程分阶段理论中的一些环节，形成了目前对厌氧消化机理描述最为详细的理论模型，涵盖了分处于不同阶段的19个生化反应子过程[18]。

随着对厌氧消化过程的深入研究，厌氧消化的反应动力学研究也得到了发展。目前所采用的厌氧消化反应的动力学关系式一般是从好氧生物反应过程的动力学关系式借鉴来的。厌氧消化反应动力学的研究主要包括下面几个方面的内容：①研究基质降解速率、基质浓度、和微生物浓度之间的关系；②研究微生物的增长速率与基质浓度、微生物量之间的关系；③基质降解速率与微生物增长速率之间的关系；④厌氧消化过程产物的产率与基质浓度、微生物量之间的关系。

1952年Garrett和Sawyer提出了所谓的两相说，将基质的降解和微生物的增长分为高基质浓度和低基质浓度两相分别公式化，即高基质浓度时，微生物处于对数生长期，微生物的增长速率和基质浓度无关，呈零级反应；低基质浓度时，微生物处于减速生长期，微生物的增长速率与基质浓度无关，呈一级反应[19,20]。

另一方面，由于Monod方程已经被不同领域的微生物学者所熟悉，又是连续函数，具有形式简单便于数学处理等一系列优点，Monod方程也被用来描述厌氧生物反应过程。但是污水生物处理系统的特点是基质成分复杂、微生物种类繁多，为了能将在单一基质下得到的Monod方程推广到厌氧条件下的复杂系统，Contois[21]和McCarty[22]等许多学者从不同的角度对Monod方程进行了修正。

厌氧消化过程中存在着多种因素的抑制作用，包括：基质抑制、产物抑制、基质的竞争抑制，pH抑制和氢抑制等。Andrews研究发现，在厌氧消化过程中的挥发酸浓度达到一定值时，会对微生物代谢活动产生抑制作用，使微生物比生长率与基质浓度之间不再符合Monod方程。Andrews在试验基础上，对Monod方程表达比生长速率的动力学方程作了修正，提出了厌氧消化抑制的动力学模型[23]。

针对厌氧消化反应系统的整体性，Andrews于1968年提出了完全混合式反应器（CSTR）的动态抑制模型，到1974年，基本完成了该模型的建立和模拟工作[24]。整个厌氧消化模型以厌氧消化两阶段理论为基础，并将产甲烷阶段作为整个消化过程的限速步骤。该模型具有以下特点：①采用Andrews抑制方程作为生物反应动力学的基本方程，并且用未离解的挥发酸作为微生物增长的抑制性物质；②通过物化离子平衡的关系以Andrews抑制动力学方程为纽带建立了物化系统和生化系统的联系；③Andrews厌氧消化模型采用传质方程把反应器的气相和液相联系起来，使模型更具有系统性和整体性。

20世纪70年代以来，Hill、Barth、Moseyt、Costello和Ramsay等科学家对Andrews的厌氧消化模型进行了多方面的修正和完善，形成了能够描述厌氧消化四阶段理论的反应动力学模型。2000年Batstone在Ramsay厌氧消化模型的基础上，加入了长链脂肪酸的降解过程，以此建立了复杂有机物的厌氧消化模型，并且使用生产性规模厌氧反应器的运行数据对模型进行了验证[25,26]。

2002年国际水质协会（IWA）发表了厌氧消化1号模型（ADM1）。ADM1是许多厌氧消化过程的专家广泛合作的成果[27]。该模型对于给定条件下反应器的运行状况能够很灵敏地进行模拟和预测。该模型对整个厌氧消化过程的机理进行了全面系统的分析，采用有26个动态浓度变量参与的19个生化反应子过程和3个气液传质子过程所形成的超复杂系统来描述整个厌氧消化过程。

ADM1模型主要采取四种类型的方程来描述系统：

（1）用于描述液相和气相中的物质质量平衡状态的微分方程；

（2）用于描述系统pH和酸碱平衡的物化代数方程；

（3）酶催化速率方程（已经被结合到了状态方程中）；

（4）生化转化速率方程（也被结合到了状态方程中）。

为了减少模型的复杂性，提高模型的可执行性，厌氧消化系统中的以下反应过程没有被包含在该模型中：

（1）单糖发酵中产生乳酸的过程；

（2）硫酸盐还原和硫化氢的抑制过程；

（3）亚硝酸盐的还原过程；

（4）长链脂肪酸（LCFA）的抑制过程；

（5）氢营养型产甲烷细菌和同化产乙酸细菌之间对H_2和CO_2的竞争性反应过程；

（6）由于系统高碱度而引起的固体沉淀或其他化学沉淀反应。

ADM1模型的产生可以说与好氧生物处理的ASM1模型有异曲同工之妙。它为厌氧生物处理反应动力学模型的发展提供了一个良好的结构框架和研究平台，在此基础上可以对厌氧生物处理过程的深入研究进行模型化和程序化，从而以应用软件的形式促进厌氧生物处理技术的研究与发展。

1.5 小结

通过本章学习，了解污水生物处理数学模型的历史和各个发展阶段。

污水生物处理数学模型的发展源自于污水生物处理技术的进步。污水生物反应动力学既是对过程机理深入研究的结果，同时又促进了人们对生物反应过程的认识和理解。

污水生物处理动力学主要描述基质降解、微生物增长和两者与环境要素的关系。早期研究从20世纪50年代开始，以对硝化过程的定量描述为代表。在模型发展的初期，为了简化研究，一般有“稳态运行、溶解性基质、二沉池无生物反应、固液分离良好、充分混合”五个基本假设。

根据不同的发展阶段和复杂程度，污水生物处理模型可以分为以Eckenfelder模型为代表的经验模型、以Monod方程和Lawrence-McCarty模式为代表的基本模型、以ASM系列模型为代表的综合模型三大类。前两类又称为活性污泥的经典模型，第三类称为现代模型。

国际水协在20世纪80年代组建了活性污泥模型研究组，陆续推出了ASM1、ASM2、ASM2d和ASM3等模型，极大地推动了污水生物处理动力学的发展。模型结构的矩阵表达成为研究的标准语言，一直沿用至今。随着模型研究的发展，越来越多的过程被包含在模型中，使得模型结构更加复杂，确定模型参数时也更困难。

除了活性污泥模型外，生物膜模型和厌氧生物处理模型也得到了长足发展。研究者基于微生物固定动力学，提出了固定生长好氧生物处理过程的模型；基于厌氧消化四阶段理论，提出了Monod形式的ADM1模型来描述厌氧生物处理过程等。这些成果是活性污泥模型研究的重要补充。这些内容已经成为污水生物处理动力学的重要组成部分，并成为模型研究的难点和热点。

本章参考文献：

[1] 顾夏声. 污水生物处理数学模型（第二版）. 北京：清华大学出版社，1993.

[2] Downing AL，Painter HA，Knowles G. Nitrification in the Activated-Sludge Process. JInstSewPurif，1964，130～158.

[3] Wuhrmann K. Grundlagen für die Dimensionierung der Belüftung bei Belebungsanlagen. Schweizerische Zeitschrift für Hydrologie，26（2）：310～337.

[4] GujerW. Design of a nitrifying activated-sludge process with aid of dynamic simulation. -Progress in Water Technology，9（2）：323～336.

[5] Marais GvR，Ekama GA. The activated sludge process. Part 1 steady state behaviour. Water S. A. ，2（4）：163.

[6] Dold PL，Ekama GA. ，MARAIS G. v. R. A general model for the activated sludge process. Progress in Water Technology，12（6）：47～77.

[7] Henze M，Grady CPL，Gujer W，Marais，GvRand Matsuo T. Activated Sludge Model No. 1. IAWPRC Scientific and Technical Report No. 1，London，IAWPRC.

[8] Gujer，W. Activated Sludge Modeling：Past，Present and Future，Water Science and Technology，2006，53（3）：111～119.

[9] Brun R，Kühni M，Siegrist HR，Gujer W. and Reichert P. Practical identifiability of ASM2d parameters systematic selection and tuning of parameter subsets. Wat. Res. 36（16）：4113～4127.

[10] Seggelke K，Rosenwinkel KH，Vanrolleghem P，Krebs P. Integrated operation of sewer system and WWTP by simulation-based control of the WWTP inflow. Proceedings of 6. Int. Conf on Urban Drainage Modelling，Dresden 15. 17. Sept. 2004，307～315.

[11] Daniels SL. Mechanisms Involved in Adsorption of Microorganisms to Solid Surface. In：Biotton G. and Marshall K. G. Adsorption of Microorganisms to Surfaces，John Willey & Sons Inc. ，8～58.

[12] Marshall KC. Interfaces in Microbial Ecology. Harward University Press，Spring-Verlag，Berlin，1984.

[13] Liu Y. Etude du Mecanisme de Fixation de Bacterieb Autotrophe sur de Supports Thermoplastiques. Master Phil. Thesis，ZNSA-Toulous France.

[14] Liu Y，Wang QD. Surface Modification of Biocarrier by Plasma Oxidation-ferric Ions Coating technique to Enhance Bacteria Adhesion. J. Environ. Sci. and Health，A31：869～879.

[15] Capdeville B，Nguyen KM. Kinetics and Modeling of Aerobic and Anaerobic Film Growth. Wat. Sci. and Technol. 22：149～170.

[16] BryantMP. Microbial Meythane Production-Theoretical Aspects. J. Animal Science，1979，48：193～201.

[17] Zeikus J G. Microbial Populations in Digestors，Anaerobic Digestion. Appl. Sci. Publisher，1979，66～89.

[18] BatstoneDJ. High-rate Anaerobic Treatment of Complex Wastewater [D]. University of Queensland，Brisbane.

[19] Marcelo Z，Fernando HP，Eugenio F. A Mathematical Model and Criteria for Designing Horizontal-flow Anaerobic Immobilized Biomass Reactors for Wastewater Treatment. Bioresource Technology，

2000，71 (10)：235～394.

[20] Husain A. . Mathematical Models of the Kinetics of Anaerobic Digestion-a selected review. Biomass and Bio-energy，1998，14 (6)：561～571.

[21] Contois DE. Kinetics of Bacterial Growth：Relationship Between Population Density and Specific growth Rate of Continuous Culture. Journal of Gene Microbiol，1959，21：40～48.

[22] McCarty PL，Mosey FE. Modeling of Anaerobic digestion Processes (A Discussion of Concepts). Water Science and Technology，1991，24 (8)：17～33.

[23] Andrews JK. Kinetics and Characteristics of Volatile Acid Production in Anaerobic Fermentation Process. Air and Water Pollution，1965，9 (6)：17～28.

[24] Andrews JK. Dynamic Modeling of Anaerobic Digestion Process. Journal of Sanitary Engineering，1969，5 (2)：95～102.

[25] Batstone DJ，Keller J，Newell R. B. Modelling Anaerobic Degradation of Complex Wastewater I：Model Development. Bioresource Technology，2000，75：67～74.

[26] Batstone DJ，Keller J，Newell RB. Modelling Anaerobic Degradation of Complex Wastewater II：Parameter Estimation and Validation Using Slaughterhouse Effluent. Bioresource Technology，2000，75：75～85.

[27] IWA Task Group for Mathematical Modeling of Anaerobic Digestion Process，Anaerobic Digestion Model No. 1 (ADM1)，IWA Scientific and Technical Report No. 13，London：IWA，2002.

第 2 章　污水生物处理的化学计量学与能量转化

污水生物处理中最受关注的问题是污染物的去除和微生物的生长。将污水中的有机污染物质转化成无机物主要通过生物化学反应过程来实现。研究化学反应要解决两个方面的问题，即反应的可能性和反应的现实性。化学反应发生的可能性属于化学热力学问题。化学反应的现实性问题包括两个方面：一是反应的速率，即化学反应动力学问题；二是反应的限度，即化学计量学问题。关于污水生物处理的反应动力学将在以后各章中详细讨论，本章将对污水生物处理中的化学计量学进行介绍。

化学计量学研究化学反应中反应物与产物之间的定量关系。由于化学计量学定量地关联了一种反应物（产物）的变化与另一反应物（产物）的变化之间的关系，所以当已知一种反应物（产物）的反应速率时，就可以用化学计量学确定另一种反应物（产物）的反应速率。在化学反应中反应方程式是基于摩尔关系建立的，但是在污水生物处理的微生物反应中问题就比较复杂。首先参与生物反应的微生物是以个体状态存在于处理系统中，不同的微生物具有不同的特性，这和一般化学反应中一种物质与另一种物质的简单反应不同。其次污水的组分十分复杂，多种物质同时参加反应，很难将参加反应的物质一一分析清楚建立反应方程式，而常用 COD 和 BOD 等综合性指标来表达。因此，采用化学计量学研究污水生物处理的反应平衡时，首先要解决微生物的表达和建立以 COD 或 BOD 表达的化学计量方程。

2.1　微生物细胞的经验分子式

微生物在污水生物处理中起着降解污染物的关键作用，在表达生物化学反应平衡时需要有微生物的分子式。微生物细胞中各种元素的相对比例取决于污水处理系统所含不同种类的微生物、基质和营养元素等特性。例如在氮元素缺乏的条件下，微生物会产生更多的脂肪和糖类物质，细胞分子式中氮所占的比例会降低。表 2.1 中列举了一些研究中报道的微生物细胞经验分子式，包括好氧、厌氧和不同基质条件下培养的微生物的经验分子式。在污水生物处理领域一般条件下好氧生物反应过程中常用 $C_5H_7O_2N$ 作为微生物细胞的经验分子式，但具体条件不同时各组分的比例会发生变化。

比较微生物细胞经验分子式的重要方法之一是测量完全氧化单位质量细胞碳所需要的氧量——“计算需氧量”。计算需氧量用 COD′表示，通常 COD′可以用标准方法测得的 COD 来代替。COD′的经验公式如下：

$$C_nH_aO_bN_c + (n + 0.25a - 0.75c - 0.5b)O_2 \rightarrow nCO_2 + cNH_3 + (0.5a - 1.5c)H_2O \quad (2.1)$$

和

$$\frac{COD'}{质量} = \frac{16(2n + 0.5a - 1.5c - b)}{12n + a + 16b + 14c} \quad (2.2)$$

式中：$n=\%C/12T$，$a=\%H/T$，$b=\%O/16T$，$c=\%N/14T$

其中：

$$T=\%C/12+\%H+\%O/16+\%N/14 \tag{2.3}$$

如果已知一种微生物中碳、氢、氧、氮和灰分的质量分配关系，就可以建立细胞的经验分子式，并计算出 COD′。

微生物细胞的经验分子式　　表 2.1

经验分子式	相对分子质量	COD′/质量	N/%	生长基质和环境条件	参考文献
混合培养					
$C_5N_7O_2N$	113	1.42	12	酪蛋白、好氧的	[1]
$C_7N_{12}O_4N$	174	1.33	8	乙酸盐、氨氮氮源、好氧的	[2]
$C_9H_{15}O_5N$	217	1.40	6	乙酸盐、硝酸盐氮源、好氧的	[2]
$C_9H_{16}O_5N$	218	1.43	6	乙酸盐、亚硝酸盐氮源、好氧的	[2]
$C_{4.9}H_{9.4}O_{2.9}N$	129	1.26	11	乙酸盐、产甲烷的	[3]
$C_{4.7}H_{7.7}O_{2.1}N$	112	1.38	13	辛酸、产甲烷的	[3]
$C_{4.9}H_9O_3N$	130	1.21	11	丙氨酸、产甲烷的	[3]
$C_5H_{8.8}O_{3.2}N$	134	1.16	10	亮氨酸、产甲烷的	[3]
$C_{4.1}H_{6.8}O_{2.2}N$	105	1.20	13	营养肉汤、产甲烷的	[3]
$C_{5.1}H_{8.5}O_{2.5}N$	124	1.35	11	葡萄糖、产甲烷的	[3]
$C_{5.3}H_{9.1}O_{2.5}N$	127	1.41	11	淀粉、产甲烷的	[3]
纯培养					
$C_5H_8O_2N$	114	1.47	12	细菌、乙酸、好氧的	[4]
$C_5H_{8.33}O_{0.81}N$	95	1.99	15	细菌、未确定	[4]
$C_4H_8O_2N$	102	1.33	14	细菌、未确定	[4]
$C_{4.17}H_{7.42}O_{1.38}N$	94	1.57	15	*Aerobacter aerogenes*（产气杆菌）、未确定	[4]
$C_{4.54}H_{7.91}O_{1.95}N$	108	1.43	13	*Klebsiella aerogenes*（克雷伯氏产气荚膜杆菌）、甘油、$\mu=0.1h^{-1}$	[4]
$C_{4.17}H_{7.21}O_{1.79}N$	100	1.39	14	*Klebsiella aerogenes*（克雷伯氏产气荚膜杆菌）、甘油、$\mu=0.85h^{-1}$	[4]
$C_{4.16}H_8O_{1.25}N$	92	1.67	14	*Escherichia coli*.（埃希氏大肠杆菌）、未确定	[5]
$C_{3.85}H_{6.69}O_{1.78}N$	95	1.30	15	*Escherichia coli*.（埃希氏大肠杆菌）、葡萄糖	[5]
最高	218	1.99	15		
最低	92	1.16	6		
中间值	113	1.39	12		

注：参考资料：Porges 等人[1]；Symons 和 Mckinney[2]；Speece 和 McCarty[3]；Bailey 和 Ollis[4]；Battley[5]。

2.2　污水生物处理的化学计量学基础

化学计量方程中，通常以摩尔（mol）作为计量单位，但是摩尔并不是最方便的计量单位。为了模拟生物处理过程，必须写出其中各个组分的质量平衡方程。以质量为单位建立反应的化学计量方程更方便。为此，需要掌握如何将以摩尔为单位的计量方程换算为以质量为单位的计量方程。此外，微生物从氧化/还原反应中获得能量，其中电子从电子供体移出，最后传递到最终电子受体，因此建立电子平衡方程也会比较方便。然而，我们通常不清楚污水中电子供体物质的确切组成，因而难以做到这一点。化学需氧量（COD）是有效电子的一种衡量，我们可以通过试验测定化学需氧量（COD）。因而，我们可以建立氧化状态发生变化的所有成分的 COD 平衡方程式，这样就可以达到建立电子平衡方程的目的。所以，我们还需要掌握如何将摩尔或质量计量方程换算为 COD 计量方程。

化学计量方程的通用式可以写成如下形式[6]：

$$a_1A_1 + a_2A_2 + \cdots + a_kA_k \rightarrow a_{k+1}A_{k+1} + a_{k+2}A_{k+2} + \cdots + a_mA_m \tag{2.4}$$

式中，$A_1 \cdots A_k$ 为反应物，$a_1 \cdots a_k$ 为相应摩尔计量系数；$A_{k+1} \cdots A_m$ 为产物，$a_{k+1} \cdots a_m$ 为相应的摩尔计量系数。摩尔计量有两种特性用以判定计量方程：第一，电荷是平衡的；第二，反应物中任何元素的总摩尔数量等于产物中该元素的总摩尔数量。

在建立质量计量方程时，通常将各个化学计量系数相对于某一种反应物或产物进行标准化。因此，每一个标准化了的质量计量系数就表示该反应物或产物相对于基准物的质量。假设以 A_1 作为质量计量方程的基准物，其化学计量系数为 1.0，其余各组分的新的质量计量系数（称为标准化学计量系数 ψ_j）可由下式计算：

$$\psi_j = a_j(MW_j)/[a_1(MW_1)] \tag{2.5}$$

式中，a_j 和 MW_j 分别为组分 A_j 的摩尔计量系数和分子量；a_1 和 MW_1 分别为基准物的摩尔计量系数和分子量。因此，式（2.5）变为：

$$A_1 + \psi_2A_2 + \cdots + \psi_kA_k \rightarrow \psi_{k+1}A_{k+1} + \psi_{k+2}A_{k+2} + \cdots + \psi_mA_m \tag{2.6}$$

可用两种特征来判定这类计量方程：①电荷不一定平衡；②反应物的总质量等于产物的总质量，换而言之，反应物计量系数的总和等于产物计量系数的总和。上述第二个特征使这种质量计量方程非常适合于在生化反应中使用。

采用类似的方法，以 COD 为单位可以建立氧化状态发生改变的化合物或组分的化学计量方程[6]。这时，标准化的化学计量系数称为基于 COD 的系数，以符号 Y 表示。A_j 组分的基于 COD 的系数 Y_j 可由下面公式计算：

$$Y_j = a_j(MW_j)(COD_j)/[a_1(MW_1)(COD_1)] \tag{2.7}$$

$$Y_j = \psi_j(COD_j)/COD_1 \tag{2.8}$$

式中，COD_j 和 COD_1 分别为单位质量的 A_j 和基准物的化学需氧量，可以从相应化合物或组分被氧化为 CO_2 和 H_2O 的平衡方程中获得。表 2.2 列出了生物处理中通常会改变氧化状态的一些组分的 COD 质量当量。注意，在氧化条件下，CO_2 的 COD 为零，因为其中的碳已处于最高氧化态（+IV），就如重碳酸盐和碳酸盐中的碳一样。此外，氧的 COD 为负值，因为 COD 是需要氧的，亦即表示 COD 降低过程中将失去氧。最后应注意的是，任何反应物或产物，如果其中的元素在生物氧化/还原反应中不改变氧化状态，那么它们的 COD 变化为零，可以从 COD 计量方程中去掉。

一些常见组分的 COD 质量当量 **表 2.2**

组分	氧化态的变化	COD 当量
微生物 $C_5H_7O_2N$	C 至+IV	1.42gCOD/g$C_5H_7O_2N$
		1.42gCOD/gVSS；1.20gCOD/gTSS
氧（作为电子受体）	O(0) 至 O(−II)	−1.00gCOD/gO_2

续表

组分	氧化态的变化	COD当量
硝酸根（作为电子受体）	N(+V) 至 N(0)	$-0.646gCOD/gNO_3^-$；$-0.646gCOD/gN$
亚硝酸根（作为氮源）	N(+V) 至 N(−III)	$-1.03gCOD/gNO_3^-$；$-4.57gCOD/gN$
硫酸根（作为电子受体）	S(+VI) 至 S(−II)	$-0.667gCOD/gSO_4^{2-}$；$-2.00gCOD/gS$
二氧化碳（作为电子受体）	C(+IV) 至 C(−IV)	$-1.45gCOD/gCO_2$；$-5.33gCOD/gC$
CO_2，HCO_3^-，H_2CO_3	没变化	0.00
生活污水有机物 $C_{10}H_{19}O_3N$	C至+IV	1.99gCOD/g有机物
蛋白质 $C_{10}H_{24}O_5N_4$	C至+IV	1.50gCOD/g蛋白质
碳水化合物 CH_2O	C至+IV	1.07gCOD/g碳水化合物
油脂 $C_8H_{16}O$	C至+IV	2.88gCOD/g油脂
乙酸 CH_3COO^-	C至+IV	1.08gCOD/g乙酸
丙酸 $C_2H_5COO^-$	C至+IV	1.53gCOD/g丙酸
苯甲酸 $C_6H_5COO^-$	C至+IV	1.98gCOD/g苯甲酸
乙醇 C_2H_5OH	C至+IV	2.09gCOD/g乙醇
乳酸 $C_2H_4OHCOO^-$	C至+IV	1.08gCOD/g乳酸
丙酮酸 CH_3COCOO^-	C至+IV	0.92gCOD/g丙酮酸
甲醇 CH_3OH	C至+IV	1.50gCOD/g甲醇
$NH_4^+ \rightarrow NO_3^-$	N(−III) 至 N(+V)	$3.55gCOD/gNH_4^+$；$4.57gCOD/gN$
$NH_4^+ \rightarrow NO_2^-$	N(−III) 至 N(+III)	$2.67gCOD/gNH_4^+$；$3.43gCOD/gN$
$NO_2^- \rightarrow NO_3^-$	N(+III) 至 N(+V)	$0.36gCOD/gNO_2^-$；$1.14gCOD/gN$
$S \rightarrow SO_4^{2-}$	S(0) 至 S(+VI)	1.50gCOD/gS
$H_2S \rightarrow SO_4^{2-}$	S(−II) 至 S(+VI)	$1.88gCOD/g\ H_2S$；$2.00gCOD/gS$
$S_2O_3^{2-} \rightarrow SO_4^{2-}$	S(+II) 至 S(+VI)	$0.57gCOD/gS_2O_3^{2-}$；$1.00gCOD/gS$
$SO_3^{2-} \rightarrow SO_4^{2-}$	S(+IV) 至 S(+VI)	$0.20gCOD/gSO_3^{2-}$；$0.50gCOD/gS$
H_2	H(0) 至 H(+I)	8.00gCOD/gH

【例2.1】 假设细菌以碳水化合物（CH_2O）作为碳源、以氮作为氮源生长，其典型摩尔计量方程为：

$$CH_2O + 0.290O_2 + 0.142NH_4^+ + 0.142HCO_3^- \rightarrow 0.142C_5H_7O_2N + 0.432CO_2 + 0.858H_2O \quad (2.9)$$

式中，$C_5H_7O_2N$ 为细菌经验分子式。注意，电荷是平衡的，反应物中每一元素的摩尔数等于产物中该元素的摩尔数。摩尔计量方程告诉我们，细菌生长比率是0.142mol细胞/molCH_2O，所需要的氧为0.290molO_2/mol CH_2O。

为了将式（2.9）换算为质量计量方程，需要利用每一反应物和产物的相对分子质量。CH_2O、O_2、NH_4^+、HCO_3^-、$C_5H_7O_2N$、CO_2 和 H_2O 的相对分子质量分别为30、32、18、61、113、44和18。将这些分子质量和式（2.9）中的化学计量系数代入式（2.5），则方程（2.9）转换为：

$$CH_2O + 0.309O_2 + 0.085NH_4^+ + 0.289HCO_3^- \rightarrow 0.535C_5H_7O_2N + 0.633CO_2 + 0.515H_2O \quad (2.10)$$

这时，电荷不再是平衡的，但反应物的化学计量系数之和等于产物的计量系数之和。

这个质量计量方程告诉我们，细菌生长比率是 0.535g 细胞/gCH_2O，所需要的氧为 $0.309gO_2/gCH_2O$。

现在将摩尔计量方程转换为 COD 计量方程。为此，必须运用表 2.2 所给的 COD 当量值。这时，氨的 COD 当量为零，因为细胞物质中氮的氧化状态与氨氮的氧化状态相同，都是-Ⅲ，氧化状态没有发生改变。用式（2.7）得到：

$$CH_2O\ COD + (-0.29)O_2 \rightarrow 0.71C_5H_7O_2N\ COD \quad (2.11)$$

注意，式（2.11）只保留了三种组分，因为这种情况下只有这三种组分是可以用 COD 表示的。还需注意的是，与质量计量方程一样，反应物的化学计量系数之和与产物的计量系数之和相等。最后要注意的是，虽然 O_2 是一种反应物，但它的化学计量系数的符号为负。这是因为 O_2 此时以 COD 表示。由此 COD 计量方程表明，细菌生长比率是 0.71g 细胞 COD/gCH_2O COD，所需要的氧为 $0.29gO_2/CH_2O$ COD。

2.3 广义反应速率与多重反应的表达

化学计量方程也可用于确立反应物或产物的相对反应速率。因为质量计量方程中的计量系数之和为零，所以质量计量方程可改写成以下的一般形式：

$$(-1)A_1 + (-\psi_2)A_2 + \cdots + (-\psi_k)A_k + \psi_{k+1}A_{k+1} + \cdots + \psi_m A_m = 0 \quad (2.12)$$

式中，$A_1 \cdots A_k$ 为反应物；$A_{k+1} \cdots A_m$ 为产物；反应物 A_1 为标准计量系数的基准物。注意，反应物的标准计量系数的符号为负，产物的标准计量系数的符号为正。因为不同的反应物或产物的质量之间存在着一定的关系，所以反应物的消耗速率或者产物的生成速率之间也存在着一定的相关关系。假设以 r_i 表示组分 i（其中 $i=1 \rightarrow k$）的生成速率，则有：

$$\frac{r_1}{(-1)} = \frac{r_2}{(-\psi_2)} = \frac{r_k}{(-\psi_k)} = \frac{r_{k+1}}{(\psi_{k+1})} = \frac{r_m}{(\psi_m)} = r \quad (2.13)$$

式中，r 称为广义反应速率。与前面一样，ψ_i 的符号表示其是被去除还是被生成。因此，如果已知一个反应的质量计量方程和一种反应组分的反应速率，那么其他所有组分的反应速率就都可以确定。

式（2.12）和式（2.13）也适用于 COD 计量方程，只需用合适的 COD 系数（Y_i）替换标准计量系数（ψ_i）即可。

【例 2.2】 一个生物反应器中细菌生长速率是 1.0g/(L · h)，并且遵循化学计量式（2.10）。试问反应器中碳水化合物和氧的消耗速率各为多少？

将式（2.10）改写为式（2.12）的形式：

$$-CH_2O - 0.309O_2 - 0.085NH_4^+ - 0.289HCO_3^- +$$
$$0.535C_5H_7O_2N + 0.633CO_2 + 0.515H_2O = 0$$

用式（2.13）可确定广义反应速率：

$$r = r_{C_5H_7O_2N}/0.535 = 1.0/0.535 = 1.87gCH_2O(L \cdot h)$$

注意，广义反应速率是以标准化计量方程的基准物来表示的。碳水化合物和氧气的消耗速率可以由式（2.13）确定：

$$r_{CH_2O} = (-1.0)(1.87) = -1.87gCH_2O/(L \cdot d)$$

$$r_{O_2} = (-0.309)(1.87) = -0.58gO_2/(L \cdot d)$$

生物处理中发生着许多过程，因此多重反应会同时发生，而且所有这些反应在建立生物处理质量平衡方程时都必须考虑。将前面的概念加以延伸，就可以表达多重反应的质量平衡，使所有反应物的去向一目了然[6,7]。

考虑 i（其中 $i=1, 2, \cdots, m$）组分参与 j（其中 $j=1, 2, \cdots, n$）反应的情况。ψ_{ij} 表示 i 组分在 j 反应中的标准质量计量系数。在这种情况下可以得到下面一组质量计量方程：

$$(-1)A_1 + \cdots + (-\psi_{k,1})A_k + (+\psi_{k+1,1})A_{k+1} + \cdots + (+\psi_{m,1})A_m = 0r_1$$

$$(+\psi_{1,2})A_1 + \cdots + (-1)A_k + (+\psi_{k+1,2})A_{k+1} + \cdots + (+\psi_{m,2})A_m = 0r_2$$

$$\cdots$$

$$\cdots$$

$$(-\psi_{1,n})A_1 + \cdots + (+\psi_{k,n})A_k + (+\psi_{k+1,n})A_{k+1} + \cdots + (-1)A_m = 0r_n \tag{2.14}$$

注意，A_1 不一定表示标准计量系数的基准组分。相反，不同的组分都可以作为每一反应的基准物，使所得到的每个标准计量系数都有适当的物理意义。尽管如此，由于方程保持质量守恒，每一个方程的标准计量系数之和必等于零，如式（2.14）所示。由此可对每个反应作连续性检验。此外，也要注意，任何组分 A_i 可能在一个反应中是反应物而在另一反应中是产物。这意味着，一个组分的总的生成速率是其参加的所有反应的速率加和之后得到的净速率，即：

$$r_i = \sum_{j=1}^{n} \psi_{i,j} \cdot r_j \tag{2.15}$$

如果净生成速率为负，则该组分正在被消耗；如果为正，则正在生成。用 Y_{ij} 代替 ψ_{ij}，该方法即可用于 COD 计量方程。这种方法将在建立生化反应模型时被采用，特别适用于有多种组分和多种反应的复杂系统。

2.4　细胞生长与基质利用

细胞生长与基质利用是耦合进行的。此外，环境工程的研究利用衰减反应阐明了维持能的需求。这表明，只要所产生的溶解性微生物产物可以忽略，那么基质的唯一用途就是细胞生长。因此，当以基质为基准建立细胞生长的化学计量方程时，细胞的化学计量系数就是细胞的真正生长比率。以此为出发点，细胞生长的一般方程就可以写为：

$$\text{碳源} + \text{能源} + \text{电子受体} + \text{营养物} \rightarrow \text{细胞生物量} + CO_2 + \text{还原后的受体} + \text{最终产物} \tag{2.16}$$

为了进行数学模拟，不论碳源、能源或电子受体是什么，最好能够以同样形式建立任何情况下的定量方程。McCarty 运用半反应概念发明了一种方法，可以满足这个要求。

（1）半反应法

在没有重要的溶解性微生物产物生成时，所有非光合作用微生物的生长反应包括两种组分：用于合成的组分和用于能量的组分。合成组分中的碳最终转化为细胞物质，而能量组分中的碳都转化为 CO_2。这些反应是氧化还原反应，因此也包括电子从供体到受体的传递。对于异养型生长，电子供体是有机基质；而对于自养型生长，电子供体是无机基质。考虑到所有这些因素后，McCarty 建立了三种类型的半反应[8]，即细胞物质的半反应（R_c），电子供体的半反应（R_d）和电子受体的半反应（R_a）。表 2.3 列出了各种物质的半反应。表中反应1～2代表细胞形成的R_c。这两种反应都基于细胞经验分子式$C_5H_7O_2N$，但一种是以氨氮为氮源，而另一种是以硝酸盐为氮源。反应3～6分别是以氧气、硝酸根、硫酸根和CO_2为电子受体的半反应R_a。反应7～17是有机物电子供体的半反应R_d。其中第一个反应代表了生活污水的一般成分，随后的三个反应分别代表了主要由蛋白质、碳水化合物和脂类组成的污水，反应11～17代表了一些生物处理中特殊有机化合物的半反应。反应18～26代表了可能的自养电子供体，其中反应19～21代表硝化反应。为了有利于这些反应之间的组合，所有的反应都以电子当量为基础写成，电子放在式子的右边。

总计量方程（R）是各个半反应之和：

$$R = R_d - f_e \cdot R_a - f_s \cdot R_c \tag{2.17}$$

式中，减号（—）意味着在使用R_a和R_c之前必须进行转换。将左边和右边交换即可。f_e代表与电子受体相结合的电子供体的比例，亦即用作能量的那部分电子供体，因而用下标e表示。f_s代表用于合成作用的电子供体的比例，亦即用于合成细胞质的那部分电子供体。由此，反应的终点得到了量化。此外，为使式（2.17）保持平衡，有：

$$f_e + f_s = 1.0 \tag{2.18}$$

该方程同样说明，最初存在于电子供体中的所有电子，最后的归宿要么是在所合成的细胞物质（f_s）中，要么是在电子受体（f_e）中。这是我们以后要用到的重要基本概念。

氧化半反应　　**表2.3**

反应序号	半反应	
	细菌细胞的合成反应（R_c）	
1	以氨作为氮源	
	$\frac{1}{20}C_5H_7O_2N+\frac{9}{20}H_2O$	$=\frac{1}{5}CO_2+\frac{1}{20}HCO_3^-+\frac{1}{20}NH_4^++H^++e^-$
2	以硝酸根作为氮源	
	$\frac{1}{28}C_5H_7O_2N+\frac{11}{28}H_2O$	$=\frac{1}{28}NO_3^-+\frac{5}{28}CO_2+\frac{29}{28}H^++e^-$
	电子受体的反应（R_c）	
3	O_2	
	$\frac{1}{2}H_2O$	$=\frac{1}{4}O_2+H^++e^-$
4	硝酸根	
	$\frac{1}{10}N_2+\frac{3}{5}H_2O$	$=\frac{1}{5}NO_3^-+\frac{6}{5}H^++e^-$
5	硫酸根	
	$\frac{1}{16}H_2S+\frac{1}{16}HS^-+\frac{1}{2}H_2O$	$=\frac{1}{8}SO_4^{2-}+\frac{19}{16}H^++e^-$
6	CO_2（产甲烷）	
	$\frac{1}{8}CH_4+\frac{1}{4}H_2O$	$=\frac{1}{8}CO_2+H^++e^-$
	电子供体的反应（R_d）	
	有机电子供体（异养反应）	

续表

反应序号	半反应	
7	生活污水	
	$\frac{1}{50}C_{10}H_{19}O_3N+\frac{9}{25}H_2O$	$=\frac{9}{50}CO_2+\frac{1}{50}NH_4^++\frac{1}{50}HCO_3^-+H^++e^-$
8	蛋白质（氨基酸、蛋白质，含氮有机物）	
	$\frac{1}{66}C_{16}H_{24}O_5N_4+\frac{27}{66}H_2O$	$=\frac{8}{33}CO_2+\frac{2}{33}NH_4^++\frac{31}{33}H^++e^-$
9	碳水化合物（纤维素、淀粉、糖类）	
	$\frac{1}{4}CH_2O+\frac{1}{4}H_2O$	$=\frac{1}{4}CO_2+H^++e^-$
10	油脂（脂肪和油类）	
	$\frac{1}{46}C_8H_{16}O+\frac{15}{46}H_2O$	$=\frac{4}{23}CO_2+H^++e^-$
11	乙酸	
	$\frac{1}{8}CH_3COO^-+\frac{3}{8}H_2O$	$=\frac{1}{8}CO_2+\frac{1}{8}HCO_3^-+e^-$
12	丙酸	
	$\frac{1}{14}CH_3CH_2COO^-+\frac{5}{14}H_2O$	$=\frac{1}{7}CO_2+\frac{1}{14}HCO_3^-+H^++e^-$
13	苯甲酸	
	$\frac{1}{30}C_6H_5COO^-+\frac{13}{30}H_2O$	$=\frac{1}{5}CO_2+\frac{1}{30}HCO_3^-+H^++e^-$
14	乙醇	
	$\frac{1}{12}CH_3CH_2OH+\frac{1}{4}H_2O$	$=\frac{1}{6}CO_2+H^++e^-$
15	乳酸	
	$\frac{1}{10}CH_3CHOHCOO^-+\frac{1}{3}H_2O$	$=\frac{1}{6}CO_2+\frac{1}{12}HCO_3^-+H^++e^-$
16	丙酮酸	
	$\frac{1}{10}CH_3COCOO^-+\frac{2}{5}H_2O$	$=\frac{1}{5}CO_2+\frac{1}{10}HCO_3^-+H^++e^-$
17	甲醇	
	$\frac{1}{6}CH_3OH+\frac{1}{6}H_2O$	$=\frac{1}{6}CO_2+H^++e^-$
	无机电子供体（自养反应）	
18	Fe^{2+}	$=Fe^{3+}+e^-$
19	$\frac{1}{8}NH_4^++\frac{3}{8}H_2O$	$=\frac{1}{8}NO_3^-+\frac{4}{5}H^++e^-$
20	$\frac{1}{6}NH_4^++\frac{1}{3}H_2O$	$=\frac{1}{6}NO_2^-+\frac{4}{3}H^++e^-$
21	$\frac{1}{2}NO_2^-+\frac{1}{2}H_2O$	$=\frac{1}{2}NO_3^-+H^++e^-$
22	$\frac{1}{6}S+\frac{2}{3}H_2O$	$=\frac{1}{6}SO_4^{2-}+\frac{4}{3}H^++e^-$

续表

反应序号	半反应	
23	$\frac{1}{16}H_2S+\frac{1}{16}HS^-+\frac{1}{2}H_2O$	$=\frac{1}{8}SO_4^{2-}+\frac{19}{16}H^++e^-$
24	$\frac{1}{8}S_2O_3^{2-}+\frac{5}{8}H_2O$	$=\frac{1}{4}SO_4^{2-}+\frac{5}{4}H^++e^-$
25	$\frac{1}{8}SO_3^{2-}+\frac{1}{2}H_2O$	$=\frac{1}{2}SO_4^{2-}+H^++e^-$
26	$\frac{1}{2}H_2$	$=H^++e^-$

注：摘自 Bruce E. Rittmann and Perry L. McCarty[8]。

(2) 化学计量方程的经验公式

研究表 2.3 可以看到，为了建立半反应，对于细胞和一些有机物电子供体有必要采用经验公式。

有各种经验公式用于表示微生物细胞的有机成分。在污水处理中，提出时间最早、使用最广泛的微生物细胞经验公式是在［例 1］中使用的公式，即 $C_5H_7O_2N$[9]。含相同元素的其他公式也使用过，它们单位生物量产生的 COD 几乎相同[10]。另一个含有磷的公式曾经被提出来：$C_{60}H_{87}O_{23}N_{12}P$。尽管有必要认识到细胞是需要磷的，但经验公式中却不一定要包括磷，因为磷的需要量通常只是氮需要量的 1/5，可以根据比较简单的经验公式计算出来。

所有细胞经验公式都寻求用简单的方式来表达由高度复杂的有机混合物所组成的物质。因为这些有机物分子的相对数量随着生长条件的变化而变化[11]，所以，一个细胞化学公式若适用于所有情况将会是非常偶然的。细胞元素成分的恒定性可以通过 COD 和各种生长条件下的细胞燃烧热来估算，因为这些参数恒定就表明 C、H、O、N 的比率相对恒定。此类研究已经表明，细胞的元素组成确实是生长条件的函数[12]。因此，尽管可以写出细胞的经验公式，但不要认为它能适用于所有情况，人们应该有保留地看待那些据称能够精确描述生化反应的方程。尽管如此，方程（2.16）表达的概念仍是有效的，许多重要的关系可以通过实验和应用来证明。因此，为了便于陈述和说明，本书将始终采用 $C_5H_7O_2N$ 来表示细胞的组成，细胞的 COD 为 1.42mg COD/mg VSS，或 1.20mg COD/mg SS。

在实验室或研究条件下，电子供体的确切组分通常是已知的。例如，如果以葡萄糖作为能源，其经验公式 $C_6H_{12}O_6$ 可用于化学计量方程。此外，如果混合介质中含有几种有机电子供体，那么每一供体的半反应需要分开写，然后用每一种电子供体的电子当量贡献比例乘以相应的半反应，再加和到一起，就可以得到混合物的 R_d。

研究成分复杂的实际污水更困难，因为电子供体的化学成分很少是已知的。一种解决办法是分析污水中 C、H、O、N 的含量，由分析结果建立经验公式，然后写出该公式的半反应。例如，由表 2.3 可知，生活污水中有机物的经验公式为 $C_{10}H_{19}O_3N$。其次，如果已知污水 COD、有机碳、有机氮和挥发性固体的含量，也可以建立半反应。最后，如果污水中污染物质主要是碳水化合物、蛋白质和脂类，可以利用其相对浓度来建立微生物的生长方程，因为它们可以用一般经验公式来表示，分别为 CH_2O、$C_{16}H_{24}O_5N_4$ 和 $C_8H_{16}O$。

至于其他混合物，用每一组分的含量比例乘以相应组分的半反应，然后相加，就可得到 R_d。

电子受体的性质取决于微生物生长环境。如果环境是好氧性的，氧气将是电子受体。如果环境是厌氧性的，电子受体将取决于所发生的特定反应。例如，假如发生乳酸发酵，丙酮酸就是电子受体，而对于产甲烷反应，CO_2 则是电子受体。最后，在缺氧条件下，硝酸根可作为电子受体。所有以上半反应见表 2.3。

电子供体和受体一旦确定以后，必须确定 f_e 或 f_s 才能写出平衡的化学计量方程。通常 f_s 比较容易估计，因为它与以 COD 表示的真正生长比率相关。如果 f_e 是被传递到受体为合成新细胞提供能量的电子供体比例，则能量守恒定律和方程（2.18）告诉我们，供体中其余比例的初始有效电子必定存在于所形成的新细胞中。如果以 $C_5H_7O_2N$ 代表细胞，可以发现碳和氮是被还原后储存这些有效电子的元素。细胞中的氮为-Ⅲ，亦即氨态氮。假如细胞合成使用的有效氮也是-Ⅲ，例如氨，那么就不需要电子来还原氮，合成过程所捕获的电子将全部与碳相关。因此，细胞中碳的有效能量就等于合成过程所转化的能量，或者等于以电子供体比例表示的 f_s。这样，如果能够测量所形成的细胞中的有效能量或有效电子，我们就可以确定 f_s。

通常，将生长比率定义为利用单位基质所形成的细胞物质的数量，但同时也要指出，当电子供体为有机化合物时，将生长比率表达为分解单位基质 COD 所形成的细胞 COD 是非常方便的。测定 COD 就是测量碳中的有效电子。因为 COD 是需氧量，氧的当量为 8，所以每当量电子有 8g COD，如表 2.3 中半反应 3 所示。COD 和电子当量可以相互换算，生长比率也就是基质迁移单位电子所形成新细胞中碳的有效电子数量，或者是合成所捕获的电子供体的分数比例，即 f_s。所以，当以氨氮作为异养型微生物合成的氮源时：

$$f_s = Y_H \quad (NH_4^+\text{ 作为氮源,有机电子供体}) \tag{2.19}$$

式中，Y_H 是以 COD 表示的真实生长比率，下标 H 表明是异养型微生物。之所以能够利用方程（2.19），是因为可以从生产性、半生产性或试验性的生物反应器中获得 COD 数据，确定生长比率 Y_H，从而能够确定系统的 f_s。

只要微生物可以利用氨氮或氨基氮，细胞合成就会优先使用这些氮。如果没有这种氮，微生物就会利用硝酸盐氮。如果没有任何氮可以利用，细胞会因缺少重要的反应物而不能进行合成。当以硝酸盐作为氮源时，氮必须从+Ⅴ还原为-Ⅲ价才能被同化利用。这就需要利用基质中的一些有效电子，属于合成所需能量的一部分，亦即 f_s 的一部分。然而，COD 测定不包括还原氮所需要的电子数，因为这种测定不能将氮氧化，使氮仍处于-Ⅲ价。这时，COD 生长比率就不是 f_s 的准确估计，Y_H 会比 f_s 小。然而，这种人为的缺点可以纠正，因为我们知道将硝酸盐氮还原到适当氧化状态所需要的电子数目。假设细胞的经验公式为 $C_5H_7O_2N$，则：

$$f_s = 1.40Y_H \quad (NO_3^-\text{ 作为氮源,有机物作为电子供体}) \tag{2.20}$$

热力学定律表明，以硝酸盐为氮源的真正生长比率会小于以氨为氮源的真正生长比率[13]。例如，以碳水化合物为电子和碳的供体时，以硝酸盐为氮源 Y_H 值将比以氨为氮源的 Y_H 值小 20%。

经常会出现这种情况，人们需要建立细胞生长和基质利用的化学计量表达式，但却没有用试验确定的 Y_H 值可以利用。因此，具有估计 f_s 或 Y_H 的理论知识将是非常有利的。

许多研究人员因此去寻找预估生长比率数值的热力学方法[14,15]。然而，这是一项困难的工作，因为许多因素影响生长比率。迄今为止，最成功的是由 Heijnen 等人建立的方法。该方法是基于生成每 1mol 分子细胞碳所耗散的 Gibbs 能量。这与碳的供体被还原的程度、氮源的性质和电子供体与受体间单位电子的有效 Gibbs 能量有关。这种方法能够预测各种情况下异养型生长和自养型生长的真实生长比率数值。当使用 Gibbs 能量耗散的最佳估计数值时，预测误差为 13%；当用与碳链长度和碳还原程度相关的方程估计 Gibbs 耗散能量时，误差会增加到 19%。在使用 Heijnen 等人的方法之前，应该充分地理解这种方法。介绍有助于理解这种方法的知识超过了本书的范围，如果读者需要使用这种方法，建议参阅文献。

2.5 小结

通过本章学习，掌握质量平衡和 COD 平衡方程、半反应的概念及其应用。

研究化学反应需要考察可能性和现实性。化学反应的可能性是热力学问题，现实性问题中的反应速率和反应限度，分别是动力学问题和计量学问题。为了描述复杂的生物反应，首先分析描述反应物与产物之间定量关系的化学计量学问题。由于参加反应的微生物个体差异明显、污染物种类多组分复杂，因此难以用纯物质的化学反应来描述，故而采用 COD 等综合指标来解决上述难题。

微生物细胞分子式并不唯一，各种元素的相对比例取决于污水处理系统所含不同种类的微生物、基质和营养元素等特性。一般好氧生物反应过程中常用 $C_5H_7O_2N$ 作为微生物细胞的经验分子式，分子量 113，计算 COD 当量（COD/质量）为 1.42。不同生长基质和环境条件下的微生物分子式差别较大，COD 当量范围为 1.16～1.99，中值为 1.39。

将基于摩尔的化学计量方程转变为基于质量的平衡方程和基于 COD 的电子平衡方程，有助于描述微生物的实际反应过程。摩尔计量方程的计量系数表征物质的量，方程两侧电荷平衡，元素的总摩尔数量平衡；在转换为质量平衡方程后，计量系数表征质量比例，方程两侧电荷不一定平衡，反应物和产物的总质量相等。使用 COD 当量（COD/质量）可以进一步将质量平衡方程转变为基于 COD 的电子转移平衡方程，计量系数表征 COD 比例，方程两侧电荷和质量不一定平衡，反应物和产物的 COD 相等。使用质量平衡方程或者 COD 平衡方程，可以方便地描述微生物产率和需氧量。

化学计量方程也可用于确立反应物或产物的相对反应速率，不同反应物和产物变化速率之间的纽带是广义反应速率。在生物处理过程中，发生了多重反应，一个组分的总生成速率是其参加的所有反应的速率加和之后得到的净速率。

McCarty 提出了半反应的概念，奠定了复杂微生物动力学的理论基础。半反应是非常重要的概念，通过细胞物质半反应（R_c）、电子供体半反应（R_d）、电子受体半反应（R_a），可以按照 $R=R_d-f_eR_a-f_sR_c$ 的组合来描述各种复杂的微生物生长过程。上式平衡的条件是 $f_s+f_e=1$，表明最初存在于电子供体中的所有电子，最后的归宿要么是在所合成的细胞物质（f_s）中，要么是在电子受体（f_e）中。

微生物和有机物的分子式是建立半反应的关键，往往需要根据实验测试结果来确定。关联两者的物理量是细胞产率，定义为利用单位基质所形成的细胞物质的数量。产率可以基于COD，也可以基于电子转移。比如生长比率可以表达为分解单位基质COD所形成的细胞COD，也可以表达为基质迁移单位电子所形成新细胞中碳的有效电子数量，或者是合成所捕获的电子供体的分数比例（f_s）。当以硝酸盐作为氮源时，由于必须消耗基质的有效电子来还原+Ⅴ价氮为－Ⅲ价，以便能够被微生物同化利用，因此硝酸盐为氮源的细胞产率会小于以氨为氮源的细胞产率。

本章参考文献：

[1] Porges N，Jasewicz，Hovver S R. "Principles of biological oxidation." Biological Treatment of Sewage and Industrial Wastes. eds. J. McCade and W. W. Eckenfelder. New York：Reinhold Publ，1956.

[2] Symons J M，Mckinney R E. The biochemistry of nitrogen in the synthesis of activated sludge. Sewage and Industrial Wastes，30 (7)：874～890.

[3] Speece R E，McCarty P L. Nutrient requirements and biological solids accumulation in anaerobic digestion. Advances in Water Pollution Research. London：Pergamon Press，1964.

[4] Bailey J E，Ollis D F. Biochemical Engineering Fundamentals. 2nd ed. New York：McGraw-Hill，1986.

[5] Battley E H. Energetic of Microbial Growth. New York：Wiley，1987.

[6] Irvine R L，Bryers J D. Stoichiometry and kinetics of waste treatment. In：Robinson C. W. and Howell J. A. Comprehensive Biotechnology：The Principle，Application and Regulation of Biotechnology in Industry，Agriculture and Medicine. New York：Pergamon Press，1985. 757～772.

[7] Henze M，Grady C P L，Jr.，Gujer W，Marais G V R，Matsuo T. A general model for single－sludge wastewater treatment systems. Water Research，1987，21，505～515.

[8] McCarty P L. Stiochiometry of biological reactions. Progress in Water Technology，1975，7 (1)：157～172.

[9] Hoover S R and Porges N. Assimilation of dairy wastes by activated sludge. Ⅱ. The equations of synthesis and rate of oxygen utilization. Sewage and Industrial Wastes，1952，24，306～312.

[10] McCarty P L. Thermodynamics of biological synthesis and growth. pp：169～199 Proceedings of the Second International Conference on Water Pollution Research. New York：Pergamon Press，1965.

[11] Herbert D. The chemical composition of microorganisms as a function of their environment. pp：391～416 In：Microbial Reaction to Environment，11th Symposium of the society for General Microbiology，Cambridge University Press，England，1961.

[12] Grady C P，Jr. L，Finderly P，Muck R E. Effects of growth conditions on the oxygen equivalence of microbial cells. Biotechnology and Bioengineering，1975，17，859～872.

[13] Heijnen J J，Van Loosdrecht M C M，Ti jhuis L. A black box mathematical model to calculate auto- and heterotrophic yields based on Gibbs energy dissipation. Biotechnology and Bioengineering，1992，40，1139～1154.

[14] Heijnen J J，Van Di jken J P. In search of a thermodynamic description of biomass yields for the chemotropic growth of microorganisms. Biotechnology and Bioengineering，1992，39，833～858.

[15] McCarty P L. Thermodynamics of biological synthesis and growth. Proceedings of the Second International Conference on Water Pollution Research. New York：Pergamon Press，1965. 169～199.

第3章 酶和酶催化反应动力学

不论是处理城市生活污水还是处理工业废水，生物处理都是应用最广泛的技术。一百多年来生物处理技术在污水处理中始终占有主导技术的地位，其原因是生化反应的能量消耗低于化学反应，而根本的原因在于生化反应是酶催化反应。在污水生物处理过程中微生物要对营养和能量进行转化，要降解有机物；合成细胞物质，这一系列的复杂反应都是在微生物酶的催化作用下进行的。一个生物化学反应有没有酶的存在都可以发生，但没有酶的催化作用，其反应速度将大大降低。因此，了解酶和酶的催化特性是深入理解污水生物处理的反应效率、过程的抑制和污水生物处理反应动力学的基础。

3.1 酶和酶的催化特性

3.1.1 酶的概念

人类对于酶的存在和作用的认识可以追溯到19世纪初，当时Payen和Persoz发现了淀粉酶。100多年来，科学家们对酶和酶的催化特性进行了广泛深入的研究，认为酶是生物体产生的具有催化能力的蛋白质，这种催化能力称为酶的活性。在酶作用下进行化学反应的物质叫做底物，有酶催化的反应则被称为酶的催化反应或酶促反应。一切生物反应几乎都在酶的催化作用下进行。酶的特点是具有高度的专一性和很高的催化效率。酶通常按其作用的底物（反应物）或作用性质命名，例如：淀粉酶作用于淀粉，凝乳酶引起乳的凝结，葡萄糖氧化酶催化葡萄糖的氧化等。根据酶的催化性质，酶可以分为：氧化还原酶、水解酶、转移酶、裂解酶、异构酶和连接酶六大类（表3.1）。近年，随着分子生物学的发展，一些科学家（Cech 1982，Atman 1983和Pollack 1986）发现有的RNA本身可以是一个生物催化剂。这些研究成果对酶的传统概念提出了挑战，认为酶的本质不仅仅限于蛋白

六类酶中有代表性的酶及其催化的反应[1] **表3.1**

主要种类	酶	反应描述	催化反应举例	辅酶
(1) 氧化还原酶	乳酸脱氢酶	氧化L-乳酸生成丙酮酸	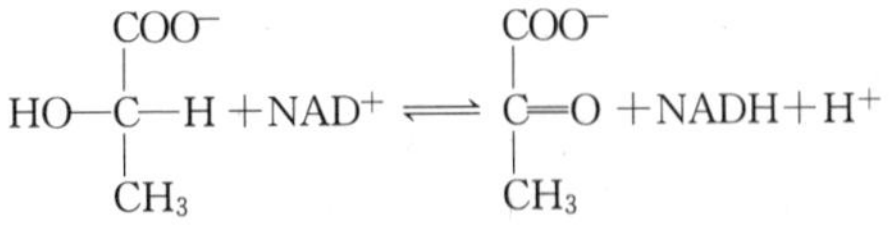 $HO-\overset{\displaystyle COO^-}{\underset{\displaystyle CH_3}{C}}-H + NAD^+ \rightleftharpoons \overset{\displaystyle COO^-}{\underset{\displaystyle CH_3}{C}}=O + NADH + H^+$ L-乳酸 丙酮酸	NAD^+
(2) 转移酶	丙氨酸转氨酶	氨基转移	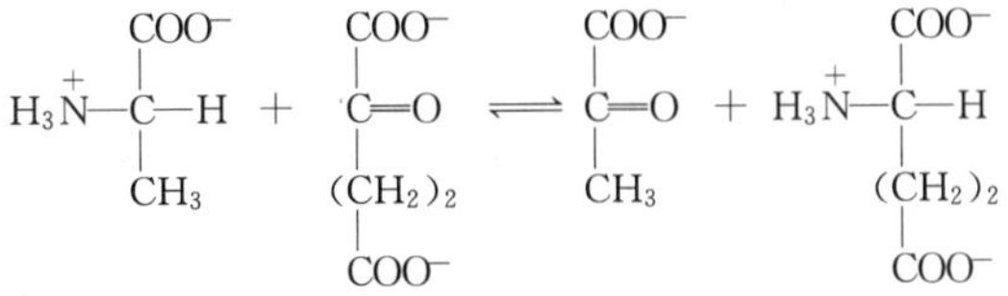 $H_3\overset{+}{N}-\overset{\displaystyle COO^-}{\underset{\displaystyle CH_3}{C}}-H + \overset{\displaystyle COO^-}{\underset{\displaystyle (CH_2)_2-COO^-}{C}}=O \rightleftharpoons \overset{\displaystyle COO^-}{\underset{\displaystyle CH_3}{C}}=O + H_3\overset{+}{N}-\overset{\displaystyle COO^-}{\underset{\displaystyle (CH_2)_2-COO^-}{C}}-H$ L-Ala α-酮戊二酸 丙酮酸 L-Glu	磷酸吡哆醛

续表

主要种类	酶	反应描述	催化反应举例	辅酶
(3) 水解酶	胰蛋白酶	水解 Lys-Y（或 Arg-Y）（Y≠Pro）	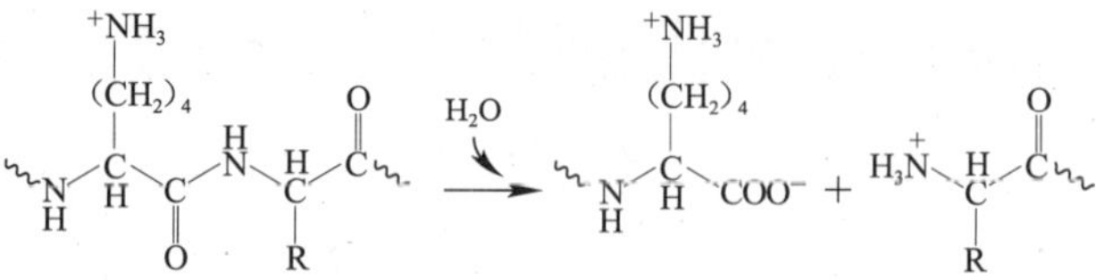 $\sim NH-CH[(CH_2)_4NH_3^+]-C(=O)-NH-CH(R)-C(=O)\sim \xrightarrow{H_2O} \sim NH-CH[(CH_2)_4NH_3^+]-COO^- + H_3N^+-CH(R)-C(=O)\sim$ 含Lys残基的多肽片段　C-末端Lys多肽链片段　新N-末端多肽链片段	无
(4) 裂解酶	丙酮酸脱羧酶	丙酮酸脱羧	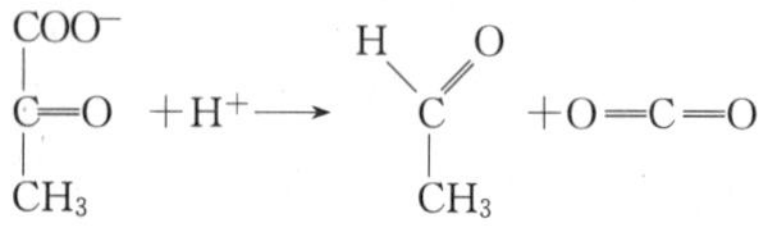 $CH_3-C(=O)-COO^- + H^+ \longrightarrow CH_3-C(=O)H + O=C=O$ 丙酮酸　乙醛	焦磷酸硫胺素
(5) 异构酶	丙氨酸消旋酶	丙氨酸 D 型和 L 型异构物的转化	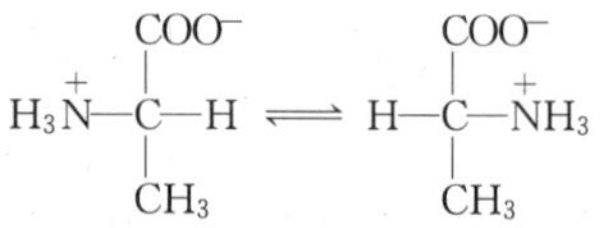 $H_3\overset{+}{N}-C(COO^-)(CH_3)-H \rightleftharpoons H-C(COO^-)(CH_3)-\overset{+}{N}H_3$ L-Ala　D-Ala	磷酸吡哆醛
(6) 连接酶	谷氨酰胺合成酶	依赖 ATP 的 L-谷氨酰胺合成	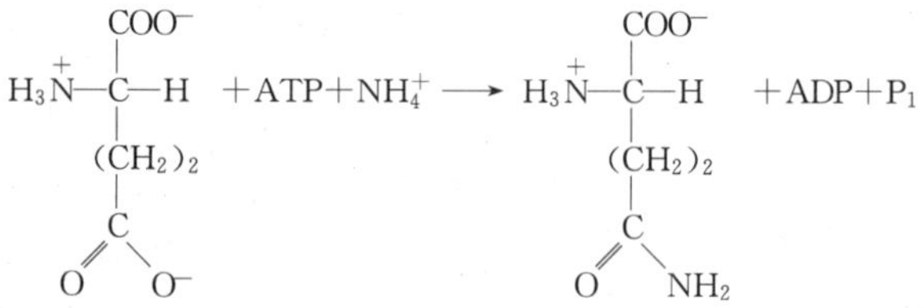 $H_3\overset{+}{N}-CH(COO^-)-(CH_2)_2-C(=O)O^- + ATP + NH_4^+ \longrightarrow H_3\overset{+}{N}-CH(COO^-)-(CH_2)_2-C(=O)NH_2 + ADP + P_i$ L-Glu　L-Gln	无

质。因此，关于酶的概念至今仍在进行探讨和研究。但酶是一类特殊的催化剂，在生物反应中发挥着关键的作用，这一点已经成为科学界的共识。

3.1.2　酶的催化特性

酶是生物体产生的一类特殊的催化剂，具有催化剂的一般特性。酶参与化学反应过程时可以改变化学反应的速度，但不改变反应的方向和平衡点。在反应前和反应后，酶的组成和质量不发生变化。作为生物催化剂，酶又有其特殊的催化特性。与化学催化剂相比，酶具有高效率、高度专一性、活性可调节和催化反应的条件温和等特点。

1. 酶催化反应的高效率

由于酶具有极高的催化效率，因此有酶参与的生化过程的反应速度会大大加快。一个单一的酶分子一秒钟内能催化 1000～10 万次分子转化，使反应高速进行。从污水生物处理的角度了解酶催化作用的目的在于理解生化反应的本质，为其高速反应提供条件，并进一步对酶的高催化效率进行模拟，以应用于污水生物处理过程的分析中。

酶具有高效催化性的主要原因如下：

(1) 催化反应降低了反应的活化能。任何一个化学反应，例如 S↔P 都可以用相应的反应历程图表示（图 3.1）[2]，其中 S 是底物，P 是产物。图 3.1 的纵坐标表示 Gibbs 自由能，横坐标表示反应过程。S 和 P 都含有一定的自由能，处于称为基态的一种稳定状态。S 和 P 之间的平衡反映了它们的基态自由能的差别。但是一个有利的平衡并不意味着 S 到

P的反应就能迅速进行，因为S到P之间存在着“能障”，底物必须提高能量水平才能跨越“能障”实现反应过程。图中曲线的峰值也就是“能障”的最高峰处称为过渡态，只有达到过渡态能量水平的分子可以衰减转化为S或P。底物分子中具有高于基态能量的分子称为活化分子，高出基态的这部分能量称为活化能。活化能的定义是：在一定温度下一摩尔反应物全部进入活化状态所需要的自由能，单位是J/mol或kJ/mol。化学反应过程中底物要转化成产物必须获得足够的活化能达到过渡态，一般可以通过加热来增加具有高能态的底物的分子数，从而提高反应速度。另一方面也可以通过降低活化能来提高反应速度，这正是催化剂的功能。酶作为生物催化剂的催化效率很高，通过降低活化能提高反应速度，能使反应更快地达到平衡。图3.1中表明了酶催化反应中自由能的变化，曲线较低的峰值就是催化反应条件下过渡态的能量值。可以看到，酶存在条件下催化反应的反应活化能要比非酶催化反应时的反应活化能低，比非催化反应的反应活化能更低。表3.2是在不同条件下H_2O_2的分解反应所需要的活化能。

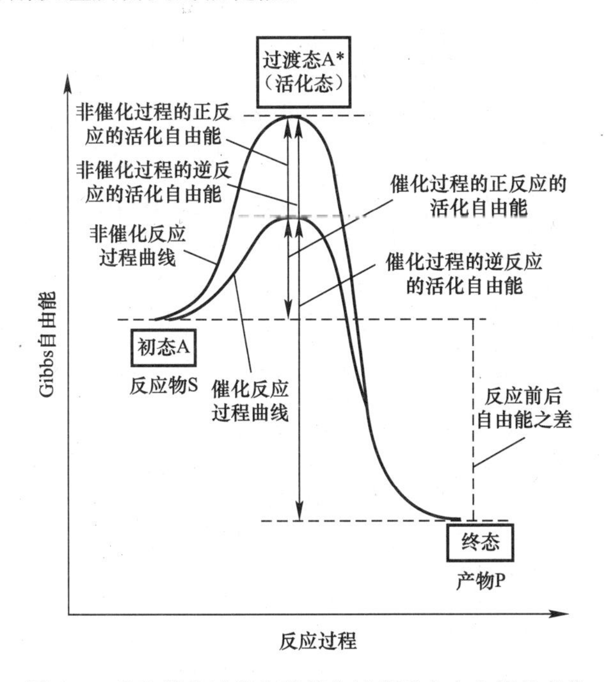

图3.1　非酶催化过程和酶催化过程反应自由能的变化

H_2O_2 分解反应的活化能　　　　表3.2

催化剂	反应活化能（kJ/mol）
过氧化氢酶	8.36
胶态钯	48.94
无催化剂	75.24

（2）酶的催化作用是多种催化因素协同的结果。酶的分子一般比较大，其中真正起催化作用的部位只是分子中的某一个部位，该部位称为酶的活性部位，活性部位是酶结合和催化底物的场所。酶与底物的结合有一定的方式。首先，由于活性部位对底物的亲和力（如静电吸引力），底物的敏感键逐渐靠近活性部位的催化基团，使活性部位处底物的有效

浓度提高。这就大大增加了酶与底物的反应机会。酶的活性部位开始时与底物并不一定相适合，但为了结合底物，酶的活性部位可以变形以适合底物，这种作用被称为诱导契合。酶与底物一旦接触，底物就被酶的活性部位中的一些非共价键结合。然后，活性部位将底物定向，以便使底物相对于催化基团处于最好的取向，增强酶的催化作用，使酶与底物以高速率进行正确的特异反应。由于酶的催化反应是这样一种多因素影响的复杂过程，几种催化因素同时起作用，从而提高了反应速度。这是非酶催化过程所无法比拟的。

2. 酶的专一性

酶对其催化对象有严格的选择性，也就是一种酶一般只能催化一种或一类结构相似的底物进行某种类型的反应。这一特性意味着以不同的酶能够引导一种化学物质沿着理想的途径转化完成一个特定的化学过程。酶对化学键、化学基团、化学基团在空间的分布位置，甚至对同一分子中碳原子来源的新旧都可以做出选择。这种选择性是普通化学催化反应无法实现的。酶催化反应专一性的典型描述是 Fischer 在 19 世纪提出的锁钥学说。该学说将酶催化反应的专一性比作钥匙和锁的关系，一一对应，在结构上严密互补。

一种物质分子能否成为某种酶的底物，一般要具备两个条件：物质分子上要有能被酶作用的化学键；物质分子上要有一个或多个结合基团能与酶的活性部位相结合。酶的专一性一般分为两大类，即绝对专一性和相对专一性。绝对专一性是指一种酶只能催化一种物质进行一种反应，包括酶对光学异构体和几何异构体的选择性。相对专一性是指一种酶能够催化一类结构相似的物质进行某种相同类型的反应，包括基团专一性和键专一性。

3. 酶活性的可调节

微生物能产生很多种不同的酶，只有酶的产量和活性能够调节，生物过程才能有序地进行。通过许多酶催化反应的协调，微生物才能对基质类型及浓度变化、环境条件的变化、能量需求的变化产生适当的反应。因此，酶活性的可调节是酶催化反应的重要特性。酶的调节过程复杂，方式多样，主要的调节方式有：酶浓度的调节、生理调节、共价修饰调节、酶原的活化、抑制剂的调节、反馈调节和金属离子调节等。

3.2　酶催化反应的动力学模型

在酶作用下进行化学反应的物质叫做底物，有酶催化的反应称为酶促反应。酶促反应通过降低反应所需要的活化能来提高反应速度。

3.2.1　酶促反应与米—门公式

酶促反应动力学的研究始于 19 世纪中叶，到 19 世纪末通过对蔗糖水解的研究建立了酶促反应的动力学。1902 年 A. J. Brown 提出了酶促反应的表达式[3]，并得到了广泛的应用。

$$E + S \underset{k_3}{\overset{k_1}{\rightleftharpoons}} ES \xrightarrow{k_2} E + P \tag{3.1}$$

式中：E——自由的酶；

S——底物；

ES——酶与底物的复合体；

P——反应产物；

k_1——结合速率常数；

k_2——反应速率常数；

k_3——分解速率常数。

对酶促反应的数学处理方法是由法国科学家 V. Henri 在 1903 年提出的[4]。由于从式（3.1）得到的反应速率方程组是不定解方程组，V. Henri 提出了对酶促反应速率方程组求解的几项必要假设。假设如下：

（1）$E_t=E+ES$，其中 E_t 为酶的总浓度；

（2）$S_t \gg E_t$，其中 S_t 为底物的总浓度；

（3）$d(ES)/dt=0$；

（4）$P=0$。

假设（1）的含意是酶促反应过程中酶只起催化作用，酶的总浓度应该是酶与酶的复合物的摩尔浓度之和。假设（2）的含意是反应中底物浓度远大于酶的总浓度。假设（3）的含意是该过程为准稳态反应。以上这三条是求解反应速率的基本假设。假设（4）的含意是反应产物 P 不断被从系统中去除以保证反应的顺利进行。

1913 年 L. Michaelis 和 M. L. Menten 通过实验证实了 V. Henri 提出的数学表达式，并通过一系列的推导得到了表达单一底物酶促反应的米-门公式[5]（Michaelis-Menten Equation）。

从式（3.1）可得到酶复合物的速率表达式：

$$\frac{d(ES)}{dt}=k_1(E)(S)-k_2(ES)-k_3(ES)=0 \tag{3.2}$$

由于假设 $d(ES)/dt=0$，且 $S_t \gg E_t$，得到

$$k_1(E)(S)=(k_2+k_3)(ES) \tag{3.3}$$

将 $E=E_t-ES$ 代入式（3.3）得：

$$k_1(E_t-ES)(S)=(k_2+k_3)(ES) \tag{3.4}$$

整理式（3.4）得到

$$\frac{(E_t-ES)(S)}{(ES)}=\frac{k_2+k_3}{k_1}=K_m$$

式中 K_m 为米-门常数。

将 K_m 代入式（3.4），并加以整理，得到

$$(ES)=\frac{E_t S}{K_m+S} \tag{3.5}$$

酶促反应的产物形成速率可表达如下式：（本章速率用 V 表示，而其他章中不是，以下公式中很多）

$$V=\frac{dP}{dt}=k_2(ES) \tag{3.6}$$

式中 V 为产物形成的速率或称为产率。将式（3.5）代入式（3.6）可得

$$V=k_2\frac{E_t S}{K_m+S} \tag{3.7}$$

当 $S \gg K_m$ 时，$V=V_{max}=k_2 E_t$，则式（3.7）可表达成如下形式：

$$V=V_{max}\frac{S}{K_m+S} \tag{3.8}$$

式（3.8）就是表达单一底物酶促反应的产物形成速率与底物浓度关系的米-门公式。式中V_{max}是产物的最大产率或最大反应速率。

分析式（3.8），当$S \gg K_m$时，$V=V_{max}$，反应式为0级反应，当$S \ll K_m$时，反应式为1级反应。当$S=K_m$时，$V=\frac{1}{2}V_{max}$，这样K_m就等于使反应速率为最大反应速率一半时，底物的摩尔浓度，因此K_m也称为"半速常数"。

3.2.2　酶促反应动力学参数的估值

用米-门公式来表达底物浓度与反应速率的关系时，首先要确定该公式的两个参数V_{max}和K_m，最直接的方法可以对从低浓度到高浓度的底物进行一批试验，测得对应的初始反应速率（即底物浓度尚未发生显著变化时的反应速率）然后做出典型的米-门公式曲线，如图3.2所示。

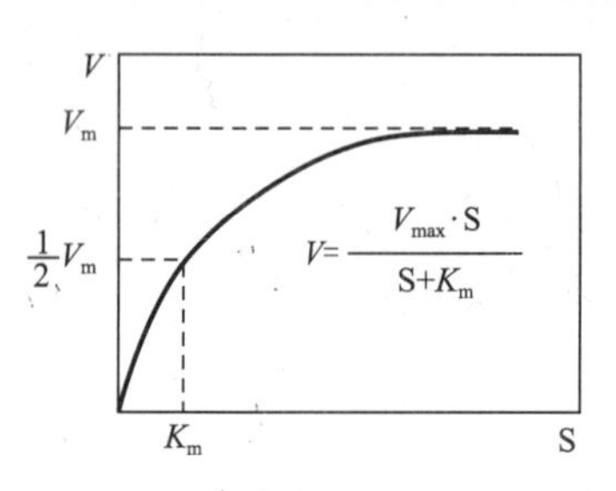

图3.2　底物浓度与酶促反应速率的关系曲线

实际上由于从实验求得的V值有一定的误差或者受到实验条件的限制，例如某底物的溶解度较低达不到求V_{max}溶液浓度。更广泛被采用的是线性化的估值方法。

3.2.2.1　Lineueaner-Burk线性化方法

将式（3.8）的两边同时倒置并加以整理可得到

$$\frac{1}{V}=\frac{1}{V_{max}}+\frac{K_m}{V_{max}}\cdot\frac{1}{S} \tag{3.9}$$

该公式称为Lineweaver-Burk线性公式。以$\frac{1}{V}$对$\frac{1}{S}$作图，见图3.3。

图3.3中直线与横坐标轴的截距为$\frac{1}{K_m}$，与纵坐标轴的截距为$\frac{1}{V_{max}}$，曲线的斜率为$\frac{K_m}{V_{max}}$的比值，这样就可以求出K_m和V_{max}。虽然试验数据的点也会有一定的离散，但采用线性回归的方法很容易得到上述直线。

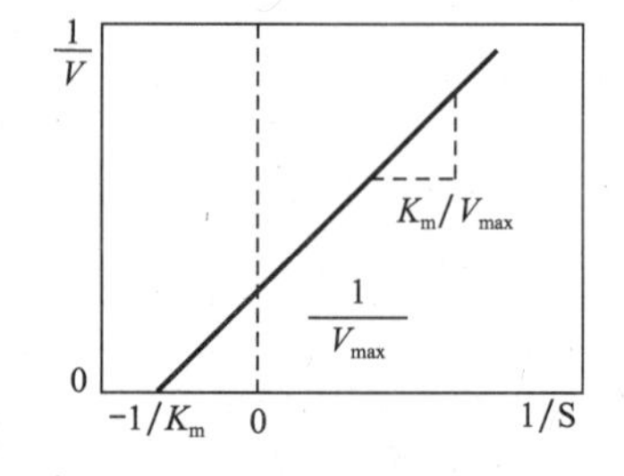

图3.3　米—门公式的Lineweaver-Burk线性化图形

3.2.2.2　Eadie-Hofstee线性化方法

将式（3.8）两边同时乘以（K_m+S），并除以S，可得到

$$V=V_{max}-K_m\cdot\frac{V}{S} \tag{3.10}$$

该公式称为Hofstee线性公式。以V对$\frac{V}{S}$作图，见图3.4。

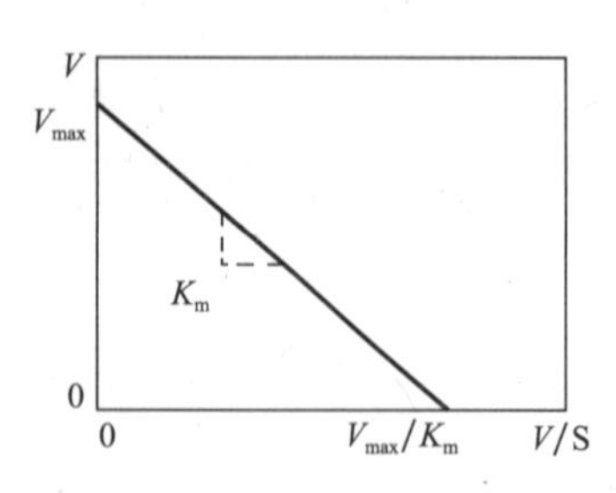

图3.4　米—门公式的Hofstee线性化图形

图3.4中直线与纵坐标轴的截距为V_{max}，斜率为K_m，该直线同样可在实验的基础上，采用线性回归取得。

米-门公式是基于单一底物反应，在仅含一种酶底物的复合体的条件下推导出来的，用以表达底物浓度与反应速率的关系。有的酶促反应，在反应过程中酶与产物，会形成酶一产物复合体，然后再分离出产物，这种情况下米-门公式仍可以用来表达底物浓度与反应速率的关系。酶促反应并非都是在单一底物条件下进行的，多底物条件下进行的复杂反应，就不能简单地用米-门公式描述。科学工作者在这些方面开展了大量的研究工作并给出了相应的表达方法，在此不再详述。

3.2.3 酶促反应的抑制

在酶促反应中，由于某种物质的存在抑制了酶或酶与底物的结合体，导致酶促反应的反应速率下降的现象称为酶的抑制，这种物质被称为酶促反应的抑制剂。此外，由于底物或产物浓度过高也会使酶促反应受到抑制。由抑制剂产生的酶的抑制模型如图 3.5 所示。

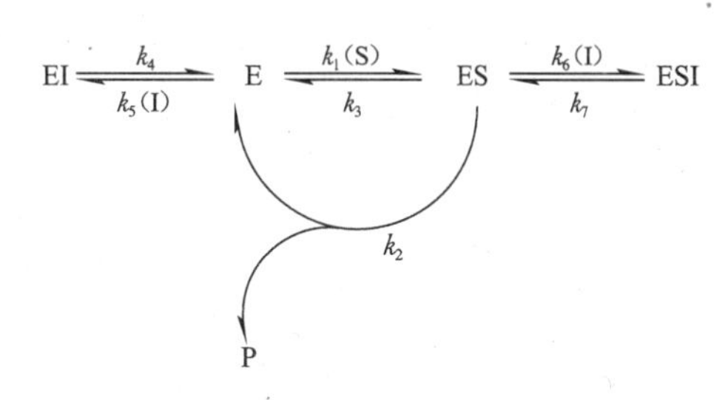

图 3.5 酶抑制的一般模型

图 3.5 中 I 表示抑制剂，EI 表示抑制剂与酶的结合体，ESI 表示抑制剂酶底物的结合体，k_4、k_5 表示抑制剂与酶的反应速率常数，k_6、k_7 表示抑制剂与酶底物结合体的反应速率常数。发生抑制时，仍然假设底物浓度 $S_t > E_t$，且抑制剂总浓度 $I_t > E_t$，抑制剂不与底物直接发生反应。

为了推导出以上模型的一般表达式，需要假设：

$$S_t \gg E_t, \quad I_t \gg E_t, \quad S_t \neq I_t$$

$$\frac{dE_t}{dt} = \frac{d(ES)}{dt} = \frac{d(EI)}{dt} = \frac{d(ESI)}{dt} = 0$$

$$E_t = E + ES + EI + ESI \tag{3.11}$$

在稳态条件下，模型式（3.11）的各过程可表达如下：

$$\frac{d(E)}{dt} = -k_1(E)(S) + (k_1 + k_2)(ES) - k_5(E)(I) + k_4(EI) = 0 \tag{3.12}$$

$$\frac{d(ES)}{dt} = k_1(E)(S) - (k_2 + k_3)(ES) - k_6(ES)(I) + k_7(ESI) = 0 \tag{3.13}$$

$$\frac{d(EI)}{dt} = k_5(E) - k_4(EI) = 0 \tag{3.14}$$

$$\frac{d(ESI)}{dt} = k_6(ES)(I) - k_7(ESI) = 0 \tag{3.15}$$

由式（3.14），设

$$K_I = \frac{k_4}{k_5} = \frac{(E)(I)}{(EI)} \Rightarrow (EI) = \frac{(E)(I)}{K_I} \tag{3.16}$$

由式（3.15），设

$$K'_I = \frac{k_7}{k_6} = \frac{(EI)(I)}{(ESI)} \Rightarrow (ESI) = \frac{(ES)(I)}{K'_I} \tag{3.17}$$

将式（3.12）与式（3.14）相加并整理可得到

$$(E) = \frac{(k_2 + k_3)(ES)}{k_1(S)} = K_m \frac{(ES)}{(S)} \tag{3.18}$$

将式（3.18）代入式（3.16），有

$$(EI) = \frac{K_m}{K_I} \frac{(ES)(I)}{(S)}$$

由式（3.16）、式（3.17）、式（3.18）可得到酶的总浓度 E_t 如下：

$$E_t=(ES)\left(1+\frac{K_m}{(S)}+\frac{K_m(I)}{K_I(S)}+\frac{(I)}{K_I'}\right) \tag{3.19}$$

将 $(ES)=\frac{V}{k_2}$代入式（3.19），并整理得到

$$k_2E_t=V\cdot\left(1+\frac{K_m}{S}+\frac{K_mI}{K_IS}+\frac{I}{K_I'}\right) \tag{3.20}$$

k_2E_t 含义是全部酶都参与生成产物的催化作用，也就是 V_{max}，经整理得到

$$V=k_2E_t=\frac{k_2E_t}{1+\frac{K_m}{S}+\frac{K_mI}{K_IS}+\frac{I}{K_I'}}=\frac{V_{max}S}{K_m\left(1+\frac{I}{K_I}\right)+S\left(1+\frac{I}{K_I'}\right)} \tag{3.21}$$

式（3.21）是有抑制剂时酶促反应抑制的一般表达式。以下分几种不同情况来讨论酶的抑制。

3.2.3.1　竞争性抑制

当一种物质能够与酶结合，并与酶和底物的结合形成竞争时，使产物的反应速率降低，这种对酶的抑制称为竞争性抑制，竞争性抑制可表达如下：

$$E+S\underset{k_3}{\overset{k_1}{\rightleftharpoons}}ES\xrightarrow{k_2}E+P$$

$$E+I\underset{k_5}{\overset{k_4}{\rightleftharpoons}}EI$$

该表达形式是式（3.11）的左边一半，假设式（3.11）中 I 与 ES 没有结合的能力，ESI 不存在，则 $K_I\to\infty$，由式（3.21）可得到竞争性抑制反应速率表达式：

$$V=\frac{V_{max}S}{K_m+S+\left(\frac{K_m}{K_I}\right)I} \tag{3.22}$$

显然当式（3.22）中的 I 等于 0 时，V 的表达式就是米—门公式。

图 3.6 中 V_{max}'为在抑制条件下的最大反应速率。K_m 为在抑制条件下的反应速率常数。图 3.6 表明当抑制存在时，达到相同反应速率所要求的底物浓度会更高，而当底物浓度到足够大时，抑制作用相应减弱，V_{max}'与 V_m 趋于相等。

将 Lineweaver-Burk 线性化方法应用于式（3.22）可得到线性化的反应速率表达式

$$\frac{1}{V}=\frac{K_m}{V_{max}}\left(1+\frac{I}{K_I}\right)\frac{1}{S}+\frac{1}{V_{max}} \tag{3.23}$$

从图 3.7 中可以求得 K_m 和 V_{max}'的值。

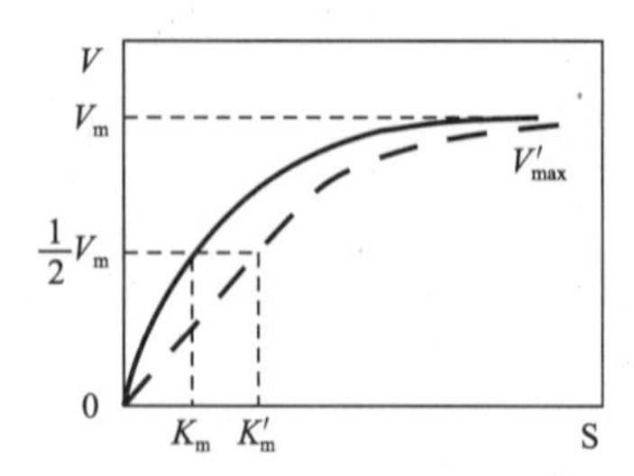

图 3.6　竞争抑制时的 V-S 曲线

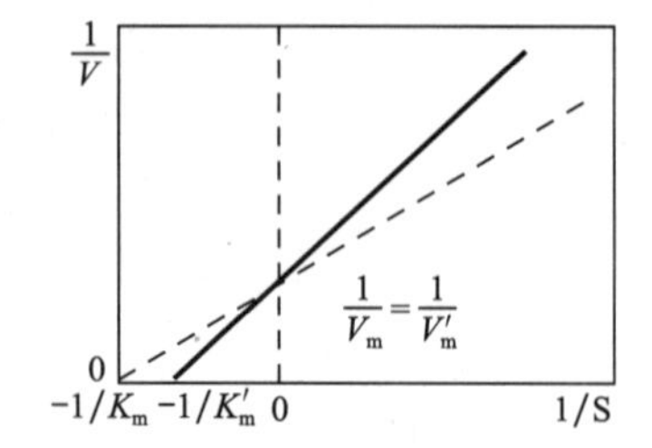

图 3.7　竞争抑制的 Lineweaver-Burk 线性化图形

3.2.3.2　非竞争抑制

非竞争抑制是指抑制剂只与酶底物结合体相结合，从而降低了由酶底物结合体向产物

转化的反应速率，形成了对酶的抑制。非竞争抑制假设抑制剂不与酶直接结合，因此，过程的表达形式是式（3.11）的右边一半。

$$E + S \underset{k_3}{\overset{k_1}{\rightleftharpoons}} ES \xrightarrow{k_2} E + P$$

$$ES + I \underset{k_7}{\overset{k_6}{\rightleftharpoons}} ESI$$

由于没有 EI 存在，$K_I \rightarrow \infty$，由式（3.21）可得到反应速率表达式为：

$$V = \frac{V_{max} S}{K_m + S\left(1 + \frac{I}{K'_I}\right)} \tag{3.24}$$

Lineweaver-Burk 线性表达式为：

$$\frac{1}{V} = \frac{K_m}{V_{max}} \cdot \frac{1}{S} + \frac{1}{V_{max}}\left(1 + \frac{I}{K'_I}\right) \tag{3.25}$$

假设 ES 没有积累，则 $K'_I + k_6 + k_7 = k_2$，其中 K'_I为在抑制条件下的 k_2，分别以 V 对 S 作图和$\frac{1}{V}$对$\frac{1}{S}$作图，可得到图 3.8 和图 3.9。

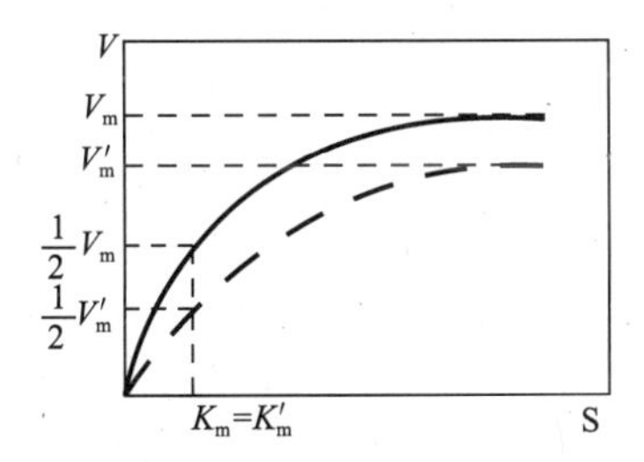

图 3.8　非竞争抑制时的 V-S 曲线

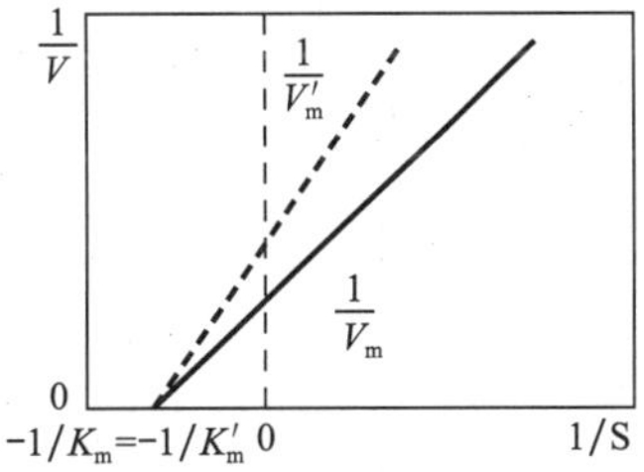

图 3.9　非竞争抑制的 Lineweaver-Burk 线性化图形

图 3.9 表明非竞争抑制使产物的最大反应速率降低，但在假设条件下 K_m 不变。通过线性化的方法可求出 V'_{max}和 K_m 的值。

3.2.3.3　底物抑制

当底物浓度很高时，有些底物会与酶一底物结合体再结合而抑制从酶底物结合体向产物的反应，这种抑制称为底物抑制，其过程可表达如下：

$$E + S \underset{k_3}{\overset{k_1}{\rightleftharpoons}} ES \xrightarrow{k_2} E + P$$

$$ES + S \underset{k_9}{\overset{k_8}{\rightleftharpoons}} SES$$

在稳态条件下有：

$$\frac{d(E)}{dt} = -k_1(E)(S) + (k_2 + k_3)(ES) = 0 \tag{3.26}$$

$$\frac{d(ES)}{dt} = k_1(E)(S) - (k_2 + k_3)(ES) - k_8(ES)(S) + k_9(SES) = 0 \tag{3.27}$$

$$\frac{d(SES)}{dt} = k_8(ES)(S) - k_9(SES) = 0 \tag{3.28}$$

设$\frac{k_2 + k_3}{k_1} = K_m$，$\frac{k_8}{k_9} = \frac{1}{K_s}$，$E_t = E + ES + SES$，由式（3.26）、式（3.27）可推导出

$$(E) = \frac{k_2 + k_3}{k_1} \cdot \frac{(ES)}{(S)} = K_m \frac{(ES)}{(S)}$$

$$(SES) = \frac{k_8}{k_9}(ES)(S) = \frac{1}{K_s}(ES)(S)$$

$$E_t = (ES)\left(1 + \frac{K_m}{(S)} + \frac{(S)}{K_s}\right) \tag{3.29}$$

由于 $V = k_2 ES$，将式（3.29）对 ES 求解可得到

$$V = \frac{V_{max} S}{K_m + S + \frac{S^2}{K_s}} \tag{3.30}$$

用 Lineweaver-Burk 方法对式（3.30）线性化，可得到

$$\frac{1}{V} = \frac{K_m}{V_{max}} \cdot \frac{1}{S} + \frac{1}{V_{max}}\left(1 + \frac{S}{K_s}\right) \tag{3.31}$$

根据式（3.30）V 对 S 作图可得到在底物饱和条件下底物对酶促反应的抑制曲线。根据式（3.31）以 $\frac{1}{V}$ 对 $\frac{1}{S}$ 作图，将曲线反向延长交于 $\frac{1}{V}$ 轴，其交点为 $\frac{1}{V_{max}}$，延长线的斜率为 $\frac{K_m}{V_{max}}$。

3.2.3.4　产物抑制

在反应过程中当系统中的产物不被提取，产物浓度的不断增加会对反应发生抑制，形成酶一底物和产物的结合体。其过程可表达如下：

$$E + S \underset{k_3}{\overset{k_1}{\rightleftharpoons}} ES \xrightarrow{k_2} E + P$$

$$ES + P \underset{k_{11}}{\overset{k_{10}}{\rightleftharpoons}} SEP$$

产物对反应速率的抑制可以用式（3.32）表达，式中的 P 为产物浓度，K_m 为产物与酶一底物结合体相结合的速率常数。

$$V = \frac{V_{max} S}{K_m + S + \left(1 + \frac{P}{K_p}\right)} \tag{3.32}$$

式中 $K_m = \frac{k_2 + k_3}{k_1}$，$\frac{1}{K_p} = \frac{k_{10}}{k_{11}}$。

尽管研究酶促反应的动力学很重要，但微生物中有许多种酶，反应也十分复杂，在此只能作一个基本知识的介绍。

3.3　小结

通过本章学习，掌握酶催化反应的基本概念、酶催化反应一般动力学和抑制动力学。

酶是生物体产生的具有催化能力的蛋白质，有酶催化的反应称为酶催化反应或酶促反应。生物反应几乎都是酶促反应，因此掌握酶促反应动力学比较重要。酶参与化学反应过程时可以改变化学反应的速度，但不改变反应的方向和平衡点，反应前后的组成和质量不发生变化。酶作为生物催化剂，具有高效率、高度专一性、活性可调节和催化反应的条件温和等特点。

酶具有高效催化性的主要原因是酶使反应活化能显著降低以及活性部位结合、诱导契

合等多种催化因素的协同作用。酶的专一性或者选择性是指一种酶一般只能催化一种或一类结构相似的底物进行某种类型的反应。微生物能产生很多种不同的酶，而且酶的产量和活性能够调节，因此微生物才能依据基质类型及浓度变化、环境条件的变化、能量需求的变化进行适当的反应，使生物过程有序地进行。

酶促反应的表达式是 $E+S \rightleftharpoons ES \rightleftharpoons E+P$，通过 4 项假设，可以得到上述反应的速率方程，即米—门方程。该方程的形式是 $V=V_m S/(K_m+S)$，属于饱和动力学，表达了单一底物酶促反应的产物形成速率与底物浓度的关系。可以采用 Lineueaner-Burk 方法或 Eadie-Hofstee 方法对米—门方程进行线性化，从而估算模型参数 V_m 和 K_m。

酶的抑制是指有某种物质抑制了酶促反应中酶或酶与底物的结合体，导致酶促反应的反应速率下降。酶促反应的抑制类型可以分为竞争性抑制、非竞争性抑制、底物抑制和产物抑制。竞争性抑制是指抑制物 I 与酶 E 结合为 EI，速率表达式对应于一般表达式 $K_I'=$ 无穷大。非竞争性抑制是指抑制物 I 与酶底物结合物 ES 结合为 ESI，速率表达式为 $K_I=$ 无穷大。底物抑制是指底物 S 与酶和底物结合物 ES 结合为 SES，速率表达式对应于非竞争抑制中 I=S。产物抑制是指产物 P 与酶和底物结合物 ES 结合为 PES，速率表达式对应于非竞争抑制中 I=P。

本章参考文献：

[1] 王希成. 生物化学. 北京：清华大学出版社，2001.

[2] 王建龙，文湘华. 现代环境生物技术. 北京：清华大学出版社，2001.

[3] Brown AJ. Encyme action，F Chem Soc，1902，81：373-88.

[4] Henri V. Loisgenerales del'action des diastases，Paris，Hermann，1903.

[5] Michaelis L，Menten ML. Diekinetik der invertin wirkung. Biochem，1913，49：333-69.

第 4 章　活性污泥法的经典模型

4.1　污水生物处理的经典模型

污水生物处理的经典模型大致可分为下列两大类，一类是经验模型，另一类是基本模型。

1. 经验模型

这一类模型可以 Eckenfelder 模型作为代表，主要考虑了处理厂的负荷与处理效果之间的关系。Eckenfelder 模型适用于含有多种基质的污水，模型的推导常以基质的降解服从一级反应为基础。对于含有多种基质的污水，虽然每一基质的去除以恒速进行（零级反应），不受其他基质的影响，但由于单一基质去除速率的差异，导致基质的总去除量（所有单一基质的去除量之和）如图 4.1 所示，所以可以认为整个系统的动力学遵循一级反应关系。

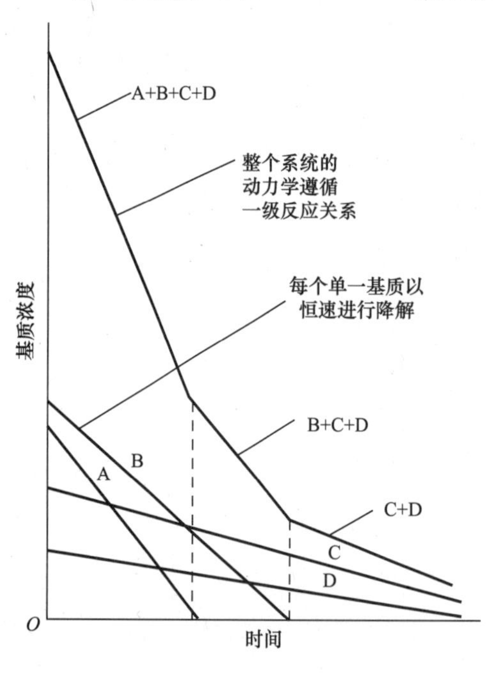

图 4.1　基质浓度与时间的关系
A、B、C 和 D 代表基质

2. 基本模型

这一类的模型是将 Monod 方程引入污水处理领域而推导出来的。它以微生物生理学为基础，更深入地说明了微生物增长与基质降解之间的关系，一般可以 Lawrence-McCarty 模型为代表。因为 Monod 方程是根据纯菌种对单纯化合物的间歇培养试验提出的，所以 Lawrence-McCarty 模型比较适用于含有单一基质的污水。

在使用以上数学模型研究生物处理动力学时，一般作如下一些假设：

（1）整个处理系统是在稳定状态下运行的；

（2）进入生物反应器内的污水中的基质均为溶解性的，水中也不含微生物群体；

（3）微生物在二次沉淀中没有活性，不进行代谢活动；

（4）二次沉淀池中污泥没有累积，且固、液分离良好；

（5）除特别注明外，都假定生物反应器内的物料是充分混合的。

4.2　Eckenfelder 模型[1,2]

Eckenfelder 模型是 W. W. Eckenfelder Jr. 对间歇试验反应器内微生物的生长情况进

行观察后于 1955 年提出的。现根据图 4.2 的微生物增长曲线讨论 Eckenfelder 模型：

1. 生长率上升阶段

在微生物的对数增长阶段，基质浓度高，微生物增长速度与基质浓度无关，呈零级反应，即微生物的生长不受食料数量的限制，只受自身生理机能的限制。这一阶段微生物的增长过程可用下式表示：

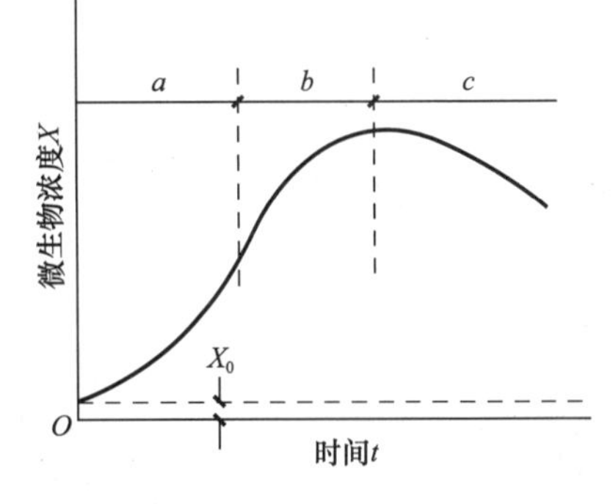

图 4.2 微生物增长曲线

注：a—生长率上升阶段（对数增长阶段）；
b—生长率下降阶段（减速增长阶段）；
c—内源代谢阶段。

$$\frac{\mathrm{d}(X-X_0)}{\mathrm{d}t}=K_1X$$

即

$$\frac{\mathrm{d}X}{\mathrm{d}t}=K_1X \tag{4.1}$$

式中：X_0——微生物起始浓度，mg/L；

X——t 时日的微生物浓度，mg/L，t 以 d 计；

K_1——对数增长速度常数，d^{-1}，在活性污泥法中 K_1 约 $2\sim7\mathrm{d}^{-1}$。

积分后，得：

$$\ln\frac{X}{X_0}=K_1t \text{ 或}$$

$$\ln\left(\frac{X_0+Y_0L_r}{X_0}\right)=K_1t \tag{4.2}$$

式中：L_r——去除的基质浓度，mg/L，$L_r=S_0-S$（S_0 和 S 分别为起始和 t 时日的基质浓度）；

Y_0——表观产率系数，mg 微生物/mg 基质。

$$\frac{\mathrm{d}(X-X_0)}{\mathrm{d}t}=Y_0\frac{\mathrm{d}(S_0-S)}{\mathrm{d}t}$$

所以

$$Y_0=-\frac{\mathrm{d}X}{\mathrm{d}S}$$

2. 生长率下降阶段

在微生物的减速增长阶段，微生物的增长主要受食料不足的影响，而不是受自身生理机能的限制。这一阶段微生物的增长与基质的降解遵循一级反应关系：

$$\frac{\mathrm{d}(X-X_0)}{\mathrm{d}t}=k'_2S$$

$$\frac{\mathrm{d}X}{\mathrm{d}t}=k'_2S$$

因为

$$\frac{\mathrm{d}X}{\mathrm{d}t}=-Y_0\frac{\mathrm{d}S}{\mathrm{d}t}$$

所以

$$\frac{\mathrm{d}S}{\mathrm{d}t}=-\frac{k'_2}{Y_0}S$$

令 $\frac{k'_2}{Y_0}=K'_2$代入上式，得：$\frac{dS}{dt}=-K'_2S$

如果考虑微生物浓度的影响，则可用比基质反应速度表示上式两侧，有

$$\frac{dS}{Xdt}=-K'_2\frac{S}{X}$$

或

$$\frac{dS}{dt}=-K_2XS \tag{4.3}$$

式中：S——基质浓度，mg/L；

X——t时日的微生物浓度，mg/L，t以d计；

K_2——减速增长速度常数，$K_2=K'_2/X$，$mg^{-1}\cdot d^{-1}$。在活性污泥法中，K_2值一般为$0.003\sim0.02mg^{-1}\cdot d^{-1}$。

积分后，得：

$$\ln\frac{S}{S_0}=-K_2Xt \tag{4.4}$$

或

$$S=S_0e^{-K_2Xt} \tag{4.5}$$

式中：S_0——起始基质浓度，mg/L；

S——t时日的基质浓度，mg/L；

其他符号同前。

3. 内源代谢阶段

在此阶段食料奇缺，微生物的数量逐渐减少。这一阶段微生物的衰减过程可用下式表示：

$$\frac{d(X'-X)}{dt}=K_3X \tag{4.6}$$

$$\ln\frac{X}{X'}=-K_3(t-t') \tag{4.7}$$

式中：X'——生长率下降（减速增长）阶段末尾时的微生物浓度，mg/L；

K_3——衰减常数，d^{-1}，此常数也常以K_d表示（在活性污泥法中K_3值平均约为$0.06d^{-1}$）；

t'——相应于X'的时间，d。

内源呼吸实际上是一个连续反应，贯穿于微生物的整个生命期，而不仅仅在内源代谢阶段才存在。即使在环境中有充足的食料，微生物内部的新陈代谢仍在进行，只是此时内源代谢作用的影响被掩盖了，因为微生物利用食料合成增长的速度很快，而内源呼吸速度则较慢。在内源代谢阶段，食料缺乏，因而合成增长的速度变慢，内源呼吸的影响就明显了。总之，微生物从开始增长至结束，其合成增长和内源代谢是始终同时存在的。内源代谢的产物是无机物和一些难降解的残留物，如细胞壁的某些组分和壁外的黏液层，主要是多糖，也有一些脂蛋白。

一般说，当食料与微生物之比$F/M>2.1\sim2.5kgBOD_5/(kg$微生物$\cdot d)$时，微生物的生长处于生长率上升阶段，而当$F/M<0.1kgBOD_5/(kg$微生物$\cdot d)$左右时，微生物生

长即进入内源代谢阶段。活性污泥系统的进水 BOD_5 一般低于 300～500mg/L，常运行在 F/M=0.3～0.6kgBOD_5/(kg 微生物・d) 的条件下。这一范围位于生长率下降阶段，可用式（4.3）进行处理构筑物的设计，即常称的 Eckenfelder 关系式。式（4.2）可用于高负荷生物处理系统，此时基质浓度高（BOD_5>500mg/L)。式（4.7）常用于污泥好氧处理和延时曝气系统。

微生物的浓度常用挥发性悬浮固体（VSS）计量，有时也用悬浮固体（SS)。在活性污泥处理系统中，微生物浓度以 MLVSS 或 MLSS 表示。

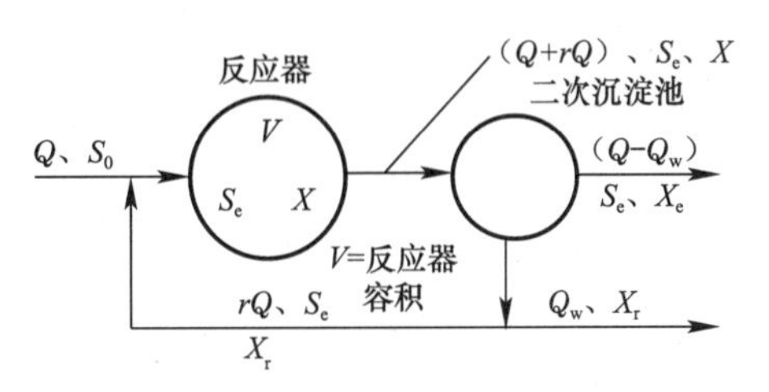

图 4.3 具有污泥回流的完全混合活性污泥系统

实际应用中，一般利用式（4.3）进行计算。

1）完全混合系统（图 4.3）

下面是对具有污泥回流系统的分析。

对基质进行物料平衡，得：

$$QS_0+rQS_e+V\frac{dS}{dt}=(Q+rQ)S_e \tag{4.8}$$

式中：Q——进水流量；

V——反应器容积；

r——生物回流比，在活性污泥法中即污泥回流比，$r=\frac{Q_r}{Q}$；

S_0——进水基质的浓度；

S_e——出水基质的浓度。

按式（4.3），可得：

$$V\frac{dS}{dt}=-K_2XS_eV$$

而

$$V=Qt$$

故在稳态运行时，式（4.8）可表达为：

$$\frac{S_0-S_e}{t}=K_2XS_e \tag{4.9}$$

或

$$\frac{S_0-S_e}{Xt}K_2S_e \tag{4.10}$$

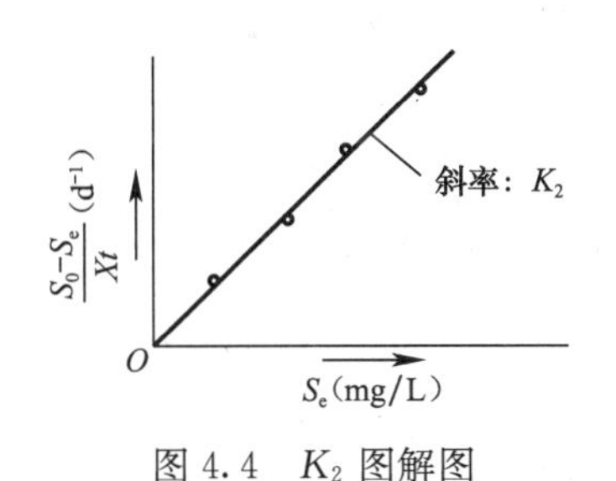

图 4.4 K_2 图解图

式中：t——水力停留时间，有时也用 θ 表示；

X——微生物浓度，可以 VSS 或 MLVSS 计量；

K_2——减速增长速度常数，这时也常称为基质去除常数或降解常数，可用几组平行试验数据通过图解法求得，如图 4.4 所示，所得结果相应于试验时的温度。

令$\frac{S_0-S_e}{t}=U_v$和$\frac{S_0-S_e}{Xt}=U_s$，于是：

$$U_v = K_2 X S_e \tag{4.11}$$

$$U_s = K_2 S_e \tag{4.12}$$

式中：U_v——容积负荷（以基质去除量为基础）；

U_s——污泥负荷（以基质去除量为基础），稳态时即基质的比去除速度，可以 v 表示。

应当注意：

（1）U_s 与 F/M 是有区别的。F/M 以进水基质浓度为基础计算（虽然有时也称污泥负荷），即 $F/M=S_0/Xt$，其与 U_s 的关系为：

$$U_s = \frac{(F/M)E}{100} \tag{4.13}$$

式中 E 为处理效率，表示为

$$E = \frac{S_0 - S_e}{S_0} \times 100(\%)$$

当处理效率高时，U_s 与 F/M 几乎相等。

（2）从式（4.10）可以看出，即使在同一系统中，当 S_0-S_e 相同时，K_2 值也会有差异。例如：$S_0=300\text{mg/L}$，$S_e=120\text{mg/L}$，$K_2=\frac{3}{2Xt}$；$S_0=200\text{mg/L}$，$S_e=20\text{mg/L}$，$K_2=\frac{9}{Xt}$。

后者的 K_2 值是前者的 6 倍。这意味着系统在相同的污泥负荷 U_s 下，若微生物量 X 不变而 S_0 变高，则降解速度常数 K_d 会降低，虽然此时基质的比去除速度 $v=K_dS_e$ 保持不变。因此，在作小型试验确定 K_d 时，试验的进水基质浓度同所欲考查的实际进水不应相差过多。

（3）式（4.10）为一直线方程，以 S_e 为横坐标，$(S_e-S_0)/Xt$ 为纵坐标，绘制的直线穿过原点 O（图 4.4），这里的 S_0 和 S_e 都是可生物降解物质的浓度，如有不可生物降解物质存在，则：

$$U_v = \frac{S_0 - S_e}{t} = K_2 X (S_e - S_n) \tag{4.14}$$

$$U_s = \frac{S_0 - S_e}{Xt} = K_2 (S_e - S_n) \tag{4.15}$$

式中：S_n——不可生物降解物质的浓度；

S_0——进水中可生物降解加不可生物降解物质的浓度；

S_e——出水中可生物降解加不可生物降解物质的浓度。

这里 S_0 和 S_e 是直接将水样测量所得的 COD 或 BOD_5。

利用式（4.10）和几组平行试验数据通过图解即可求得 S_n 值如图 4.5 所示，但这时式（4.10）中的 S_0 和 S_e 为将水样直接测定的结果，包括可生物降解和不可生物降解物质的浓度。

COD 中能存在不可生物降解物质是可以理解的，但 BOD 中也含有不可生物降解物质似乎与 BOD 的定义相矛盾。不少学者对此进行了研究。有些学者认为 S_n 的存在是由于生物处理出水中含有原水中没有的有机物，如有机物被微生物分解时产生的中间产物，细胞物质内源呼吸的残留物质等，也有些学者认为有机物经相当长时间的生物处理后，仍有一部分 BOD 不能被去除，S_n 实质上是有机物的降解达到平衡状态时的平衡浓度，还有一些学者提出了有机物再污染的机理。在实际应用中，当基质以 BOD_5 表示时，其中的 S_n 很小，可以忽略。

(4) 式 (4.9) 和式 (4.10) 也适用于无污泥回流的完全混合系统，如曝气塘等。

2) 推流系统（图 4.6）

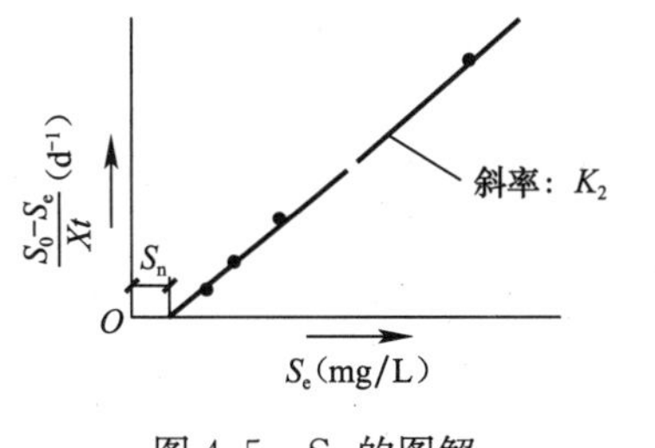

图 4.5 S_n 的图解

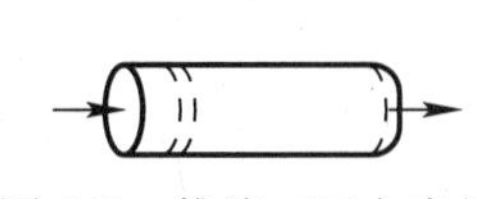

图 4.6 推流（正文出处）

在理想的推流式反应器中，进口处各层水流依次流到出口处，互不干扰，见图 4.6。各层水流中微生物的工作情况，如用微生物增长曲线来表示，将是图 4.2 的一段曲线，其数学模型可直接采用式 (4.4) 或式 (4.5)。如二次沉淀池出水基质浓度为 S_e，上两式可改写成：

$$\ln\frac{S_e}{S_0}=-K_2Xt \tag{4.16}$$

或

$$S_e=S_0e^{-K_2Xt} \tag{4.17}$$

基质去除率为：

$$E-\left(1-\frac{S_e}{S_0}\right)\times100=(1-e^{-K_2Xt})\times100(\%) \tag{4.18}$$

同样，如污水中存在不可生物降解的物质，其浓度为 S_n，则应用式 (4.16) 和式 (4.17) 时须从直接测得的进、出水基质浓度中减去 S_n 作为式中的 S_0 和 S_e。S_n 应预先求得。

采用上述公式对推流式反应器进行计算，有时误差较大。这是因为反应器首末两端的 K_2 值是有变化的，而完全混合反应器内的 K_2 值则基本不变。

实际上对于活性污泥法来说，并没有真正的推流系统（由于存在着纵向扩散）或真正的完全混合系统。真正的推流系统比完全混合系统的处理效率高，但这两种系统在实际中的处理效果相差不大。这是因为在实际中，真正的推流难以实现，而且外加推流式受冲击负荷的影响也较大。将一个反应器分成几个完全混合反应器（完全混合多级反应器）可以改进处理性能，并且仍可保持一定的适应冲击负荷的能力，这就是多点进水曝气法的设计思想。图 4.7 表示完全混合反应

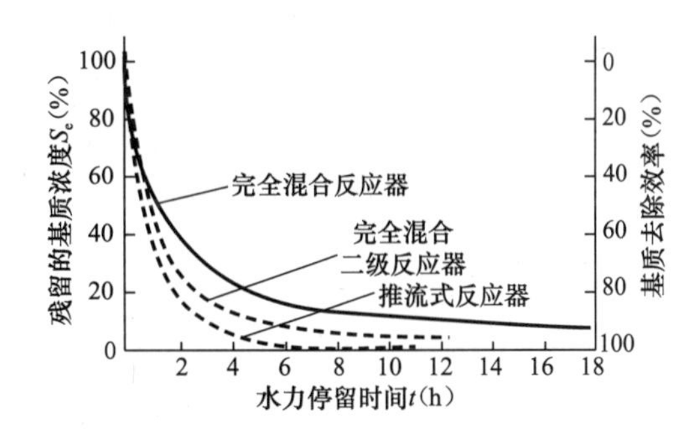

图 4.7 完全混合与推流式反应器处理效率的比较

器与推流式反应器在理论上处理效率的比较。

鉴于上述原因，同时为了避免复杂的数学推导，在研究数学模型时常假定反应器是完全混合的。

4.3　Grau 模型

讨论 Eckenfelder 模型时，假设整个处理系统是处于稳态条件下，进水基质浓度不随时间而变化，因而在式（4.3）～式（4.10）中 K_2 值是一常数。对某些水质均匀的污水或采用了调节池、对排水水质的不均匀性已有所缓冲时，这一假定是可以被接受的。从前面的讨论可以看出，K_2 受到进水基质浓度的影响是相当大的。如果进水水质有明显变化，Eckenfelder 模型便不能很好地描述基质的降解规律，因为在其基本关系式（式（4.3））中没有考虑进水基质浓度这个因素的影响。Grau 等人考虑了进水基质浓度的影响而于 1975 年提出了更为可靠的 Grau 模型如下：

$$\frac{dS}{dt}=-K_2X\left(\frac{S_e}{S_0}\right)^n \tag{4.19}$$

式中：n——常数，可采用 1；

K_2——基质去除常数（与 Eckenfelder 模型中的 K_2 数值和单位不同）；

S_0、S_e——进、出水的基质浓度。

$$U_v=\frac{S_0-S_e}{t}=K_2\left(\frac{S_e}{S_0}\right)X \tag{4.20}$$

$$U_s=\frac{S_0-S_e}{Xt}=K_2\left(\frac{S_e}{S_0}\right) \tag{4.21}$$

如果污水中存在不可生物降解的物质其浓度为 S_n，则应从直接测得的 S_0 和 S_e 中减去 S_n。S_n 可通过试验求得。

4.4　Lawrence-McCarty 模型[3]

虽然 Eckenfelder 模型已被采用多年，近年来却倾向于使用以 Monod 方程为基础的基本模型来解决污水生物处理的设计和运行问题。一般认为 A. W. Lawrence 和 P. L. McCarty 于 1970 年最先将 Monod 方程引入污水生物处理领域。利用这一类型的模型可以从微生物生理学角度更深入地了解微生物增长与基质降解之间的关系。

1. Monod 方程

此方程是 20 世纪 40 年代初 J. Monod 研究了利用单纯基质培养纯菌种后提出的。Monod 方程类似于以酶促反应为基础的米—门关系式。下式即 Monod 方程：

$$\mu=\frac{\mu_{max}S}{K_S+S} \tag{4.22}$$

式中：μ——微生物比增长速度，d^{-1}，即单位微生物量的增长速度 $\frac{dX/dt}{X}$，X 为微生物浓度；

μ_{max}——在饱和基质浓度中微生物的最大比增长速度，d^{-1}；

K_S——饱和常数，其值为$\mu=\frac{\mu_{max}}{2}$时的基质浓度，mg/L；

S——基质浓度，mg/L。

由

$$\frac{dX/dt}{X}=-Y_0\frac{dS/dt}{X}$$

$$\mu=\frac{dX/dt}{X}$$

$$-\frac{dS/dt}{X}=U_s=v$$

得

$$\mu=Y_0v$$

或

$$\mu_{max}=Y_0v_{max}$$

式中：v——基质比去除速度，d^{-1}；

v_{max}——基质的最大比去除速度，d^{-1}；

Y_0——表观产率系数，mg 微生物/ mg 基质。

代入式（4.22），得

$$v=\frac{v_{max}S}{K_S+S} \tag{4.23}$$

式中：S——基质浓度，mg/L；

K_S——饱和常数，mg/L。

如果存在不可生物降解物质，其浓度为 S_n，则：

$$v=\frac{v_{max}(S-S_n)}{K_S+(S-S_n)} \tag{4.24}$$

式中：S——不可生物降解加可生物降解物质的浓度，mg/L。

对于某种特定污水，v_{max}和 K_S 都是不变的。

在污水生物处理中，基质的去除是主要的任务，而微生物的增长只是基质去除的结果，所以式（4.23）和式（4.24）更有意义。

如以 S_0 和 S_e 分别代表反应器进水和出水的基质浓度，而稳态条件下污泥负荷 U_s 等于基质比去除速度 v，则

$$U_s=\frac{S_0-S_e}{Xt}=\frac{v_{max}S_e}{K_S+S_e} \tag{4.25}$$

$$v=\frac{S_0-S_e}{Xt} \tag{4.26}$$

如果存在不可生物降解的物质，其浓度为 S_n，则应从直接测得的 S_0 和 S 中减去 S_n。

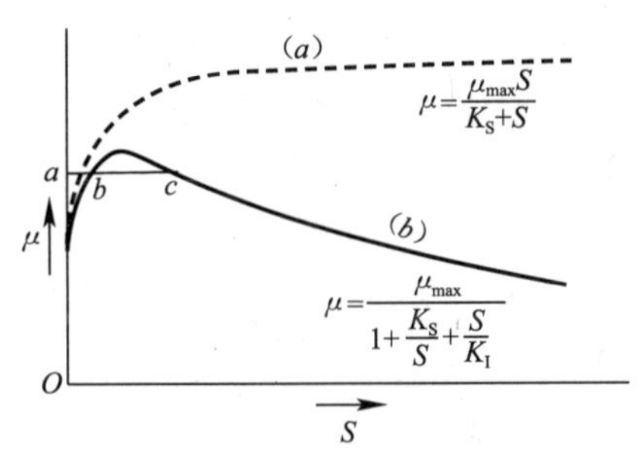

图 4.8 Monod 关系曲线

（a）—一般的 Monod 关系；

（b）—受抑制后的 Monod 关系

图 4.9 为利用式（4.23）绘制的 v-S 关系曲线，

图 4.10 为有不可生物降解物质存在时的关系曲线。

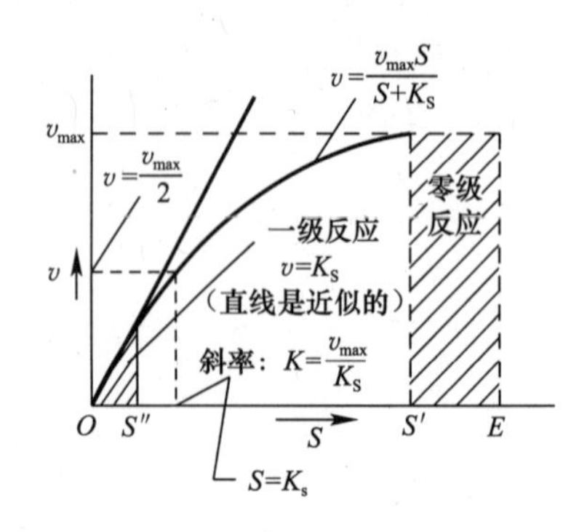

图 4.9　v-S 关系曲线

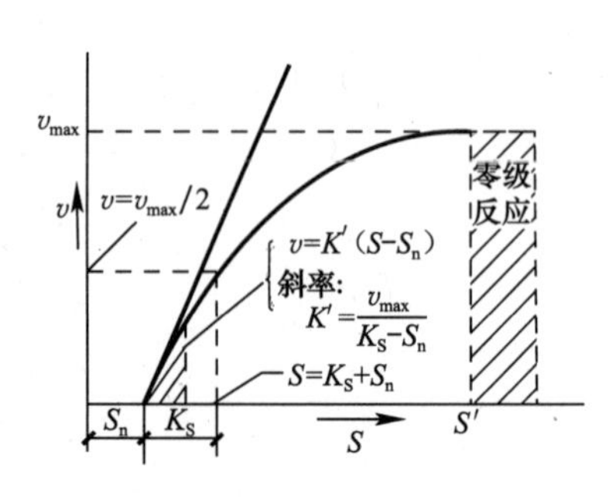

图 4.10　不可生物降解物质存在时的 v-S 曲线

从式（4.23），可以看出：

1）高基质浓度

$$S \gg K_S$$

于是，式中分母的 K_S 与 S 相比可以忽略，所以

$$v = v_{max} \tag{4.27}$$

显然，基质浓度高时，基质以最快速度降解，去除的速度与浓度无关。高基质浓度范围包括右端至浓度 S'时（图 4.9 和图 4.10）。

因为

$$v = v_{max} = -\frac{1}{X} \cdot \frac{dS}{dt}$$

所以

$$\frac{dS}{dt} = -Xv_{max}$$

而

$$\frac{dX}{dt} = -Y_0 \frac{dS}{dt}$$

所以

$$\frac{dX}{dt} = Y_0 v_{max} X \tag{4.28}$$

令 $K=Y_0 v_{max}$，则 K 为常数，得：

$$\frac{dX}{dt} = KX \tag{4.29}$$

上式与从微生物生长率上升阶段所求得的式（4.1）相比，是一致的。

2）低基质浓度

$$S \ll K_S$$

于是，式中分母的 S 与 K_S 相比可以忽略，即：

$$v = \frac{v_{max}S}{K_S}$$

令 $v_{max}/K_S=K$，则

$$v = KS \tag{4.30}$$

上式表示低基质浓度条件下，基质的去除遵循一级反应关系。

因为
$$v=-\frac{1}{X}\cdot\frac{dS}{dt}$$

所以

$$\frac{dS}{dt}=-KXS \tag{4.31}$$

式（4.31）与从微生物生长率下降阶段所求得的式（4.3）相比，是一致的。

这一关系式一般适用于入流 BOD_5 小于 300～500mg/L 的情况，这时对于完全混合反应器来说，其中的基质浓度已经很低。

式（4.27）和式（4.30）一起组成了基质去除的非连续模型（图 4.11），它们是连续函数 $v=\frac{v_{max}S}{K_S+S}$的两种特殊情况。这也是目前较多采用基于 Monod 方程的基础模型的一个原因。

3）中等强度的基质浓度

在这一范围内采用式（4.23），即

$$v=\frac{v_{max}S}{K_S+S}\text{进行计算。}$$

常数 v_{max}和 K_S 的确定：常数 v_{max}和 K_S 可通过小型试验确定，图 4.12 为小型试验的流程。

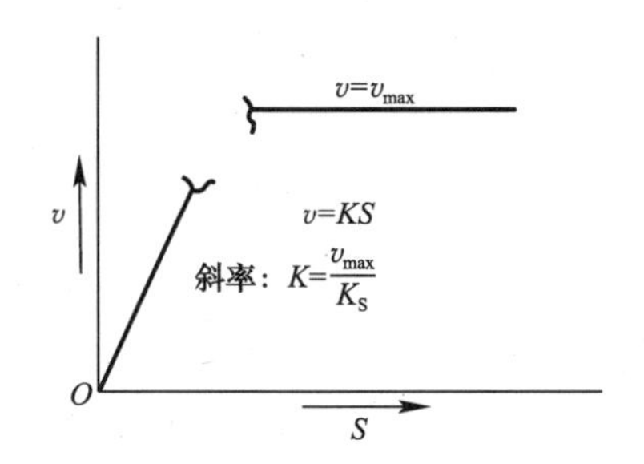

图 4.11 按式（4.27）和式（4.30）所得的基质比去除速度与基质浓度间的关系

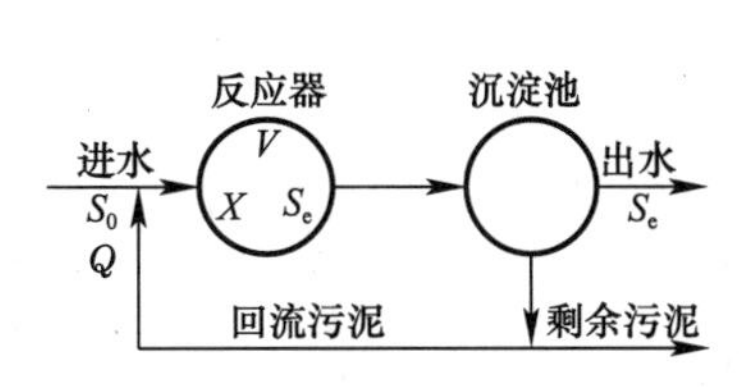

图 4.12 试验流程

（1）v 和 S_e

保持 X 和 S_0 不变，改变 t（水力停留时间）以取得相应的 S_e，然后根据下式求得对应的基质比去除速度 v：

$$v=\frac{S_0-S_e}{Xt}$$

（2）v_{max}和 K_S

取方程 $v=\frac{v_{max}S_e}{K_S+S_e}$的倒数，得：

$$\frac{1}{v}=\frac{K_S}{v_{max}}\cdot\frac{1}{S_e}+\frac{1}{v_{max}}$$

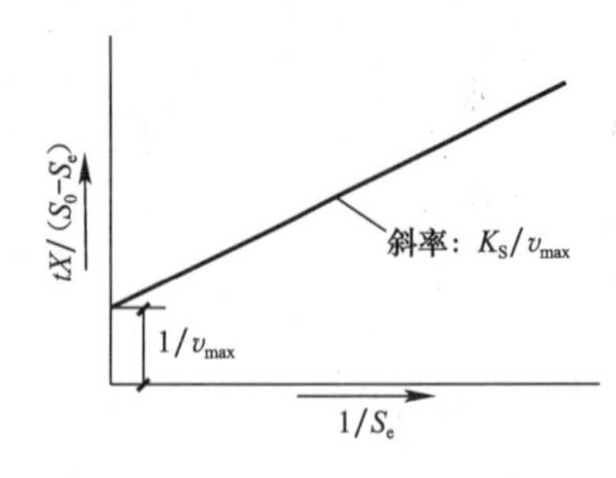

图4.13　图解法求 K_S 和 v_{max}

这是一直线方程。利用图4.13即可求得 v_{max} 和 K_S。所求得 v_{max} 和 K_S 值相应于作试验时的温度。

如有不可生物降解的物质存在，则应先求得 S_n，并从直接测得的 S_e 中减去 S_n，然后计算绘图。这时的 S_e 实际上是可生物降解加不可生物降解物质的浓度。

K_S 和 v_{max} 之值也可利用图4.9或图4.10求得，但不易获得正确的数值。

对大多数有机物，在20℃好氧条件下的 K_S 和 v_{max} 值大致如下：

$$K_S = 25 \sim 100\text{mgBOD}_5/\text{L}$$

$$v_{max} = 2 \sim 10\text{d}^{-1}$$

2. 有毒有害基质存在时的Monod修正式

通常所用的Monod式（4.22）仅适用于无毒性的基质。如有毒性基质存在，且达到一定浓度，微生物的生长将受到抑制。J. F. Andrews于1968年根据J. B. S. Haldane的高基质浓度抑制酶活性的关系提出了下列修正式：

$$\mu = \frac{\mu_{max}}{1 + \dfrac{K_S}{S} + \dfrac{S}{K_i}} \tag{4.32}$$

式中：K_i——抑制系数；其他同前。

微生物的生长受到抑制主要是由于：

（1）处理系统中生化反应所产生的某些中间产物或代谢产物，例如厌氧消化发酵过程所产生的挥发酸。这种酸浓度低时可被产甲烷菌吸收利用作为食料，而当浓度高时，则会抑制产甲烷菌的生长。

（2）某些工业污水的存在。例如，在好氧处理中，低浓度的酚可被用作细菌的食料，但浓度高了，则将起抑制作用。

根据式（4.32），也可写出同比增长速度 μ 相对应的基质比去除速度 v 与有毒基质浓度 S 的关系式，如下式所示：

$$v = \frac{v_{max}}{1 + \dfrac{K_S}{S} + \dfrac{S}{K_i}} \tag{4.33}$$

式中：K_i——抑制系数。

图4.8显示一般的Monod关系和受抑制后的Monod关系。从受抑制后的关系曲线，可以看到，除最高点外，对每一个 μ 相应地有两个 S，其中较大的一个 S 表示不稳定的处境，稍微增加将使 μ 大大减弱。

对于毒性甚强的基质，由于一开始就将影响微生物的活动，故不遵循式（4.32）或式（4.33）的关系。

把式（4.32）取倒数，得：

$$\frac{1}{\mu} = \frac{1}{\mu_{max}} + \frac{K_S}{\mu_{max}} \cdot \frac{1}{S} + \frac{1}{\mu_{max} K_i} \cdot S \tag{4.34}$$

如基质浓度 S 极低，则：

$$\frac{1}{\mu}=\frac{1}{\mu_{max}}+\frac{K_S}{\mu_{max}}\cdot\frac{1}{S} \tag{4.35}$$

当 $S=K_S$ 时，$\mu=\frac{\mu_{max}}{2}$，即 K_S 是对应于 $\mu=\frac{\mu_{max}}{2}$时的基质浓度。

式（4.35）是一直线方程，可用图解法求得 μ_{max}和 K_S 值（图 4.14）。

在高基质浓度时，

$$\frac{1}{\mu}=\frac{1}{\mu_{max}}+\frac{1}{\mu_{max}K_i}\cdot S \tag{4.36}$$

式（4.36）也是一直线方程，μ_{max}和 K_i 值可根据图 4.15 求得。

当 $S=K_i$ 时，$\mu=\frac{\mu_{max}}{2}$，即 K_i 是对应于 $\mu=\frac{\mu_{max}}{2}$时受到抑制的基质浓度。

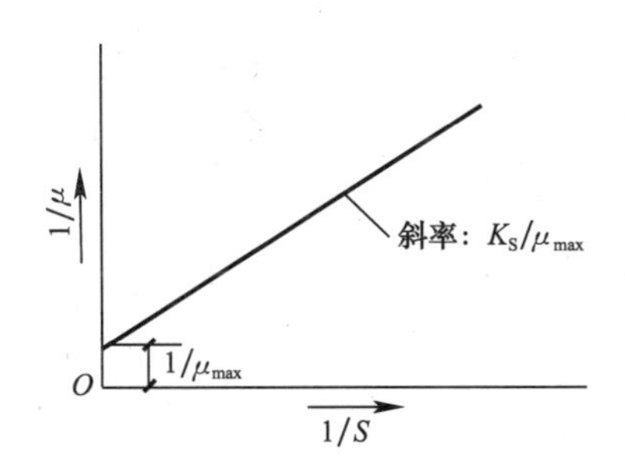

图 4.14　图解法求 μ_{max}及 K_S

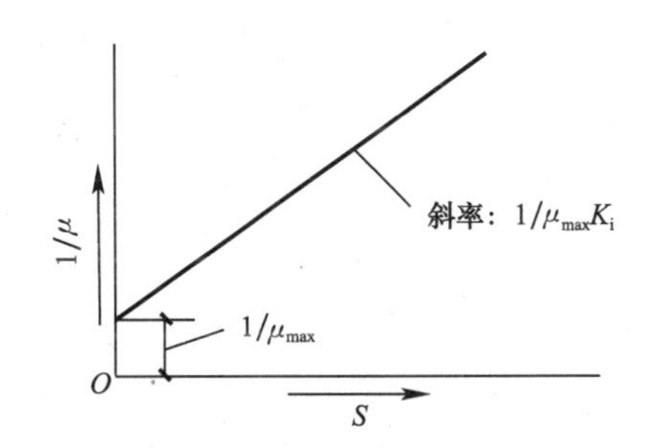

图 4.15　图解法求 μ_{max}和 K_i

抑制方程的应用：举例说明于下。

首先分析厌氧处理过程中挥发酸总浓度 A 与微生物比增长速度 μ 之间的关系。

$$[A]=[A^-]+[HA]$$

式中：A^-——离解的挥发酸；

HA——未离解的挥发酸（抑制性基质）。

把抑制性基质 HA 的浓度代入式（4.32），得：

$$\mu=\frac{\mu_{max}}{1+\frac{K_S}{[HA]}+\frac{[HA]}{K_i}}$$

$$HA\Leftrightarrow H^{+}+A^{-}\ (K_a\text{ 约为 }1.7\times10^{-5})$$

式中：H^+——氢离子。

对大多污水，pH=6～8，则：

$$[HA]=\frac{[10^{-6}-10^{-8}][A^-]}{1.7\times10^{-5}}$$

此值与 $[A^-]$ 相比很小，在 $[A]=[A^-]+[HA]$ 中可忽略，近似认为 $[A]=[A^-]$，所以

$$[HA]=\frac{[H^+][A]}{K_a}$$

因此

$$\mu = \frac{\mu_{max}}{1 + \frac{K_S K_a}{[H^+][A]} + \frac{[H^+][A]}{K_i K_a}}$$

由上可见，pH 和挥发酸浓度均影响抑制作用，而未离解的酸浓度则是 pH 和酸总浓度的函数。

一般来说，反应器中挥发酸浓度应低于 1500～2000mg/L（以醋酸计）。

3. Lawrence-McCarty 模型及其在完全混合系统方面的应用

式（4.37）和式（4.38）是 Lawrence-McCarty 模型的两个基本方程式，并由此可导出式（4.39）和式（4.40）。后者的突出之点是强调了细胞平均停留时间 θ_c 这一参数的重要性及其在设计、运行中的意义。

$$\frac{1}{\theta_c} = YU_s - K_d \tag{4.37}$$

$$U_s = v = \frac{v_{max} S_e}{K_S + S_e} \tag{4.38}$$

$$S_e = \frac{K_S(1 + K_d\theta_c)}{\theta_c(Yv_{max} - K_d) - 1} \tag{4.39}$$

$$X = \frac{\theta_c}{\theta} \cdot \frac{Y(S_0 - S_e)}{1 + K_d\theta_c} \tag{4.40}$$

式中：S_0、S_e——反应器进水、出水的基质浓度，mg/L，如存在不可生物降解物质，则应考虑 S_n 的问题；

θ_c——细胞平均停留时间（MCRT），即细胞平均停留在处理系统内的时间，d；

θ——水力停留时间，d，有时也用 t 表示；

X——微生物浓度，mg/L，在活性污泥法中可以 MLVSS 表示；

U_s——以基质去除量为基础的污泥负荷，此时等于基质比去除速度 v，d^{-1}；

v_{max}——基质最大比去除速度，d^{-1}；

K_S——饱和常数，mg/L；

K_d——衰减常数，d^{-1}；

Y——理论产率系数，mg 微生物/mg 基质。

推导：Lawrence-McCarty 模型是以微生物生理学为基础，根据微生物增长与基质利用的关系推导出来的。

$$\frac{dX}{dt} = Y\frac{dF}{dt} - K_d X \tag{4.41}$$

式中：$\frac{dX}{dt}$——微生物净增长速度，mg/(L·d)；

Y——理论产率系数，mg 微生物/mg 基质；

$\frac{dF}{dt}$——基质利用速度，mg/(L·d)；

K_d——衰减常数，即微生物自身氧化率，d^{-1}；

X——微生物的浓度，mg/L。

上式中各项均除以 X，得：

$$\frac{dX/dt}{X}=Y\frac{dF/dt}{X}-K_d \tag{4.42}$$

$$\frac{dF}{dt}=\frac{d(S_0-S)}{dt}=-\frac{dS}{dt}$$

而

$$U_s=-\frac{dS/dt}{X}$$

$$\mu=\frac{dX/dt}{X}=\frac{1}{\theta_c}$$

代入式（4.42），得：

$$\frac{1}{\theta_c}=YU_s-K_d$$

因为

$$U_s=v=\frac{v_{max}S_e}{K_S+S_e}=K_2S_e$$

所以

$$S_e=\frac{K_S(1+K_d\theta_c)}{\theta_c(Yv_{max}-K_d)-1}$$

$$=\frac{1/\theta_c+K_d}{YK_2}$$

因为

$$U_s=\frac{S_0-S_e}{Xt}=\frac{S_0-S_e}{X\theta}$$

所以

$$X=\frac{\theta_c}{\theta}\cdot\frac{Y(S_0-S_e)}{1+K_d\theta_c}$$

应当注意：

（1）X 随 θ_c 的延长而增加，S_e 则随 θ_c 的延长而降低。这是因为 K_d 一般都很小，而 K_S 相对来说大得多。

（2）S_e 与 S_0 无关。在一定程度上，S_0 高会使 X 提高，因而更多的基质被去除。公式 $S_e=\frac{1/\theta_c+K_d}{YK_2}$ 是根据一级反应动力学而得到的，理论上基质去除速度的提高刚好足以抵消 S_0 增加的影响，于是 S_e 似无变化了。此外，在完全混合系统中，进水基质进入反应器后即被迅速稀释至浓度 S_e，故 S_e 似与 S_0 无关。但实际上根据 Grau 模型，S_0 对 S_e 还是有一定影响的，S_e 不但与 θ_c 有关，而且也与 S_0 有关。

（3）在具有回流的系统中，θ_c 与 θ 无关。实际上在污水生物处理装置正常运行时，欲将 θ_c 变成控制参数，首先必须满足最小 θ 的要求。为了较好地转移水中的氧和改善污泥的沉降性能，都需要有一定的停留时间。

Y 与 Y_0 之间的关系：

根据

$$\frac{dX/dt}{X}=Y_0\left(-\frac{dS/dt}{X}\right)$$

$$\mu=Y_0U_s$$

而

$$\mu=\frac{1}{\theta_c}$$

代入式（4.37），即得 Y 与 Y_0 之间的关系如下：

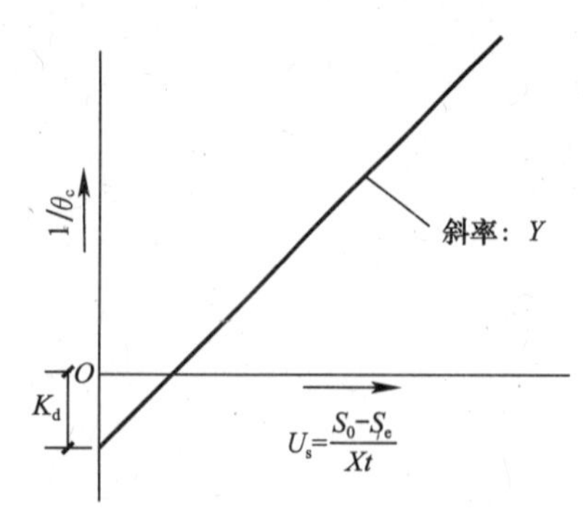

图 4.16 图解法求 K_d 和 Y 值

$$Y_0=\frac{Y}{1+K_d/\mu}$$
$$=\frac{Y}{1+K_d\theta_c} \quad (4.43)$$

动力学常数 v_{max}、K_S、K_d 和 Y 的确定：前面已经介绍确定 v_{max} 和 K_S 的图解法，不再重复。K_d 和 Y 也可通过试验，并根据式（4.25）和式（4.37）而求得，如图 4.16 所示。式（4.25）是用来计算式（4.37）中的 U_s 的。所求得的 K_d 和 Y 值相应于试验时的温度。

表 4.1 和表 4.2 是国外一些学者所求得的动力学常数值，可供参考。

活性污泥法动力学常数 **表 4.1**

常数	单位	常数值（20℃）	
		范围	一般
v_{max}	d^{-1}	2～10	5.0
K_S	$mgBOD_5/L$	25～100	60
	mgCOD/L	15～70	40
Y	$mgVSS/mgBOD_5$	0.4～0.8	0.6
	mgVSS/mgCOD	0.25～0.4	0.4
K_d	d^{-1}	0.04～0.075	0.06

注：应用时须按操作温度修正。

厌氧消化动力学常数 **表 4.2**

	常数	单位	常数值（20℃）	
			范围	一般
生活污水污泥	Y	$mgVSS/(mgBOD_5 \cdot d)$	0.040～0.100	0.06
	K_d		0.0200～0.040	0.03
脂肪酸	Y		0.040～0.070	0.050
	K_d		0.030～0.050	0.040
碳水化合物	Y		0.020～0.040	0.024
	K_d		0.025～0.035	0.03
蛋白质	Y		0.050～0.090	0.075
	K_d		0.010～0.020	0.014

注：应用时须按操作温度修正。

彭永臻、张自杰对哈尔滨城市污水好氧处理系统测试所得的动力学常数如下：

$$v_{max}=5.595mgCOD/(mgVSS \cdot d)(20℃)$$
$$K_S=75mgCOD/L(6\sim15℃)$$
$$K_e=85mgCOD/L(20\sim30℃)$$
$$Y=0.3451mgVSS/mgCOD(20℃)$$

$$K_d = 0.0662d^{-1}(20℃)$$

Geona 等人提出的温度与动力学常数的关系如下：

$$K_S = 7.8 \times 10^7 \exp\{-5420/(T+273)\}$$

$$\mu_{max}/Y = 1.076 \times 10^{12} \exp\{-8166/(T+273)\}$$

式中温度 T 以℃计。

$$\mu_{max} = 0.4 \sim 0.6h^{-1}(18 \sim 25℃)$$

细胞平均停留时间：细胞平均停留时间（MCRT），也称生物固体停留时间（BSRT）或泥龄（SA），常以 θ_c 表示。所谓细胞平均停留时间，前已述及，是指细胞平均停留在处理系统内的时间，对于具有回流的活性污泥系统，θ_c 就是曝气池全池污泥平均更新一次所需的时间。

$$\theta_c = \frac{\text{反应器内的细胞物(kg)}}{\text{引入反应器内的细胞物质(kg/d)}}(d)$$

在稳态运行条件下：

$$\theta_c = \frac{\text{反应器内的细胞物质(kg)}}{\text{排放的细胞物质(kg/d)}}(d)$$

$$= \frac{\text{反应器内的污泥量(kg)}}{\text{排放的污泥量(kg/d)}}(d)$$

所以 $$\text{排放的污泥量} = \frac{1}{\theta_c} \times \text{反应器内的污泥量}$$

由于 θ_c 与 S_e 有关，所以每日排出一定量的污泥即能获得相应的处理效率。

细胞平均停留时间的计算：

1）有污泥回流

有污泥回流的系统可以活性污泥系统为代表。活性污泥法剩余污泥的排除有两种方式：一种从二次沉淀池污泥回流管线上排除，一种直接从曝气池（反应器）中排除。

（1）从二次沉淀池污泥回流管线上排除（图 4.17）

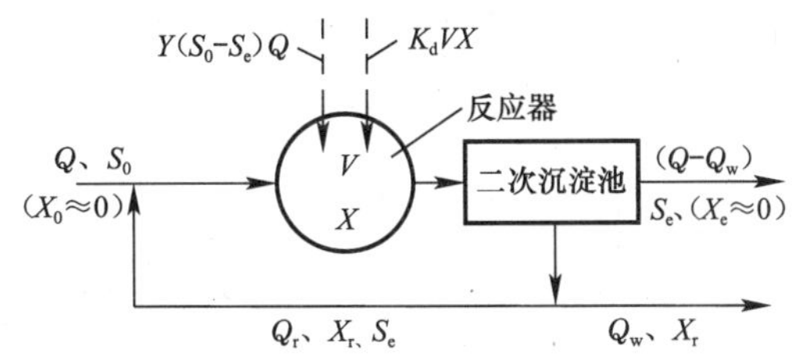

图 4.17　污泥从二次沉淀池排除的系统

$$\theta_c = \frac{VX}{Y(S_0-S_e)Q+QX_0}$$

$$= \frac{VX}{K_dVX+Q_wX_r+(Q-Q_w)X_e}$$

式中：VX——反应器内 VSS 量，kg/d；

$Y(S_0-S_e)Q$——反应器内合成的 VSS 量，kg/d；

QX_0——进水中的 VSS 量，kg/d；

K_dVX——反应器内由于细胞内源呼吸而损失的 VSS 量，kg/d；

Q_wX_r——从回流污泥线路中排出系统的 VSS 量，kg/d；

$(Q-Q_w)X_e$——从二次沉淀池溢流出的 VSS 量，kg/d；

θ_c——细胞平均停留时间，d。

由于 K_d 值很小，并假设二次沉淀池固、液分离良好（$X_e=0$），可以略去 K_dVX 和

X_e 两项。

所以
$$\theta_c = \frac{VX}{Q_w X_r} \tag{4.44}$$

（2）直接从曝气池（反应器）中排除（图 4.18）

$$\theta_c = \frac{VX}{K_d VX + Q_w' X + (Q - Q_w') X_e}$$

式中各符号意义同前。

忽略 $K_d VX$ 和（$Q-Q_w'$）X_e 两项，得：

$$\theta_c = \frac{V}{Q_w'} \tag{4.45}$$

因为　　$X < X_r$

所以　　$Q_w' > Q_w$

显然，这种运行方式所排出的剩余污泥较多，但对污水处理厂来说，这种运行方式比较容易控制，而且也有利于污泥的浓缩。

2）无污泥回流（图 4.19）

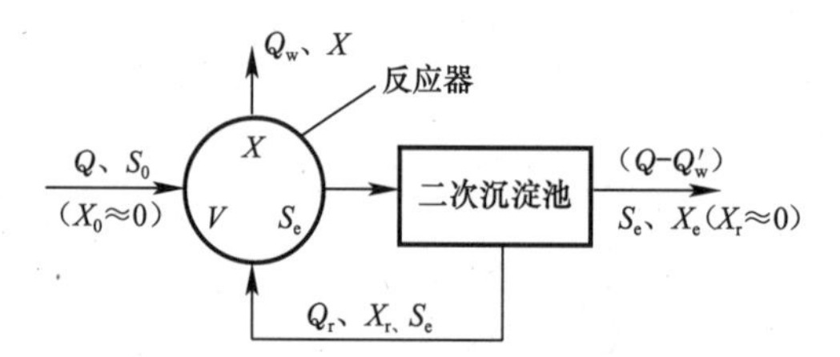

图 4.18　污泥从反应器排除的系统

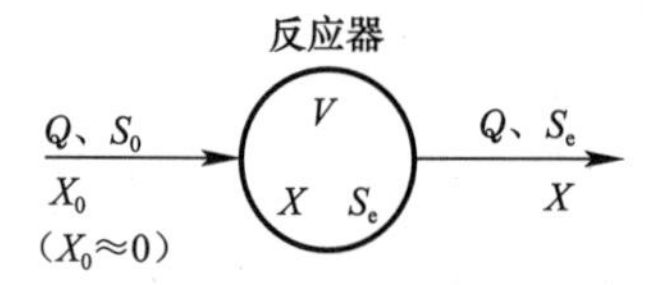

图 4.19　无污泥回流的系统

$$\theta_c = \frac{VX}{QX} = \frac{V}{Q} = \theta = t \tag{4.46}$$

式中 θ、t——水力停留时间，$t=\theta=\dfrac{V}{Q}$；

其他符号意义同前。

由式（4.46）可见，在无污泥回流的系统 θ_c 与 θ 直接有关。式（4.46）适用于传统的厌氧生物处理和某些变型的活性污泥法。

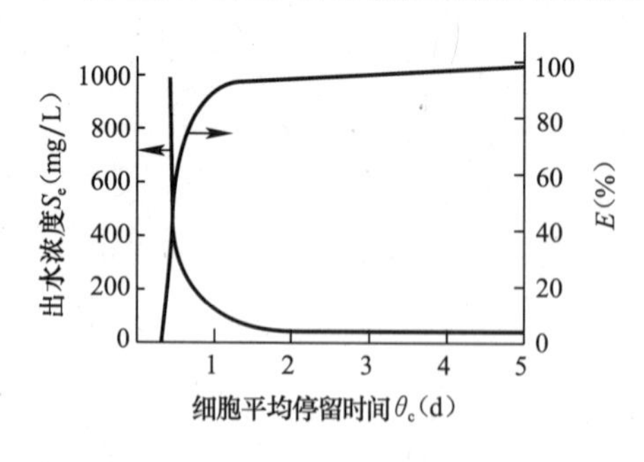

图 4.20　在无回流连续式完全混合反应器中，出水基质浓度及去除率对细胞平均停留时间的关系

最小细胞平均停留时间：最小细胞平均停留时间常以 θ_c^M 表示。图 4.20 示 θ_c 与出水基质浓度 S_e 和处理效率的关系。它是通过试验，并根据下列两式绘制出来的。

$$S_e = \frac{K_S(1 + K_d\theta_c)}{\theta_c(Yv_{max} - K_d) - 1}$$

$$E = \frac{S_0 - S_e}{S_0} \times 100$$

从图 4.20 中可以看出：S_e 和 E 都与 θ_c 有关；θ_c 低于某一数值时，污水就得不到稳定。θ_c 的这一临界值即被称为最小细胞平均停留时间。就其物理意义而言，θ_c^M 就是系统中细胞流失或排出速度大于其增长速度时的细胞停留时间，在这种情况下进水中基质浓度 S_0 等于出水中基质浓度 S_e。

由于在 θ_c^M 时，$S_e=S_0$，根据式（4.37）和式（4.38）即可求得最小细胞平均停留时间的方程为：

$$\frac{1}{\theta_c^M}=Y\frac{v_{max}S_0}{K_S+S_0}-K_d \tag{4.47}$$

如略去 K_d，则

$$\theta_c^M=\frac{K_S+S_0}{Yv_{max}S_0} \tag{4.48}$$

如果系统内基质的去除遵循一级反应动力学关系，则

$$U_s=\frac{S_0-S_e}{Xt}=K_2S_e$$

所以

$$\frac{1}{\theta_c^M}=YK_2S_0-K_d \tag{4.49}$$

实际上，θ_c^M 就是微生物的世代期 t_g。

$$t_g=\frac{100}{\text{微生物增长速度}(\%/\text{d})} \tag{4.50}$$

又从

$$\mu=\frac{\mathrm{d}X/\mathrm{d}t}{X},$$

$$\ln\frac{X}{X_0}=\mu t \tag{4.51}$$

当过量的基质存在时，

$$\mu=\mu_{max}$$

$$\ln\frac{2X_0}{X_0}=\mu_{max}t_g$$

或

$$t_g=\frac{1}{\mu_{max}}\ln\frac{2X_0}{X_0}=\frac{1}{\mu_{max}}\ln2=\frac{0.69}{\mu_{max}} \tag{4.52}$$

对于一般的污水细菌，μ_{max}约为 0.1h^{-1}，

所以

$$t_g=6.9\text{h}$$

θ_c 必须不短于所需利用的微生物的世代期或 θ_c^M，例如，硝化细菌在 15℃时的增长速度平均为每天 20%，则其世代期平均为 100/20=5d（温度高则世代期短，在 20℃时 t_g 约为 3d）。如果水温 15℃时控制 θ_c 为 3d，则硝化细菌就不可能在反应器内繁殖长大。这是因为 θ_c 为 3d 时，每天排放的泥量将达（100/3）%=33%，这时排出的多，增加的少（增加仅 20%），硝化细菌将逐渐流失。这说明了为什么有的活性污泥法系统中出水的硝化程度较低或者未硝化。

设计所用细胞平均停留时间：此时间可用 θ_c^d 表示。设计构筑物时所用的 θ_c 不应小于 θ_c^M，即

$$\theta_c^d>\theta_c^M$$

或

$$\theta_c^d=(SF)\theta_c^M \tag{4.53}$$

式中：SF——安全系数，可采用 2～20。

对于传统的活性污泥法，SF 约在 20 左右或更大些；对于无回流的厌氧处理，SF 约为 2～3。

θ_c^d 也可根据试验直接求得。

为了获得较高的处理效果，必须采用较长的 θ_c（θ 也必须长），但如 θ_c 过长，将会产生下列不良影响：

1）搅拌混合时发生困难，因为 MLSS 高了不易混合均匀。

2）影响氧的转移。

3）影响污泥的沉降性能，产生针尖状絮凝体。

生物处理系统，特别是活性污泥系统，处理的效果可借助控制 θ_c 而获得。控制污泥的排放量即能保持一定的 θ_c 值，从而保证相应的处理效果。污泥排放量可根据不同的污泥排放方式，利用式（4.44）或式（4.45）求得，很方便，操作也简单。当然控制 U_s 也能获得一定程度的处理效果，但利用 U_s 需要做较多的测定等工作。所以 θ_c 的控制在生物处理的运行管理上有着重要意义。然而此法对于污泥的性质考虑不够，且进水条件多变时（如工业污水）其应用也受到一定的限制，所以它对于城市污水的运行管理更为适用。

在气温低时，可采用较长的 θ_c 值改善出水水质。降低污泥负荷和提高污泥浓度可使 θ_c 增长。

在工程设计方面，也可利用 θ_c 求得反应器的容积如下：

$$V=\frac{\theta_c^d Y(S_0-S_e)Q}{X(1+K_d\theta_c^d)} \tag{4.54}$$

4. Lawrence-McCarty 模型在推流系统中的应用

用数学式来描述反应器按推流方式运行的工况实际上是有困难的。Lawrence 和 McCarty 对此作了两个简化的假定，并依此得出了一个有实用意义的动力学模型（图 4.21）。这两个假定是：

（1）反应器入口处的微生物浓度近似地等于出口处的浓度。这一假定只有当 θ_c/t（或 θ_c/θ）>5 时才适用。但一般的活性污泥法都能满足这一条件。由于这一假定，反应器内微生物量可用平均浓度 $\overline{X}$ 表示。

（2）微生物利用基质的速度与沿水流方向基质浓度的降低速度相等，或

$$v=-\frac{\mathrm{d}S/\mathrm{d}t}{\overline{X}}=\frac{v_{\max}S}{K_S+S} \tag{4.55}$$

由式（4.55），得：

$$K_S\mathrm{d}S+S\mathrm{d}S=-v_{\max}\overline{X}S\mathrm{d}t$$

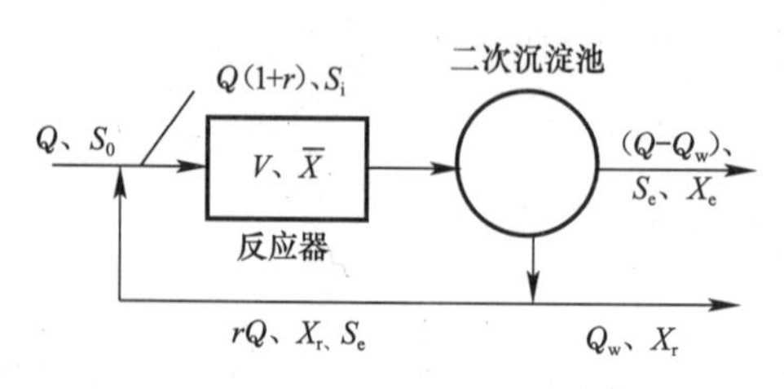

图 4.21　生物处理推流系统

积分，

$$K_S\int_{S_i}^{S_e}\frac{\mathrm{d}S}{S}+\int_{S_i}^{S_e}\mathrm{d}S=-v_{\max}\overline{X}\int_0^t\mathrm{d}t$$

$$(S_i-S_e)+K_S\ln\frac{S_i}{S_e}=v_{\max}\overline{X}t$$

得：
$$v=U_s=\frac{S_i-S_e}{\overline{X}t}=\frac{v_{\max}(S_i-S_e)}{(S_i-S_e)+K_S\ln\frac{S_i}{S_e}}$$

所以
$$\frac{1}{\theta_c}=Y\frac{v_{\max}(S_i-S_e)}{(S_i-S_e)+K_s\ln\frac{S_i}{S_e}}-K_d \tag{4.56}$$

这里
$$t=\frac{V}{Q(1+r)}$$

式中：S_i——混合后的进水基质浓度，$S_i=\frac{S_0+rS_e}{1+r}$；

r——回流比，$r=\frac{Q_r}{Q}$；

Q——进水流量；

V——反应器容积。

在此情况下，θ_c 也是 S_i 的函数。

如果 $\theta_c/t<5$，活性污泥法中的 $\overline{X}$ 将太小，上列方程不适于应用。

最后还须指出，对上述各基本公式，如污水中存在不可生物降解的物质，浓度以 S_n 表示，则须先确定 S_n，然后从实测的浓度中减去 S_n，进行计算。

4.5　McKinney 模型

Eckenfelder 模型和 Lawrence-McCarty 模型是当前应用最广泛的两个模型。下面再介绍一下 R. E. McKinney 所建议的模型。这个模型是在 20 世纪 60 年代初发表的，其中原有 10 个常数，后经改进，所需确定的常数减少到了 3 个。

同前面所讨论的模型一样，McKinney 模型是根据完全混合活性污泥法提出来的，后又根据推流式反应器的特点作了修改，适用于推流系统。他认为活性污泥反应器内基质浓度和微生物浓度相比，是属于低基质浓度，因此微生物的生长处于生长率下降（减速增长）阶段，代谢过程受基质浓度控制，并且基质的代谢速度遵循一级反应动力学。式（4.57）即 McKinney 模型的基本公式：

$$\frac{dF}{dt}=-K_mF \tag{4.57}$$

式中：$\frac{dF}{dt}$——基质的去除速度；

K_m——基质去除的速度常数；

F——t 时刻残存的基质浓度。

与 Eckenfelder 模型（式（4.3））相比，式中没有生物浓度 X 这一项。这似乎是这两者之间的主要区别之一，因为 McKinney 认为，在一般的活性污泥法反应器中其悬浮固体浓度已超过去除基质所需要的量，微生物量已不影响基质的去除速度。这可从图 4.22 看出，只有当微生物量不够大时，基质去除速度才与生物浓度 X 成正比，生物量提高到一定程度后（即 θ_c 大于一定值后），即使微生物浓度再提高，基质去除速度

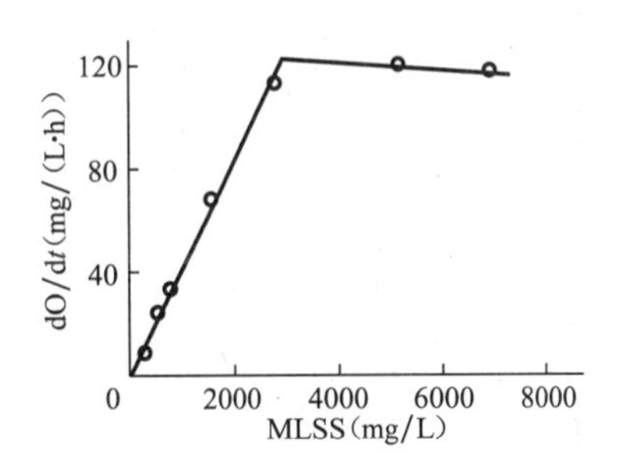

图 4.22　生物浓度对代谢速度的影响

注：耗氧率 dO/dt 反映了基质去除速度。

也不会再提高（曲线呈水平），出水水质也就不再是 θ_c 的函数了。因此，McKinney 模型中没有引入 X 这一项。

McKinney 还提出确定活性污泥混合液悬浮固体成分的方程式：

$$\mathrm{MLSS} = M_a + M_e + M_i + M_{ii} \tag{4.58}$$

$$\mathrm{MLVSS} = M_a + M_e + M_i \tag{4.59}$$

式中：M_a——活的微生物量，mg/L；

M_e——内源呼吸残留物量，mg/L；

M_i——生物不能降解的有机悬浮固体，mg/L；

M_{ii}——无机悬浮固体，mg/L。

M_a、M_e、M_i 和 M_{ii} 可按下列公式计算：

$$M_a = \frac{K_S F}{K_e + \frac{1}{\theta_c}} \tag{4.60}$$

或

$$M_a = \frac{\theta_c}{\theta} \cdot \frac{Y(F_i - F)}{1 + K_e\theta_c} \tag{4.61}$$

$$M_e = 0.2 K_e M_a \theta_c \tag{4.62}$$

$$M_i = M_{iinf} \frac{\theta_c}{\theta} \tag{4.63}$$

$$M_{ii} = M_{iiinf} \frac{\theta_c}{\theta} + 0.1(M_a + M_e) \tag{4.64}$$

式中：K_S、K_e——常数，d^{-1}；

θ_c——细胞平均停留时间，d；

θ——水力停留时间，d；

F_i——进水基质浓度，mg/L；

F——残存的基质浓度，mg/L；

M_{iinf}——入流中生物不能降解的有机悬浮固体，mg/L，在一般生活污水中约为 VSS 的 40%；

M_{iiinf}——入流中无机悬浮固体，mg/L。

关于生物体的计量问题，大多数模型（包括 Eckenfelder 模型和 Lawrence-McCarty 模型）使用 VSS 来量度的。实际上，活性污泥中的有机物质部分既包括活的细胞，也包括细菌死体和不可生物降解的有机物质。McKinney 指出，对处理生活污水的活性污泥，其中 MLSS 只含有 30%～50%的活的微生物体，Weddle 和 Jenkins 也指出，活性污泥中的活的异养微生物只占 MLVSS 的 10%～20%。所以用 VSS 来表示活的微生物并不是一个贴切的办法，因此，McKinney 在他的模型里提出了活性物质 M_a。然而，目前还无法通过直接的方法来量测 M_a，一般只能用间接量测的方法，如脱氢酶活性法，脱氢核糖核酸（DNA）法，三磷酸腺苷（ATP）含量法和有机氮测定法等。McKinney 模型中的常数，如 K_S、K_e 都是以活细胞为基础而求得的。对于生活污水，在 20℃时可分别采用 $K_S = 5h^{-1}$ 和 $K_e = 0.02h^{-1}$。这些常数在其他温度下的数值可用下式确定。

$$K_T = K_{20}(1.072)^{T-20} \tag{4.65}$$

温度对于动力学常数的影响还将在本章 4.10 节中详加讨论。

对完全混合并具有污泥回流的活性污泥反应器内基质代谢的分析：

如图 4.23 所示，对反应器内基质进行物料平衡，在稳态条件下：

$$F_iQ+FQ_r+\frac{dF}{dt}V=F(Q+Q_r)$$

并由式（4.57），得：

$$F=\frac{F_i}{1+K_m\theta}=\frac{F_i}{1+K_mt} \qquad (4.66)$$

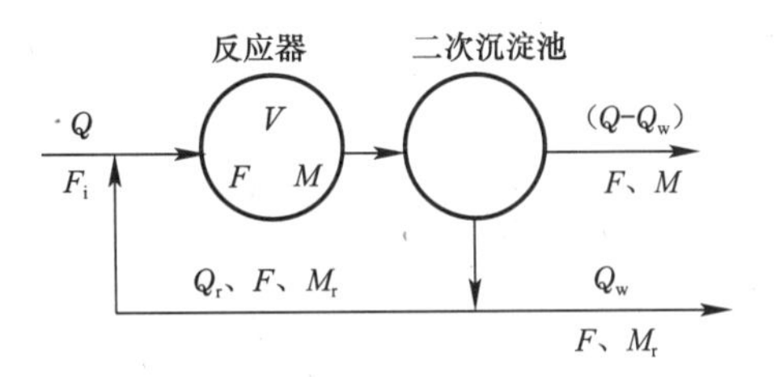

图 4.23　活性污泥处理系统

Q—进水流量；Q_w—剩余污泥量；

Q_r—回流污泥量；M_r—回流污泥浓度；

F_i—进水基质浓度；F—出水基质浓度；

V—反应器容积；M—微生物浓度

式中：F——出水中残留的基质浓度，mg/L；

F_i——进水基质浓度，mg/L；

K_m——基质去除速度常数（20℃时为 $7.2h^{-1}$，以 BOD_5 为基础）；

θ——水力停留时间，h，此处 $\theta=t=\frac{V}{Q}$。

对于 Eckenfelder 模型和 McKinney 模型，B. L. Goodman 和 A. J. Englande 两人曾进行了比较。他们认为在低基质条件下，这两个模型的基础是相同的，即都是根据基质的代谢速度服从一级反应得到的；这两个看似不同的完全混合系统的数学模型，实际上只是由于它们所用的符号、技术用语等方面的不同造成了一些混乱，并无真正的矛盾。例如，关于基质的代谢，利用 Eckenfelder 模型是 $\frac{S_0-S_e}{Xt}=K_2S_e$，重新整理后，可得 $S_e=S_0/l+K_2Xt$，而利用 McKinney 模型则是 $F=F_i/l+K_mt$，可见两个模型的差别仅是 K_m 和 K_2X 的不同。Goodman 和 Englande 考查了美国 4 座纯氧曝气试验厂的数据，分别求出了两个模型中的 K_m 和 K_2X 值，并将其点绘出（以 K_m 为横坐标，以 K_2X 为纵坐标），发现每个实验数据点均落在同一直线上，而该直线的斜率为 1。这说明，K_m 值和 K_2X 值完全相等，即 $K_m=K_2X$。又如，关于污泥固体的累积问题，Eckenfelder 没有分项计算活性污泥中各组成部分的量，而是用式（4.67）来计算挥发性悬浮固体量，但如将其分项计算，也可发现它们与 McKinney 模型是一致的。McKinney 模型中的 K_e、Y 是以活性物质 M_a 作为计量基础的，而 Eckenfelder 所建议的生物增长量公式（式(4.67)）中的 Y 和 K_d 则是以 VSS 为计量基础，这又是两者相异之处。MLVSS 中的生物可降解部分随 F/M 比值的增加而增加，但 F/M 大于一定值后，X 的增加甚微。因此，根据以上的分析，Goodman 和 Englande 提出了一个统一的模型。因为目前很少应用，所以不再加以讨论。

4.6　基质降解与生物增长量之间的关系

在反应器内对基质进行分解的同时，微生物本身在量上有所增加。在活性污泥法中，所增加的那一部分污泥，常被称为剩余污泥。它不仅包括有机物代谢而合成的新细胞和存在于细胞内的储藏物，而且还包含一些无机性物质以及生物性的活性悬浮物。因此，求得微生物的增长量（VSS）后，还需经一定换算才能得到一般所说的剩余污泥量。下面是有关微生物增长量的计算方法。

1. 合成系数法（根据 Eckenfelder 等人的建议）

$$\Delta X = YQ(S_0 - S_e) - K_d VX \tag{4.67}$$

式中：　ΔX——微生物增长量，kg/d；

$YQ(S_0 - S_e)$——反应器内合成的微生物量，kg/d；

$K_d VX$——反应器内由于微生物内源呼吸而失去的生物量，kg/d。

K_d 和 Y 值的确定，前已述及，可通过试验，并利用式（4.25）和式（4.37）求得。表 4.1 和表 4.2 所列数值可资参考。

2. 根据反应动力学基本方程计算

对于具有回流的完全混合系统，当微生物从二次沉淀池污泥回流管线排出时，

$$\theta_c = \frac{VX}{Q_w X_r}$$

所以

$$\Delta X \approx Q_w X_r = \frac{VX}{\theta_c} \tag{4.68}$$

3. 经验数据法

国外学者通过大量调研，取得了如表 4.3 的关系，也可供计算时参考。

U_s 与微生物增长率的关系　　**表 4.3**

U_s（d^{-1}）	进入的 BOD_5 转化成微生物细胞的比例（%）
0.1	0～7
0.2	7～15
0.3	15～30
0.4	30～40
0.5	>40

注：上面所求得的微生物增长量都以 VSS 表示。

4.7　基质降解与需氧量之间的关系

好氧生物处理需要氧气，反应器内的 DO 应维持在 1～2mg/L 以上，但亦不应过多，以免发生过氧化现象。下面是有关需氧量的计算方法。

1. 合成系数法（根据 Eckenfelder 等人的建议）

$$O_2 = aQ(S_0 - S_e) + bVX \tag{4.69}$$

式中：　O_2——碳化需氧量（即常称的需氧量），kg/d；

$Q(S_0 - S_e)$——基质去除量，kg/d；

VX——微生物量，kg；

a——常数，kgO_2/kg 基质；

b——常数，微生物内源呼吸需氧率，d^{-1}。

式（4.69）可写成：

$$\frac{O_2}{VX} = aQ\frac{S_0 - S_e}{VX} + b = aU_s + b \tag{4.70}$$

或

$$\frac{O_2}{Q(S_0 - S_e)} = a + b\frac{VX}{Q(S_0 - S_e)}$$

$$=a+\frac{b}{U_s} \tag{4.71}$$

式中：$\frac{O_2}{VX}$——单位质量微生物需氧量，kg/(kg·d)；

$\frac{O_2}{Q(S_0-S_e)}$——去除1kg基质的需氧量，kg/kg。

由式（4.70）可见，污泥负荷U_s高时，单位质量微生物的需氧量大，也就是单位容积反应器的需氧量多，曝气强度需要大些，反之则小些。而式（4.71）表明当U_s高时，去除单位质量基质的需氧量会变少。这是由于污泥负荷较高时，污泥吸附的基质相对氧化得少，而增加的微生物量较多，导致更多的未氧化基质随剩余微生物（剩余污泥）排出反应器，因此需氧量相对少了一些。

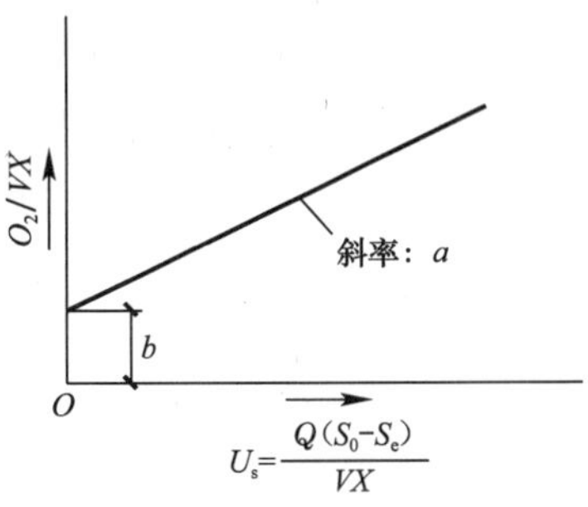

图4.24 图解法求a及b的值

a和b可通过试验确定。对于活性污泥法，如基质浓度以BOD_5，X以MLVSS表示，则一般a=0.42～0.53，b=0.188～0.11。表4.4为某些工业废水的a和b值。

某些工业废水的a和b值 **表4.4**

废水类型	a	b
含酚废水	0.56	
制药废水	0.35	0.354
炼油废水	0.50	0.12
造纸废水	0.38	0.092
石油化工废水	0.75	0.16
亚硫酸浆粕废水	0.40	0.185
生活、纺织混合废水	0.63	0.12

应当指出，在式（4.69）中并没有考虑硝化所需要的氧量，如果在氧化过程中硝化作用显著，则应考虑将这部分氧量，加在上述式中。硝化所需的氧量可由下式求得：

$$N=4.6(N_0-N_e)Q \tag{4.72}$$

式中：N——硝化所需的氧量，kg/d；

N_0——进水中NH_4^+-N浓度，kg/m³；

N_e——出水中NH_4^+-N浓度，kg/m³；

Q——流量，m³/d；

4.6——系数，kgDO/kgNH_4^+-N。

实际上，水中CO_2、CO_3^{2-}和HCO_3^-中的氧也能被硝化细菌用来氧化NH_4^+为NO_3^-，所以可以用系数4.3代替4.6来求出曝气器所应供应的氧量。

2. 根据反应动力基本方程计算

假定全部基质（以BOD表示）被氧化（但不计硝化作用），则计算时应采用BOD_u。因为

$$C_5H_7NO_2 + 5O_2 \longrightarrow 5CO_2 + 2H_2O + NH_3$$

细菌细胞　氧

113　　160

$$\frac{O_2}{细胞} = \frac{160}{113} = 1.42$$

$BOD_u = 1.42 \times$细胞，即每1kg微生物内源呼吸需要1.42kgDO（以BOD_u表示），所以碳化所需氧量为：

$$O_2 = A - 1.42B \tag{4.73}$$

式中：A——去除的基质量，kgBOD_u/d；

B——剩余污泥量，kgVSS/d，剩余污泥从系统中排出了，不被氧化，所以不消耗氧；

O_2——碳化所需的氧量，kg/d。

如果硝化作用显著，也应将硝化所需的氧量考虑进去。

如已知氧的转移率，即可算出实际需氧量，从而求出空气用量，但须保证反应器内至少有1～2mg/L的氧（当用空气曝气，氧也不宜太多，如超过5mg/L，可能会发生污泥过氧化现象）。另外，空气用量不仅要满足氧化污水BOD的要求，还要满足微生物内源呼吸和适当搅拌的要求。

一般说，在美国对于鼓风曝气的传统活性污泥系统，处理生活污水需空气3.5～14m^3/m^3(初步估计可用7m^3/m^3)。当$U_s > 0.3d^{-1}$时，约需30～60m^3空气/kgBOD_5；当U_s低时，微生物生活在内源代谢阶段或进入了硝化阶段及曝气时间长等原因，则需空气60～100m^3/kgBOD_5。美国“十州标准”要求的空气量为60m^3/kgBOD_5。为了保证适当的搅拌和避免悬浮物粒沉淀，对推流式反应器沿池长应至少供应0.3m^3/(m·min)的空气。国内经验表明，去除1kgBOD_5约需氧1～2kg。当曝气设备的空气利用率为5%～10%时，除去1kgBOD_5约需空气35～140m^3。

4.8 pH条件

细菌生长最佳的pH一般在6～8的范围内。因此应当验证在生物处理前，是否需要中和，这对工业污水特别重要。按粗略估计，每去除1kgBOD_5可去除碱度0.5kg（$CaCO_3$计）。这是因为细菌降解污水而生成的CO_2能与污水中的OH^-形成HCO_3^-，而将处理系统缓冲至pH=8左右的缘故。因此，某些碱性污水在生物处理时不需中和。

4.9 对营养的要求

所谓营养物质是指合成微生物细胞物质所需要的碳、氮、磷等物质。生活污水和城市污水一般都有足够的上述物质。某些工业污水可能缺乏氮和磷，在进行生物处理时就必须加入这些元素。

氮和磷的需要量一般可按下列关系考虑：

好氧处理：　$BOD_5 : N : P = 100 : 5 : 1$　(4.74)

厌氧处理：　$BOD_5 : N : P = 200 : 5 : 1$　(4.75)

经验表明，这样的近似估计是能满足氮和磷的需要的，但未必是经济的。这是因为微生物的产量会随细胞平均停留时间 θ_c 的增加而减少，而微生物的产量减少了，对氮、磷的需要量也将随之而降低。这也说明了为什么按不同 θ_c 运行的两个类似的活性污泥处理装置在处理同一种污水时的效果会有较大差异（图 4.25）。

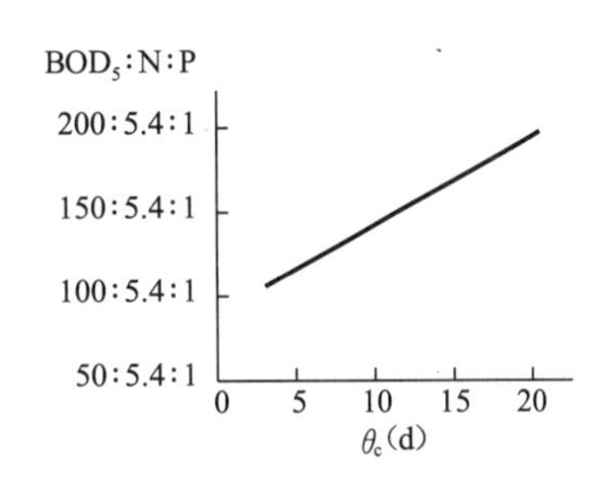

图 4.25 θ_c 对于活性污泥处理过程中营养物质需要量的影响

下面介绍一种比较精确的计算氮、磷需要量的方法：

根据 McCarty 于 1970 年提出的细菌化学实验式 $C_{60}H_{87}O_{23}N_{12}P$，可以算出其中 N 和 P 所占的比例分别约为 0.12（168/1374）和 0.02（31/1374）。于是可以算出，生物处理构筑物正常运行所需要的氮、磷量如下：

$$[\text{氮的需要量}(\text{kg/d})] = 0.12\Delta X \tag{4.76}$$

$$[\text{磷的需要量}(\text{kg/d})] = 0.02\Delta X \tag{4.77}$$

ΔX 可利用式（4.67）求得。

4.10 温度的影响

温度不但影响微生物的代谢活动，也影响氧的转移速度（对好氧处理）和固体物的沉降性能等。细胞内的生化反应速度随温度的增加能达到一个极大值，此后进一步提高温度则将引起生物酶的变化使反应速度下降。图 4.26 示出了温度变化对微生物增长速度的影响。这一事实表明，环境温度变化对微生物的生理状态有直接的影响。氧的溶解度随温度的升高而降低，因此温度也影响氧的转移速度。温度对生物固体沉降性能产生影响主要是由于水的黏度的变化。水的黏度随温度的升高而减小。因此，在较高温度的条件下固体物质的沉降性能会有所改善。

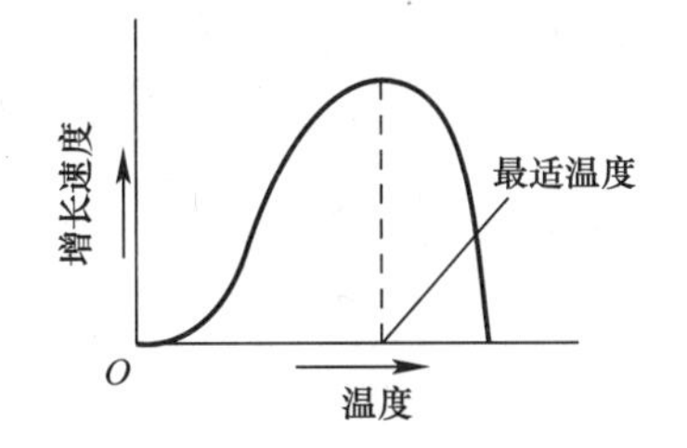

图 4.26 温度对于细菌增长速度的影响

由上可见，水处理工作者应该考虑生物处理系统运转温度的季节变化情况（当变化较大时）及其对工艺设计中使用的动力学常数和生物固体沉降性能的影响。

温度变化对反应速度的影响可以利用阿累尼乌斯方程进行修正。在正常运转温度范围内，减速增长速度常数 K_2 基本上按照阿累尼乌斯方程变化，方程呈如下形式：

$$K_{2(T)} = K_{2(20)}\theta_t^{(T-20)} \tag{4.78}$$

式中：θ_t——温度系数，一般为 1.03～1.15；

$K_{2(T)}$——T℃时的 K_2；

$K_{2(20)}$——20℃时的 K_2。

Benefield 等人发现，在 15～25℃之间，微生物的衰减常数 K_d 是按照阿累尼乌斯方程变化的，但在 32℃时则有明显偏差。因为大部分活性污泥处理厂都是在 32℃以下运转，所以可以认为 K_d 随温度的变化也服从阿累尼乌斯方程，并采用下列关系对 K_d 进行修正。

$$K_{d(T)} = K_{d(20)}\theta_t^{(T-20)} \tag{4.79}$$

式中：θ_t——温度系数；

$K_{d(T)}$——T℃时的K_d；

$K_{d(20)}$——20℃时的K_d。

θ_t值的变化范围常在1.02～1.06之间。

最大比基质去除速度v_{max}在一定范围内随温度的升高而加大，其关系可用下式表示：

$$v_{max(T)} = v_{max(20)} \theta_t^{(T-20)} \tag{4.80}$$

式中：θ_t——温度系数；

$v_{max(T)}$——T℃时的v_{max}；

$v_{max(20)}$——20℃时的v_{max}。

θ_t值一般变化在1.03～1.06范围内。

一般说，对于氧化塘（表面积大）、厌氧消化和硝化过程，温度的影响相对较大。

K_S和Y值随温度的变化可能并不服从阿累尼乌斯方程。K_S随温度的升高而增加，但温度的影响不大。温度对Y的影响也小，一般说在10～25℃的范围内，Y值基本不受温度变化的影响。

上面所列出的θ_t值都是当基质以BOD_5表示时求得的。

Sawyer、Fair等人曾提出活性污泥法和污泥消化在不同温度下的Q_{10}值，如表4.5所示。

温度对活性污泥法和污泥消化的影响　　表4.5

生物系统	温度（℃）	Q_{10}
活性污泥	10～20	2.85
	15～25	2.22
	20～30	1.89
厌氧污泥	10～20	1.67
	15～25	1.73
	20～30	1.67
	25～35	1.48
	30～40	1.0

注：$Q_{10}=\dfrac{(t℃+10℃)\text{时的反应速度}}{t℃\text{时的反应速度}}$

虽然可以利用上面所列的一些关系估算反应速度随温度变化的情况，但在有条件时最好在临界夏季和冬季温度条件下实测各动力学常数的值。

温度变化对生物固体沉降性能的影响也是一个重要问题。Benefield等人研究了活性污泥系统在4～32℃范围内，有机负荷为0.25～0.4kgBOD_5/(kgVSS·d)的条件下，温度对活性污泥沉降的影响，得到的污泥体积指数如下：温度4℃，SVI＝110mL/g；温度19℃，SVI＝98mL/g；温度32℃，SVI＝45mL/g。

根据这些数据似可得出如下结论：在4～32℃时，温度升高可改善污泥的沉降性能。但应指出，仅以SVI为标准衡量污泥沉降性能是不够可靠的，关于这方面的问题还需进一步研究。

4.11　生物处理系统污泥最佳沉降条件[4]

4.11.1　概述

本部分将着重讨论活性污泥法中与沉淀有关的问题。

生物处理构筑物出水所含的生物固体等杂质必须借沉淀而分离出去。生物处理二次沉淀池的主要作用就是将生物反应器出水中的固体杂质分离沉淀，并把沉淀下来的污泥浓缩。

正常的活性污泥沉降性能良好，含水率一般在99%左右。膨胀污泥含水率上升，体积膨胀，不易沉淀。污泥沉降性能不好当然影响出水水质。

污泥膨胀主要由于大量丝状细菌的繁殖，使泥块松散，密度降低所致。此外，细菌细胞的结合水也会引起膨胀。

4.11.2　表示活性污泥沉降性能的主要参数

1. 区域沉降速度（ZSV）

当活性污泥的污泥浓度大于500～1000mg/L（以SS计）时，将出现区域沉降。

在图4.27的界面区 b 和压缩区 d 中，悬浮物浓度是均匀的。过渡区中悬浮物浓度的沉降速度小于区域沉降速度 V_s(ZSV)，这是因为悬浮液的黏度和密度增加了的缘故。在这里，悬浮物浓度逐渐由界面区的浓度转变成压缩区的浓度。

在作实验时，如果要模拟机械刮泥和防止污泥分层，可用约5转/h的转速搅拌悬浮液。

在一定范围内，V_s（ZSV）高，沉降性能好。图4.28为污泥沉降曲线。

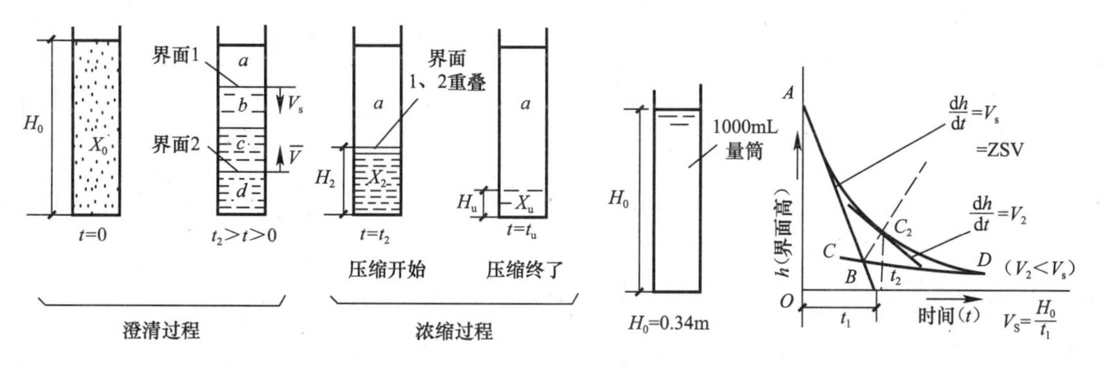

图4.27　区域沉降

注：a—澄清区；b—界面区；c—过渡区；d—压缩区；X_0—起始SS浓度；X_2—临界SS浓度；X_u—最终SS浓度

图4.28　污泥沉降曲线

2. 污泥体积指数（SVI）

污泥体积指数简称污泥指数（SI），系指反应器混合液经过30min沉淀后，1g干泥在湿润时所占的体积（以mL计）。

$$\mathrm{SVI(mL/g)}=\frac{\text{混合液 30min 沉降比}(\%)\times 10}{\text{混合液污泥浓度}(\mathrm{g/L})} \tag{4.81}$$

SVI越小，污泥沉降性能越好，但也不能太小。每座污水处理厂都有它自己的经验数值。污水中如含有大量溶解性有机物质，极易合成污泥，且灰分少，虽SVI高一些，却不是真正的污泥膨胀。反之，如污水中含无机物多一些，SVI低，也不一定吸附性能差。

悬浮固体浓度对于SVI值也有影响。图4.29示出了Vesilind在不同悬浮固体浓度条件下所获得的最大SVI值。

一般说，当污泥（以SS计）浓度在1000～3500mg/L时，如果SVI在150～35mL/g之间，可获得良好的沉降效果。

但是，Dick 和 Vesilind 发现，由于确定 SVI 值时仅仅测量了污泥沉降曲线上的一个点，所以它并不能真实地反映污泥的沉降特性，如图 4.30 所示。从图中可以看出，不同种类的污泥，即使其 SVI 相同，它们的沉降性能也不一定相同，有时会相差甚大。因此，单独利用 SVI 这个指标来衡量污泥的沉降性能不是最理想的，最好在给出 SVI 值的同时注明悬浮固体浓度或与 ZSV 值联系起来考虑。

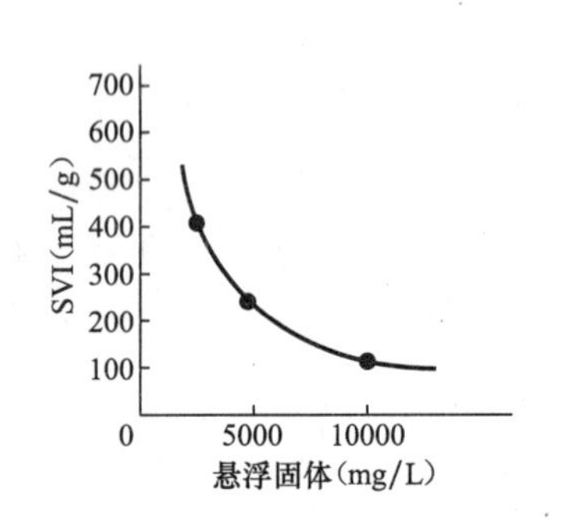

图 4.29　根据 1000mL 的污泥界面高度计算出的最大可能污泥体积指数

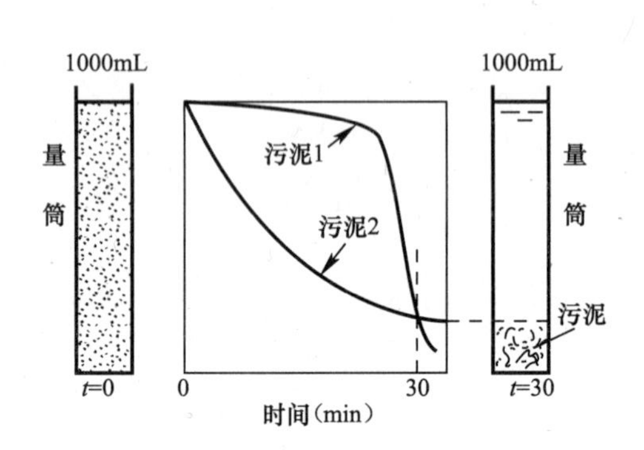

图 4.30　两种具有不同沉降性能的污泥可以具有相同的 SVI 值

由 SVI 求活性污泥法回流污泥浓度 X_r：如果所测得的 SVI 能够正确反映二次沉淀池中污泥的情况，则：

$$X_r = \frac{10^3}{SVI}(g/L) \tag{4.82}$$

这里的 X_r 以 SS 计。

但实际情况会有一些出入，所以有时引进一个系数 k，即

$$X_r = k\frac{10^3}{SVI}(g/L) \tag{4.83}$$

X_r 与 SVI 呈反比关系。k 值与污泥在二次沉淀池中的停留时间、池深、泥层厚度等有关。污泥在池内停留时间又与回流和贮泥容积有关。根据国外观察，污泥在二次沉淀池内的停留时间为 4～5h 时 k 可达 2，停留时间为 20～30min 时，k 可小至 0.5。根据国内调查，k 常在 0.8～1.2 之间。在计算时，一般可取 1 或 1.2。

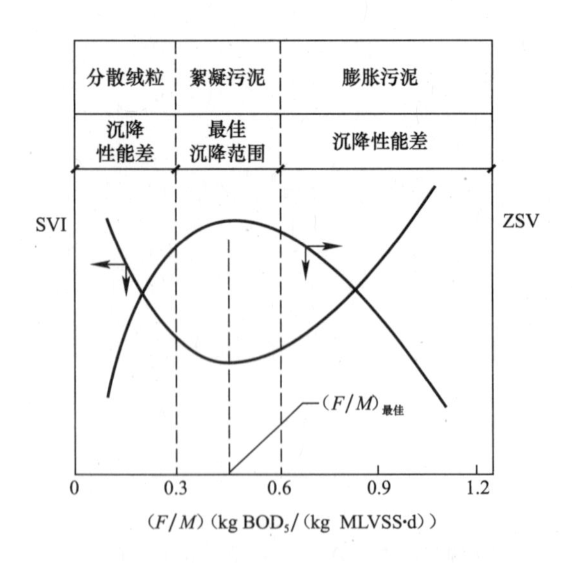

图 4.31　SVI 和 ZSV 与 F/M 的关系

4.11.3　污泥的最佳沉降条件

为了得出某一活性污泥的沉降特性关系，可用多个连续流模型试验反应器进行试验。每个反应器选择一个 F/M 值。对每一反应器得到的污泥作沉降试验求出其 ZSV 和 SVI 值。如果将这两个参数对应其相应的 F/M 比值作图，即可得如图 4.31 所示的 2 条曲线。显然，欲获得最佳沉降，污泥应具

有较高的 ZSV 和较低的 SVI。而最佳的 F/M 则对应于最大的 ZSV 和最小的 SVI。对于大多数有机废水，最佳 F/M 大致在 0.3～0.6（或 0.7）$mgBOD_5/(mgVSS \cdot d)$ 之间。

关于图 4.31，作说明如下：

1）F/M 低（$<0.3d^{-1}$）时，系统中的基质不足以维持微生物的生长，因此微生物被迫依靠内源呼吸获得能量。通过内源代谢，所剩余的残渣主要由细胞囊构成，非常轻，并且这时细菌周围的黏液层很薄，难以相互凝聚而沉下。这种污泥常为分散的绒粒。

2）F/M 高（>（0.6 或 0.7）d^{-1}）时，细菌周围的黏液层往往相当厚。黏液层主要由多糖类物质组成，松散而轻，厚了使细菌不易下沉。另外，F/M 高也有利于丝状菌的生长繁殖，从而影响沉淀。

3）F/M 在上述两端之间时，细菌周围的黏液层不厚不薄，可以较好地互相凝聚而下沉，所以污泥沉降性能好，称为絮凝污泥。

最佳絮凝情况时反应器（曝气池）的水力停留时间可从下式求得：

$$(F/M)_{最佳} = \frac{S_0}{Xt_{最佳}} \tag{4.84}$$

所以

$$t_{最佳} = \frac{S_0}{(F/M)_{最佳}X} \tag{4.85}$$

反应器的开头和进水方式也影响污泥沉降性能。例如，对于混合不佳的狭长反应器，进口处 F/M 高，可产生大量丝状体，以致出水难以澄清。对于完全混合的反应器，F/M 在整个容器内相当均匀。如条件稳定，污泥接触到的基质浓度几乎等于出水的浓度，因此易于得到稠厚的污泥。

4.12 活性污泥法经典模型的应用[5]

4.12.1 概述

活性污泥法是一种好氧悬浮生长的处理系统。好氧悬浮生长法除活性污泥法外，还有稳定塘、氧化沟、污泥好氧消化等方法。活性污泥法于 1913 年在英国试验成功以来，已有近百年的历史。目前，它已成为有机污水好氧生物处理（常称生物处理）的主要方法。

活性污泥法原来比较简单，随着生长上的应用和不断改进，特别是近五十年来，在对其生化反应和净化机理进行广泛深入研究的基础上，得到了很大的发展，出现了多种运行方式，并正在改变那种用经验数据进行工艺设计和运行管理的情况。

活性污泥法运行方式的改进，有的从功能方面着眼革新，有的则仅是曝气技术方面的革新。原来的运行方式称为传统活性污泥法（也称习惯活性污泥法或普通活性污泥法）。

1. 功能方面的革新

1）F/M 范围的扩大。

常 F/M 法　　0.3～0.6$kgBOD_5$/（$kgMLVSS \cdot d$）

BOD_5 去除率 90%～95%

低 F/M 法　　0.1～0.25$kgBOD_5$/（$kgMLVSS \cdot d$）

BOD_5 去除率 85%～98%

高 F/M 法　　1～5kgBOD$_5$/（kgMLVSS·d）

BOD$_5$ 去除率50%～60%

低 F/M 法与常 F/M 法无明显的分界，而常 F/M 法与高 F/M 法则分界明确。根据试验和污水处理厂运行资料，F/M 在0.5kg/(kg·d)或0.6～1kg/(kg·d)或1.5kg/(kg·d)左右时，丝状菌相对地生长好，污泥易于膨胀，一般不予采用，而当 $F/M>1～1.5$kg/(kg·d)时，则有足够的营养供给普通细菌和丝状细菌，所以污泥不易膨胀。

2）反应器（曝气池）进水点位置的改革

多点进水法或逐步曝气法就是这一改革的结果。吸附再生（接触稳定）法也可看作一种变形或改良的多点进水法。

3）回流污泥与进水流入反应器方式的改革

传统活性污泥法一般采用廊道式反应器。进水和回流污泥在一端流入反应器，以一定的流向（推流的方式）前进。前后混合液理论上互不相混。在此基础上进行了改革，发展了一种水和污泥进入反应器后立即同反应器中原有的混合液充分混合的方法。采用这种改革方式的活性污泥法就是常称的完全混合活性污泥法。

2. 曝气技术方面的革新

1）渐减曝气法（略）

2）纯氧曝气法（略）

此外，曝气装置如扩散板、曝气头等目前已有了不少改进。

4.12.2　传统活性污泥法

传统活性污泥法所用反应器比较狭长，水的流态比较接近真正的推流式。但反应器中空气的供应一般沿反应器的长度平均分布，往往前段氧量不足，后段过剩。如要维持前段有足够的氧，后段氧量则会大大超过需要。此外，由于推流的关系，系统受冲击负荷的影响较大。所以在实际应用中，特别是对较大的污水厂，常设计成可以进行多点进水。图4.32表示传统法和多点进水法反应器中需氧量的变化情况。

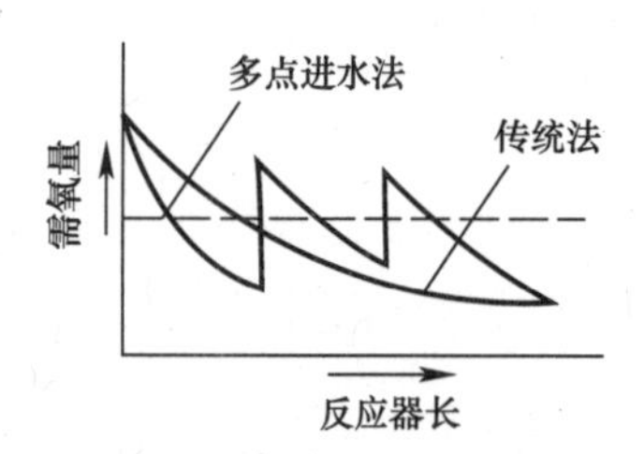

图4.32　活性污泥法反应器中需氧量示意

传统活性污泥法可按完全混合法进行计算，具体步骤见下节。

4.12.3　完全混合活性污泥法

这里所讨论的完全混合活性污泥是指采用传统流程的完全混合法（图4.33）。完全混合法有以下两个特点：

(1) 反应器内液体基本上可以得到彻底混合，各点水质几乎完全相同。因此，由于污水和回流污泥进入反应器后立即同器内原有的大量浓度低、水质均匀的混合液混合，得到了很好的稀释，所以进水负荷的变化对污泥的影响可降到极小，即完全混合法可以最大限度地随水质的变化，在较大程度上克服了传统活性污泥法受冲击负荷影响较大的缺点。

(2) 由于反应器内各点水质比较均匀，微生物群的性质和数量基本上也处处相同，因此，反应器各部分的工作情况几乎完全一致。用图表示时，它的工作情况在一般的微生物增长曲线（图4.2）上只是一个点，至于这个点在曲线上的具体位置则决定于反应器中 F/M 之值。这就使我们有可能把整个反应器的工作控制在良好的同一条件下进行。

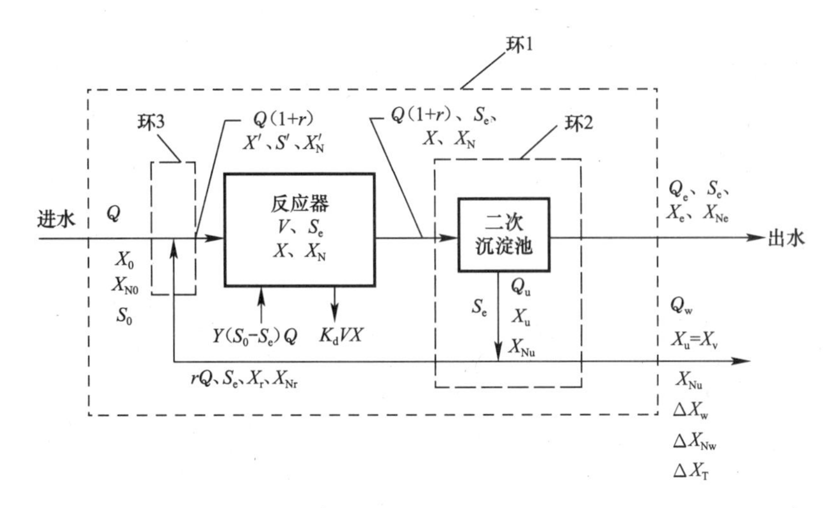

图 4.33 完全混合活性污泥法

注：(1) X 的右下角注有 N 者以 NVSS 计量，即不挥发悬浮性固体，其他以 VSS 计量；

(2) 本图中略去初次沉淀等一级处理设备。

完全混合法的设计：

1. Eckenfelder 模型

1) 反应器水力停留时间

确定反应器水力停留时间，不但要考虑 F/M 的大小，还要考虑出水水质能否满足要求。

(1) 出水水质

出水水质决定于基质去除速度，见式（4.10），因此，

$$t = \frac{S_0 - S_e}{K_2 X S_e} \tag{4.86}$$

(2) F/M

应考虑污泥的最佳絮凝与沉降。

$$t = \frac{S_0}{\frac{F}{M}X} \tag{4.87}$$

在一般情况下，F/M 常在 0.3～0.6kgBOD$_5$/(kgVSS·d) 的范围内。如计算所得的 F/M 不在此范围内，则应适当调整。

如有不可生物降解物质存在，其浓度为 S_n，则须从实测所得的 S_0 和 S_e 中减去 S_n，然后计算水力停留时间 t。

设计反应器时，应采用式（4.86）和式（4.87）中算出的较大的一个 t 值。

容易生物降解的污水，如炼糖、乳类加工等污水，往往是最佳絮凝条件控制 t 值，而降解缓慢的炼油、石油化工等污水，则是出水水质的要求决定 t 值。

2) 反应器容积

反应器容积 V 可用下式计算：

$$V = Q \cdot t \tag{4.88}$$

式中：Q——进水流量；

t——水力停留时间。

3）污泥回流比

考虑图4.33中的环1，在稳态条件下，得：

$$QX_0 + Y(S_0 - S_e)Q = K_dVX + Q_eX_e + Q_wX_r$$

令$Y(S_0-S_e)Q-K_dVX=\Delta X$，于是：

$$Q_wX_r = \Delta X + QX_0 - Q_eX_e$$

考虑环2，以$r(=Q_r/Q)$代表污泥回流比，在稳态条件下，得：

$$Q(1+r)X = Q_eX_e + rQX_r + Q_wX_r$$

所以

$$r = \frac{QX - \Delta X - QX_0}{Q(X_r - X)} \tag{4.89}$$

ΔX与QX相比很小，X_0可假定为零，所以如果忽略ΔX和QX_0，得：

$$r = \frac{X}{X_r - X} \tag{4.90}$$

考虑环3，也可粗略得r如下：

$$QX_0 + rQX_r = Q(1+r)X$$

忽略QX_0，得：

$$r = \frac{X}{X_r - X}$$

4）剩余污泥量

（1）VSS增长量

可按式（4.67）计算。

$$\text{VSS增长量} = \Delta X = YQ(S_0 - S_e) - K_dVX$$

（2）Q_e及Q_w

因为

$$Q_wX_r = \Delta X + QX_0 - Q_eX_e$$

$$Q_e = Q - Q_w$$

所以

$$Q_w = \frac{\Delta X + QX_0 - QX_e}{X_r - X_e} \tag{4.91}$$

当$X_0=0$，$X_e=0$时，

$$Q_w = \frac{\Delta X}{X_r}$$

（3）X_N及X_{N0}

如VSS/MLSS$=f$，则：

$$f = \frac{X}{X + X_N}$$

所以

$$X_N = \frac{X(1-f)}{f} \tag{4.92}$$

由于$Q(1+r)X_N=Q_eX_{Ne}+Q_uX_{Nr}$

所以

$$X_{Nr} = \frac{Q(1+r)X_N - Q_eX_{Ne}}{Q_u} \tag{4.93}$$

Q_eX_{Ne}很小，如果忽略，可得：

$$X_{Nr} = \frac{Q(1+r)X_N}{Q_u} \tag{4.94}$$

又由于 $rQX_{Nr}+QX_{N0}=Q(1+r)X'_N$ 和 $X'_N=X_N$，

所以
$$X_{N0}=(1+r)X_N-rX_{Nr} \tag{4.95}$$

(4) ΔX_w、ΔX_{Nw} 及 X_T

ΔX_w 和 ΔX_{Nw} 分别为从二次沉淀池回流污泥管线排放的 VSS 和 NVSS 量。

$$\Delta X_w=\Delta X+QX_0-Q_eX_e \tag{4.96}$$

$$\Delta X_{Nw}=Q\Delta X_{N0}-Q_eX_{Ne} \tag{4.97}$$

因此，剩余污泥量为：

$$\Delta X_T=\Delta X_w+\Delta X_{Nw} \tag{4.98}$$

2. Lawrence-McCarty 模型

1) 最小细胞平均停留时间

按式 (4.47) 或式 (4.48)，即可求得最小细胞平均停留时间 θ_c^M。

2) 设计细胞平均停留时间

设计细胞平均停留时间 θ_c^d 可按式 (4.53) 计算。

3) 反应器容积

可按下列三式求得。

$$\frac{1}{\theta_c^d}=YU_s-K_d$$

$$U_s=\frac{S_0-S_e}{Xt}$$

$$t=\frac{V}{Q}$$

所以
$$V=\frac{QY\theta_c^d(S_0-S_e)}{X(1+K_d\theta_c^d)} \tag{4.99}$$

其他如污泥回流比、剩余污泥量等计算同前。

［**例 4.1**］试根据下列资料，计算完全混合活性污泥法反应器（曝气池）容积及剩余污泥量。

(1) 进水：流量 Q=38000m^3/d，BOD_5=200mg/L，挥发性固体 X_0=0mg/L，碱度=50mg/L（以 $CaCO_3$ 计），TKN=60 mg/L（以 N 计），总磷：1 mg/L（以 P 计）。进水中含能抑制硝化作用的化合物，但无其他不利于生物处理的化合物。

反应器内水温：夏季 25℃，冬季 13℃

(2) 出水：BOD_5：最大容许浓度 20 mg/L；悬浮固体：溢流出二次沉淀池的 VSS 浓度，X_e=10 mg/L；二次沉淀池出水中的固定性悬浮固体浓度 NVSS 可以忽略不计（即 X_{Ne}=0）；氮和磷：一般可分别假定为 1.0mg/L 和 0.5mg/L。

(3) 其他资料

反应器内 VSS 浓度 X=3000mg/L（一般在 2000～4000mg/L 之间），回流污泥 VSS 浓度 X_r=12000mg/L（一般在 10000～15000mg/L 之间），VSS 在 MLSS 中所占百分比：80%，动力学常数（20℃）：

$$K_2=0.00123\text{mg}^{-1}\cdot\text{h}^{-1}=0.02952\text{mg}^{-1}\cdot\text{d}^{-1}$$

θ_t=1.03（阿累尼乌斯方程求 K_2 的温度系数）

$Y=0.5$kgMLVSS/kgBOD$_5$（基本上与温度无关）

$K_d=0.0025\text{h}^{-1}=0.06\text{d}^{-1}$

$\theta_t=1.05$（阿累尼乌斯方程 K_d 的温度系数）

有关 VSS 沉降特性的试验资料（图 4.34）：

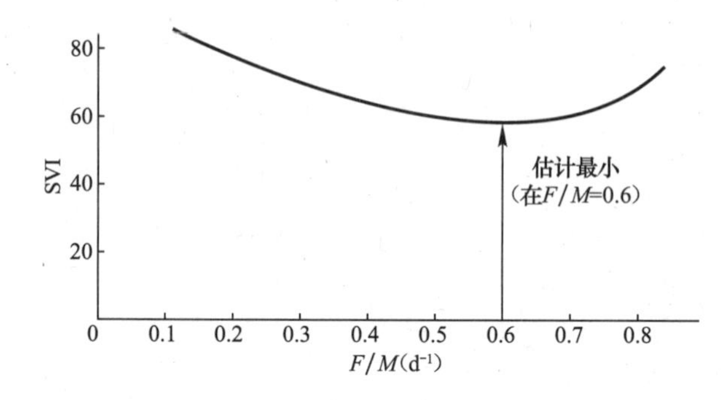

图 4.34　SVI 与 F/M 的关系曲线

［解］如图 4.35 所示：

1）动力学常数

（1）夏季

$$K_{2(25)}=0.00123\times1.03^{25-20}=0.001426\text{mg}^{-1}\cdot\text{h}^{-1}$$
$$=0.0342\text{mg}^{-1}\cdot\text{d}^{-1}$$
$$K_{d(25)}=0.0025\times1.05^{25-20}=0.00319\text{h}^{-1}$$
$$=0.0766\text{d}^{-1}$$

（2）冬季

$$K_{2(13)}=0.00123\times1.03^{13-20}=0.001\text{mg}^{-1}\cdot\text{h}^{-1}$$
$$=0.024\text{mg}^{-1}\cdot\text{d}^{-1}$$
$$K_{d(13)}=0.0025\times1.05^{13-20}=0.001776\text{h}^{-1}$$
$$=0.0426\text{d}^{-1}$$

Y 基本上与温度无关，故 $Y=0.5$kgVSS/kgBOD$_5$。

2）水力停留时间

（1）假定基质去除速度控制设计

由式（4.10），冬季条件

$$t=\frac{S_0-S_e}{K_2XS_e}=\frac{200-20}{0.001\times3000\times20}=3\text{h}(0.125\text{d})$$

（2）假定最佳絮凝条件控制设计

由图 4.34，得 $(F/M)_{最佳}=0.6\text{d}^{-1}$

由式（4.87），得：

$$t_{最佳}=\frac{S_0}{X(F/M)_{最佳}}=\frac{200}{3000\times0.6}$$
$$=0.111\text{d}=2.67\text{h}$$

由于基质浓度以 BOD$_5$ 表示，所以在计算中假定没有不可生物降解物质。

根据以上计算，可以看出基质去除速度是控制因素。可采用 $t=3\text{h}$，但须校核 F/M 值如下：

$$\frac{F}{M}=\frac{200}{3000\times 0.125}=0.53\text{d}^{-1}$$

此值接近于从图 4.34 所估计的 0.6d^{-1}，故可不作调整，而在下面的计算中用 $t=3\text{h}$。

3）出水水质

水力停留时间 $t=3\text{h}$ 是根据冬季条件下，并出水 $BOD_5=20\text{mg/L}$ 而求得的。在夏季，当 $t=3\text{h}$ 时出水 BOD_5 将会稍低，其值为：

$$S_e=\frac{S_0}{1+K_{2(25)}Xt}=\frac{200}{1+0.001426\times 3000\times 3}$$
$$=14.5\text{mg/L}$$

从上面的计算可以看出，当 $t=3\text{h}$ 时，在夏季出水 BOD_5 可降至 15mg/L 以下，而在冬季还能满足设计的要求（BOD_5 不超过 20mg/L）。

4）反应器（曝气池）容积

$$V=Qt=38000\times 0.125=4750\text{m}^3$$

5）生物增长量

（1）夏季

$$\Delta X=Y(S_0-S_e)Q-K_dVX$$
$$=0.5(200-14.5)\times 38000\times\frac{1}{1000}-0.0766\times 3000\times 4750\times\frac{1}{1000}$$
$$=2433\text{kg/d}$$

（2）冬季

$$\Delta X=0.5(200-20)\times 38000\times\frac{1}{1000}-0.0426\times 3000\times 4750\times\frac{1}{1000}$$
$$=2813\text{kg/d}$$

6）回流比

可按式（4.89）计算

$$r=\frac{QX-\Delta X-QX_0}{Q(X_r-X)}$$

（1）夏季

$$r=\frac{38000\times 3000\times\frac{1}{1000}-2433-38000\times 0}{38000(12000-3000)\times\frac{1}{1000}}$$
$$=0.326(32.6\%)$$

（2）冬季

$$r=\frac{38000\times 3000\times\frac{1}{1000}-2813-38000\times 0}{38000(12000-3000)\times\frac{1}{1000}}$$
$$=0.325(32.5\%)$$

以上两个r值十分接近，可采用0.326。

r也可由式（4.90）粗略估计：

$$r=\frac{3000}{12000-3000}=0.333$$

7）Q_r、Q_T、Q_w及Q_u

（1）$Q_r=rQ=0.326\times38000=12388m^3/d$

（2）$Q_T=Q(1+r)=38000+12388=50388m^3/d$

（3）Q_w：按式（4.91）计算。

① 夏季

$$Q_w=\frac{\Delta X+QX_0-QX_e}{X_r-X_e}$$

$$=\frac{2433+38000\times0-38000\times10\times\frac{1}{1000}}{(12000-10)\times\frac{1}{1000}}$$

$$=171m^3/d$$

② 冬季

$$Q_w=\frac{2813+38000\times0-38000\times10\times\frac{1}{1000}}{(12000-10)\times\frac{1}{1000}}$$

$$=203m^3/d$$

所求得Q_w值与进水流量Q相比很小，说明大部分Q将从二次沉淀池溢流出去，即$Q_e\approx Q_0$。

在以后的计算中，取$Q_w=\frac{171+203}{2}=187m^3/d$。

8）Q_e及Q_u

$$Q_e=38000-187=37813m^3/d$$

$$Q_u=rQ+Q_w=12388+187=12575m^3/d$$

9）X_N、X_{Nr}及X_{N0}

按式（4.92），VSS/MLSS$=f=0.8$，得：

$$X_N=\frac{3000(1-0.8)}{0.8}=750mg/L$$

按式（4.93）

$$X_{Nr}=\frac{Q(1+r)X_N-Q_eX_{Ne}}{Q_u}=\frac{Q(1+r)X_N}{Q_u}$$

$$=\frac{38000(1+0.326)}{12575}\times750=3005mg/L$$

按式（4.95），

$$X_{N0}=(1+r)X_N-rX_{Nr}$$

$$=(1+0.326)\times750-0.326\times3005$$

$$=14.9mg/L$$

10）剩余污泥量

（1）VSS量：按式（4.96）计算。

① 夏季

$$\Delta X_w = \Delta X + QX_0 - Q_e X_e$$
$$= 2433 + 38000 \times 0 - 37813 \times 10 \times \frac{1}{1000}$$
$$= 2055\text{kg/d}$$

② 冬季

$$\Delta X_w = 2813 + 38000 \times 0 - 37813 \times 10 \times \frac{1}{1000}$$
$$= 2435\text{kg/d}$$

（2）NVSS量：按式（4.97）计算。

$$X_{Ne} = 0$$
$$\Delta X_{Nw} = QX_{N0} = 38000 \times 14.9 \times \frac{1}{1000}$$
$$= 566\text{kg/d}$$

（3）剩余污泥量：按式（4.98）计算。

① 夏季

$$\Delta X_T = \Delta X_w + \Delta X_{Nw}$$
$$= 2055 + 566$$
$$= 2621\text{kg/d}$$

② 冬季

$$\Delta X_T = 2435 + 566 = 3001\text{kg/d}$$

11）对中和的要求

BOD_5 去除量 $= Q(S_0 - S_e)$

$$= 38000 \times (200 - 20) \times \frac{1}{1000}$$
$$= 6840\text{kg/d}$$

能被去除的碱度 $= 6840 \times 0.5 = 3420\text{kg/d}$

进水中的碱度 $= 38000 \times 50 \times \frac{1}{1000} = 1900\text{kg/d}$

$1900 < 3420$，所以在生物处理前不需进行中和预处理。

12）对营养物质的需要

（1）氮

① 系统中由于排除剩余污泥失去的氮

夏季：

$$0.12\Delta X = 0.12 \times 2433 = 292\text{kg/d}$$

冬季：

$$0.12\Delta X = 0.12 \times 2813 = 338\text{kg/d}$$

② 出水带走的氮

$$38000 \times 1 \times \frac{1}{1000} = 38\text{kg/d}$$

③ 氮失去的总量

夏季：　　$292+38=330\text{kg/d}$

冬季：　　$338+38=376\text{kg/d}$

④ 可利用的氮

$$Q \times (\text{TKN}) = 38000 \times 60 \times \frac{1}{1000} = 2280\text{kg/d}$$

可利用的氮超过所损失的氮，所以不需再投加氮。

(2) 磷

① 系统中由于排除剩余污泥失去的磷

夏季：　　$0.02\Delta X=0.02\times2433=49\text{kg/d}$

冬季：　　$0.02\Delta X=0.02\times2813=56\text{kg/d}$

② 出水中带走的磷

$$38000 \times 0.5 \times \frac{1}{1000} = 19\text{kg/d}$$

③ 磷失去的总量

夏季：　　$49+19=68\text{kg/d}$

冬季：　　$56+19=75\text{kg/d}$

④ 可利用的磷

$$Q \times P = 38000 \times 1 \times \frac{1}{1000} = 38\text{kg/d}$$

因此，需要加磷（以P计），夏季加 $68-38=30\text{kg/d}$，冬季加 $75-38=37\text{kg/d}$。

[例 4.2] 试计算例 4.1 中所设计的活性污泥处理厂的细胞平均停留时间。

[解]

从［例 4.1］得：

$$\Delta X=\begin{cases}\text{夏季：}2433\text{kg/d}\\ \text{冬季：}2813\text{kg/d}\end{cases}$$

$X=3000\ \text{mg/L}$

$V=4750\ \text{m}^3$

所以夏季：

$$\theta_c = \frac{3000 \times 4750 \times \frac{1}{1000}}{2433} = 5.86\text{d}$$

冬季：

$$\theta_c = \frac{3000 \times 4750 \times \frac{1}{1000}}{2813} = 5.07\text{d}$$

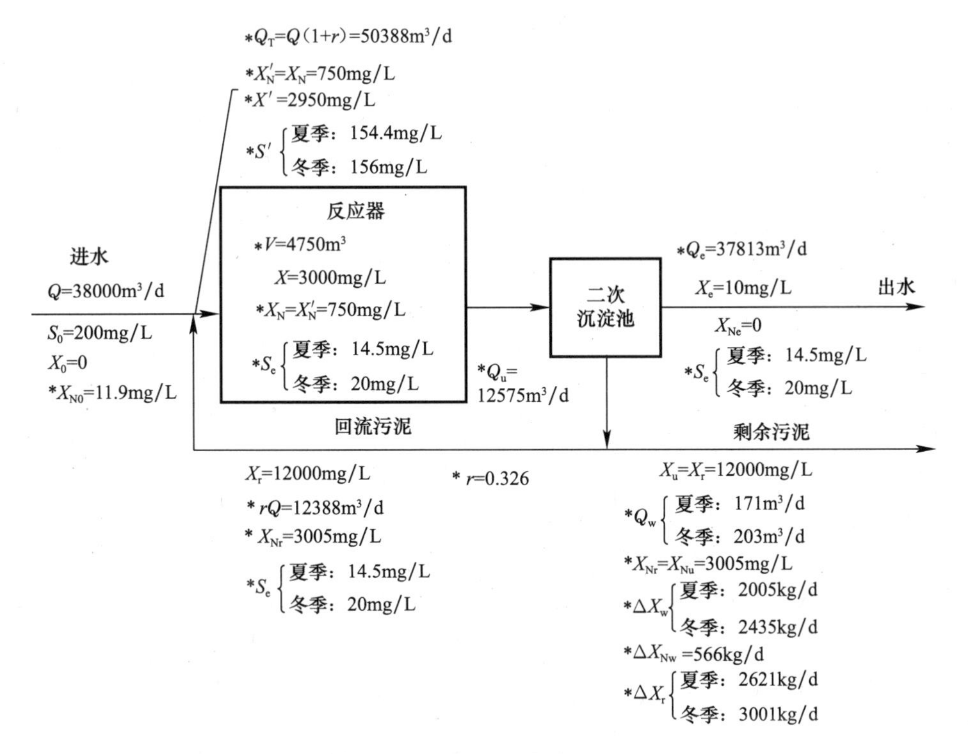

图 4.35 [例 4.1] 的流程

注：(1) 基质浓度（S_0、S_e、S'）均以 BOD_5 表示；

(2) 生物浓度 X 右下角有“N”者均以 NVSS 表示，其他用 VSS 表示；

(3) 有“*”者为计算所得数值。

4.13 小结

生物处理的经典数学模型主要是 Eckenfelder 经验模型和以 Monod 方程为基础的 Lawrence-McCarty 基本模型，两者在对反应动力学的表达上有较大差别。Eckenfelder 模式是根据间歇试验反应器内微生物的生长曲线总结出来的，适合多种基质的废水，以一级反应动力学为基础。该模型包括微生物的对数增长、减速增长和内源呼吸三个阶段，其中对数增长和内源呼吸过程是基于微生物浓度 X 的一级反应，减速增长过程是基质浓度 S 的一级反应。细胞合成和内源呼吸贯穿于微生物的整个生命期，在对数增长阶段前者发挥主要作用，在内源呼吸阶段后者发挥主要作用，而减速增长期是两者结合的过渡状态。

在活性污泥系统中，通过物料平衡和生物反应动力学，可以对处理效果进行模拟计算，例如具有污泥回流的完全混合系统等。一般用减速增长期的反应动力学计算稳态出水浓度 S_e，即 $dS/dt=K_2XS_e$。在计算中，引入了容积负荷 U_v 和污泥负荷 U_s 来代替 dS/dt 或者 dS/Xdt，与 F/M 有一定的联系和区别。出水 COD 中的不可降解组分 S_n 能影响基质反应动力学，需要从 S_e 中减除。理想推流系统可以设定为多个完全混合系统的串联，从而得到假定 K_2 恒定的反应动力学表达式。推流系统的处理效率比完全混合系统高。Grau 模式改进了 Eckenfelder 模式，通过在反应动力学中引入 S_0，克服了进水浓度 S_0 对反应系数 K_2 的影响。

Monod方程描述了单一基质培养单一菌种的动力学。Lawrence和McCarty引入了Monod方程来解释污水生物处理过程中的微生物现象。在污水生物处理中，基质的去除是主要的任务，而微生物的增长只是基质去除的结果，因此Monod方程可以从微生物增长速率μ形式变换为基于基质去除速率v的形式，从而得到基质去除速率v和基质浓度S的关系。在高基质浓度下，Monod方程近似零级反应，形式与Eckenfelder模式的对数增长期相同；在低基质浓度下，Monod方程近似一级反应，形式与Eckenfelder模式的减速增长期相同；在中等基质浓度下，Monod方程为饱和动力学形式，参数v_m和K_S需要通过小型试验和数据拟合确定。当有抑制底物存在时，可以类比于酶促反应的非竞争性抑制动力学。

Lawrence-McCarty模型包括2个基本方程和多个导出方程，涉及污泥龄、水力停留时间、污泥负荷、衰减常数、理论产率等多个重要概念。在对这些方程的理解中，需要特别注意污泥浓度X和污泥龄的关系、出水浓度S_e和进水S_0的关系、有回流时系统的污泥龄和水力停留时间的关系、理论产率Y和表观产率Y_0的关系。在不同的生物处理系统中，污泥龄计算公式略有不同。在通过排泥量控制污泥龄时，需要特别注意微生物世代期（即最小污泥龄）的概念和用处。在推流反应器中，通过两个简化假定，可以推导出适合污水生物处理推流系统的Lawrence-McCarty模型。

McKinney模型提出了一些新的概念和认识，适合于完全混合和推流式活性污泥系统。McKinney模型的基本公式与Eckenfelder模型减速增长阶段类似，但忽略了微生物浓度的影响。关于微生物量的表征与常规模型也有所不同，提出了活性物质M_a的概念。实质上，在低基质条件下，三个模型在本质上是相同的，只是符号和表述方法有所区别。

利用上述模型，可以辅助进行活性污泥工艺的设计计算。在设计计算过程中，一般需要涉及与基质降解相关的微生物增长量、需氧量等，需要掌握推导方程和经验公式的方法，以及相关系数的确定和取值范围。此外，还需要分析pH、营养盐、温度、沉降性能等的影响。在分析沉降性能时，使用了区域沉降速度V_s、污泥沉降比SV、污泥体积指数SVI等概念，并根据SVI和F/M关系确定最佳沉降范围。

本章参考文献：

[1] 顾夏声. 废水生物处理数学模式. 第二版. 北京：清华大学出版社，1993.

[2] Eckenfelder, W. W. Jr., Water Quality Engineering for Practicing Engineers, Batnes & Noble, 1970.

[3] Lawrence, A. W. and P. L. McCarty, Unified Basis for Biological Treatment Design and Operation, Journal the Sanitary Engineering Division, ASCE, 96, SA3, 757, 1970.

[4] Metcaf and Eddy, Inc., Wastewater Engineering, McGraw-Hill, 1979.

[5] Morley, D. A., Mathematical Modelling in Water and Wastewater Treatment, Applied Sceince Publishers, 1979.

第5章　厌氧生物处理的反应动力学

随着厌氧微生物学研究的不断进展，人们对厌氧消化过程的认识不断深入，厌氧消化理论得到了不断的发展和完善。对厌氧消化机理的发展大致可以分为三个阶段：厌氧消化两阶段理论，厌氧消化三阶段理论和厌氧消化四阶段理论。

1930年，Buswell 和 Neave 提出了厌氧消化过程分为酸性发酵和碱性发酵两个阶段，即复杂有机物在产酸菌的作用下转化为低级的脂肪酸、CO_2 和氢，即酸性发酵阶段；酸性发酵阶段的产物在产甲烷细菌的作用下最终转化为甲烷和二氧化碳，即碱性发酵阶段。

1979年 Byrant[1]在试验研究中发现，乙醇转化为甲烷的过程并非是由一种生物完成的，而是由两种共生菌一起完成的，其中一种是将乙醇转化为乙酸和氢，另外一种则是利用氢气和二氧化碳转化为甲烷。Byrant 根据甲烷菌和产氢产乙酸菌的研究结果，认为两阶段理论不够完善，提出了三阶段理论。该理论揭示了能够被产甲烷微生物所利用的底物种类是有限的，其中主要是乙酸、氢气、碳酸氢盐、甲醛和甲醇。长链脂肪酸和醇类必须经过产氢产乙酸菌转化为乙酸、氢和二氧化碳等后，才能被产甲烷菌利用。

Zeikus[2]在1979年举行的第一届厌氧消化会议上提出了四种群说理论，该理论认为复杂有机物厌氧消化过程有四种群厌氧微生物参与，这四种群微生物即是：水解发酵细菌、产氢产乙酸细菌、同型产乙酸菌（又称耗氢产乙酸菌）以及产甲烷菌。

随后一些研究人员又对四阶段理论进行了不断地完善和补充。1999年，Batstone[3]在四阶段理论的基础上将复杂有机物的分解分为胞外分解和胞内水解过程，厌氧消化中的组分可以分为初级基质、中间化合物和产物。初级基质又可以分为油脂、颗粒碳氢化合物和颗粒蛋白质（颗粒基质）、长链脂肪酸（LCFA）、溶解性糖类和氨基酸（溶解性基质）。而中间产物基本上是气相或溶解性化合物，最终产物通常是甲烷和二氧化碳。

如图5.1所示，厌氧消化过程主要由四个主要步骤组成：

（1）分解与水解过程。这是一个胞外酶促反应过程，主要是将颗粒化合物和不能直接被厌氧微生物利用的基质分解为可以被微生物直接利用的产物；即颗粒化合物被分解为碳氢化合物、蛋白质和脂肪的初步分解过程；碳氢化合物、蛋白质和脂肪分别被分解为葡萄糖、氨基酸和 LCFA 的胞外水解过程。

（2）酸化或发酵过程。这是溶解性基质的降解过程，即葡萄糖在降解葡萄糖微生物的作用下被降解为丁酸、丙酸、乙酸、氢和二氧化碳的过程；氨基酸在降解氨基酸微生物的作用下降解为戊酸、丁酸、丙酸、乙酸、氢、二氧化碳和氨的过程；LCFA 在降解 LCFA 微生物的作用下被分解为乙酸、氢和二氧化碳的过程。

（3）合成营养型产乙酸过程。这是酸化产物利用氢离子或碳酸盐作为外部电子受体转化为乙酸的降解过程。该过程伴随着氢或甲酸盐营养型产甲烷过程的发生，并且在该过程中系统维持低的氢和甲酸盐浓度。

（4）乙酸营养型产甲烷过程。这是在专有微生物的作用下乙酸被分解为甲烷和二氧化

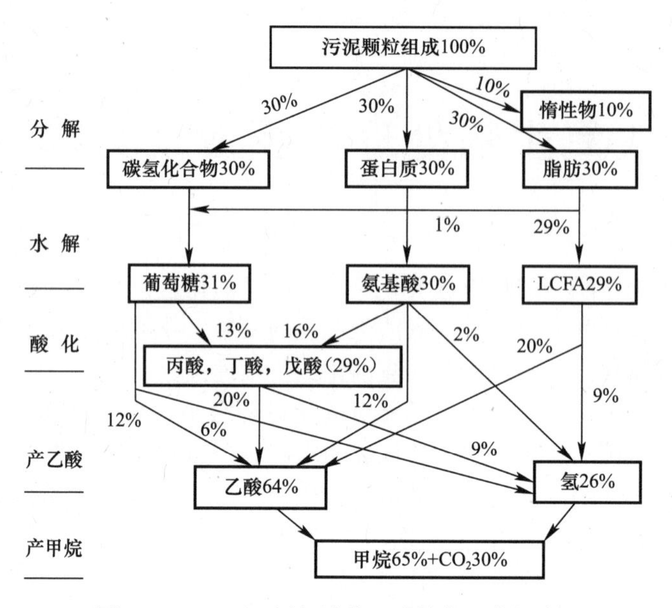

图 5.1 Batstone厌氧消化理论的主要降解路径

碳的过程。

Batstone在四阶段理论基础上进一步完善了厌氧消化过程阶段理论的一些环节，是目前对厌氧消化机理描述最为详细的理论之一，涵盖了分处于不同的阶段的19个生化反应子过程[4]。

鉴于厌氧生物技术的动力学是保证工艺稳定性的重要理论，本章将简要介绍与厌氧生物处理有关的内容。Pavlostathis 和 Giraldo-Gomez[5]在他们的著作中全面综述了厌氧生物处理的动力学，要深入学习这些内容可以参阅他们的著作。

5.1 厌氧生物反应动力学

5.1.1 厌氧生物反应动力学模型

与好氧生物反应动力学模型的研究相比，厌氧生物反应动力学模型的研究要晚许多年。当人们开始研究污水生物处理领域的厌氧生物反应动力学时，发现用于好氧生物反应动力学研究的主要模型，如Eckenfelder模型和Monod模型，在一定条件下也可以用于厌氧生物反应动力学的研究。人们以上述模型为基础，研究厌氧生物反应动力学的数学表达，并重点研究了厌氧条件下模型的修正和水解过程及温度影响等特性过程的解析。由于Monod方程已经被不同领域的微生物学者所熟悉，又是连续函数，具有形式简单便于数学处理等一系列优点，所以Monod方程被用作描述厌氧生物反应过程的主要模型形式。

Contois在1959年应用Monod模型拟合一定基质连续培养好氧产气菌（Aerobacter aerogenes）的数据时，发现“饱和常数”与进水基质浓度（S_0）成正比，提出了Contois基质去除速率公式为：

$$-\frac{dS}{dt}=\frac{k\cdot X\cdot S}{a\cdot S_0+S} \tag{5.1}$$

式中 a——经验常数；其余符号同前。

研究认为“Contois 效应”可解释为在很高的基质浓度下，由于扩散限制引起的。Contois 动力学模型指出了出水基质浓度 S 是进水基质浓度 S_0 的函数，这比起 Monod 模型中 S 与 S_0 无关来说是一个改进。

Contois 根据研究结果发现，比生长速率 R 是微生物浓度 X 和限制基质浓度 S 的函数：

$$R=\frac{\mu_m \cdot S}{BX+S} \tag{5.2}$$

式中　R——比生长速率，即为 μ，T^{-1}；

μ_m——最大比生长速率，T^{-1}；

B——微生物生长系数，其余符号同前。

虽然生物学家早就认为有机体的比生长速率常常是种群密度的函数，但是多数微生物学家（如 Monod 等）的观点是：细菌种群的比生长速率理论上与种群的浓度无关，把限制基质的浓度 S 作为比生长速率的唯一变量。但是 Contois 通过细菌的间歇培养发现了细菌种群的比生长速率是种群浓度的函数。

根据前述理由，Contois 微生物比生长速率动力学模型式（5.2）是在基质浓度很高，食料很丰富的条件下获得的。当基质浓度较低时，由于内源呼吸等原因引起细胞质量的减少，Contois 微生物净增长动力学模型可表达成：

$$\mu=\frac{\mu_m \cdot S}{BX+S}-k_d \tag{5.3}$$

Pavlostathis 和 Giraldo-Gomez 总结提出了厌氧处理中所用的动力学模型，包含比增长速率、基质降解速率和基质浓度的表达式，见表 5.1。一般认为厌氧消化过程中，复杂有机物的水解遵循一级反应动力学模型，而 Monod 模型和它的修正模型被广泛地用于厌氧消化子过程的基质降解与微生物生长。但是，对于不同的基质，应通过对实验数据的模拟，求得相应的动力学常数，并最后确定采用什么形式的动力学模型。实际上在污水厌氧处理中，应用最广泛的仍是 Monod 模型。

厌氧生物反应的动力学模型　　　　**表 5.1**

一级反应		
$\mu=\frac{k \cdot S}{S_0-S}-k_d$	$-\frac{dS}{dt}=K \cdot S$	$S=\frac{S_0}{1+k\theta_c}$
Monod		
$\mu=\frac{\mu_{max} \cdot S}{K_S+S}-k_d$	$-\frac{dS}{dt}=\frac{\mu_{max} \cdot X \cdot S}{Y(K_S+S)}$	$S=\frac{K_S(1+k_d \cdot \theta_c)}{\theta_c(\mu_{max}-k_d)-1}$
Contois		
$\mu=\frac{\mu_m \cdot S}{BX+S}-k_d$	$-\frac{dS}{dt}=\frac{\mu_m \cdot X \cdot S}{Y(BX+S)}$	$S=\frac{BYS_0(1+k_d \cdot \theta_c)}{BY(1+k_d\theta_c)+\theta_c(\mu_m-k_d)}$
Grau		
$\mu=\frac{\mu_{max} \cdot S}{S_0}-k_d$	$-\frac{dS}{dt}=\frac{\mu_{max} \cdot X \cdot S}{Y \cdot S_0}$	$S=\frac{K_S(1+k_d \cdot \theta_c)}{\theta_c \cdot \mu_{max}}$
Chen 和 Hashimoto		
$\mu=\frac{\mu_{max} \cdot S}{KS_0+(1-K)S}-k_d$	$-\frac{dS}{dt}=\frac{\mu_{max} \cdot X \cdot S}{KX+YS}$	$S=\frac{KS_0(1+k_d \cdot \theta_c)}{(K-1)(1+b\theta_c)+\mu_{max}\theta_c}$

注：式中 S 是稳态条件下完全混合反应器（CSTR）出水基质浓度；

θ_c 是污泥龄（Sludge Retention time，SRT），即细胞平均滞留时间（Mean Cean Residense Time MCRT）。

5.1.2　厌氧系统中的细胞合成

与好氧系统相比，厌氧系统中细胞的合成量是相当低的，如图5.2所示。在厌氧系统中，细胞的合成不仅与去除的COD直接有关，也与被处理的有机物类型有关。在有机物降解过程中，微生物首先将复杂的有机物转化为乙酸和 H_2，然后被甲烷菌转化为甲烷。在厌氧转化中，碳水化合物较蛋白质给微生物提供更多能量，这一事实反映在碳水化合物为基质时用于细胞合成部分的能量比蛋白质为基质时要多。由于厌氧过程中有两类微生物参加，总产率为两类微生物各自的产率值之和。乙酸和 H_2 是甲烷的前体。碳水化合物的产率值减去脂肪酸的产率值即为水解和产乙酸菌的产率值。

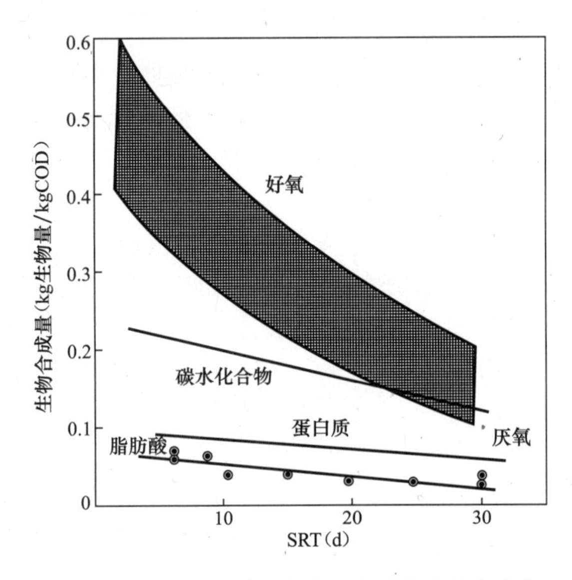

图5.2　不同SRT时厌氧和好氧系统生物合成率

5.1.3　颗粒有机物水解

有机多聚物不能被微生物直接利用，必须转化为能够透过细胞膜的溶解性物质（通常为单分子或二聚物）。所以，水解是复杂有机物厌氧降解的重要步骤。根据化学组成，常见的复杂有机物有：碳水化合物、蛋白质和脂类。虽然每种有机物化学结构不同，但它们的水解规律存在着相似性。目前表达水解速率最普遍应用的模型为一级反应动力学关系式。Pavlostathis 和 Giraldo-Gomez 认为水解速率与可降解的有机物浓度一般呈一级反应动力学关系，可用下式表达：

$$\frac{dS}{dt}=-K_h\cdot S \tag{5.4}$$

式中：S——可降解的有机物的浓度，ML^{-3}；

K_h——水解速率常数，T^{-1}。

对间歇反应器，式（5.4）积分得到：

$$S=S_0e^{-K_h\cdot t} \tag{5.5}$$

式中：S_0——可降解有机多聚物的初始浓度，ML^{-3}。

对于稳态的完全混合式反应器（CSTR），可得下式：

$$S=\frac{S_0}{1+K_h\theta} \tag{5.6}$$

式中：θ——水力停留时间（Hydraulic Retention Time，HRT），T。

根据 Pavlostathis 的研究，碳水化合物、蛋白质和复杂有机基质等厌氧消化的水解速率常数如表 5.2 所示，但尚缺乏对脂类水解的研究。

不同复杂有机物的水解速率常数 K_h 表 5.2

复杂有机物	种类	试验温度（℃）	K_h（d^{-1}）	研究者
碳水化合物（纤维素）	滤纸	37	2.88	Stack 和 Cotta（1986）
	谷物秸秆	35	0.045	Doyle 等人（1983）
蛋白质	酪蛋白		0.35	Nagase 和 Matsuo（1982）
	明胶蛋白		0.6	同上
	玉米蛋白		0.04	Greco（1983）
复杂有机基质	初沉污泥	25	0.77	Gujer 和 Zehnder（1983）
	活性污泥	35	0.15	同上
	生活垃圾	35～60	0.052～0.99①	Pfeffer（1974）
			0.007～0.42②	Pavlostathis 和 Giraldo-Gomez（1991）
	藻类	20	0.22（0.11～0.3）	Foree 和 Macarty（1969）

注 ① HRT<15d；② HRT>15d

5.1.4 水解产物的厌氧反应

复杂的颗粒状有机物在厌氧微生物胞外酶的作用下发生水解，将被转化成溶解性可通过细胞膜的水解产物，如多糖的水解产物是单糖或双糖，蛋白质的水解产物是氨基酸，脂类的水解产物是长链脂肪酸等。这些水解产物可以为不同性质的厌氧微生物利用，并进一步发生厌氧反应。

1. 溶解性碳水化合物的厌氧反应

许多学者进行了溶解性碳水化合物厌氧反应的研究，相应的动力学参数见表 5.3。

混合培养碳水化合物厌氧反应（产酸相消化）的动力学参数 表 5.3

基质	运行方式	温度（℃）	k [mgCOD/(mgVSS·d)]	K_S（mgCOD/L）	μ_{max}（d^{-1}）	Y（mgVSS/mgCOD）	K_d（d^{-1}）
葡萄糖	间歇	35	—	427	0.3	0.15	—
葡萄糖	连续	36.5	—	22.5	1.25	0.17	6.1
葡萄糖	连续	37	—	527	0.323	—	—
葡萄糖	连续	37	—	370	0.30	0.14	—
纤维素	连续	35	1.33	8.0①	—	—	—
葡萄糖	连续	35	70.6	75.3	—	—	—
淀粉	连续	35	40.0	630	—	—	—

① 据 Chen 和 Hashimoto 模型，K_S 单位为 gCOD/gVSS

注：引自 Pavlostathis 和 Giraldo-Gomez，1991。

2. 氨基酸的厌氧反应

目前，尚缺乏关于氨基酸厌氧发酵动力学的研究数据。对复杂的蛋白质水解产生的氨基酸进行厌氧反应的研究表明，氨基酸经水解后，大部分被转化为脂肪酸和氨等中间产物，仅保留很低的溶解性含氮有机物。因此有研究认为，蛋白质水解产物氨基酸的反应较快，蛋白质厌氧降解的限速步骤是水解。

3. 脂肪酸的厌氧反应

1）长链脂肪酸的厌氧反应

长链脂肪酸经厌氧反应主要生成乙酸和丙酸，其动力学参数见表5.4。

长链脂肪酸厌氧反应的动力学参数　　表5.4

基质	运行方式	温度（℃）	k [mgCOD/(mgVSS·d)]	K_S (mgCOD/L)	μ_{max} (d^{-1})	Y (mgVSS/mgCOD)	K_d (d^{-1})
长链脂肪酸①	半连续流	20	3.85	4620	0.139	0.04②	0.015③
		25	4.65	3720	0.171	0.04	0.015
		35	6.67	2000	0.252	0.04	0.015
饱和长链脂肪酸	连续流	37					
十四烷酸（C-14）			0.95	105	0.105	0.11	0.01③
软脂酸（C-16）			1.00	143	0.110	0.11	0.01
硬脂酸（C-18）			0.77	417	0.085	0.11	0.01
不饱和长链脂肪酸	连续流	37					
油酸			4.00	3180	0.44	0.11	0.01
亚油酸			5.00	1816	0.55	0.11	0.01

① 初沉池污泥脂类的水解产物；
② 按照Lawrence（1967）报道的数据假定值；
③ 平均值，报道的实验值为Y=0.10～0.12mgVSS/mgCOD和K_d=0～0.02d^{-1}。
注：本表引自Pavlostathis和Giraldo-Gomez，1991。

2）短链脂肪酸的厌氧反应

短链脂肪酸（如丙酸、丁酸）厌氧反应的主要产物是乙酸和氢气，这些反应常被称为产乙酸反应，乙酸是主要的含碳产物。不同学者对短链脂肪酸的厌氧反应动力学进行了研究，动力学参数见表5.5。

短链脂肪酸厌氧反应的动力学参数　　表5.5

基质	温度（℃）	k [mgCOD/(mgVSS·d)]	K_S (mgCOD/L)	μ_{max} (d^{-1})	Y (mgVSS/mgCOD)	K_d (d^{-1})
丙酸	25	7.8	1145	0.358	0.051	0.040
丙酸	33	6.2	246	0.155	0.025	—
丙酸	35	7.7	60	0.313	0.042	0.010
丙酸	35①	—	17	0.13	—	—
丙酸	35②	—	500	1.20	—	—
丁酸	35	8.1	13	0.354	0.047	0.027
丁酸③	60	—	12	0.77	—	—
混合酸④	35	17.1	166	0.414	0.030	0.099
丁酸⑤	37	—	298	0.86	—	—

① 停留时间15.4d；
② 停留时间8.2d；
③ 三次培养；
④ 乙酸：丙酸：丁酸=2：1：1（以COD计）；
⑤ 葡萄糖降解产物。
注：本表引自Pavlostathis和Giraldo-Gomez，1991。

5.1.5　产甲烷过程

产甲烷过程可以分为两大类，即乙酸裂解产甲烷和氢还原二氧化碳产甲烷。对这两大类产甲烷过程的动力学参数研究结果如下。

1. 乙酸裂解产甲烷

乙酸是产甲烷菌最重要的基质，城市污水厂污泥消化过程中一般约有65%～70%的甲烷是由乙酸裂解产生的。很多人进行了这方面的研究，所提供的乙酸产甲烷动力学参数见表5.6。

乙酸裂解产甲烷的动力学参数　　表5.6

过程形式①	温度（℃）	k [mgCOD/(mgVSS·d)]	K_S (mgCOD/L)	μ_{max} (d^{-1})	Y (mgVSS/mgCOD)	K_d (d^{-1})
C/混合培养	25	5.0	930	0.250	0.050	0.011
C/混合培养	30	5.7	365	0.275	0.054	0.037
C/混合培养②	35	8.7	165	0.357	0.041	0.015
C/三次培养	60	—	26	0.28	—	—
B/混合培养	20	2.6	—	—	0.05	—
B/混合培养	30	2.6～5.1	—	—	0.02	—
B/混合培养	35	2.6～5.1	—	0.08～0.09	0.02	—
B/纯培养	50	—	320	1.4	—	—
B/纯培养	36	—	320	0.5～0.7	0.03～0.04	—
C/乙酸富集	35	8.5	185	0.34	0.04	0.036
C/M. barkeri	37	8.6③	257	0.206	0.024	0.004
Methanobacterim sp.	30	26.0	11	0.26	0.01	—
C/M. Soehngenii	37	—	30	0.11	0.023	—
C/混合培养						
θ_c=4.5d	35	11.6	421	—	—	—
θ_c=6.5d	35	6.6	43	—	—	—
θ_c==9.6d	35	4.4	15	—	—	—

① C——连续流，B——间歇；
② 平均值（5组数据）；
③ $k=\mu_{max}/Y$。
注：本表引自Pavlostathis和Giraldo-Gomez。

2. 氢还原二氧化碳产甲烷

多数产甲烷菌均能利用H_2和CO_2生长和产甲烷。城市污水厂污泥消化过程中所产生的甲烷中有1/3左右是来自利用氢还原二氧化碳。许多学者对氢还原二氧化碳产甲烷的过程动力学进行了研究，所提供的动力学参数见表5.7。

氢和二氧化碳产甲烷动力学参数　　表5.7

接种物	温度（℃）	k [mgCOD/(mgVSS·d)]	K_S (mgCOD/L)	μ_{max} (d^{-1})	Y (mgVSS/mgCOD)	K_d (d^{-1})
Methanobrevibacter arboriphilus	33	—	0.6	1.40	0.04	—

续表

接种物	温度（℃）	k [mgCOD/(mgVSS·d)]	K_S (mgCOD/L)	μ_{max} (d^{-1})	Y (mgVSS/mgCOD)	K_d (d^{-1})
*Methanobrevibacter smithii*①	37	90	0.018	4.02	0.045	0.088
*Methanobrevibacter smithii*②	37	—	—	4.07	—	—
瘤胃细菌	37	2～8③	0.016	—	—	—
瘤胃液	39	213～453④	0.067～0.145	—	—	—
消化污泥	30	11～69④	0.07～0.109	—	—	—
湖底沉积物	9	2～7.8④	0.09～0.137	—	—	—
*Methanobacterium thermoautotrophicum*⑤	60	50～54	0.093～0.136	—	0.13	—
*Methanobrevibacter arboriphilus*②	35	46.1	0.105	—	—	—
*Methanospirillum hunginei JF-1*②	37	1.92⑥	0.093～0.117	0.05	0.017～0.025⑥	—
混合培养⑦	35	16.5④	4.8×10^{-5}	—	—	—

① 用纤维素分解（*Ruminococcus albus*）菌混合培养；
② 生长在 H_2：CO_2 混合气体的间歇培养；
③ 以 mgCOD/(g瘤胃液·d) 计；
④ 以 mgCOD/(L·h) 计；
⑤ 丁酸降解三次培养；
⑥ 假定蛋白质含量（干重）60%；
⑦ 在丙酸中生长。
注：本表引自 Pavlostathis 和 Giraldo-Gomez，1991。

以上详细地介绍了复杂有机物厌氧消化过程中各子过程的动力学。由讨论的结果可知，颗粒（非溶解性的）有机物的厌氧降解必须经过水解过程转变成溶解性基质才能被厌氧微生物所利用。水解步骤常假定为遵循一级反应动力学规律。一般情况下，Monod 模型和 Contois 模型等均不适合于描述复杂颗粒基质发生水解的反应。已有的资料表明，水解阶段往往是复杂基质全部转化成甲烷的限速步骤。

除水解步骤外，其他所有厌氧子过程一般可按 Monod 方程建立动力学模型。各子反应过程的动力学参数见表 5.8。表中所列数值变化范围相当大，这是由于运行方式的不同（间歇试验或连续流试验），环境条件与运行条件的不同（如 pH、温度和有机负荷等）以及分析测定方法和手段的不同引起的。

Contois 和 Chen-Hashimoto 模型也已经十分广泛地被用于考虑进水基质浓度对出水水质的影响。然而 Pavlostathis 和 Giraldo-Gomez 认为：除了 K_S 被认为是进水基质浓度 S_0 的函数外，Contois 模型本质上是 Monod 模型。

中温厌氧处理过程利用不同基质的动力学常数　　表 5.8

基质	过程	k [mgCOD/(mgVSS·d)]	K_S (mgCOD/L)	μ_{max} (d^{-1})	Y (mgVSS/mgCOD)	K_d (d^{-1})
碳水化合物	产酸	1.33～70.6	22.5～630	7.2～30	0.14～0.17	6.1
长链脂肪酸	厌氧氧化	0.77～6.67	105～3180	0.085～0.55	0.04～0.11	0.01～0.015
短链脂肪酸①	厌氧氧化	6.2～17.1	13～500	0.13～1.20	0.025～0.047	0.01～0.02
乙酸	乙酸裂解产甲烷	2.6～11.6	11～421	0.08～0.7	0.01～0.054	0.004～0.037
氢/二氧化碳	产甲烷	1.92～90	4.8×10^{-5}～0.60	0.05～4.07	0.017～0.045	0.088

① 除乙酸外。

注：本表引自 Pavlostathis 和 Giraldo-Gomez（1991）。

5.1.6 温度对厌氧生物反应动力学的影响

为了提高反应速度，污水厌氧生物处理一般在中温（35℃）或高温（55℃）条件下进行。厌氧生物处理比好氧生物处理对温度变化要敏感得多。因此，研究温度的影响就成为厌氧生物处理动力学的重要部分。不同温度下动力学参数 k 和 K_S 对生物标准单位活性的影响见图 5.3。例如当好氧时温度为 20℃和 10℃，厌氧时温度为 35℃和 25℃，如生物体与浓度为 100mg/L 的基质相接触，反应速率分别为最大速率的 75%，50%，25%和 5%。这说明厌氧系统比好氧系统对温度的降低更为敏感。

应用厌氧工艺在低温下运行时会显著降低有机负荷。如图 5.4 所示，厌氧共生体中产甲烷菌比产酸菌对温度更为敏感。低温时会由于产酸菌产生挥发酸的速度快于产生甲烷菌的速度而将挥发酸转化为甲烷的速度，而使代谢失去平衡。

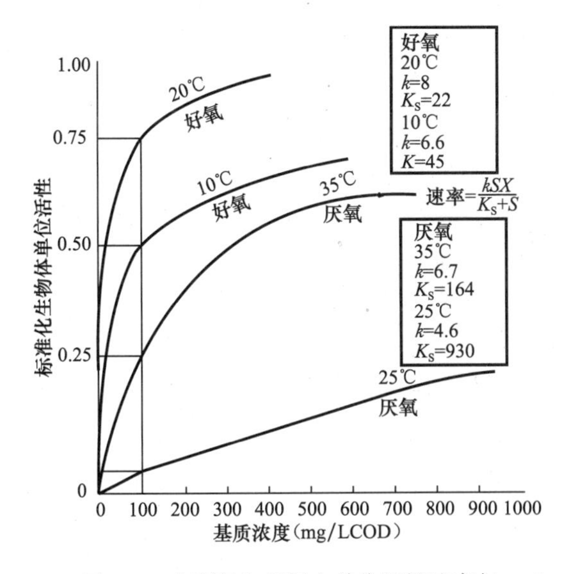

图 5.3　在厌氧和好氧中单位活性速率与温度和基质浓度的函数关系

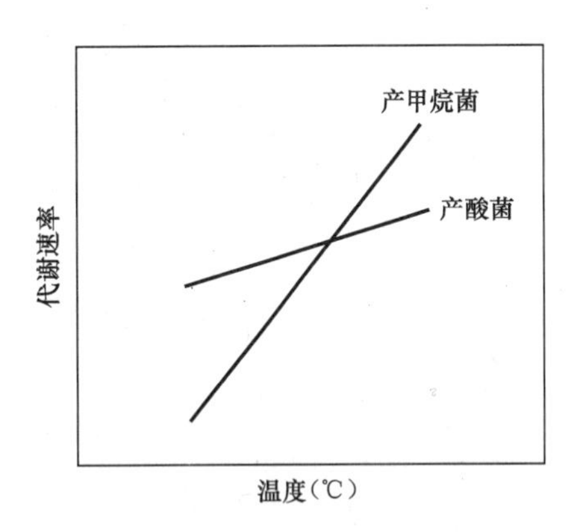

图 5.4　产酸菌和甲烷菌对温度变化反应的对比

对厌氧过程起控制作用的动力学参数，特别是产甲烷过程的半速度常数 K_S 对温度是很敏感的。例如，当温度从 35℃降至 25℃时，乙酸盐转化为甲烷的 K_S 值从 164mg/L 增加到 930mg/L。K_S 值变化如此之大，将会对出水水质和生物活性产生很大的影响（见表 5.9）。33～37℃时乙酸盐富集培养条件下乙酸盐利用过程的动力学参数见表 5.10。

不同温度下的典型的动力学常数（Lawrence 和 McCarty，1969）[6]　　**表 5.9**

温度（℃）	复杂有机物	
	$k(d^{-1})$	K_S(mg/L)
35	6.67	164
25	4.65	930
20	3.85	2130

33～37℃乙酸盐富集培养条件下乙酸盐利用过程的动力学参数　　**表 5.10**

$k_{max}(d^{-1})$	K_S(mg/L)	Y(gVSS/g 乙酸盐)	$b(d^{-1})$	负荷率(kg/(m³·d))	文献
8.1	154	0.044	0.015	0.1～1.0	[7]
8.0～8.05	160～185	0.04～0.055	0.035～0.065	—	[9]
2.5	60	—		1.0	[10]
3.3	18.3	—	—	0.3～0.8	[11]
7.2	3.9	0.036	0.032（25℃）	—	[12]
2.5	10	0.05	0.01	0.25	[13]

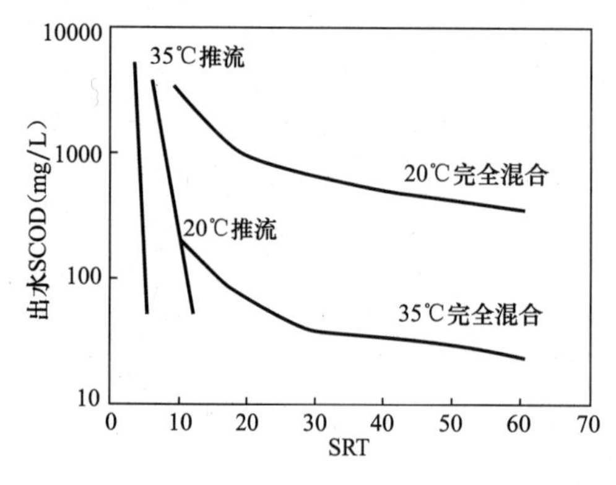

图 5.5　不同 SRT 时温度、流态和分级处理的出水水质

图 5.5 所示为不同 SRT 时温度、流态和分级处理对出水浓度的影响。研究表明分级处理具有许多优点，当温度偏低不能达到预期的厌氧反应速度时，可以考虑采用分级反应器来提高反应速度[8]。

[例 5.1] 用分级处理来补偿温度降低的影响[14]

分级处理与单级处理相比反应器的容积可以减少多少？

设污水流量为 0.057m³/s，其可生物降解 COD＝2300mg/L，厌氧反应器中 MLVSS＝20000mg/L，温度为 25℃。利用图 5.3 中的动力学常数计算当要求出水 COD 为 100mg/L 时单级连续搅拌反应器（CSTR）所需的容积。并与第 1 级出水 COD＝500mg/L，第 2 级出水 COD＝100mg/L 的两级处理系统所需要的总反应器容积进行比较。

[解] 速率＝$k_{max}SX/(K_S+S)$

＝4.6g COD/(gVSS·d)×100mg/L×20kg/m³ VSS/(930mg/L＋100mg/L)

＝8.9kg/(m³·d)(COD＝100mg/L)

采用相同算法可得到出水 COD＝500mg/L 时的反应速率为 44.7kg/(m³·d)

要求的 COD 去除量＝0.057m³/s×(2.3kg/m³－0.1kg/m³)×86400s/d＝10834kg/d

单级处理反应器容积＝10834kg/d/(8.9kg/(m³·d))＝1217m³

分级处理时第 1 级反应器容积

＝0.057m³/s×(2.3kg/m³－0.5kg/m³)×86400s/d/(44.7kg/(m³·d)) ＝198m³

分级处理时第 2 级反应器容积

＝0.057m³/s×(0.5kg/m³－0.1kg/m³)×86400s/d/(8.9kg/(m³·d)) ＝221m³

两级处理反应器总容积＝419m³

单级处理反应器容积＝1217m³

5.1.7 对温度影响和温度系数的表达

Lawrence 和 McCarty 提出如下的阿伦尼乌斯方程用来描述温度（T）和 K_S 关系[7]：

$$\log\frac{(K_S)_2}{(K_S)_1}=6980\left(\frac{1}{T_2}-\frac{1}{T_1}\right) \tag{5.7}$$

式中：T_1，T_2——温度，K。

复杂有机物的动力学参数见表 5.8。

Henze 和 Harremoes 报道了计算 k 时温度系数 θ 的值为 0.1[15]：

$$k_T=k_{35}\exp\theta(T-35) \tag{5.8}$$

vanLier 等用完整的和打碎的颗粒污泥研究了高温条件下厌氧转化挥发脂肪酸（VFA）时温度的影响，观察到乙酸最大转化速率与温度有关。温度的影响可用下列基于 Hinshelwood 方程的 Pavlostathis 和 Giraldo-Gomez 方程来描述。

$$k_{max}=k_1\exp[a_1(T-x_t)]-k_2\exp[a_2(T-x_t)] \tag{5.9}$$

式中：k_1——与温度有关的活性常数，gCOD/（gVSS·d）；

k_2——与温度有关的自分解常数，gCOD/（gVSS·d）；

T——温度，℃；

x_t——温度修正因数，K；

a_1——生物合成能量常数，K^{-1}；

a_2——降解能量常数，K^{-1}。

这些系数如下式所示：

$$k_{max}=0.84\exp[0.11(T-58.7)]-0.09\exp[0.30(T-58.7)] \tag{5.10}$$

该方程显示，生物体活性随温度增加呈指数增加。当偏离最佳温度后，生物体活性从峰值突然降低。65℃时生物活性最大，70℃时生物活性下降为 0。温度升高 K_S 值也增加。对于完整的颗粒污泥乙酸高温消化 K_S 值与温度 35～50℃时打碎的颗粒污泥消化乙酸 K_S 值相近，即：K_S=0.2～0.6g/L。但对颗粒污泥，当温度为 55℃、60℃和 65℃时，K_S 值急剧上升，分别为 1.8g/L、8.2g/L 和 13.6g/L。

Pavlostathis 和 Giraldo-Gomez 用嗜树甲烷杆菌（*M. arboriphilus*）的产甲烷活性数据证实了阿伦尼乌斯模型的可用性。

系数 k 如下式所示：

$$k=0.75\exp[0.15(T-30)]0.14\exp[0.30(T-30)] \tag{5.11}$$

Buhr 和 Andrews 利用类似的方程定量的描述了高温消化时温度对细菌净生长速率（μ，d^{-1}）的影响[16]：

$$\mu=0.324\exp[0.06(T-35)]-0.02\exp[(T-35)] \tag{5.12}$$

Lin 研究了温度范围为 15～50℃时 VFA 产甲烷过程的生物动力学常数与温度的关系，并给出如下的关系式[17]：

$$(k)_T=7.4(1.077)^{(T-25)}(15℃<T<35℃) \tag{5.13}$$

$$(K_S)_T=230(0.939)^{(T-25)}(15℃<T<35℃) \tag{5.14}$$

$$(Y)_T=0.02(1.036)^{(T-25)}(25℃<T<40℃) \tag{5.15}$$

如果忽略微生物的自分解系数，可得出下式：

$$\frac{1}{\theta_c}=\frac{0.148[(1.116)^{(T-25)}]S}{230[(0.939)^{(T-25)}]+S} \tag{5.16}$$

温度对最小固体停留时间的影响最大。假定 $S_0 \gg K_S$，VFA 甲烷化时 θ_c^{min} 与温度的关系可用下式表示：

$$\frac{1}{\theta_c^{min}} = [0.148(1.16)^{(T-25)} - 0.015] \tag{5.17}$$

式（5.17）适用于温度为 25～35℃。当 VFA 甲烷发酵温度从 35℃升高到 40℃，最小固体停留时间从 2.4d 增加到 4.3d。

温度系数（Q_{10}）与基质浓度有关。基质浓度越低，Q_{10} 值越小，即对温度的依赖性越低。

$$Q_{10} = \frac{k_2(K_{s1} + S)}{k_1(K_{s2} + S)} \tag{5.18}$$

式中下脚标 1 和 2 对应于温度 T_1 和 T_2，$T_2 = T_1 + 10$。

5.2　厌氧过程中自由能的释放

McCarty 建立了图 5.6 用以说明各种电子供体和电子受体结合中每传递 1 摩尔电子释放的自由能。因为释放的自由能可用于计算生物体净合成量，图 5.6 可用于估算各种电子供体情况下对于给定基质的相对生物产量。

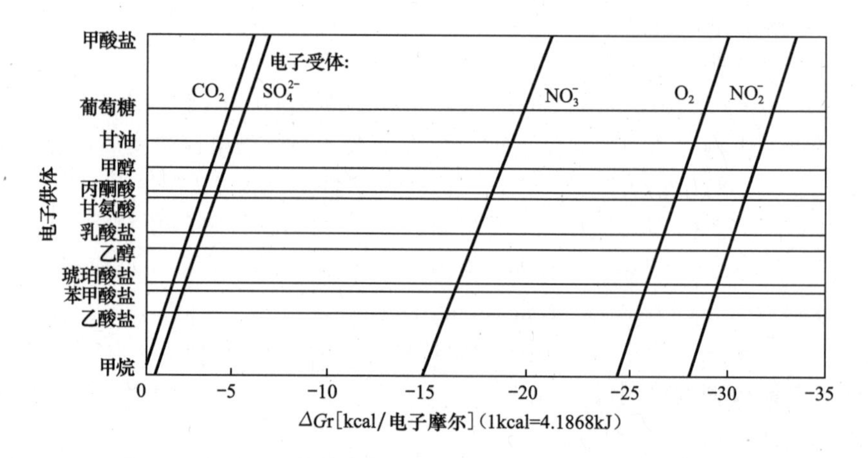

图 5.6　各种电子供体和电子受体释放的自由能（McCarty[18]）

5.2.1　释放的标准自由能

表 5.11 概括了作为 H_2 浓度函数的自由能的变化。表 5.12 给出了一些通常的中间产物转化为甲烷时释放的标准自由能。

25℃和 55℃时一些相关反应的自由能（ΔG）变化　　　　**表 5.11**

反应		ΔG（kJ/mol）	
基　质	产　物	25℃	55℃
乙酸$+H_2O$	$CH_4+HCO_3^-+H^+$	−26.9	−32.8
$4H_2+H^++HCO_3^-$	CH_4+3H_2O	−127.74−22.84log（pH_2）	−114.98−25.15log（pH_2）
乙酸$+4H_2O$	$2HCO_3^-+4H_2+2H^+$	100.83+22.841log（pH_2）	82.17+25.15log（pH_2）

续表

反 应		ΔG（kJ/mol）	
基 质	产 物	25℃	55℃
丙酸$+3H_2O$	乙酸$+HCO_3^-+3H_2+H^+$	62.55+17.11log（pH_2）	48.12+18.87log（pH_2）
丁酸$+2H_2O$	2乙酸$+2H_2$	32.55+11.42log（pH_2）	22.84+12.55log（pH_2）
乙酸+丙酸盐	戊酸盐$+2H_2O+H^++2H_2$	48.1	

注：1. pH_2 是 H_2 的分压，1μMH_2 相当于温度25℃气体中1270ppm和温度55℃气体中1370ppm。
2. 浓度0.01M，pH=7.2，干燥状态下产气中 CO_2 含量为20%，离子强度=0.087M。
Wiegant[19]；Ozturk[20]

标准状态下化学计量学方程式和释放的自由能[18] **表 5.12**

方程式	自由能（kJ/mol）
H_2—CO_2	
$4H_2+H^++HCO_3^- \longrightarrow CH_4+3H_2O$	−136
甲酸盐	
$4HCOOH+H_2O \longrightarrow CH_4+3HCO_3^-+3H^+$	−130
乙酸盐	
$CH_3COO^-+H_2O \longrightarrow CH_4+HCO_3^-$	−31
丙酸盐	
$CH_3CH_2COO^-+2H_2O+H^+ \longrightarrow CH_3COO^-+3H_2+CO_2+H^+$	+80
$CH_3CH_2COO^-+2H_2O+H^+ \longrightarrow 1.75CH_4+1.25CO_2+1.5H_2O$	−53
甲醇	
$4CH_3OH \longrightarrow 3CH_4+HCO_3^-+H^++H_2O$	−314
乙醇	
$CH_3CH_2OH+H_2O \longrightarrow CH_3COO^-+2H_2+H^+$	+2
$CH_3CH_2OH+H_2O \longrightarrow 1.5CH_4+0.5CO_2+H_2O$	−96
丙醇	
$CH_3CH_2CH_2OH+3H_2O \longrightarrow CH_3COO^-+5H_2+CO_2+H^+$	+84
$CH_3CH_2CH_2OH+3H_2O \longrightarrow 2.25CH_4+0.75CO_2+2.5H_2O$	−118
酚	
$C_6H_5OH+5H_2O \longrightarrow 3CH_3COO^-+2H_2+3H^+$	+5
$C_6H_5OH+5H_2O \longrightarrow 3.5CH_4+2.5CO_2+H_2O$	−149

5.2.2 标准状态与环境条件

标准状态（25℃，1atm）下和环境条件下厌氧反应中释放的自由能（ΔG）的比较见表5.13。在环境条件下释放的自由能相对较低，这表明如果反应基质是丙酸、丁酸和乙醇，则从热力学角度看只有当 H_2 分压分别保持在小于 10^{-4}atm、10^{-3}atm 和 10^{-1}atm 时反应才可以进行。

标准状态和典型环境条件下自由能变化（kJ/mol） **表 5.13**

典型反应	ΔG^{o}（标准状态）	$\Delta G^{o\prime}$（环境状态）
葡萄糖⟶乙酸盐$+H_2$	−206	−318
葡萄糖⟶甲烷	−404	−399
乙酸盐⟶CH_4	−31	−24

续表

典型反应	ΔG°（标准状态）	$\Delta G^{\circ\prime}$（环境状态）
H_2 和 CO_2 ⟶ CH_4	−135	−32
H_2 和 CO_2 ⟶ 乙酸盐	−105	−7
丁酸盐⟶乙酸盐	+48	−17
丙酸盐⟶乙酸盐＋H_2	+76	−5
苯甲酸盐⟶乙酸盐	+90	−16
三氯甲烷⟶甲烷	−163	−121

5.2.3 氢分压对转化自由能的影响

McCarty 用图 5.7 说明了丙酸盐、乙醇和 H_2 代谢的热力学特性是 H_2 浓度的函数[21]。由图 5.7 可知，只有当 H_2 浓度低于 10^{-4}atm（100ppm）时从热力学角度丙酸转化为乙酸和 H_2 才有可能。

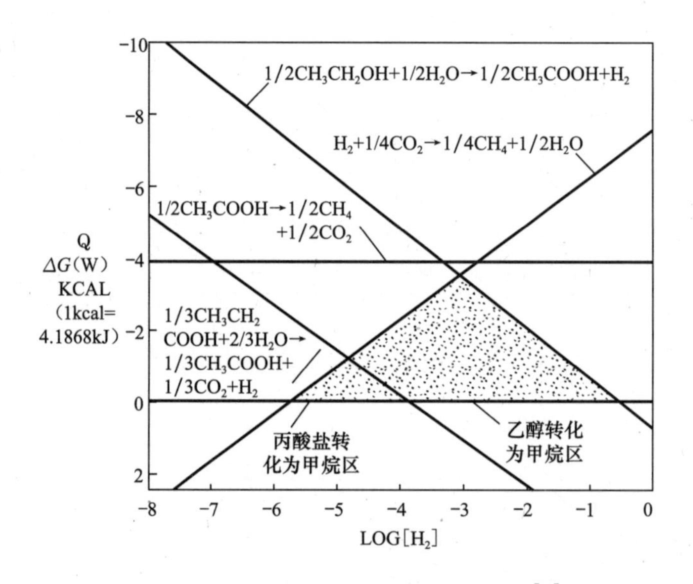

图 5.7 自由能变化与 H_2 浓度（分压）[21]

提高 H_2 浓度有利于 H_2 的代谢。只有当 H_2 的浓度（分压）大于 1ppm（分压大于 10^{-6}atm），H_2 转化为甲烷从热力学角度才有可能。因为将 H_2 转化为甲烷的微生物必须在 H_2 浓度对应的分压约为 10^{-4}～10^{-6}atm 范围内才有代谢作用，这些微生物通常在低于它们的最大潜在能力下进行代谢。Harremoes 估计这些细菌通常仅发挥了它们的最大代谢能力的 1%。令人惊异的是 H_2 利用细菌可以有效地去除 H_2，使 H_2 浓度低到满足丙酸盐发生转化的条件。

5.3 厌氧过程的化学计量学

5.3.1 产气预测和生物体的合成

厌氧生物反应过程中有机物的减少与甲烷的生成直接相关。反应器进料的化学组成决定了产气组分。

Buswell 和 Mueller 给出下式用以预测产气组分[22]：

$$C_nH_aO_b+(n-a/b-b/2)H_2O \longrightarrow (n/2-a/8+b/4)CO_2+(n/2+a/8-b/4)CH_4 \quad (5.19)$$

McCarty 将上式加以完善使之更加全面[23]：

$$C_nH_aO_bN_c+(2n+c-b-9sd/20-ed/4)H_2O \longrightarrow (de/8)CH_4+(n-c-sd/5-de/8)CO_2+(sd/20)C_5H_7O_2N+(c-sd/20)NH_4^++(c-sd/20)HCO_3^- \quad (5.20)$$

式中：$d=4n+a-2b-3c$；s＝COD 用于合成部分的分数；e＝COD 转化为甲烷部分的分数。

McCarty 进一步建议进料可用下列经验公式表示：

$$C_aH_bO_cN_dP_f+(2a-c+4f+1)H_2O \longrightarrow (a-1)CO_2+dNH_4^++fH_2PO_4+(4a+b-2c-4d+6f+1)H^++(4a+b-2c-3d+5f)e^- \quad (5.21)$$

及

$TVS=12a+b+16c+14d+32f$

$D=8\ (4a+b-2c-3d+5f)$

$N=14d$

$C=12a$

$P=32f$

式中：TVS——有机物量，可用 VSS 表示，g；

D——COD，g；

C——有机碳，用 TOC 表示，g；

N——有机氮，即凯氏氮，g。

式中：$a=C/12$；$b=1/9\ (W+D-11C/3+5/7N)$；$c=1/18\ (W-D/8-2C/3-17N/14)$；$d=N/14$。

图 5.8 表示碳的氧化态对产气的影响。

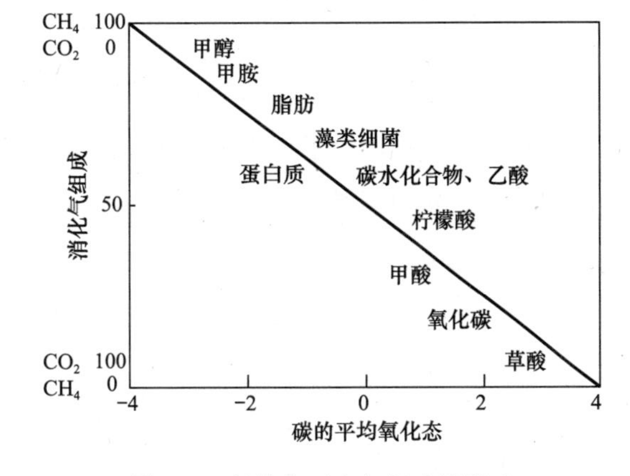

图 5.8 氧化态对产气组成的影响

[例 5.2] 由组分计算 COD 值。有机废物的经验式为 $C_nH_aO_bN_c$，C＝200mg/L，H＝25mg/L，O＝100mg/L，N＝40mg/L。

[解] 计算摩尔浓度：

$n=200\text{mg/L}/(12000\text{mg/mol})=1.67\times10^{-2}\text{mol/L}$

$a=25\text{mg/L}/(1000\text{mg/mol})=2.50\times10^{-2}\text{mol/L}$

$b=100\text{mg/L}/(16000\text{mg/mol})=6.25\times10^{-3}\text{mol/L}$

$c=40\text{mg/L}/(14000\text{mg/mol})=2.86\times10^{-3}\text{mol/L}$

有机废物为 1mol，其经验式为：

$$C_{0.0167}H_{0.0250}O_{0.00625}N_{0.00286}$$

$$COD=[2n+(a-3c)/(2-b)](32000)/2=566\text{mg/L}$$

5.3.2 由碳源和氮源合成细胞需要的能量

1972 年 McCarty 提出了用化学计量学方法来估计由各种不同的碳源和氮源合成的细胞量，该方法可以用下例说明。

[例5.3] 乙酸盐代谢的化学计量学

[解]（1）由下列条件计算乙酸异养菌的产甲烷反应的化学计量学公式：

电子供体——乙酸，电子受体——CO_2，$\theta_c=20$d（SRT），自分解速率 $b=0.03\text{d}^{-1}$，生物体可降解部分分数 $f_d=0.8$。

McCarty 提出的化学计量学方法中 A 是产生能量的基质的电子当量（eeq）与生成细菌的电子当量比：

$$A=-\left[\frac{\Delta G_p/e^m+7.5+\Delta G_n/e}{e\Delta G_r}\right] \tag{5.22}$$

式中：A——产生能量的电子供体的电子当量/合成细胞的电子当量；

ΔG_p——将碳源还原为丙酮酸所需能量＝电子供体（乙酸）自由能－丙酮酸自由能＝[－6.605(乙酸)]－[－8.545（丙酮酸）]；

e——能量转移细胞系数，设 $e=0.6$；

ΔG_n——将氮源转化为 NH_4^+ 所需能量；

ΔG_r——可利用能量/电子供体的电子当量＝电子供体（乙酸盐）自由能－电子受体（CO_2）自由能＝(－6.605)－(－5.763)；

m——当 $\Delta G_p>0$ 时，$m=+1$；$\Delta G_p<0$ 时 $m=-1$。

将丙酮盐转化为细胞的能量为 7.5kcal/eeq（34.10kJ/eeq）。

可计算：

$$\text{A}=-\frac{[(-6.605)-(-8.545)]/0.6+7.5+0}{0.6[-6.609-(-5.763)]}=-\frac{3.233+7.5}{-0.508}=21.128$$

a_e 定义为所用电子供体每1电子当量所生成细胞的电子当量。

a_e ＝合成细胞电子当量/所用电子供体的电子当量

$$=\frac{f_s}{f_s+f_e}$$

$$=\frac{1}{1+A}$$

$$a_e=1/(1+A)=1/(1+21.128)=0.045 \tag{5.23}$$

电子供体用于合成部分的分数 f_s 可计算如下：

$$f_s=a_e\left[1-\frac{f_d b\theta_c}{1+b\theta_c}\right]$$

$$f_s=0.045\left[1-\left(\frac{0.8(0.03)(20)}{1+(0.03)(20)}\right)\right]$$

$$=0.032 \tag{5.24}$$

电子供体转化为能量部分的分数 f_e 为：

$$f_e=1-0.032=0.968 \tag{5.25}$$

（2）总反应

$$R=R_d-f_eR_a-f_sR_c \tag{5.26}$$

式中：R_d——电子供体方程；

R_a——电子受体方程；

R_c——细胞合成方程。

$$
\begin{aligned}
&R_d(0.125CH_3COO^- + 0.375H_2O \longrightarrow 0.125CO_2 + 0.125HCO_3^- + H^+)e^- \\
&-0.968R_a(0.121CO_2 + 0.938H^+ + 0.968e^- \longrightarrow 0.121CH_4 + 0.242H_2O) \\
&-0.032R_c(0.006CO_2 + 0.002HCO_3^- + 0.002NH_4^+ + 0.032H^+ + 0.032e^- \\
&\qquad \longrightarrow 0.002C_5H_7O_2N + 0.014H_2O) \\
\hline
&= R(0.125CH_3COO^- + 0.119H_2O + 0.002CO_2 + 0.002NH_4^+ \\
&\qquad \longrightarrow 0.002C_5H_7O_2N + 0.121CH_4 + 0.123HCO_3^-) \qquad (5.27)
\end{aligned}
$$

当 $\theta_c = 20d$，细胞产率为 $0.002 \times 113g$ 细胞/8gCOD=2.8%

以上各式计算均根据 8gCOD 为 1 电子当量。

分析Ⅰ：

总反应方程

与 SRT=20d 时乙酸好氧氧化相比较：

$$
\begin{aligned}
R = &\ 0.125CH_3COO^- + 0.148O_2 + 0.020NH_4^+ \\
&\longrightarrow 0.104H_2O + 0.105HCO_3 + 0.043CO_2 + 0.020C_5H_7O_2N \qquad (5.28)
\end{aligned}
$$

SRT=20d 时好氧情况下合成产率为 28%。从这些反应方程可知由乙酸好氧代谢合成的生物量为厌氧代谢合成的生物量的 10 倍。

分析Ⅱ：

总反应方程

SRT=20d 时碳水化合物厌氧代谢产率：

$$
\begin{aligned}
R = &\ 0.25CH_2O + 0.007NH_4^+ + 0.007HCO_3^- \\
&\longrightarrow 0.007C_5H_7O_2N + 0.108CH_4 + 0.115CO_2 + 0.027H_2O \qquad (5.29)
\end{aligned}
$$

SRT=20d 时合成产率约为 9%。

分析Ⅲ：

总反应方程

SRT=20d 时类脂类厌氧代谢产率：

$$
\begin{aligned}
R = &\ 0.0217C_8H_{16}O + 0.0726H_2O + 0.001NH_4^+ + 0.001HCO_3^- \\
&\longrightarrow 0.001C_5H_7O_2N + 0.122CH_4 + 0.047CO_2 \qquad (5.30)
\end{aligned}
$$

SRT=20d 时合成产率为 1.4%。

分析Ⅳ：

总反应方程

丙酸厌氧代谢产率（$f_e = 0.949$，$f_s = 0.051$）

$$
\begin{aligned}
&CH_3CH_2COO^- + 0.036NH_4^+ + 0.407H_2O = 0.036C_5H_7O_2N + 0.949CH_3COO^- \\
&\quad + 0.711CH_4 + 0.196CO_2 + 0.016HCO_3^- \qquad (5.31)
\end{aligned}
$$

分析Ⅴ：

总反应方程

H_2 厌氧代谢产率（$f_e = 0.958$，$f_s = 0.042$）

$$
H_2 + 0.256CO_2 + 0.004HCO_3^- + 0.004NH_4^+ = 0.004C_5H_7O_2N + 0.239CH_4 + 0.517H_2O \qquad (5.32)
$$

不同基质电子供体转化为能量的电子当量与合成细胞的电子当量之比见表 5.14。

根据生物能学计算的各种基质厌氧转化的生物动力学系数　　表 5.14

基质	A（电子供体转化为能量部分的电子当量/生成细胞的电子当量）	基质	A（电子供体转化为能量部分的电子当量/生成细胞的电子当量）
碳水化合物	1.02	丁酸盐	11.13
蛋白质	2.45	乙酸盐	21.03
脂肪	17.75	氢气	22.55
丙酸盐	18.27		

5.4　厌氧生物反应器的动力学

5.4.1　厌氧生物反应器

完全混合厌氧消化法（CMAD）、厌氧接触法（ACR）和升流式厌氧污泥床（UASB）等都属于厌氧生物处理的常用工艺，由于水力、机械及沼气上升过程造成的搅拌作用，可视为完全混合反应器或多个完全混合反应器的串联组合。它们之间的差别，在于有回流与无回流。厌氧生物处理的限制阶段是产甲烷阶段，故动力学分析也以该阶段为基础。厌氧活性污泥典型流程如图 5.9 所示。

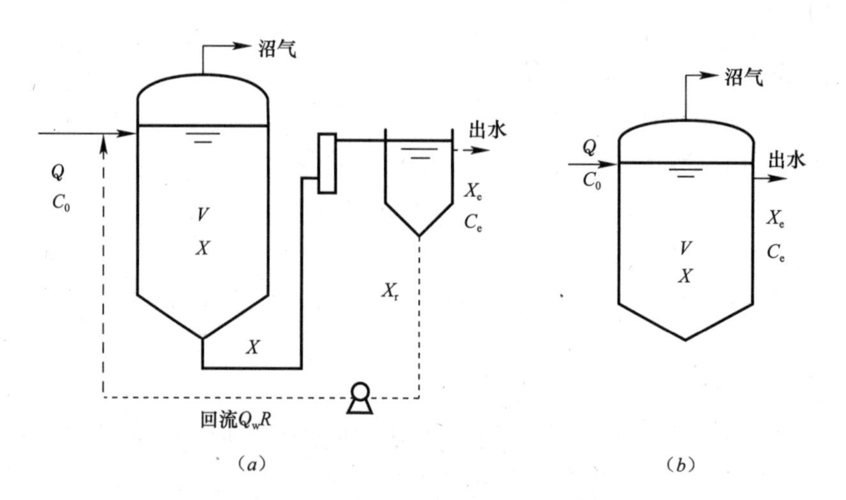

图 5.9　厌氧活性污泥法典型流程

(a) 有回流（厌氧接触）；(b) 无回流

图中：Q——入流流量；

C_0——入流中可生物降解的 COD 浓度；

C_e——反应器中及出流可生物降解的 COD 浓度；

V——反应器容积；

X——反应器中及出流中厌氧微生物浓度（VSS 计），工程计算中，常用污泥浓度 X；

X_r——沉淀池排泥中厌氧微生物浓度，以 VSS 计；

X_e——沉淀池出水中厌氧微生物浓度，以 VSS 计；

Q_w——回流流量，$Q_w=RQ$；

R——回流率，$R=\frac{Q_w}{Q}$。

厌氧生物反应器动力学模型的假设条件：

（1）反应器处于完全混合状态；

（2）入流底物浓度保持恒定，并不含厌氧微生物；

（3）沉淀池中液相与厌氧微生物能有效分离，没有厌氧微生物活动，也没有积泥现象；

（4）反应器的运行处于稳定状态。

5.4.2 有回流厌氧生物反应器的动力学

1. 底物降解动力学

根据假设条件，底物的降解，属于一级反应动力学。可列出底物平衡式：

$$\left(\frac{\mathrm{d}C}{\mathrm{d}t}\right)V = QC_0 + RQC_e - \left[V\left(\frac{\mathrm{d}C}{\mathrm{d}t}\right)_{\text{反应}} + (1+R)QC_e\right] \tag{5.33}$$

在稳定状态下，$\left(\frac{\mathrm{d}C}{\mathrm{d}t}\right)V=0$，

所以式（5.33）可简化为：

$$\left(\frac{\mathrm{d}C}{\mathrm{d}t}\right)_{\text{反应}} = \frac{Q(C_0 - C_e)}{V} \tag{5.34}$$

等号两边各乘$\frac{1}{X}$，即表示单位质量微生物的降解速率（或称比降解速率）：

$$\frac{\left(\frac{\mathrm{d}C}{\mathrm{d}t}\right)_{\text{反应}}}{X} = \frac{Q(C_0 - C_e)}{XV} \tag{5.35}$$

2. 微生物增长动力学

被降解的底物中，有一部分合成新细胞，使厌氧微生物增殖，可建立微生物平衡式：

$$V\left(\frac{\mathrm{d}X}{\mathrm{d}t}\right) = V\left(\frac{\mathrm{d}X}{\mathrm{d}t}\right)_{\text{增长}} - [Q_w X_r + (Q - Q_w)]X_e \tag{5.36}$$

引入污泥龄概念：污泥龄（SRT）为微生物在反应器内的停留时间，以θ_c表示，有回流时：

$$\theta_c = \frac{XV}{Q_w X_r + (Q - Q_w)X_e} \tag{5.37}$$

$$R = \frac{X\left(1 - \frac{t}{\theta_c}\right)}{X_r - X} = \frac{Q_w}{Q} \tag{5.38}$$

式中：t——消化池水力停留时间，d。

微生物的实际增长量等于总增长量减去内源呼吸消耗的微生物量，即：

$$\left(\frac{\mathrm{d}X}{\mathrm{d}t}\right)_{\text{增长}} = Y\left(\frac{\mathrm{d}X}{\mathrm{d}t}\right)_{\text{反应}} - bX \tag{5.39}$$

式中：Y——产率系数，见表5.15。

产甲烷阶段 Y 与 b 值列表 **表5.15**

参　数	变化范围	低脂型污水或污泥平均值	高脂型污水或污泥平均值
Y（mg/mg）	0.040～0.054 （0.05～0.1）	0.044	0.04
b（d^{-1}）	0.010～0.040	0.019	0.015

Henze. M 和 P. Harremoes 将式（5.36）、式（5.34）代入式（5.33）并整理后得：

$$V\left(\frac{\mathrm{d}X}{\mathrm{d}t}\right)=V\left[Y\left(\frac{\mathrm{d}X}{\mathrm{d}t}\right)_{\text{反应}}-bX\right]-\frac{XV}{\theta_c} \tag{5.40}$$

在稳定状态下，反应器内微生物的增长率等于反应器内微生物的排出率，即

$$V\left(\frac{\mathrm{d}X}{\mathrm{d}t}\right)=0$$

所以

$$\frac{1}{\theta_c}=Y\frac{\left(\frac{\mathrm{d}X}{\mathrm{d}t}\right)_{\text{反应}}}{X}-b \tag{5.41}$$

式中：b——细菌衰亡速率系数（即内源呼吸系数），d^{-1}。

式（5.41）中$\frac{\left(\frac{\mathrm{d}X}{\mathrm{d}t}\right)_{\text{反应}}}{X}$为比增长速率，根据米一门方程，可得：

$$\frac{\left(\frac{\mathrm{d}X}{\mathrm{d}t}\right)_{\text{反应}}}{X}=\frac{kC}{K_m+C}$$

所以

$$\left(\frac{\mathrm{d}X}{\mathrm{d}t}\right)_{\text{反应}}=\frac{kCX}{K_m+C}$$

式中：k——生成产物的最大速率；

K_m——米氏常数（半饱和常数）。

故式（5.41）可写成：

$$\frac{1}{\theta_c}=Y\frac{kC_e}{K_m+C_e}-b \text{ 或 } \frac{1}{\theta_c}+b=Y\frac{kC_e}{K_m+C_e} \tag{5.42}$$

整理式（5.42）得：

$$C_e=\frac{K_m\left(\frac{1}{\theta_c}+b\right)}{Yk-\left(\frac{1}{\theta_c}+b\right)} \tag{5.43}$$

式（5.43）等号右边乘$\frac{\theta_c}{\theta_c}$得：

$$C_e=\frac{K_m(1+b\theta_c)}{\theta_c(Yk-b)-1} \tag{5.44}$$

从式（5.44）可知，有回流的厌氧活性污泥法，出流底物浓度与入流底物浓度无关。

将式（5.35）代入式（5.41）可得底物降解与微生物增长之间的关系式：

$$\frac{1}{\theta_c}=Y\left[\frac{Q(C_0-C_e)}{XV}\right]-b \text{ 或 } X=\frac{YQ(C_0-C_e)}{V\left(\frac{1}{\theta_c+b}\right)}$$

可见有回流时，水力停留时间不等于污泥龄。

上式右边乘$\frac{\theta_c}{\theta_c}$得：

$$X=\frac{\theta_c YQ(C_0-C_e)}{V\,(1+b\theta_c)^{-1}} \tag{5.45}$$

式（5.41）、式（5.44）与式（5.45）就是 Lawrence 与 McCarty 于 1970 年推导出的有回流好氧活性污泥法动力学，也适用于有回流厌氧活性污泥法动力学。

底物去除率用 E 表示：

$$E=\frac{C_0-C_e}{C_0}\times 100\% \tag{5.46}$$

5.4.3 无回流厌氧生物反应器的动力学

无回流厌氧活性污泥法见图 5.9（b）。污泥龄等于水力停留时间，即 $\theta_c=t$，t 为水力停留时间。

在稳定状态下，反应器内的微生物量与出流中的微生物量可列出物料平衡式：

$$V\left[Y\left(\frac{\mathrm{d}C}{\mathrm{d}t}\right)_{反应}-bX\right]=QX \tag{5.47}$$

将式（5.34）代入式（5.47），可得出无回流时，被降解的底物量与微生物增长之间的关系式：

$$\frac{QX}{V}=Y\left[\frac{Q(C_0-C_e)}{V}\right]-bX$$

因为

$$\frac{Q}{V}=\frac{1}{t}$$

整理上式可得无回流时，污泥浓度（微生物量）的计算式：

$$X=\frac{Y(C_0-C_e)}{(1+bt)}=\frac{Y(C_0-C_e)}{(1+b\theta_c)} \tag{5.48}$$

由式（5.48）可知，无回流时，X 与 Y（C_0-C_e）成正比，与 b、θ_c（即水力停留时间 t）成反比。Y、b、C_0 值一般为定值，为了增多反应器内的微生物量，必须尽量采用短的 θ_c。

由于无回流时，污泥龄等于水力停留时间，故反应器的容积有机物负荷为：

$$S_v=\frac{QC_0}{V}=\frac{C_0}{t}=\frac{C_0}{\theta_c}$$

所以

$$\theta_c=\frac{C_0}{S_v}=t \tag{5.49}$$

式中：S_v——容积有机物负荷，kgCOD/（cm^3 · d）。

Lawrence 与 McCarty 提出城市污水厂污泥的 Y、b 值见表 5.15。

5.4.4 厌氧生物反应器的分相模型

随着对厌氧生物处理系统反应机理及影响因素的不断深入研究，厌氧生物反应器的模型研究也得到了不断的发展。

1. Andrews 厌氧生物反应器模型的结构

针对厌氧生物处理系统的整体性，Andrews 于 1968 年提出了完全混合式反应器（CSTR）的动态抑制模型，到 1974 年，基本完成了该模型的建立和模拟工作（图 5.10）[24,25]。

此厌氧生物反应器模型以厌氧消化两阶段理论为基础，并且将产甲烷阶段作为整个消化过程的限速步骤。模型有以下特点：(1) 首次用抑制方程作为基本生化动力学方程：利用 Andrews 抑制方程作为生化动力学的基本方程，并且用未离解的挥发酸作为微生物增长的抑制性物质；(2) 首次考虑了液相离子间的平衡关系，并且通过物化离子平衡的关系

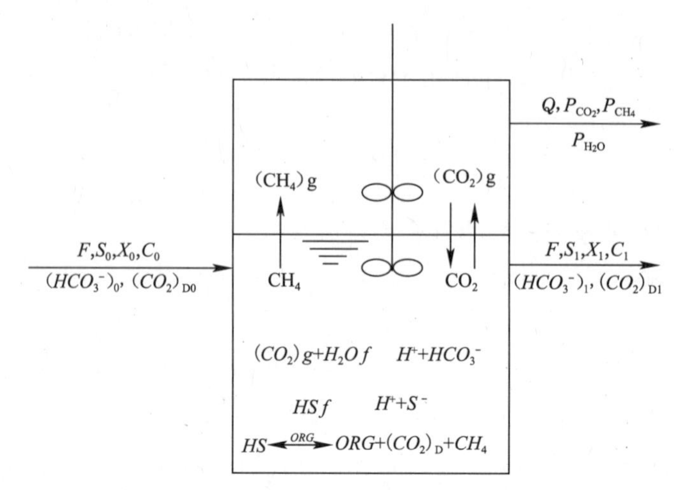

图5.10　Andrews厌氧消化模型的输入与输出

以Andrews抑制动力学方程为纽带将物化系统和生化系统有机地结合在一起；（3）首次从系统性和整体性方面来考虑厌氧消化模型：Andrews厌氧消化模型用传质方程把反应器的气相和液相联系起来，使得所建立的模型具有系统性。

Andrews厌氧消化模型结构见图5.11。Andrews利用所建立的模型分别对间歇反应器、连续流反应器进行了模拟。模拟结果表明：Andrews厌氧消化模型能够对反应器运行中五个常用的变量（VFA、碱度、pH、沼气产量和沼气组分）进行很好的预测与模拟。通过Andrews的模拟研究，还得到以下结论：（1）厌氧反应器在稳态运行的情况下，增加厌氧反应器中的碱度会引起系统运行的pH值和VFA增加；（2）有机负荷或水力负荷过高都能够引起反应器运行的失败；（3）增加进水碱度或利用污泥回流可使将要酸化的反应器得到恢复；（4）把气室中的气体抽出，通过一个气体洗涤器把其中的CO_2脱去，再回流到反应器的气室，用这种方法也能防止可能出现的酸化。

2. Andrews厌氧消化动力学模型的修正

1974年Hill和Barth对厌氧塘用Andrews模型进行了模拟，并与实验值进行了比较[26]。1977年又对以动物废料为基质的厌氧反应器进行了研究，针对基质的特点，他们对Andrews模型进行了修正：

（1）没有利用限速步骤的概念，而是把水解、酸化、甲烷化阶段都包括在模型中；

（2）在抑制方程中加入氨抑制项，并以游离氨作为抑制剂；

（3）在阳离子的物料平衡中，加入了反应项；

（4）考虑了微生物自身氧化和维持运动所需能量的影响。

Hill和Barth用这个模型对十二个反应器的反应过程进行了模拟，模拟预测的趋势与实验结果相吻合[27]。

由于Andrews厌氧消化模型以及Hill和Barth模型是以厌氧消化两阶段理论为基础的，随着厌氧消化机理的进一步发展，需要对厌氧消化模型进一步完善。1983年Moseyt用Andrews厌氧消化过程动力学模型对葡萄糖降解的过程模拟中，发现氢的浓度对丙酸降解会产生一定的影响，由此对原模型进行了修正，建立了产乙酸和利用乙酸与氢的四种产甲烷菌群的微分方程，提出了由葡萄糖形成挥发性脂肪酸（VFAs）的理论模型，并且引入了氢抑制[28]。

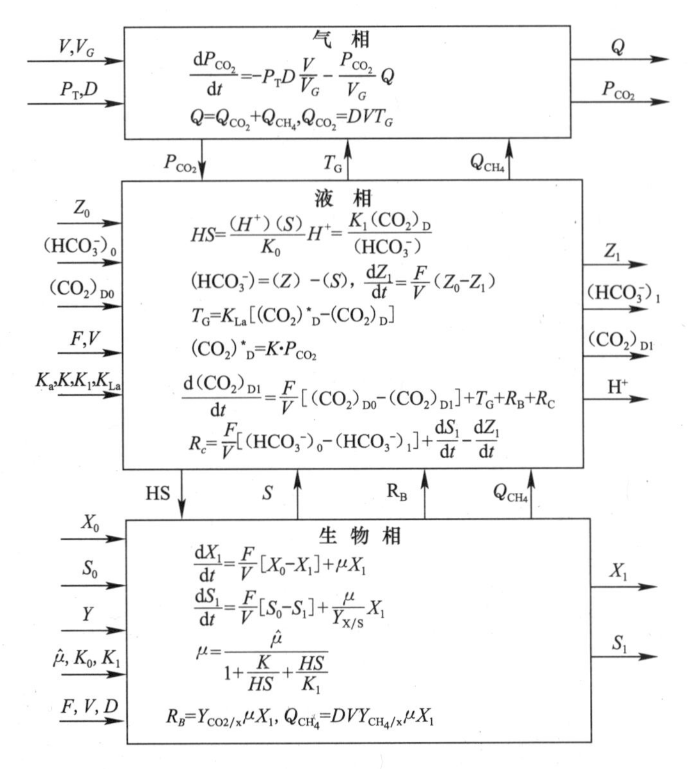

图 5.11 Andrews 厌氧消化模型的结构

$Q_{(CH_4)G}$—气态 CH_4 流量；Q_{CO_2}—气态 CO_2 产量；Q_g—产气量；P_{CO_2}—CO_2 在气相中分压；P_{CH4}—CH_4 在气相中分压；V—反应器容积；V_G—气室容积；P_T—气体总压力；D—气体的摩尔体积；Z_0—进水净阳离子浓度；$(CO_2)_{D0}$—进水中 CO_2 浓度；$(CO_2)_D$—反应器中溶解性 CO_2 浓度；$(CO_2)^*_D$—饱和 CO_2 浓度；$(HCO_3^-)_0$—进水中 HCO_3^- 浓度；(HCO_3^-)—反应器中 HCO_3^- 浓度；$(HCO_3^-)_1$—出水中 HCO_3^- 浓度；Z—反应器中净阳离子浓度；S_0—进水基质浓度；S—反应器中基质浓度；S^-—电离的基质浓度；K_a—乙酸的电离常数；K—CO_2 的亨利系数；K_1—H_2CO_3 的一级电离常数；K_{La}—CO_2 的传质系数；T_G—气体传质速率；X—微生物浓度，$Y_{CO_2/x}$—细菌的产率系数，$mgCO_2/mg$ 细菌；$Y_{CH_4/x}$—细菌的产率系数，mg_{CH_4}/mg 细菌；$Y_{x/s}$—细菌的产率系数，mg 生成细菌/mg 基质消耗；$\hat{\mu}$—细菌的最大比增长率；F—进水流量

注：水质及微生物浓度下标 0 表示进水，1 表示出水

1991 年 Costello 在 Mosey 厌氧消化模型的基础上，引入了模型研究和厌氧消化工艺的新进展，其中最为主要的进展是引入了乳酸和 VFA 的抑制关系以及 pH 抑制等关系，引入了产物抑制、竞争性与非竞争性抑制、pH 抑制等影响因素，建立了一个较为完善的微生物动力学方程[29]。模型包含有厌氧反应体系、物化平衡系统以及反应器工艺三部分，并且通过对 Denac（1988）、Grauer（1986）和 Eng（1986）的试验进行模拟验证了该模型[30]。1993 年 Romli 对 Costello 的动力学参数值进行了修正，他使用以葡萄糖和酒糟混合液为基质的实验室厌氧流化床反应器的连续运行数据对该模型进行了验证[31]。

随着厌氧消化机理研究的深化和对复杂有机物水解过程的进一步研究，1997 年 Ramsay[32]在 Costello 模型的基础上加入了描述蛋白质降解动力学过程的模型，并且使用 Romli 的实验室反应器处理酪蛋白的试验数据对该模型进行了验证。2000 年 Batstone[33,34]在 Ramsay 厌氧消化模型的基础上，加入了长链脂肪酸降解过程的模型，以此建立复杂有机物的厌氧消化模型，并且使用生产性规模的处理屠宰污水的厌氧反应器的运行数据对模型进行了验证。以上研究工作不断完善了厌氧消化动力学模型，使模型能够表达复杂有机物的厌氧消化过程，并用于实际厌氧消化过程的模拟。

5.5　厌氧消化1号模型（ADM1）[35]

ADM1号模型是厌氧消化四阶段理论的产物，是几十年厌氧消化领域众多研究人员的成果结晶。国际水协（IWA）厌氧消化模型研究小组借鉴好氧动力学模型的研究，于2002年提出了ADM1模型。目前，ADM1模型已经把物理、化学和生化过程结合在一起，包括了气、液和固三相的反应。该模型能较好地模拟和预测不同厌氧工艺在不同运行工况下的消化效果，如气体产量、气体组成、出水COD、VFA以及反应器内的pH值等。

厌氧消化过程涉及基质降解、微生物增长、产物增加以及物质传递等子过程。在厌氧反应器内的厌氧生物降解是一个生物化学过程，影响降解过程的因素众多，有些因素是从微观上影响消化过程，即从机理上影响消化过程；有些因素是从宏观上影响消化过程。某一因素既单独影响消化过程，又和其他一个或几个因素相互耦合影响消化过程。因此，完整的数学模型应该包括：（1）反应器水力学模型；（2）基质降解和微生物增长模型；（3）产物增加模型；（4）反应器中离子平衡关系；（5）气液两相间的传质模型[36,37]。

厌氧消化系统实际上是一个十分复杂的系统，其中涉及多种生化反应过程和物化平衡过程。厌氧消化过程中所涉及的生化反应可以分为胞内和胞外两大类。胞外过程可分为初步分解和水解两步：初步分解是指污水或废弃物中性质复杂的颗粒化合物被转化为惰性物质、颗粒状碳水化合物、蛋白质和脂类的过程；而水解则是在胞外水解酶的作用下，碳水化合物、蛋白质和脂类等物质被转化为单糖、氨基酸和长链脂肪酸（LCFA）等的过程。其他的初步分解产物是惰性颗粒物和惰性溶解性物质（图5.12）。

水解过程是厌氧消化降解特定的颗粒物或大分子基质的第一步。水解还包括厌氧消化系统内部微生物的死亡后的微生物，微生物碎片以颗粒状化合物的形式保留在系统内，并再次进入循环。

胞内的生化过程则包括发酵产酸、产氢产乙酸和产甲烷三个步骤。酸化过程（发酵）一般被认为是厌氧产酸微生物过程，没有另外的电子受体和供体。它包括降解溶解性糖和氨基酸为一系列的简单产物。LCFA的降解是带有外部电子受体的氧化过程，因此包括在产乙酸过程中。因为酸化可以在没有附加电子受体存在时发生，所以产生的自由能较高，反应可以在较高的氢气和甲酸浓度下进行，并且具有较高的生物产率。

研究认为厌氧系统中存在两类独立的产酸菌能分别将单糖和氨基酸降解为混合有机酸、氢和二氧化碳；有机酸随后被产氢产乙酸菌利用并被转化为乙酸、氢和二氧化碳；在产甲烷过程中，氢被氢营养型产甲烷菌利用，并与CO_2一起被转化为CH_4和H_2O，而乙酸则被乙酸营养型产甲烷菌利用，并被转化为CH_4和CO_2。

综上所述，厌氧消化体系中的生化过程可以具体细化为19个子过程：（1）复杂颗粒化合物被初步分解为颗粒状碳水化合物、蛋白质、脂类；（2）碳水化合物被水解为单糖：（3）蛋白质被水解为氨基酸；（4）脂类被水解为长链脂肪酸和单糖；（5）单糖被降解为戊酸、丁酸、丙酸、乙酸和氢；（6）氨基酸被降解为戊酸、丁酸、丙酸、乙酸和氢；（7）长

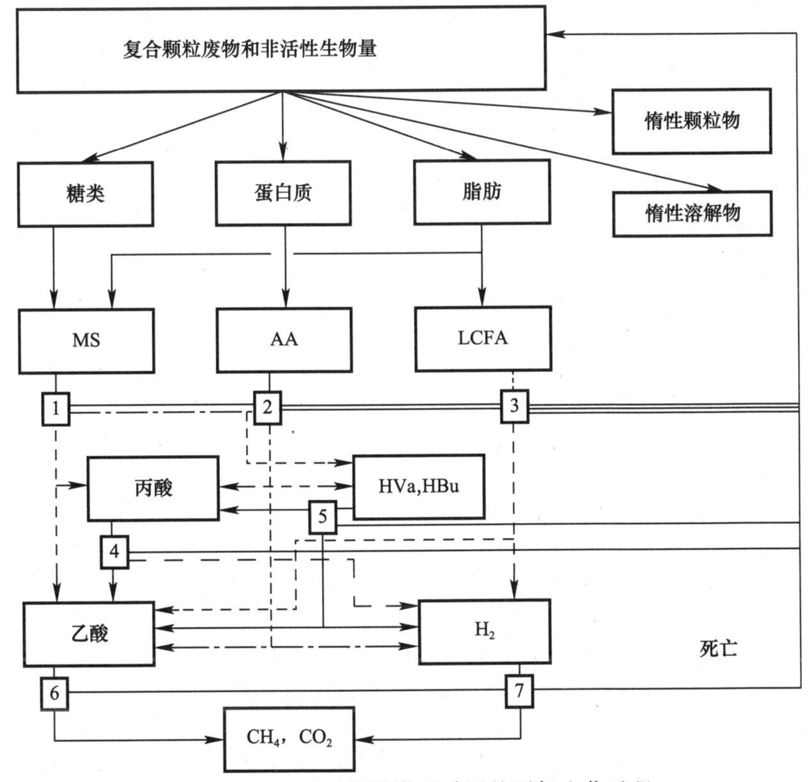

图 5.12 ADM1 数学模型采用的厌氧生化过程

1—糖类产酸；2—氨基酸产酸；3—LCFA 产乙酸；4—丙酸盐产乙酸；
5—丁酸盐和戊酸盐产乙酸；6—分解乙酸产甲烷；7—氢营养产甲烷

链脂肪酸（LCFA）被转化为乙酸和氢；（8）戊酸被降解为丙酸、乙酸和氢；（9～10）丁酸、丙酸分别被降解为乙酸和氢；（11～12）乙酸和氢分别被乙酸营养型和氢营养型产甲烷菌消耗；（13～19）分别为单糖、氨基酸、长链脂肪酸、戊酸和丁酸、丙酸降解微生物、乙酸营养型产甲烷菌和氢营养型产甲烷菌的衰亡。

根据以上过程将厌氧消化反应中的基质分成两类 26 种组分，即：溶解性的“S_{ij}”和颗粒性的“X_{ij}”。这 26 种组分的 19 个子过程的生化反应过程速率和计量矩阵见表 5.16（可溶解组分）和表 5.17（颗粒组分），物化反应的速率方程（如气液传质）没有包含在这些表格中。

ADM1 模型主要采取四种类型的方程来描述系统：

（1）用于描述液相和气相中的物质质量平衡状态的微分方程；

（2）用于描述系统 pH 值和酸碱平衡的物化代数方程；

（3）酶促速率方程（已经被结合到了状态方程中）；

（4）生化转化速率方程（也被结合到了状态方程中）。

为了减少模型的复杂性，提高模型的可执行性，厌氧消化系统有一些过程没有包含在该模型中：

（1）单糖发酵中产生乳酸的过程；

（2）硫酸盐还原和硫化氢的抑制过程；

（3）亚硝酸盐的还原过程；

厌氧消化系统模型组分生化反应速率（vij）和动力学方程（ρij)(i=1－22，j=1－19）-溶解性组分速率矩阵 表 5.16

	组分 i	1	2	3	4	5	6	7	8	9	10	11	12	速率 ρ_j［kgCOD/(m³·d)］方程
	过程 j	S_{su}	S_{aa}	S_{fa}	S_{va}	S_{bu}	S_{pro}	S_{ac}	S_{h2}	S_{ch4}	S_{IC}	S_{tN}	S_I	
1	分解过程												$f_{al\cdot xc}$	$k_{dis}X_e$
2	糖类的水解	1												$k_{hyd,ch}X_{ch}$
3	蛋白质的水解		1											$k_{hyd,pr}X_{pr}$
4	脂类的水解	$1-f_{fa\cdot li}$		$f_{fa\cdot li}$										$k_{hyd,li}X_{li}$
5	糖类的吸收	−1				$(1-Y_{su})\cdot f_{bu,su}$	$(1-Y_{su})\cdot f_{pro,su}$	$(1-Y_{su})\cdot f_{ac,su}$	$(1-Y_{su})\cdot f_{h2,su}$		$-\sum_{i=1\sim9, 11\sim24} c(C_i)_{vi,5}$	$-Y_{su}c(N_{bac})$		$k_{m,su}\frac{S_{su}}{K_s+S}X_{su}I_1$
6	氨基酸的吸收		−1		$(1-Y_{aa})\cdot f_{va,aa}$	$(1-Y_{aa})\cdot f_{bu,aa}$	$(1-Y_{aa})\cdot f_{pro,aa}$	$(1-Y_{aa})\cdot f_{ac,aa}$	$(1-Y_{aa})\cdot f_{h2,aa}$		$-\sum_{i=1\sim9, 11\sim24} c(C_i)_{vi,6}$	$N_{aa}-Y_{aa}c(N_{bac})$		$k_{m,aa}\frac{S_{aa}}{K_a+S_{aa}}X_{aa}I_1$
7	长链脂肪酸的吸收			−1				$0.7(1-Y_{fa})$	$0.3(1-Y_{fa})$			$-Y_{fa}c(N_{bac})$		$k_{m,fa}\frac{S_{fa}}{K_s+S_{fa}}X_{fa}I_2$
8	戊酸的吸收				−1		$0.54(1-Y_{c4})$	$0.31(1-Y_{c4})$	$0.15(1-Y_{c4})$			$-Y_{c4}c(N_{bac})$		$k_{m,c4}\frac{S_{va}}{K_s+S_{va}}X_{c4}\frac{1}{1+S_{bu}/S_{va}}I_2$
9	丁酸的吸收					−1		$0.8(1-Y_{c4})$	$0.2(1-Y_{c4})$			$-Y_{c4}c(N_{bac})$		$k_{m,c4}\frac{S_{bu}}{K_s+S_{bu}}X_{c4}\frac{1}{1+S_{va}/S_{bu}}I_2$
10	丙酸的吸收						−1	$0.57(1-Y_{pro})$	$0.43(1-Y_{pro})$		$-\sum_{i=1\sim9, 11\sim24} c(C_i)_{vi,10}$	$-Y_{pro}c(N_{bac})$		$k_{m,pr}\frac{S_{pro}}{K_s+S_{pro}}X_{pro}I_2$
11	乙酸的吸收							−1		$(1-Y_{ac})$	$-\sum_{i=1\sim9, 11\sim24} c(C_i)_{vi,11}$	$-Y_{ac}c(N_{bac})$		$k_{m,ac}\frac{S_{ac}}{K_s+S_{ac}}X_{ac}I_3$
12	氢的吸收								−1	$(1-Y_{h2})$	$-\sum_{i=1\sim9, 11\sim24} c(C_i)_{vi,12}$	$-Y_{h2}c(N_{bac})$		$k_{m,h2}\frac{S_{h2}}{K_a+S_{h2}}X_{h2}I_1$

续表

	组分 i	1	2	3	4	5	6	7	8	9	10	11	12	速率 ρ_j [kgCOD/(m³·d)]
	过程 j	S_{su}	S_{aa}	S_{fa}	S_{va}	S_{bu}	S_{pro}	S_{ac}	S_{h2}	S_{ch4}	S_{IC}	S_{IN}	S_I	方程
13	X_{su}的衰减													$k_{dec,x_{su}}X_{su}$
14	X_{aa}的衰减													$k_{dec,x_{aa}}X_{aa}$
15	X_{la}的衰减													$k_{dec,x_{fa}}X_{fa}$
16	X_{c4}的衰减													$k_{dec,x_{c4}}X_{c4}$
17	X_{pro}的衰减													$k_{dec,x_{pro}}X_{pro}$
18	X_{ac}的衰减													$k_{dec,x_{ac}}X_{ac}$
19	X_{h2}的衰减													$k_{dec,x_{h2}}X_{h2}$
		单糖 (kgCOD/m³)	氨基酸 (kgCOD/m³)	长链脂肪酸 (kgCOD/m³)	总戊酸 (kgCOD/m³)	总丁酸 (kgCOD/m³)	总丙酸 (kgCOD/m³)	总乙酸 (kgCOD/m³)	氢气 (kgCOD/³)	甲烷气体 (kgCOD/m³)	无机碳 (kmol(C)/m³)	无机氮 (kmol(N)/m³)	可溶性惰性物质 (kgCOD/m³)	抑制因子： $I_1=I_{pH}I_{IN,lim}$ $I_2=I_{pH}I_{IN,lim}I_{h2}$ $I_3=I_{pH}I_{IN,lim}I_{NH_3,X_{ac}}$ 式中，I_{pH}，$I_{IN,lim}$，I_{h2}，$I_{NH_3,X_{ac}}$，分别为pH、无机氮、氢及氨的抑制函数

注：溶解性基质S下标 ij 为各种溶解性基质英文缩写：su、aa、fa、VFAs、ac、$h_{2(气)}$、h_2、CH_4、IC、IN、I、cat和an分别为单糖、氨基酸、脂肪酸、挥发酸、乙酸、氢、甲烷、无机碳、无机氮、惰性有机物、阳离子和阴离子组分；$a_j=\sum_{i=22,26-32}c_i\upsilon_{i,j}$；$b_j=\sum_{i=22,26-32}N_i\upsilon_{i,j}$

厌氧消化系统模型组分生化反应速率（v_{ij}）和动力学方程（ρ_{ij}）（$i=1-22$，$j=1-19$）-非溶解性组分速率矩阵　　表 5.17

	组分 i	13	14	15	16	17	18	19	20	21	22	23	24	速率 ρ_j [kgCOD/(m³·d)] 方程
	过程 j	X_c	X_{ch}	X_{pr}	X_{li}	X_{su}	X_{aa}	X_{fa}	X_{c4}	X_{pro}	X_{ac}	X_{h2}	X_I	
1	分解过程	-1	$f_{ch,xc}$	$f_{pr,xc}$	$f_{li,xc}$								$f_{xI \cdot xc}$	$k_{dis}X_c$
2	糖类的水解		-1											$k_{hyd,ch}X_{ch}$
3	蛋白质的水解			-1										$k_{hyd,pr}X_{pr}$
4	脂类的水解				-1									$k_{hyd,li}X_{li}$
5	糖类的吸收					Y_{su}								$k_{m,su}\frac{S_{su}}{K_s+S}X_{su}I_1$
6	氨基酸的吸收						Y_{aa}							$k_{m,aa}\frac{S_{aa}}{K_s+S_{aa}}X_{aa}I_1$
7	长链脂肪酸的吸收							Y_{fa}						$k_{m,fa}\frac{S_{fa}}{K_s+S_{fa}}X_{fa}I_2$
8	戊酸的吸收								Y_{c4}					$k_{m,c4}\frac{S_{va}}{K_s+S_{va}}X_{c4}\frac{1}{1+S_{bu}/S_{va}}I_2$
9	丁酸的吸收								Y_{c4}					$k_{m,c4}\frac{S_{bu}}{K_s+S_{bu}}X_{c4}\frac{1}{1+S_{va}/S_{bu}}I_2$
10	丙酸的吸收									Y_{pro}				$k_{m,pr}\frac{S_{pro}}{K_s+S_{pro}}X_{pro}I_2$
11	乙酸的吸收										Y_{ac}			$k_{m,ac}\frac{S_{ac}}{K_s+S_{ac}}X_{ac}I_3$
12	氢的吸收											Y_{h2}		$k_{m,h2}\frac{S_{h2}}{K_s+S_{h2}}X_{h2}I_1$
13	X_{su}的衰减	1				-1								$k_{dec,X_{su}}X_{su}$
14	X_{aa}的衰减	1					-1							$k_{dec,X_{aa}}X_{aa}$

续表

	组分 i 过程 j	13	14	15	16	17	18	19	20	21	22	23	24	速率 ρ_j [kgCOD/(m³·d)] 方程
		X_c	X_{ch}	X_{pr}	X_{li}	X_{su}	X_{aa}	X_{fa}	X_{c4}	X_{pro}	X_{ac}	X_{h2}	X_I	
15	X_{la}的衰减	1						−1						$k_{dec,x_{fa}}X_{fa}$
16	X_{c4}的衰减	1							−1					$k_{dec,x_{c4}}X_{c4}$
17	X_{pro}的衰减	1								−1				$k_{dec,x_{pro}}X_{pro}$
18	X_{ac}的衰减	1									−1			$k_{dec,x_{ac}}X_{ac}$
19	X_{h2}的衰减	1										−1		$k_{dec,x_{h2}}X_{h2}$
		混合物 (kgCOD/m³)	碳水化合物 (kgCOD/m³)	蛋白质 (kgCOD/m³)	脂类 (kgCOD/m³)	糖降解者 (kgCOD/m³)	氨基酸 (kgCOD/m³)	长链脂肪酸降解者 (kgCOD/m³)	戊酸盐和丁酸盐降解者 (kgCOD/m³)	丙盐酸降解者 (kgCOD/m³)	乙酸盐降解者 (kmol(C)/m³)	氢降解者 (kmol(N)/m³)	颗粒性惰性物质 (kgCOD/m³)	抑制因子： $I_1=I_{pH}I_{IN,lim}$ $I_2=I_{pH}I_{IN,lim}I_{h2}$ $I_3=I_{pH}I_{IN,lim}I_{NH_3,X_{ac}}$ 式中，I_{pH}，$I_{IN,lim}$，I_{h2}，$I_{NH_3,X_{ac}}$，分别为pH、无机氮、氢及氨的抑制函数

注：颗粒性组分X下标ij为各种颗粒组分英文缩写：c、ch、pr、li、su、aa、fa、VFAs、ac、h₂、I：分别对应于颗粒、碳氢化合物、蛋白质、脂肪酸、降解脂肪微生物、降解VFAs微生物、降解乙酸微生物、氢营养产甲烷菌和惰性颗粒组；$I_1=I_{pH}I_{IN,lim}$；$I_2=I_{pH}I_{IN,lim}I_{h2}$；$I_3=I_{ph}I_{IN,lim}I_{NH3}$；其中：$I_{NH_3,i}=\frac{1}{1+S_i/K_{i,NH_3}}$；$f(S_{liq,h_2})=$

$$\begin{cases}338.12S_{liq,h_2}+33.71, & S_{liq,h_2}\leqslant 5.0\times10^{-4};\\ 10912S_{liq,h_2}+28.584, & 1.0\times10^{-4}\leqslant S_{liq,h_2}\leqslant 5.0\times10^{-4};\\ 213321S_{liq,h_2}+10.284, & S_{liq,h_2}\leqslant 1.0\times10^{-4};\end{cases}$$

（4）长链脂肪酸（LCFA）的抑制过程；

（5）氢营养型产甲烷细菌和同化产乙酸细菌之间对 H_2 和 CO_2 的竞争性降解过程；

（6）由于系统高碱度而引起的固体沉淀或其他化学沉淀反应。

ADM1 模型对整个厌氧消化过程的机理进行了全面系统的分析，将整个厌氧消化过程理解成有 26 个动态浓度变量参与的 19 个生化子过程和 3 个气液传质子过程所形成的超复杂系统。该模型可用于对给定条件下反应器的运行情况进行模拟和预测。ADM1 模型提出后的短短几年中已经得到了研究人员的广泛重视，被用于多种厌氧过程的模拟与实验验证，并被不断地完善。ADM1 模型与好氧生物处理的 ASMs 模型一样，将成为厌氧生物反应动力学模型研究重要的通用平台。国际水协 ADM1 模型的书已于 2004 年由张亚雷等翻译成中文，并由同济大学出版社出版，更详细的内容可参考此书。

5.6 小结

通过本章学习，掌握厌氧生物处理的理论与历史、反应热力学和计量学，以及复杂动力学模型 ADM1。

随着厌氧生物处理技术和实践的发展，厌氧消化的理论也经历了两阶段、三阶段和四阶段理论，逐步得到了完善。由于其发展较好氧生物处理的理论晚，厌氧反应动力学大量借鉴了活性污泥的模型和处理方法，比如早期经典的 Eckenfelder 模型和 Monod 模型，以及现代的 ASMs 系列矩阵模型。研究初期的 Contois 模型引入了进水基质浓度 S_0，对仅与出水基质浓度 S 有关的 Monod 模型有所改进，但本质上仍然是 Monod 方程（K_S 是 S_0 的函数）。

颗粒物水解等过程的底物复杂、过程机理尚不完全清楚，因此主要通过综合指标的一级反应来描述。厌氧发酵过程和产甲烷过程的研究比较深入，比如发酵过程包括了溶解性有机物、氨基酸、脂肪酸等底物的反应动力学，产甲烷过程包括了乙酸裂解和氢还原 CO_2 等途径的动力学。厌氧生物过程对温度敏感，温度明显影响厌氧生物途径和速率。使用阿伦尼乌斯方程用来描述温度对反应过程速率的影响。当温度偏低时，可以考虑采用分级反应器来提高反应速率。

厌氧生物反应热力学以自由能为基础，电子转移释放的自由能与生物合成量密切相关。由于 H_2 和 CO_2 合成甲烷往往是厌氧反应的限速步骤，因此常用 H_2 的浓度或分压来描述合成甲烷的反应自由能。有必要掌握常见基质如乙酸、丙酸、乙醇、丁酸等产甲烷的化学计量学方程和反应自由能。

厌氧生物反应计量学描述底物和微生物之间的关系，与好氧生物反应过程类似，重点在于描述微生物的增长过程。通过建立质量平衡方程，可以计算细胞产率和产物生成情况。运用 McCarty 半反应的方法，可以构建电子平衡方程，从能量平衡的角度分析厌氧反应过程中细胞的合成过程。

厌氧生物反应动力学以完全混合的形式为主。根据四条假设，基于物料平衡和一级反应动力学，Lawrence-McCarty 模型给出了有回流和无回流的动力学方程，可视为经典模型阶段。现代模型的起点是 Andrews 模型。Andrews 模型以厌氧消化两阶段理论为基础，采用抑制方程作为基本形式、通过离子平衡整合了物化过程和生化过程、通过传质方程联系了气相和液相过程，第一次系统地描述了厌氧消化过程反应动力学。该模型后续通过多次修正和发展，成为 ADM1 模型的基础。

ADM1 模型对整个厌氧消化过程的机理进行了全面系统的分析，其矩阵形式有 26 个变量、19 个生化过程和 3 个气液传质过程。由于厌氧生物反应的过程特征，与 ASMs 模型相比，ADM1 模型除了状态方程（包括酶促和生物转化过程）外，还包括了液相气相组分的质量平衡方程（气液传质）和 pH 酸碱平衡的物化代数方程（离子平衡）。ADM1 模型已经得到了研究人员的广泛重视，被用于多种厌氧过程的模拟与实验验证，成为厌氧生物反应动力学模型研究的通用平台。

本章参考文献：

[1] BryantMP. Microbial Meythane Production-Theoretical Aspects. J. Animal Science，1979，48：193～201.

[2] Zeikus J G. Microbial Populations in Digestors，Anaerobic Digestion. Appl. Sci. Publisher，1979，66～89.

[3] BatstoneDJ. High-rate Anaerobic Treatment of Complex Wastewater [D]. University of Queensland，Brisbane，1999.

[4] Batstone DJ，Keller J，Newell RB. Modelling Anaerobic Degradation of Complex Wastewater II：Parameter Estimation and Validation Using Slaughterhouse Effluent. Bioresource Technology，2000，75：75～85.

[5] Pavlostathis，S. G.，Giral do-Gomez，E. Water Science & Technology，1991，24 (8)：35～59.

[6] Contois，D. E.，Kinetics of Bacterial Growth：Relationship Between Population Density and Specific Growth Rate of Continuous Cultures. J. Gen. Microbiol.，1959，21：40-50.

[7] Lawrence，A. W，McCarty，P. L，Kinetics of Methane Fermentation in Anaerobic Treatment J. Wat. Poll. Cont. Fed.，1969，41：R1-R17.

[8] van Lier J. B.，F. Boersma，M. M. Debets，G. Lettinga，High Rate Thermophilic Anaerobic Wastewater Treatment in Compartmentalized Upflow Filters，Water Science and Technology，1994，30：251～261.

[9] Kugelman，I. J.，K. K. Chin，Toxicity，Synergism，and the Antagonism in Anaerobic Waste Treatment Process，Anaerobic Biological Treatment Process，F. G. Pohland，editor，American Chemical Society Advances in Chemistry Series，1971，105：55～90.

[10] Yang，J.，R. E. Speece，Effects of Engineering Controls on Methene Fementation Toxicity Response，J. Wat. Poll. Control Fed.，1985，57：1134～1141.

[11] Parkin，G. F.，R. E. Speece，Attached vs Suspended Growth Anaerobic Reactors：Response to Toxic Substances，Water Science and Technology，1983，15：261～289.

[12] Matsumoto，A.，New Operation of Carbohydrate-Containing Wastewater Treatment in an Anaerobic Fluidized Bed System，Water Science and Technology，1992，26：2453～2460.

[13] Bhattacharya，S. K.，G. F. Parkin，Toxicity of Nichel in Methane Fementation Systems：fate and Effect on process Kinetics，International Conference on Innovative Biological Treatment of Toxic Wastewaters，1986，Arlington，VA.

[14] Speece，R. E.，Anaerobic Biotechnology for Indystrial Wastewaters，Archae Press，1996.

[15] Henze，M，P. Harremoes，Review Paper：Anaerobic Treatment of Wastewater in Fixed Film Reactors，Anaerobic Treatment of Wastewater in Fixed Film Reactors IAWPR，1982：1～94.

[16] Buhr，H. O.，J. F. Andrews，The Thermophilic Anaerobic Digestion process，Water Research，1977，11：129～143.

[17] Lin，C. Y.，T. Noike，K. Sato，J. Matsumoto，Temperature Characteristics of the Methanogenesis Process in Anaerobic Digestion，Water Science and Technology，1987，19：299～307.

[18] McCarty，P. L.，Energetics of Organic Matter Degradation，Water Pollution Microbiology，Wiley Interscience，Ed. R. Mitchell，1972，91～118.

[19] Wiegant，W. M.，G. Zeeman，the Mechanism of Ammonia Inhibition in the Thermophilic Digestion of Livestock Wastes，Agricultural Wastes，1986，16：243～253.

[20] Ozturk，M. Conversion of Acetae，Propionate and Butyrate to Methane Under Thermophilic Fermentation，Biotechnology and Bioengineering，1992，39：1151～1162.

[21] McCarty，P. L.，History and Overview of Anaerobic Digestion，Sec. Intl. Symp. On Anaerobic Digestion，1981.

[22] Buswell，A. M.，H. F. Mueller，Mechanisms of Methane Fermentation，Ind. Eng. Chem.，1952，44：550～561.

[23] McCarty，P. L.，Anaerobic Waste Treatment Fundamentals，Public Works，1964.

[24] Andrews，J. K.，Dynamic Modeling of Anaerobic Digestion Process，Journal of Sanitary Engineering，1969，5 (2)：95～102.

[25] Andrews JK. Kinetics and Characteristics of Volatile Acid Production in Anaerobic Fermentation Process. Air and Water Pollution，1965，9 (6)：17～28.

[26] Hill，D. T.，Barth，C. L.，A Dynamic Model for Simulation of Animal Waste Digestion，Jounal Water Pollution Control Federation，1977，2129～2144.

[27] Hill，D. T.，A Comprehensive Dynamic Model for Animal Easte Methannogensis，Water Research，1982，25 (5)：1374～1379.

[28] Mosey，F. E.，Mathematical Modeling of the Anaerobic Digestion Process：Regulatory Mechanisms for the Formation of Short-chain Volatile Acids from Glucose，Water Science and Technology，1983，15 (2)：209～232.

[29] Costello，D. J.，Greenfield，P. F.，Lee，P. F.，Dynamic Modeling of a Single-stage High-rate Anaerobic Reactor-I Model Derivation，Water Resaerch，1991，25 (7)：77～81.

[30] Costello，D. J.，Greenfield，P. F.，Lee，P. F.，Dynamic Modeling of a Single-stage High-rate Anaerobic Reactor-II Model Verification，Water Research，1991，25 (7)：859～871.

[31] Romli，M.，Modeling and Verification of a Two-stage High-rate Anaerobic wastewater Treatment System [D]，University of Queensland，Brisbane，1993.

[32] Ramsay，I. R.，Modeling and Control of high-rateAnaerobicastewater Treatment System [D]，University of Queensland，Brisbane，1997.

[33] Batstone DJ，Keller J，Newell R. B. Modelling Anaerobic Degradation of Complex Wastewater I：Model Development. Bioresource Technology，2000，75：67～74.

[34] Batstone DJ，Keller J，Newell R. B. Modelling Anaerobic Degradation of Complex Wastewater II：Parameter Estimation and Validation Using Slaughterhouse Effluent，Bioresource Technology，2000，75：75～85.

[35] IWA Task Group for Mathematical Modeling of Anaerobic Digestion Process，Anaerobic Digestion Model No. 1 (ADM1)，IWA Scientific and Technical Report No. 13，London：IWA，2002.

[36] 胡超，基于系统动力学方法的厌氧消化系统的动态模拟研究 [D]，北京市环境保护科学研究院，2005.

[37] 张亚雷，周雪飞，赵建夫 [译]，厌氧消化数学模型，同济大学出版社，2004.

第6章　生物膜反应器的动力学

微生物细胞几乎能在水环境中牢固地附着在任何适宜的固体表面，并在其上生长和繁殖，这种被微生物附着的固体即成为生物膜的载体。微生物产生的胞外多聚物使细胞相互粘结形成纤维状的缠绕结构，这种微生物粘结缠绕结构的延展形成了生物膜。因此，生物膜由固定在附着生长载体上并经常镶嵌在有机多聚物结构中的细胞所组成。在水体中只要存在有机碳源和营养物质，就会滋生和繁衍大量以细菌为主体的微生物，在适宜的环境条件下只要有可以附着生长的载体存在，细菌等微生物就会在此载体表面形成生物膜，而生物膜中的微生物通过其自身的新陈代谢就会分解水中的有机污染物。利用微生物附着生长的特性，人们设计了含有大量生物载体的反应器，通过人工强化的方法将生物膜引入到污水处理反应器中形成了生物膜反应器。

生物膜反应器可以分成以下三种基本类型：(1) 非浸没式系统，包括滴滤池和生物转盘；(2) 浸没式固定床生物膜反应器；(3) 不同类型的流化床反应器。不同类型生物膜反应器的关键不同点在于比表面积、去除过剩生物量的机理以及气体传输方式。

滴滤池是最古老的生物膜反应器，早在20世纪初就已经开始应用。滴滤池的生物膜载体是固定的，由5～20cm的大石块或者有结构的塑料填充物组成。使用石块的滴滤池高度从1～3m不等，使用塑料作为支撑介质的滴滤池通常高达4～12m。入流废水通过转动臂在滤池上端分配后沿着填充材料向下滴流。滴滤池填充的载体介质通常选择具有巨大孔隙面积的材料，使得即便在附着生长生物膜以及水体滴流通过滤池的情况下，仍然能够允许空气在滴滤池中流通。滴滤池生物填料的比表面积一般在50～200m^2/m^3之间。滴滤池的通风一般靠自然对流作用，但是在某些情况下也可以通过强制通风得到加强。

一系列浸没式生物膜反应器技术的发展始于20世纪80年代，浸没式曝气滤池（SAF）填充大颗粒介质，不需要反冲洗，主要为生物氧化过程而设计。针对生物过程和固体去除相结合而设计的浸没式生物膜反应器被称为曝气生物滤池（BAF），主要使用完全浸没在水中的小型（2～8mm）颗粒介质。相比于滴滤池以及RBCs，这种较小尺寸的介质可以产生更大的比表面积（1000～3000m^2/m^3）。孔隙空间相应变小也意味着必须更有效地控制生物膜厚度，以避免滤池堵塞。一般通过有规律的气水反冲洗去除滤池中过量的生物膜。

流化床生物膜反应器是一种高效生物反应器，此类反应器通过从反应器底部引入空气和水，造成水体很大的上升流速，推动载体介质使之保持悬浮状态。水体的上升流速从10～30m/h不等。膨胀床反应器与流化床反应器相似，但是以较小的上升流速运行，导致生物膜载体介质的不完全流化。由于这种连续的搅动，反应器中填充的过滤介质较之浸没式生物膜反应器体积更小，比表面积更大。

生物转盘（RBCs）使用轻质塑料圆盘，圆盘安装于旋转轴上并且部分浸没于水中。

生物转盘最早出现于20世纪60年代，由于其耗能低和操作简便而优势明显。当附着在旋转圆盘上的生物膜处于水面之上时为微生物提供了氧气，当生物膜处于水中时又可通过剪切控制生物膜的生长。生物转盘是一种运行简便且节能的污水处理技术。

生物膜反应器具有以下几方面的特点：

(1) 具有良好的微生物多样性，能为世代时间较长的微生物提供生存条件。

由于生物膜上的微生物没有像活性污泥法中的悬浮生长微生物那样承受强烈的曝气搅拌，生物膜反应器为微生物的繁衍、增殖及生长栖息创造了稳定的环境，除大量细菌生长外，还会存在大量的真菌，线虫、轮虫及寡毛虫等出现的频率也很高。由于生物膜上能够栖息不同等级水平的生物，在生物膜上能够形成较长的食物链。又由于微生物膜附着生长在固体填料上，其平均停留时间较长，因此有利于世代时间较长、增殖速度慢的微生物生长。

(2) 微生物量多，单位反应器容积的处理能力大，净化能力可显著提高。

与活性污泥相比，微生物的附着生长使生物膜具有较低的含水率，单位反应器容积内的生物量可高达活性污泥的5～20倍，因此单位容积的生物膜反应器具有较高的处理能力。同时由于世代期较长的硝化菌易于在生物膜中繁殖，生物膜反应器不仅能有效去除有机污染物，而且具有一定的硝化功能。

(3) 易于固液分离，剩余污泥产量少，降低了污泥处理与处置的费用。

脱落的生物膜较活性污泥絮体密实，相对密度和个体较大，具有良好的污泥沉降性能，易于固液分离。在生物膜中，微生物的有机负荷较低，且栖息着大量高营养等级的微生物，食物链较长，因而剩余污泥量产量相对较少。

(4) 耐冲击负荷，对水质、水量变动具有较强的适应性。

由于生物膜反应器的生物量大和生物膜的分层结构，对水质、水量变化引起的有机负荷冲击的耐受力较强。即使有一段时间中断进水或工艺遭到破坏，生物膜反应器的性能也不会受到致命性的影响，处理能力可较快得到恢复。

(5) 易于运行管理，不易发生污泥膨胀问题。

由于生物膜反应器中的微生物都是附着生长在固体表面的，一般不会随出水流出反应器，因此不需要污泥回流，因而不需要经常调节反应器内污泥的量和剩余污泥排放量，易于运行维护与管理。同时生物膜反应器由于微生物附着生长，即使丝状菌大量繁殖，也不会导致污泥膨胀。

与活性污泥法相比，生物膜法也有它的缺点，如需要较多的填料和支撑结构，在不少情况下基建投资超过活性污泥法；出水中有时会携带较大的脱落生物膜，大量非活性细小悬浮物分散在水中会使处理出水的透明度降低等。在近20年中，生物膜技术在废水生物处理领域得到了极大的发展，各种新型生物膜反应器不断出现，这都离不开人们对生物膜增长及底物去除机理的深入认识与理解[1]。

6.1　生物膜的形成

6.1.1　固定生长微生物的特点

在生物膜系统内，微生物附着在载体表面生长，而不是自由地悬浮于处理系统中。图

6.1 为生物填料上的生物膜，而图 6.2 为膜内微生物。微生物附着生长形成生物膜的过程比较复杂。在生物膜的生长初期，在接种微生物的作用下，菌胶团和少量的细菌被截留附着在载体表面。这些附着在载体表面的微生物摄取废水中的营养物质进行新陈代谢等生命活动，并在载体表面繁殖，独立附着在载体表面的菌胶团逐渐生长连接在一起，形成一层薄的胶质黏膜。随着时间的推移，微生物不断增长并从载体表面向外扩散，逐渐覆盖已经形成的膜层，进而形成成熟的生物膜[2]。在微生物固定生长的过程中，生物膜内部微生物种群的分布是通过微生物对生物膜内环境条件的适应而形成的。生物膜的种群分布不是种群间的一种简单组合，而是根据生物整体代谢功能最优化原则有机组成配置的，各生物种群在生物膜内形成空间梯度[3]。例如，生长速度比较慢的自养菌主要分布在生物膜内基质浓度较低的好氧区。在该位置，由主体溶液扩散进来的溶解氧浓度能够保证自养菌硝化过程的进行，同时自养菌不需要同生长速度较快的异养菌竞争生长空间。而生长速度比较快的异养菌则主要分布在生物膜的表层[4]。

图 6.1 生物填料上的生物膜

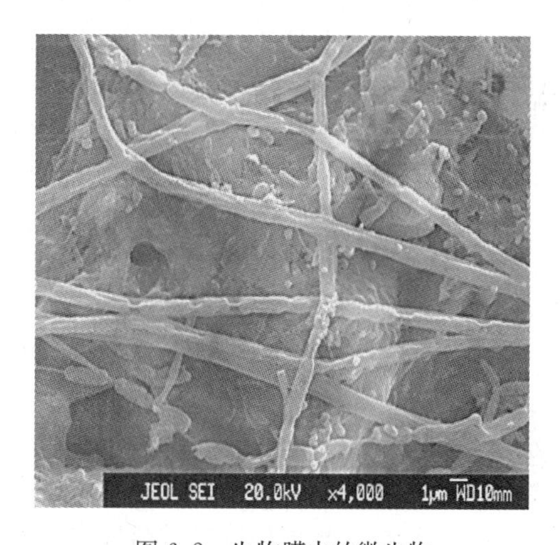

图 6.2 生物膜中的微生物

与悬浮生长的菌胶团相比，固定生长的微生物在生物膜内部可获得的基质浓度相对较低。研究表明，微生物能在相对较低的基质浓度条件下生存，并形成生物膜主要有以下原因：

(1) 当基质流过生物膜时，空间位置固定的生物膜持续接触到新鲜的废水。也就是说，当生物膜靠近来水时，基质浓度相对较高。

(2) 不同种类的细菌是以基质传递的专性群体或形成其他协作关系的方式共同生存的。

(3) 生物膜形成了比外部混合液环境更适宜的内部环境（如：pH，O_2 或产物）。也就是说，生物膜形成了独特的、由自身创造的有利细胞生长的微环境。

(4) 生物表面也会形成一个独特的微环境，如吸附一些电子供体，包括有毒物质或腐蚀释放的 Fe^{2+}。

(5) 表面引发细菌的生理变化。

(6) 细菌被紧紧包裹在聚集体中，改变了细胞的生理机能。

以上第一种原因可能性通常在流动系统，特别是基质浓度比较低、液体流速比较大的情况是正确的。第二至第四种原因可能性包含了微环境的影响，可能在一些特殊情况下会出现。它们的形成取决于一定的生态条件，也就是说形成生物膜是对工艺进行生态条件控制的一种手段。尽管第五种原因对细菌和生物膜表面微生物的特殊相互作用是重要的，但在与环境生物技术相关的系统中，较少出现。第六种原因常被称作“特殊群体感觉（quorum sensing)”，它在生物膜和其他聚集中的作用正在逐渐被人们所认识。

6.1.2　生物膜的形成过程

生物膜的形成包括微生物在载体表面的附着和固定过程。这些过程可划分为可逆及不可逆附着固定过程。生物膜的形成过程受多种因素影响，主要的影响因素有水力条件、基质类型、营养水平、光照、温度等[5]。生物膜所处环境的水力条件对生物膜的生长起着“积极”和“消极”两个方面的作用。一方面水流速度促使主体溶液中的营养物质传输到生物膜中，使微生物能获取营养物质，促进生物膜的生长；而另一方面水流会冲刷生物膜表面，使生物膜表面的微生物脱附。因此生物膜的生长需要一个合适的水力条件[6]。基质类型对生物膜的生长速度和生物膜结构都起很重要的作用。如果基质为易降解物质，则生物膜生长速度比较快，且形成的生物膜孔隙率较大，结构比较疏松。相反，基质为难降解物质时，生物膜的生长速度较慢，形成的生物膜结构比较致密[7]。

（1）微生物向载体的迁移

细菌从液相向载体表面的运送主要是通过“主动运送”和“被动运送”两种方式完成的。主动运送方式是指细菌借助于水力的推动力及各种扩散力向载体表面迁移。被动运送方式是由于布朗运动、细菌自身运动、重力或沉降等作用使细菌完成向载体表面的迁移。

一般来讲，主动运送是细菌从液相转移到载体表面的主要作用，特别是在动态环境中，它是使细菌长距离移动的主要力量。另一方面，细菌一般都非常小，通常在 1.0μm 左右。在尺度上，细菌可按胶体颗粒处理，细菌自身的布朗运动增加了细菌与载体表面的接触机会。同时值得注意的是，在细菌附着、固定的静态实验中，由浓度扩散形成的悬浮相与载体表面间的浓度梯度对细菌从液相向载体表面移动起着不可忽视的作用。悬浮相中的细菌正是借助于上述各种作用力从液相被运送到载体表面，促成细菌与载体表面的直接作用，因此在整个生物膜形成的过程中，这一步是至关重要的。

（2）可逆附着过程

微生物被运送到载体表面后，二者间将直接发生接触，通过各种物理或化学力作用使微生物附着固定于载体表面。在细菌与载体表面接触的最初阶段，微生物与载体间首先形成的是可逆附着。微生物在载体表面的可逆附着实际上反映的是一个附着与脱离的双向动态过程。原因在于，环境中存在的水力推动力、简单的布朗运动或细菌自身的运动都可能使已附着在载体表面的细菌重新返回液相中去。微生物可逆附着的概念是 Marshall 等人提出的[8]。一般来讲，造成这种可逆附着过程的力主要来自物理及化学作用，在这一阶段，可以认为生物力，即微生物增长，不起主要作用。目前，微生物可逆附着的概念已被广泛接受，并被应用于微生物在载体表面附着动力学研究中。

（3）不可逆附着过程

不可逆附着过程是可逆过程的延续。这种不可逆附着过程是由于微生物分泌的一些黏性代谢物质造成的，如多聚糖等。这些体外多聚糖类物质起到了生物“胶水”的作用，使附着的细菌不易被水力剪力冲刷掉。在实际运行中，若能够保证细菌与载体间的接触时间充分，即微生物有时间进行生理代谢活动，不可逆附着固定过程就可以发生。事实上，可逆与不可逆附着的区别就在于是否有生物聚合物参与细菌在载体表面的作用。因此，不可逆附着是形成生物膜群落的基础。

经过不可逆附着过程后，微生物在载体表面获得一个相对稳定的生存环境，它将利用周围环境所提供的养分进一步增长繁殖，逐渐形成成熟的生物膜。

(4) 微生物固定动力学

微生物可逆附着概念提出后，一直缺少对这一过程进行描述的动力学模型，这使人们对这一过程的认识带有较强的经验色彩。20 世纪 90 年代初 Liu 等人对微生物可逆附着动力学进行了较为系统的研究。在反应动力学基础上，建立起了一套简明、实用、具有清晰物理意义的微生物可逆附着动力学模型[9]。

微生物在载体表面的可逆附着过程可表述为：

$$\text{细菌} + \text{载体} \underset{a_2}{\overset{a_1}{\Leftrightarrow}} \text{细菌与载体的结合体}$$

式中：a_1、a_2——细菌附着及反附着常数。

微生物在载体表面的可逆附着过程主要是一种由物理化学力起作用的过程，即可归结成物理化学反应动力学问题[10]。图 6.3 为亚硝化细菌（Nitrosomonas）在聚乙烯（PE）、聚丙烯（PP）以及聚苯乙烯（PS）表面的附着积累曲线。图 6.3 清楚表明，亚硝化细菌的附着过程遵循一级可逆反应动力学。Liu 明确提出微生物在载体表面的可逆附着行为遵守一级可逆反应动力学准则[11]，这一现象同样得到了 Escher[12] 和 Mozes[13] 等学者的认同。

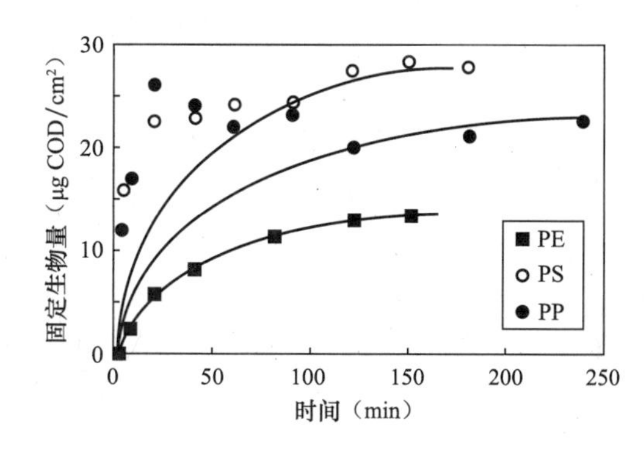

图 6.3　亚硝化细菌在 PE/PP 及 PS 表面的积累曲线

6.1.3　生物膜增长的一般描述

微生物在经过不可逆的附着过程后，固着在载体表面的微生物开始通过吸收生长环境所提供的碳源与营养物质进行繁殖和增长。生物膜的增长过程一般认为与悬浮微生物的增长过程相似。主要经历适应期、对数增长期、稳定期及衰减期[14,15]。在大量试验事实基础上，法国 Capdeville 等人在 20 世纪 90 年代对生物膜的增长过程进行了详细划分[16,17]。Capdeville 等人认为生物膜整个增长过程由如下六个阶段组成：

(1) 潜伏期（或称适应期）

这一阶段微生物在经历不可逆固着过程后，开始逐渐适应生存环境，并在载体表面逐渐形成小的、分散的微生物菌落。这些初始菌落首先在载体表面的不规则处形成。这一阶段的持续时间取决于进水底物浓度以及载体表面特性。必须指出，在实际生物膜反应器起动时，要控制这一阶段是很困难的。

(2) 对数生长期（或称动力学增长期）

在潜伏期形成的分散菌落开始迅速增长，逐渐覆盖载体表面。在此阶段由于有机物、溶解氧及其他营养物的供给超过了消耗的需要，固着的微生物以最大速度在载体表面增长。一般在对数增长末期，生物膜的厚度可达几十个微米。在对数增长期，通常可观察到如下现象：生物膜多聚糖及蛋白质产率增加；底物浓度迅速降低，即污染物降解速率很高；大量的溶解氧被消耗，在此阶段后期，供氧水平往往成为底物进一步去除的限制性因素；生物膜量显著增加，在显微镜下观察到的生物膜主要由细菌等活性微生物组成。大量的实验事实表明，在此阶段结束时，生物膜反应器的出水底物浓度基本达到稳定值，这意味着生物膜去除底物的能力已经趋向于最大。在生物膜反应器实际运行中，对数增长阶段起着非常重要的作用，它决定了生物膜反应器内底物的去除效率及生物膜自身增长代谢的功能。

（3）线性增长阶段

生物膜的这一增长阶段是基于大量实验数据而提出的。人们发现当生物膜的对数增长期结束后，生物膜增长曲线出现了一个线性增长阶段，此时生物膜在载体表面以恒定的速率增长。这一阶段的重要特点是：出水底物浓度不随生物量的积累而显著变化；对于好氧生物膜，其耗氧速率保持不变；在载体表面形成了完整的生物膜三维结构。在上述分析的基础上，很多学者提出生物膜的生物量可以按照生物活性划分为两类，即活性生物量（M_a），主要负责降解进水底物，包括新生菌落及已经存在于菌落表面和边缘部分的微生物；而非活性生物量（M_i）代表在底物降解过程中不再起作用的生物量，这些非活性生物量主要集中在菌落内部。生物膜总量（M_b）等于 M_a 与 M_i 之和。图 6.4 给出了 M_a 及 M_b 在生物膜生长中的变化趋势。

显然，生物膜总量可用下式表示：

$$M_b = M_a + M_i$$

大量实验表明在生物膜的对数增长期末，活性生物量已经达到其最大值（M_a）$_{max}$，与此对应，生物膜反应器在液相达到稳态。对生物膜增长线性阶段所观察到的生物膜总量积累主要源于非活性生物量的增加。导致这一现象发生的主要原因是：可利用有效载体表面的饱和；随着生物膜中细菌密度的增长，禁锢作用变得更加明显；另外有毒或抑制性产物的积累，使部分活性生物量受到抑制或丧失了生理活性。

Belkhadir 等人认为活性生物量在生物膜中的增长潜力与载体表面未被覆盖率成正比，即非活性物质将随载体表面逐渐趋于饱和而在生物膜内迅速积累[18]。Christensen 等人同时提出，存在于生物膜微生存环境中的代谢产物以及在生物膜内的二级代谢产物可能对细菌活性产生抑制或毒性作用，致使微生物失去活性，丧失分解底物的能力[19]。

（4）减速增长期

由于生存环境质量的改变以及水力作用，这一阶段内生物膜增长率逐渐放慢。减速增长期是生物膜在某一质量和膜厚上达到稳定的过渡期。在减速增长期，生物膜对水力剪切作用极为敏感，水力剪切作用限制了新细胞在生物膜内的进一步积累，生物膜增长开始与水力剪切作用形成动态平衡。值得注意的是，在含有高溶解氧的生物膜反应器中，生物膜结构疏松，这时生物膜对水力学剪切作用更为敏感。

在实际生物膜反应器运行中，经常可以观察到在减速增长期内，出水中悬浮物浓度明显增高，这一部分附加悬浮物正是由生物膜在水力剪切力作用下脱落所造成。在减速增长末期，生物膜质量及厚度都趋于稳定值，此时生物膜系统自身运行接近稳态。

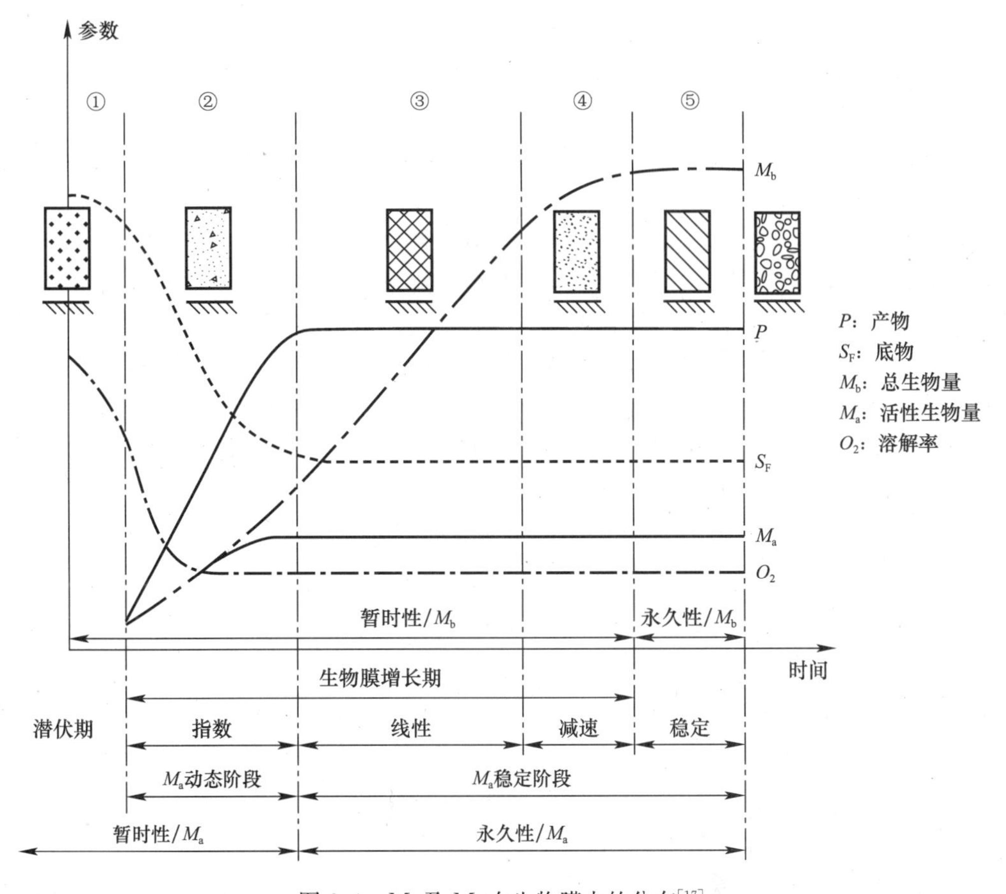

图 6.4　M_a 及 M_b 在生物膜内的分布[17]

（5）生物膜稳定期

这一阶段的主要特点是生物膜的新生细胞与由于各种物理力所造成的生物膜损失达到平衡，此时生物膜相及液相均已达到稳定状态。一般生物膜稳定期的长短与运行条件相关，如底物供给浓度和剪切力等。这一阶段实际存在的时间较短。

（6）生物膜脱落期

生物膜脱落是一种随机现象。随着生物膜的成熟，部分生物膜发生脱落。影响这一现象的因素很多，生物膜内部细菌的自分解、内部厌氧层增厚和生物膜与载体表面间相互作用的改变等均可加速生物膜脱落。另外，某些物理作用，如作用于生物膜上的重力及剪切力也可引起膜脱落现象发生。特别值得注意的是，在实际生物膜反应器运行中，往往由于进水中含有抑制或毒性物质，导致附着的生物膜脱落。生物膜反应器在此阶段的运行特点是：生物膜脱落造成出水悬浮物浓度增高，直接影响出水水质；由于生物膜部分脱落必然影响到底物降解过程，其结果会使底物去除率降低。一般生物膜反应器应避免运行在生物膜脱落期。

根据上面对生物膜增长规律的分析，从底物去除的角度来看，可以得出以下几点结论：在对数增长末期，活性生物量达到最大值，在生物膜反应器中液相达到稳定状态，这时的生物膜一般很薄，不超过 50μm。在生物膜稳定期末，生物膜相达到稳定状态，这时的生物膜厚可达到数百微米。

6.2 生物膜动力学

微生物固着在载体表面后，开始通过利用周围环境所提供的基质进行新陈代谢、繁殖和生长，并逐步形成生物膜。生物膜是一个稠密的细菌层，这些细菌附着在固体介质的表面上形成固定的聚合体薄层。这一薄层的一侧是液体，另一侧是固体界面，液体与生物膜的交界处由于流态条件的变化，会形成一层极薄的水膜。生物膜中微生物与液相的传质过程都要通过水膜才能进行。生物膜与液相和固相的关系及传质的基本原理如图 6.5 所示。

对于生物膜反应器来说，由于绝大部分微生物被固定在生物载体表面，水中的物质必须传输到生物膜才能由微生物去除，而完成此传输的是缓慢的分子扩散过程。研究表明，生物膜反应器的基本规律是反应过程受传质过程的限制，只有理解这一基本规律才能理解生物膜反应器的功能和特点[2]。

图 6.6 所示为一理想的生物膜，假设各向均匀。生物膜外部水中的物质浓度为 S，通过分子扩散传入生物膜内的扩散系数为 D。

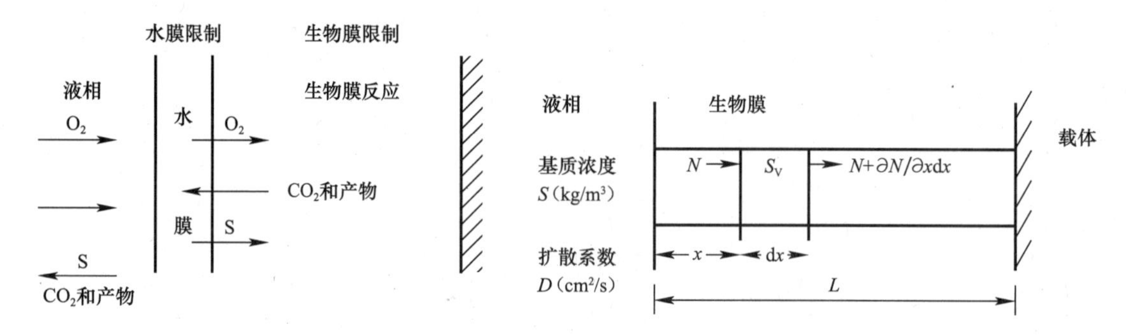

图 6.5 生物膜与固液相的关系及传质示意　　　图 6.6 物质在理想生物膜中的扩散

对于一个无穷的生物膜断面，在稳态条件下可建立以下平衡式：

$$进 = 出 + 去除$$

$$N = (N + \frac{\partial N}{\partial x}\mathrm{d}x) + r_{\mathrm{V}}\mathrm{d}x \tag{6.1}$$

$$\partial N/\partial x = - r_{\mathrm{V}}$$

式中：N——通过横截面的传质通量，g/(m^2 · d)；

r_{V}——生物膜的容积反应速率，kg/(m^3 · d)。

当横截面的传质仅通过扩散完成时，得出：

$$N = - D\partial S_{\mathrm{V}}/\partial x$$

$$\partial N/\partial x = - D\partial^2 S_{\mathrm{V}}/\partial x^2$$

$$\partial^2 S_{\mathrm{V}}/\partial x^2 = r_{\mathrm{V}}/D \tag{6.2}$$

式中：S_{V}——生物膜内的基质浓度，kg/m^3。

式（6.2）的含义是：浓度分布二阶导数表示分布的曲率，如果不发生反应，浓度分布是直线，如果反应是增加的，浓度分布曲线向上，反之则浓度分布曲线向下。

通过特性参数比例化，可将上式转化为无量纲方程：

$$s_{\mathrm{V}} = S_{\mathrm{V}}/S \qquad \xi = x/L$$

$$\partial^2 s_V/\partial\xi^2 = r_V L^2/DS \tag{6.3}$$

式中：L——生物膜厚度，μm；

S——液相基质浓度，kg/m^3。

该二阶微分方程有特解，通常是在两种情况下，即零级反应和一级反应[20,21]。

6.2.1 一级反应

$$r_V = k_{1V}S_V \qquad k_{1V}：一级反应速率常数(d^{-1})$$

$$\frac{\partial^2 s_V}{\partial\xi^2} = \frac{k_{1V}L^2}{D}s_V = \alpha^2 s_V \qquad \alpha = \sqrt{\frac{k_{1V}L^2}{D}}$$

$$\partial^2 s_V/\partial\xi^2 + 0\partial s_V/\partial\xi\lambda - \alpha^2 s_V = 0$$ 含常数二阶齐次微分方程。

该含常数二阶齐次微分方程的特征方程为：

$$R^2 - \alpha^2 = 0$$

$$R = \pm\alpha$$

对于实数 α，通解是：

$$s_V = Ae^{\alpha\xi} + Be^{-\alpha\xi}$$

在一定的边界条件下（$\xi=0$，$s_V=1$；$\xi=1$，$\partial s_V/\partial\xi=0$）求解，可得到通解：

$$s_V = \cosh\alpha\xi - \tanh\alpha\sinh\alpha\xi \tag{6.4}$$

运用叠加公式可以得到：

$$s_V = \frac{\cosh[\alpha(1-\xi)]}{\cosh\alpha},\quad \alpha = \sqrt{\frac{k_{1V}L^2}{D}} \tag{6.5}$$

对于生物膜结构与扩散无因次表达式的不同取值，其浓度分布如图 6.7 所示。

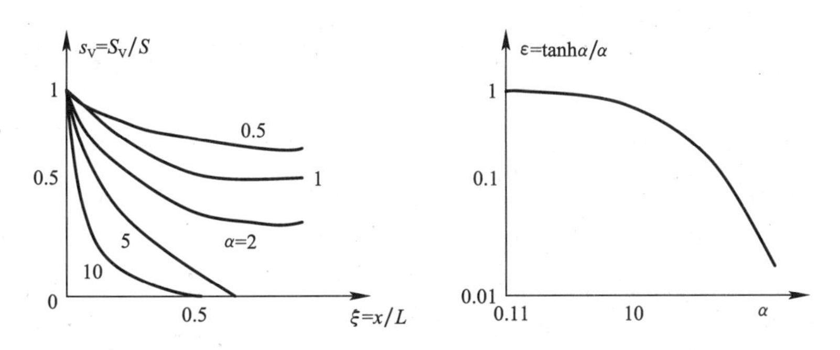

图 6.7 生物膜中发生一级反应的浓度分布及效率因子

（效率因扩散传递能力的限制而降低）

通过生物膜表面的传递为：

$$N = -D\left(\frac{\partial S_V}{\partial x}\right)_{x=0} = -\frac{D}{L}\left(\frac{\partial s_V}{\partial\xi}\right)_{\xi=0} S$$

对式（6.5）求导并代入上式，得出：

$$N = \frac{D}{L}(\alpha\tanh\alpha)S = k_{1V}L\frac{\tanh\alpha}{\alpha}S$$

由上式可以看到，生物膜内的一级反应可解释为膜外水相中相应的一级反应。通过膜表面的传质实现的反应正比于膜外液相的基质浓度。

单位表面积的反应速率为：

$$r_A = N = k_{1V} LS\varepsilon \tag{6.6}$$

$$\varepsilon = \frac{\tanh\alpha}{\alpha}$$

单位表面积的反应速率常数为：

$$k_{1A} = k_{1V} L\varepsilon \tag{6.7}$$

式中：k_{1A}是单位面积基质消耗反应（减量反应）的速率常数，ε 是效率因子。

在图 6.7 中，效率因子 ε 是无量纲数 α 的函数，表示膜结构对膜扩散的影响。若 $\alpha<1$，$\varepsilon\approx1.0$，效率相当于 100%，膜完全穿透；若 $\alpha>1$，则适用于生物膜较厚的条件。

$$\varepsilon \approx \frac{1}{\alpha} = \frac{\sqrt{\dfrac{D}{k_{1V}}}}{L} \tag{6.8}$$

上式中$\sqrt{\dfrac{D}{k_{1V}}}$的量纲是长度，为有效扩散路径。

对于厚生物膜：

$$k_{1A} = k_{1V} L\left(\sqrt{\frac{D}{k_{1V}}}\right)/L = \sqrt{Dk_{1V}} \tag{6.9}$$

6.2.2　零级反应

零级反应式：

$$r_V = k_{0V} \tag{6.10}$$

$$\frac{\partial^2 s_V}{\partial \xi^2} = \frac{k_{0V} L^2}{DS} \tag{6.11}$$

全积分式为：

$$s_V = \frac{k_{0V} L^2}{2DS}\xi^2 + K_1\xi + K_2 \tag{6.12}$$

由表面边界条件得出：$\xi=0$，$s_V=1$　→　$K_2=1$

若所观测的物质能够全部穿透生物膜，则可得出以下边界条件：

$$\xi = 1, \frac{\partial s}{\partial \xi} = 0 \quad \rightarrow \quad K_1 = \frac{-k_{0V} L^2}{DS}$$

$$s_V = \frac{k_{0V} L^2}{2DS}\xi^2 - \frac{k_{0V} L^2}{DS}\xi + 1 \tag{6.13}$$

$$s_V = \frac{\xi^2}{\beta^2} - 2\frac{\xi}{\beta^2} + 1$$

$$\beta = \sqrt{\frac{2DS}{k_{0V} L^2}} \tag{6.14}$$

穿过膜表面的传质总量为：$r_A=N=k_{0V}L$，相当于生物膜全部有效，这意味整个生物膜厚度内基质的去除遵循零级反应。但这要求部分基质能达到膜的最深处，然后才被去除，说明 $\xi=1$ 时的基质浓度大于零，结果是 $\beta>1$。

如果不符合这一条件，则必须改变边界条件：

$$\xi = \xi', s_V = 0$$

$$\xi = \xi', \frac{\partial s_V}{\partial \xi} = 0$$

由此得出下述解：

$$s_V = \frac{k_{0V}L^2}{2DS}\xi^2 - \frac{k_{0V}L^2}{DS}\xi'\xi + 1$$

$$\xi' = \sqrt{\frac{2DS}{k_{0V}L^2}} = \beta \tag{6.15}$$

$$s_V = \frac{\xi^2}{\beta^2} - 2\frac{\xi'\xi}{\beta^2} + 1 \tag{6.16}$$

式中 ξ' 是生物膜的有效部分。这种情况下的膜内基质浓度分布如图 6.8 所示。

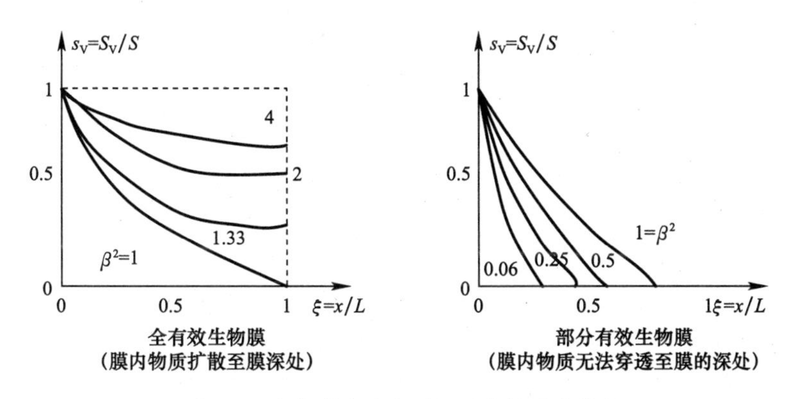

图 6.8 生物膜内发生零级反应的浓度分布

式（6.15）中，无量纲数 β 表示基质可穿透的膜的相对厚度，因此 β 称为穿透度。

对于通过膜表面的总传质过程：

$$r_A = N = L\xi' k_{0V} = \sqrt{2k_{0V}D}S^{\frac{1}{2}} \tag{6.17}$$

全效生物膜发生零级反应时，使得膜外水中也发生不依赖于基质 S 的零级反应，部分有效生物膜的零级反应使膜外水中发生半级反应。

基质的比表面积反应速率：

（1）全效生物膜

$$r_A = k_{0A} = k_{0V}L \tag{6.18}$$

（2）部分有效生物膜

$$r_A = k_{\frac{1}{2}A}S^{\frac{1}{2}} = \sqrt{2k_{0V}D}S^{\frac{1}{2}} \tag{6.19}$$

$$k_{\frac{1}{2}A} = \sqrt{2k_{0V}D} \tag{6.20}$$

关于生物膜反应动力学的详细论述可参阅 Harremoes 等人的文章[22~25]。

总的生物膜反应动力学模型可归纳如下：

（1）一级反应：

$$k_{1A} = k_{1V}L\varepsilon \quad \begin{cases} \varepsilon = \dfrac{\tanh\alpha}{\alpha} \\ \alpha = \sqrt{k_{1V}L^2/D} \end{cases} \tag{6.21}$$

（2）零级：

$$\left.\begin{aligned} \beta > 1 \quad & k_{0A} = k_{0V}L \\ \beta < 1 \quad & k_{\frac{1}{2}A} = \sqrt{2k_{0V}D} \end{aligned}\right\} \quad \beta = \sqrt{\frac{2DS}{k_{0V}L^2}} \tag{6.22}$$

设 K_s 为仅有一级和零级反应，且两者反应速率相同时的浓度，类似于莫诺德动力学中的饱和常数。

则
$$k_{0V}=k_{1V}K_s$$

因此有：

一级反应：

$$\frac{r_A}{k_{0A}}=\frac{k_{1V}L\varepsilon}{k_{0V}L}S=\varepsilon\frac{S}{K_s} \tag{6.23}$$

零级反应：
$$\begin{cases}\beta>1 & \dfrac{r_A}{k_{0A}}=1 \\ \beta<1 & \dfrac{r_A}{k_{0A}}=\dfrac{k_{\frac{1}{2}A}S^{\frac{1}{2}}}{k_{0A}}=\dfrac{\sqrt{2Dk_{0V}S}}{k_{0V}L}=\beta=\dfrac{\sqrt{2}}{\alpha}\left(\dfrac{S}{K_s}\right)^{\frac{1}{2}}\end{cases} \tag{6.24}$$

上式的图解如图 6.9 所示，当 $\alpha<2$ 时没有半级反应；$\alpha>2$ 时，半级反应构成一级和零级反应之间的过渡。半级反应表示生物膜内的扩散受到限制，这种限制由扩散路径的长度决定。半级反应的过渡形式从曲线上看与 Monod 模型的曲线相类似，有时容易发生混淆。

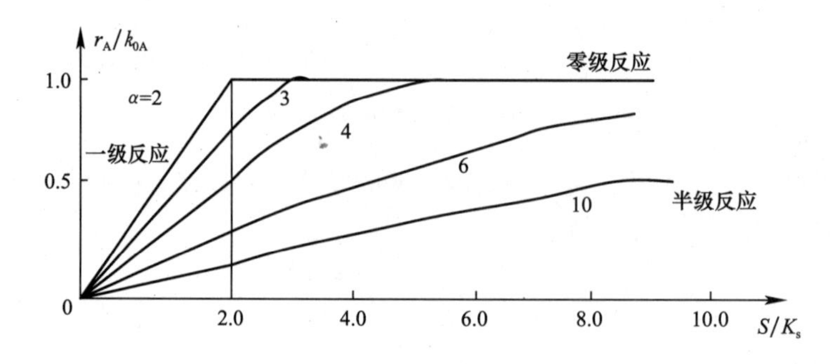

图 6.9　生物膜外浓度与反应速率无因次表达式的关系

6.2.3　不同组分的扩散

在生物膜反应过程中往往是几种不同的物质同时向生物膜扩散，不同物质的特性决定了各自的扩散速度。生物反应过程主要是氧化还原过程，参加反应的组分可划分为氧化剂与还原剂两大类基质，这些物质主要是氧和有机物。在研究生物膜的反应动力学时，需要确定哪种基质在反应过程中起控制作用。这种控制作用的发生取决于基质在生物膜中的扩散速率和反应速率。

以下角标“ox”和“red”分别表示氧化剂和还原剂。在生物膜的表层由式（6.12）可以推导氧化剂和还原剂的浓度表达式。

氧化剂：

$$S_{V,ox}=\frac{k_{0,ox}L^2}{2D_{ox}}x^2-\frac{k_{0,ox}}{D_{ox}}x_1x+S_{ox}$$

还原剂：

$$S_{V,red}=\frac{k_{0,red}L^2}{2D_{red}}x^2-\frac{k_{0,red}}{D_{red}}x_1x+S_{red}$$

式中 x_1 表示生物膜中的临界点，超过该点时，由于其中一种基质被耗尽，反应将终止。

当有足够的还原剂时，则 $x=x_1$，氧化剂被全部耗尽。

$$x = x_1, S_{V,ox} = 0 \qquad x_1 = \beta_{ox} L = \sqrt{\frac{2D_{ox}S_{ox}}{k_{0,ox}}}$$

生物膜单位表面积的氧化剂反应速率为：

$$r_{A,ox} = \sqrt{2D_{ox}k_{0,ox}}(S_{ox})^{\frac{1}{2}}$$

用同样方法可以得到生物膜单位表面积的还原剂反应速率为：

$$r_{A,red} = k_{0,red}x_1 = k_{0,red}\sqrt{\frac{2D_{red}S_{red}}{k_{0,red}}}$$

对于实际的生物膜反应，还原剂的降解往往取决于氧化剂的穿透程度。虽然还原剂存在于整个生物膜中，但当 $x>x_1$ 时，由于没有氧化剂致使还原剂不能进行反应。

生物膜内穿透距离最短的基质就是限制反应的决定因素：

$\beta_{ox}<\beta_{red}$，则氧化剂成为限制因素；

$\beta_{ox}>\beta_{red}$，则还原剂成为限制因素。

上式也可以表达成：

$\frac{\beta_{ox}}{\beta_{red}}\geqslant 1$（还原剂限制）和$\frac{\beta_{ox}}{\beta_{red}}\leqslant 1$（氧化剂限制）

综合以上讨论，可得到以下判别式：

$$\frac{S_{ox}}{S_{red}} \mathop{\gtrless} \frac{D_{red}}{D_{ox}} \times \frac{k_{0,ox}}{k_{0,red}} = \frac{D_{red}}{D_{ox}} \times \frac{1}{\nu_{ox,red}} \tag{6.25}$$

式中 $\nu_{ox,red}$ 为化学计量系数。

当不等式（6.25）的符号为“>”，则还原剂可能成为反应的限制因素，反之若符号为“<”，则可能由于氧化剂的穿透距离有限而成为限制因素。

6.3 生物膜动力学参数

生物膜中基质的去除是通过膜内微生物的反应实现的，其单个细菌的行为与悬浮细菌的行为相同。菌体增长为：$r_{V,XB}=\mu_{max}\frac{S}{S+K_s}X_B$

式中的下角标 V 可以理解为膜内的局部容积。

零级反应：

$$k_{0V} = r_{V,S} = \frac{\mu_{max}}{Y_{max}}X_B \tag{6.26}$$

一级反应：

$$k_{1V} = r_{V,S} = \frac{\mu_{max}S}{Y_{max}K_s}X_B \tag{6.27}$$

6.3.1 生物膜内的扩散系数

由于生物膜中的生物量高于活性污泥，约为 10～60gVSS/L，所以不同之处在于要考虑扩散的影响[26]。

由于膜的扩散系数 D 的测试具有较大的误差和不确定性，实际中认为其值等于或略低于分子扩散系数，通常采用 0.8 的折减系数，如表 6.1 和表 6.2 所示[27]。

25℃时纯水中的分子扩散系数（单位：$10^{-4}m^2/d$） 表6.1

基质	D	基质	D	基质	D
O_2	2.1	CH_3COO^-	1.0	NH_4^+	1.7
CO_2	1.6	$C_6H_{12}O_6$	0.6	NO_2^-	0.9
HCO_3^-	1.0			NO_3^-	1.6
CO_3^{2-}	0.4				

生物膜内氧和有机物的扩散系数，化学计算条件及去除率的估计值 表6.2

基质	D（$10^{-4}m^2/d$）	$V_{O_2,s}$（$gCOD/gO_2$）	k_{0V}［$kgCOD/(m^3 \cdot d)$］
氧	1.7～2.1	—	25～200
醋酸	0.3～0.7	2.1	230～300
甲醇	0.8～4	1.2	4.0～100
葡萄糖	0.1～0.7	2.4	350～550
非特定COD	0.3～0.6	1.4～2	50～500
非特定BOD	0.3～0.6	0.8～1.2	25～250

6.3.2 生物膜动力学参数的测定方法

由于生物膜具有复杂的内部结构和传质反应过程，要准确可靠地获得生物膜动力学参数是很困难的。在过去的研究中，生物膜动力学参数的研究方法可归纳为三种：第一种方法是直接用活性污泥进行研究，将获得的悬浮生长条件下的微生物动力学参数作为生物膜的动力学参数；第二种方法是在反应器中培养出生物膜，然后将生物膜破碎，在微生物处于悬浮状态的条件下进行研究，从而获得生物膜动力学参数；第三种方法是在没有破坏生物膜结构的条件下进行研究，通过获得反应器在不同负荷下的运行数据，结合一定的模型计算得到生物膜动力学参数。

1975年McCarty提出了无限稀释法，该方法是以很缓慢的速度向微生物混合液滴加带放射性标记的反应底物，然后通过荧光法分析来确定微生物最大比增长速率和半饱和常数。该方法最初用于研究活性污泥动力学参数[28]。1980年Rittmann[29]采用该方法获得生物膜动力学参数，从而建立起生物膜稳态动力学模型。呼吸速率测量法是研究活性污泥动力学参数的最重要的方法，Kappeler[30]、Lokkegaard[31]等人都应用该方法研究活性污泥动力学参数。由于悬浮生长微生物动力学参数的研究方法已经发展得很成熟了，因此用研究悬浮生长微生物系统获得的动力学参数及其形式作为生物膜动力学参数研究的方法最为简单方便，被许多研究者所采用。但事实上由于生长条件不同，悬浮生长微生物和附着生长微生物在种群结构和生物活性等方面都存在很大差异，因此它们的动力学参数不能直接相互取代。据文献报道，由于微生物种群的差别和传质过程的存在，生物膜的最大比增长速率比活性污泥小，而半饱和常数比活性污泥大[32]。

1994年Jih[33]在研究生物膜厚度对底物抑制动力学模型的影响时，采用"间歇式实验法"对破碎后的生物膜进行研究，从而获得生物膜动力学参数。1995年Cao等人[34]在研究反应器种类和反应器内的剪切力对生物膜动力学参数的影响时采用"呼吸速率法"。他们将间歇式、全混式和推流式三种反应器内的生物膜破碎后用"呼吸速率法"测定其动力学参数。通过检测系统中的溶解氧浓度变化获得微生物的呼吸速率曲线，再建立微生物生长同呼吸速率之间的数量关系获得微生物的最大比增长速率和半饱和常数。与第一种方法相比较，这种方法是以附着生长得到的生物膜作为研究对象，可以避免不同生长条件下的微生物种群结构和生物活性差异对动力学参数的影响。但是这种方法破坏了生物膜内部的复杂结构，生物膜内部结构对生物膜动力学参数产生的影响还有待确定[35]。

Riefler[36]在 1997 年提出了一种新的方法：在没有破坏生物膜结构的前提下用呼吸速率法进行研究。具体方法是在没有破坏生物膜结构的条件下用类似研究活性污泥动力学参数的方法得到生物膜反应器内溶解氧浓度随时间的变化曲线，再结合生物膜内微生物的生长模型和基质传质模型建立起溶解氧浓度变化同微生物生长之间的数量关系，用一定的数学方法求解得到微生物的动力学参数。这种方法省时方便，被许多研究者采用。与前两种方法相比较，基于生物膜结构基础上研究动力学参数考虑了生物膜内传质阻力对实际反应速率的影响。但是，此类推导生物膜动力学参数的方法将生物膜看成一个“黑箱”，不考虑其厚度、密度、孔隙率及孔结构的变化，并假设生物膜外部的主体溶液为完全混合状态，因此该方法测得的是生物膜总厚度下的平均生物膜动力学参数，推导过程中任何一条假设与实际情况的偏差都会引起估值结果与实际情况产生较大的差别[37]。

2007 年，施汉昌和于彤等人基于呼吸速率的测定原理提出了采用微电极进行生物膜反应动力学参数的原位测定方法，并测得了生物膜的产率系数、最大比增长速率和对基质的半饱和常数。该方法通过在生物膜微环境原位注入基质，有效地避免了基质扩散的影响，实现了真正意义上的原位测定，且可以获得生物膜动力学参数的三维微观分布图谱。2008 年，周小红和邱玉琴等人提出了采用微电极测试与扩散—反应模型法相结合的方法进行生物膜反应动力学参数的原位测定，并测得了生物膜内源呼吸速率、衰减系数和对氧的半饱和常数。这些方法初步实现了生物膜内反应动力学参数的原位准确测定[38]。

6.3.3 生物膜的扩散—反应模型

扩散—反应动力学是分析生物膜内部微环境传质和生物反应过程的重要理论基础。由于生物膜具有一定的厚度，主体溶液中的基质和溶解氧必须通过一定的传质作用传输到生物膜内部，以供生物膜内部微生物生长的需要。在生物膜达到稳定状态时，基质和溶解氧的传质速度和生物膜内的反应速度达到平衡。因此，可以根据生物膜内营养物质的传质方程和微生物的反应方程建立生物膜动力学参数的数量关系式，进而选择合适的数值计算方法求解其中的动力学参数。

生物膜是由微生物和胞外聚合物所组成的复杂体系，它在载体表面的分布是不连续和非均相的。因此，建立生物膜的扩散—反应模型时，一般需要对生物膜的组成和结构进行简化。进行的简化主要包括以下几个方面[39,40]：

（1）主体溶液完全混合，忽略生物膜外的传质过程，认为生物膜/水界面的基质浓度和主体溶液的基质浓度一样；

（2）生物膜具有光滑平整的表面，生物膜内的密度和扩散系数是常数；

（3）基质和溶解氧在生物膜内的传质作用只考虑扩散作用，用 Fick 第一定律进行描述；

（4）整个生物膜处于稳定状态，传质速度等于反应速度。

6.3.3.1 内源呼吸阶段生物膜内的扩散—反应模型

当外界的基质浓度不足以提供微生物生长所需时，微生物体内贮藏的有机物被当作营养物质来利用，这个过程称为微生物内源呼吸。在内源呼吸阶段，生物膜内某深度处氧浓度的变化情况如下：

$$\frac{\partial S_o}{\partial t} = D_{eff}\frac{\partial^2 S_o}{\partial z^2} - OUR_{en} \tag{6.28}$$

式中：D_{eff}——氧有效扩散系数，mm^2/h；

z——生物膜深度，mm；

OUR_{en}——生物膜内源呼吸速率，$mgO_2/(gVSS \cdot h)$；

S_o——氧浓度，mg/L。

当生物膜的内源呼吸速率稳定时，生物膜内某一点的溶解氧浓度不随时间发生变化，溶解氧在生物膜内的扩散速率与生物膜的内源呼吸速率达到平衡。因此得到内源呼吸阶段生物膜内的扩散反应方程：

$$D_{eff}\frac{d^2 S_o}{dz^2} = OUR_{en} \tag{6.29}$$

6.3.3.2　生长阶段生物膜内的扩散—反应模型

当外界基质充足时，生物膜上附着的生物量逐渐增加并最终达到稳定状态，即膜内微生物的生长和死亡达到动态平衡，基质和溶解氧在膜内的扩散速率和微生物的生长速率达到平衡。此时，根据不同的微生物生长动力学模型，生物膜内扩散—反应模型可表达成以下形式：

$$\text{Monod 表达式：}D_{eff}\frac{d^2 S_o}{dz^2} = \frac{\mu_{max}}{Y}\cdot\frac{S_o}{(K_o + S_o)}\cdot X_f \tag{6.30}$$

$$\text{Haldane 表达式：}D_{eff}\frac{d^2 S_o}{dz^2} = \frac{\mu_{max}}{Y}\cdot\frac{S_o}{K_o + S_o + S^2/K_{io}}\cdot X_f \tag{6.31}$$

$$\text{Tessier 表达式：}D_{eff}\frac{d^2 S_o}{dz^2} = \frac{\mu_{max}}{Y}\cdot(1 - e^{-S_o/K_{oT}}) \tag{6.32}$$

$$\text{Grau 表达式：}D_{eff}\frac{d^2 S_o}{dz^2} = \frac{\mu_{max}}{Y}\cdot X_f\cdot(\frac{S_o}{S_{o,i}})^n \tag{6.33}$$

式中：μ_{max}——微生物最大比增长速率；

Y——产率系数；

K_o——氧半饱和常数；

K_{io}——抑制常数；

K_{oT}——Tessier 系数；

n——Grau 常数；

$S_{o,i}$——初始氧浓度；

X_f——生物膜密度。

6.3.4　动力学参数的求解方法

6.3.4.1　最小二乘法的参数估值

溶解氧在生物膜内的扩散过程用二阶微分方程表示，而微生物反应动力学过程通常遵循 Monod 方程等一些非线性表达式，这两种不同的表达形式导致用扩散—反应模型法求解生物膜动力学参数的计算过程比较复杂，方程一般情况下没有解析解[41]。数值求解法是估算模型参数的可行方法。最小二乘拟合法是一种常规的参数估值算法，其原则是根据观测数据，基于一定的数学模型作拟合曲线，调整曲线参数，使观测数据与拟合曲线的偏差的平方和最小，它是一种效果良好的静态估值算法[42]。可以采用最小二乘法对扩散—反应方程进行数值求解，运用氧微电极测量生物膜内氧浓度分布 $S_o(z)$ 曲线，通过最小二乘法拟合可以获得相关的动力学参数。

6.3.4.2 呼吸速率法的参数估值

呼吸速率是指好氧微生物在一定体积内每单位时间消耗的氧，它把污水处理系统的两个生化过程——微生物生长和底物消耗直接联系起来。以呼吸速率（Oxygen Uptake Rate，简称 OUR）为核心参数，可以建立污水处理系统中的各种反应底物和微生物之间的数量关系，分析主要反应过程的动态特性。呼吸速率与废水处理系统中的溶解氧浓度变化之间存在着密切的联系，而后者可以简单可靠地测量出来。通过测定溶解氧浓度的变化，可以得到微生物的呼吸速率[43]。

在过去的研究中，呼吸速率测量法主要应用于活性污泥系统，在测定污泥活性[44]，检测废水水质[43]、研究模型参数[45,46]、工艺优化控制[47]等方面都有很重要的应用。在活性污泥系统的研究中，呼吸速率测量方法按照生物反应器是否封闭，可分为密闭式和开放式两种。

密闭式测量方法的反应器密封，里面的活性污泥混合液不与外界大气接触[48]。密闭式测量方法类似于在反应器的进口和出口分别放置溶解氧电极，测量得到的溶解氧差值除以污泥的停留时间就是呼吸速率。根据反应器内溶解氧的物料平衡，可以得到微分方程：

$$\frac{dDO}{dt}=\frac{Q_r}{V_r}[DO_{in}-DO_{out}]-OUR \tag{6.34}$$

式中：DO_{out}——某时刻流出反应器的溶解氧浓度，mg/L；

DO_{in}——某时刻流入反应器的溶解氧浓度，mg/L；

Q_r——反应器的流量，L/min；

V_r——反应器的容积，L；

OUR——污泥的呼吸速率，mg/(L・min)。

开放式测量时，污泥主要通过人工曝气获得氧气，降解系统中的底物[49]。在活性污泥处于内源呼吸状态下，往系统中添加基质，检测微生物降解基质过程中的溶解氧的变化曲线，并进一步对动力学参数进行研究。根据反应器内溶解氧的物料平衡，可以得到微分方程：

$$d(DO)/dt=K_La(DO_s-DO)-(OUR_{ex}+OUR_{en}) \tag{6.35}$$

式中：DO——混合液溶解氧浓度，mg/L；

K_La——氧传质系数，min^{-1}；

DO_s——饱和溶解氧浓度，mg/L；

OUR_{ex}——外源呼吸速率，mg/(L・min)；

OUR_{en}——内源呼吸速率，mg/(L・min)。

呼吸速率测量法在活性污泥动力学参数的研究中被广泛采用，由于生物膜具有一定的厚度且生物膜内部的结构复杂，将呼吸速率测量法应用到生物膜系统动力学参数的研究中时，需要充分考虑生物膜系统和活性污泥系统的差异。两者的差异主要有以下几个方面：

（1）活性污泥絮体的直径很小，在活性污泥系统中可以不考虑介质中的传质作用，絮体中的基质浓度和溶解氧浓度和主体溶液中的基本相同。而在生物膜系统中，生物膜存在一定的厚度，需要考虑传质阻力对生物膜中基质浓度和溶解氧浓度分布的影响。

(2) 活性污泥系统可以通过搅拌达到完全混合的状态，而在生物膜系统中无法通过搅拌达到完全混合的状态。

(3) 在活性污泥系统中，可以根据生物量按一定的比例向系统中投加基质。而在生物膜系统中则不能简单地根据生物量确定基质投加量，而是在生物膜中添加一定浓度的基质溶液。

(4) 向活性污泥系统投加基质时只需向活性污泥溶液投加即可。而在生物膜系统中，要在生物膜内部添加基质则需要建立一套加样系统，用微型加样管向生物膜内添加基质，其基质添加过程比活性污泥系统复杂很多。

充分考虑以上几点差异后，可以建立起适合生物膜系统特点的原位呼吸速率测量法。在没有破坏生物膜结构的前提下，通过微型加样管向生物膜某一点注射微量一定浓度的基质溶液，氧微电极在该点检测溶解氧浓度随时间的变化曲线。当基质基本消耗完时，氧微电极和微型加样管同时深入到生物膜下一点进行检测，从而实现了在生物膜内不同位置不同深度检测呼吸速率曲线，并进一步获得各微观点的动力学参数[38]。

通过对加入基质后溶解氧浓度迅速下降阶段所对应的曲线作线性拟合，获得微生物的呼吸速率，并可结合呼吸速率和比增长速率的关系式以及用于描述微生物生长的 Monod 方程求解生物膜的动力学参数。

6.4　水膜的扩散

在实际的生物膜反应器中，基质从液相向生物膜表面的扩散还会受到水膜的限制。这种传质可以按简化的方式用基质传输的差值与浓度的比来表示。

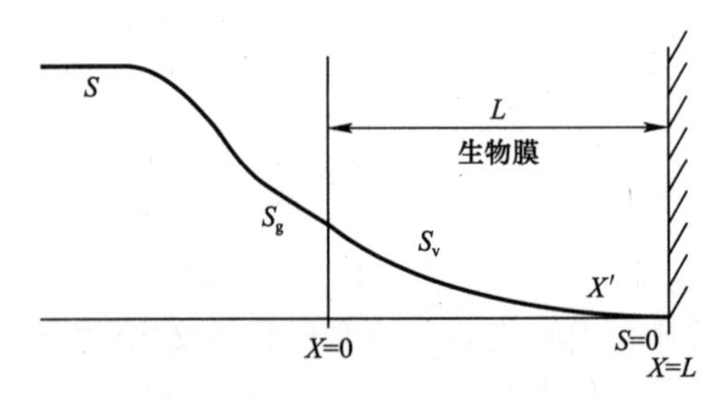

图 6.10　生物膜部分穿透时水力膜与生物膜中的浓度分布

$$N = h(S - S_g)$$

式中：N——通过截面的传质通量（$g/m^2 \cdot d$）；

h——传输系数（m/d）；

S——液相的基质浓度（g/m^3）；

S_g——界面处的基质浓度（g/m^3）。

鉴于水力膜和生物膜中均存在扩散限制，且截面通量相等，生物膜中的零级反应表达为：

$$N = h(S - S_g) = -D\left(\frac{dS_{Vf}}{dX}\right)_{X=0} \tag{6.36}$$

通过生物膜扩散微分方程的积分，得出

$$s_V = \frac{k_{0V}L^2}{2DS}\xi^2 + K_1\xi + K_2 \tag{6.37}$$

式中：$s_V = S_V/S_g$，$\xi = X/L$

$$\text{边界条件：}\begin{cases}\xi = 0 \Rightarrow S_V = S_g, \dfrac{dS_V}{d\xi} = \dfrac{hL}{D}(S_g - 1) \\ \xi = \xi' \Rightarrow S_V = 0, \dfrac{dS_V}{d\xi} = 0\end{cases}$$

上式的解为：

$$\frac{r_A}{K_{\frac{1}{2}A}S^{\frac{1}{2}}}=\sqrt{1+\frac{1}{4\lambda^2}}-\frac{1}{2\lambda}$$

$$或\frac{r_A}{hS}=\frac{1}{2\lambda^2}(\sqrt{1+4\lambda^2}-1)$$

由以上两式可推出

$$\lambda=\frac{hS}{K_{\frac{1}{2}A}S^{\frac{1}{2}}} \tag{6.38}$$

式中 λ 为一个无量纲数，表示水力膜扩散与生物膜扩散的比值。

满足：
$$\lambda\rightarrow 0\Rightarrow r_A\rightarrow hS$$
$$\lambda\rightarrow\infty\Rightarrow r_A\rightarrow K_{\frac{1}{2}A}S^{\frac{1}{2}}$$

对于生物膜中的一级反应，可得到通量的相应条件：

$$N=h(S-S_g)=r_A=k_{1A}S_g \tag{6.39}$$

$$\left.\begin{aligned}\frac{r_A}{k_{1A}S}&=\frac{\lambda}{\lambda+1}\\ \frac{r_A}{hS}&=\frac{1}{\lambda+1}\end{aligned}\right\}\quad \lambda=\frac{h}{k_{1A}} \tag{6.40}$$

6.5 生物膜动力学的应用

6.5.1 生物膜反应限制因素的判别

将生物膜的动力学应用于一个生物膜反应器（如滤池）需分为两个步骤：

（1）确定氧或有机物是否为潜在的控制去除速率和反应动力学过程的限制因素；

（2）确定整个生物膜是否具有活性（全部或部分），这对反应的级数十分重要。

分析过程如图 6.11 所示：

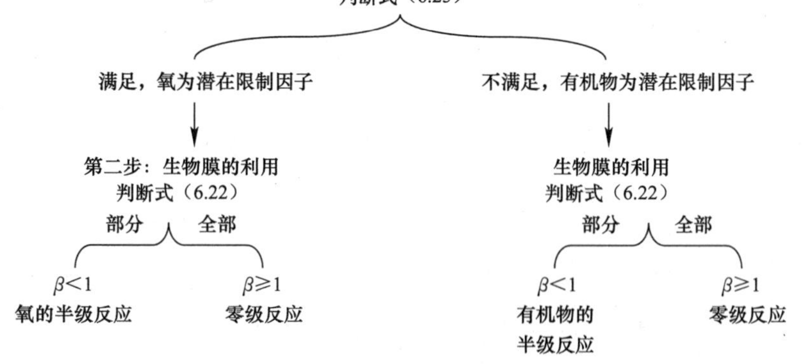

图 6.11 用于确定污水（液相）动力学参数的计算途径

6.5.2 生物膜反应器的物料平衡

由于生物膜反应器中的生物填料有巨大的比表面积，而且不易从反应器流失，一般生物膜反应器中的生物量都很大，通常没有必要进行污泥回流。由于不需要污泥回流，在某些情况下（如曝气生物滤池）可以省去二沉池。但是多数生物膜反应器出水中也有一定量的悬浮污泥需要进行沉淀，这些污泥主要来源于脱落的生物膜和进水的悬浮固体。以下以生物滤池为例讨论生物膜反应器的物料平衡。

（1）无回流的生物膜反应器（图6.12）

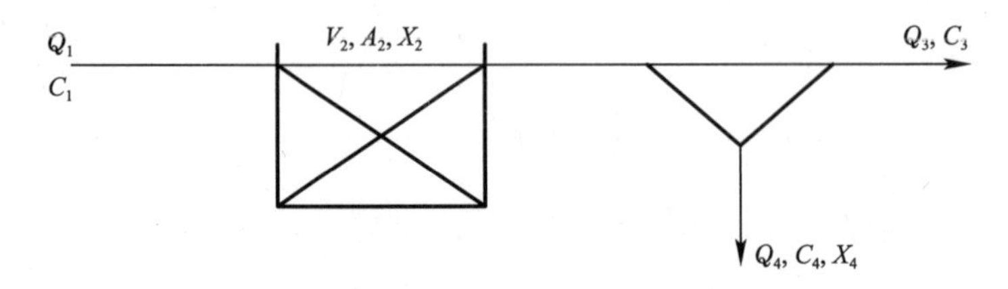

图6.12 无回流的生物膜反应器

生物膜反应器自身的物料平衡式表示如下：

$$Q_1C_1 - r_{V,S}V_2 = Q_3C_3 \tag{6.41}$$

去除的污泥量也可以通过污泥浓度 X_2 表示为：

$$r_{V,S}V_2 = r_{X,S}V_2X_2 \tag{6.42}$$

由于 X_2 仅包括活性生物量，而其值通常是未知的，因此，实际应用中通常采用单位载体表面积或单位载体容积去除量来表示速率。如果按单位载体面积来计算去除作用，则可表达如下：

$$Q_1C_1 - r_{A,S}A_2 = Q_3C_3 \tag{6.43}$$

式中：$r_{A,S}$——单位面积载体的去除速率，kgCOD/(m^2·d)；

A_2——滤料的总面积，m^2。

（2）有回流的生物膜反应器

大多数非淹没式生物膜反应器都需要直接进行回流（见图6.13），回流比 R 定义为：$R=Q_6/Q_1$

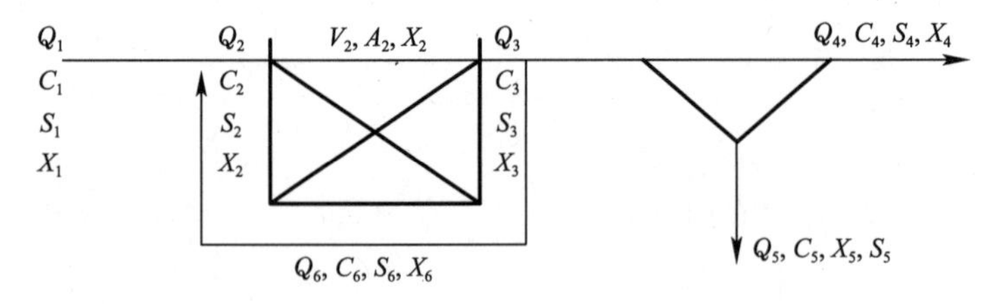

图6.13 有回流生物滤池

回流的目的是为了增加生物膜表面的水力负荷，以增加生物膜获取基质的时间，并促进生物膜的更新。回流对大多数非淹没式生物膜反应器是很重要的。回流影响了进水的浓度和氧的供应，因此会影响反应的级数。表达基质去除的公式与无回流时相同，但反应条件受到回流的影响。

6.6 小结

通过本章学习，掌握生物膜的结构特征、总体模型、反应动力学及其应用。

固定生长的污水生物处理工艺是与活性污泥法等悬浮生长的污水处理工艺相对应的另一大类工艺，同样具有百余年的发展和应用历史。此类工艺基于附着生长在载体上的微生物的新陈代谢过程来降解水中的污染物。这些微生物的分泌物使细胞相互粘连形成了生物膜。生物膜还普遍存在于环境的固液界面中，担负着水体中碳源和营养物质的转化作用。

从生物膜的形态来分析，生物膜形成过程包括迁移、可逆附着、不可逆附着和固定生长等步骤。不可逆附着是形成生物膜群落的基础，与可逆附着的主要区别在于有微生物胞外聚合物参与菌体附着过程。生物膜固定生长的过程与悬浮微生物生长过程（Eckenfelder 曲线）类似，包括适应期、对数增长期、线性增长期、减速增长期、稳定期和脱落期。在对数增长末期，微生物生长旺盛，反应器液相达到稳定状态，生物膜不超过 50μm。在生物膜稳定期末，生物膜达到稳定状态，厚度可达数百微米。

生物膜动力学将生物膜反应过程描述为液相、水膜和生物膜三部分，主要受传质过程的限制，因此其关键是对水膜和生物膜内传质过程等模型描述。水膜扩散可以用简单的梯度扩散模型来描述，生物膜中的传质则受到扩散和反应的综合影响。

基于 Fick 定律，对生物膜进行物料平衡计算可以得到一维传质模型为 $S''(x)=r/D$，可见生物膜内某物质的浓度 S 分布受反应速率 r 和传质系数 D 的共同影响。当反应速率 $r(S)$ 是 S 的半级、零级或一级反应时，可以通过微分方程求解，得到物质浓度 $S(x)$ 的解析表达式。在求解过程中，需要注意生物膜厚度的影响，即物质扩散能穿透整个生物膜的全有效生物膜模型，以及不能穿透情况下的部分有效生物膜模型。上述结果可以统一于 r/k_0 和 S/K_s 之间类似 Monod 方程的总生物膜模型。在描述多种组分的动力学过程时，处理扩散特征的方法与单一组分类似，考虑反应速率时引入了反应临界点的概念。

生物膜动力学参数与悬浮活性污泥的相似之处在于两者都服从微生物的生长过程机理，可用 Monod 方程表达，不同之处在于生物膜需要充分考虑扩散特征的影响。一般有三种生物膜动力学参数的测定方法，包括悬浮活性污泥参数取代、生物膜破碎悬浮测试、小试反应建模测试等。参数测定方法的基础是呼吸速率法，与悬浮活性污泥模型参数测定相似，但是在具体实现形式上有了多种发展，其中重要的工具就是基于微电极的原位动力学测试技术。通过测定呼吸速率 OUR，可以对生物膜内源呼吸和生长过程进行参数率定，获取物质的扩散特征。

生物膜动力学可以用于指导工艺设计和优化运行。应用生物膜动力学时，首先需要明确反应限制因素。在判别限制因素时，需要考虑基质限制和反应级数，后者常常与生物膜厚度和活性有关。根据限制因素判断流程，可以确定液相动力学参数的计算途径。根据生物滤池模型的物料平衡计算，可以获得基于单位面积载体的去除速率的工艺运行模型。

本章参考文献：

[1] 刘雨，赵庆良，郑兴灿. 生物膜法污水处理技术. 北京：中国建筑工业出版社，2001.

[2] Cristian P，Mark C M，Joseph J H. Effect of diffusive and convective substrate transport on biofilm structure formation：A Two-dimensional modeling study. Biotechnology and Bioengineering，2000，69 (5)：504-515.

[3] 杨朵，张正. 细菌生物膜及其相关研究进展. 中国实验诊断学，2007，11 (10)：1416-1422.

[4] Bishop P L. Biofilm structure and kinetics. Water Science and Technology，1997，36（1）：287-294.

[5] 张金莲，吴振斌. 水环境中生物膜的研究进展. 环境科学与技术，2007，30（11）：10-107.

[6] Kapellos G E，Alexiou T S，Payatakes A C. Hierarchical simulator of biofilm growth and dynamics in granular porous materials. Advances in Water Resources，2006，30：1648-1667.

[7] Nicolella C，Pavasant P，Livingston A G. Substrate counterdiffusion and reaction in membrane-attached biofilms：mathematical analysis of rate limiting mechanisms. Chemical Engineering Science，2000，55：1385-1398.

[8] Mashall K. C.，Stout R. and Mitchell S. R.，Mechanism of initial events in the adsorption of marine bacteria to surface，J. General Microbiol，1971，68：337-348.

[9] Liu Y，Etude dumecanismdes de fixation de bacterieb autotrophe sur de supports the rmoplastiques，Master Phil. thesis，ZNSA-Toulous France，1990.

[10] Liu Y，Dynamique de croissance de biofilm nitrifiant appliqué aux tracitoment des eaux，PhD. Thesis INSA-Toulous France，1994.

[11] Liu Y，Adhesion kinetics of nitrifying bacteria on various thermoplastic supports，Colloids and Surface B：Biointerfaces，1995，5：213-219.

[12] Escher A. andCharacklis W.，Modeling te initial event in biofilm accumulation In：Characklis W. and Marshall K. C.（ed）Biofilm，John Wiley and Son Inc.，1990，445-485.

[13] Mozes N. and Roaxhet P. G.，Influence of surface on microbial activity. In：Melo L. F. et. al.（ed），Biofilms，Kluwer Academic publishers，1992，125-136.

[14] Sanders W. M.，Oxigen Utilization by Slime Organisms in Continuous Culture，Air & Water Pollution International Jounal，1966，10：253-267.

[15] Hoehn R. C.，Ray A. D. Effects of Thickness an Bacterial Film，Jounal of Water Pollution Control Fedration，1973，45：2302-2320.

[16] Capdeville B. and Nguyen K. M.，Kinetics and modeling of aerobic and anaerobic film growth，Wat. Sci. Technol.，1990，22：149-170.

[17] Capdeville B.，Nguyen K. M. and Rols J. L.，Biofilm modeling：Structural，reactional and diffusional aspects，In：Biofilms-Science and Technology，Ed. by Melo L. F.，Bot T. R.，Fletcher M. and Capdeville B.，Kluwer Academic publishers，1992，251-276.

[18] Belkhadir R.，Capdeville B. and Roques H.，Fundamental descriptive study and modelization of biological film growth，Wat. Res.，1988，22：59-69.

[19] Christensen F. R.，Kristensen G. H. and Jansen J. L. C.，Biofilm structure：an important and neglected parameter in wastewater treatment，Wat. Sci. Technol，1988，21：805-814.

[20] Henze M.，Harremoes P.，Jansen J. C. and Arvin E.，Wastewater Treatment：Biological and Chemical Process（2nd Ed.），Springer-Verlag，Berlin，1997，143-151.

[21] 国家城市给水排水工程技术研究中心［译］. 污水生物与化学处理技术. 北京：中国建筑工业出版社，1999，98-101.

[22] Harremoes P.，The significance of pore diffusion to filter denitrification，Journal WPCF，1976，48 No 2，377-388.

[23] Harremoes P. and Riemer M.，Pilot-scale experiments on down-flow filter denitrification，Progress in Water Technology，1977，8，No. 4/5，557-576.

[24] Harremoes P. and Riemer M.，Report on pilot studies of denitrification in down-flow filters，Dept. of Environmental Engineering，Technical university of Denmark，Lyngby，Denmark.

[25] Harremoes P.，Biofilm kinetics，Chapter 4 in：Mitchell R. （Ed）：Water pollution microbiology，2，s. 71-109，John Wiley & Sons，New York，1978.
[26] Perry J.，Chemical Engineering Handbook，McGraw-Hill，1963.
[27] Siegrist H. and Gujer W.，Mass transfer mechanisms in a heterotrophic biofilm，Water research，1985，19，1369-1378.
[28] Williamson K J，McCarty P L. Rapid measurement of Monod half-velocity coefficient for bacterial. Biotechnology and Bioengineering，1975，14：915-924.
[29] Rittmann B E，McCarty P L. Evalution of steady-state biofilm kinetics. Biotechnology and Bioengineering，1980，22：2359-2373.
[30] Kappeler J，Gujer W. Estimation of kinetic parameters of heterotrophic biomass under aerobic conditions and characterization of wastewater for activated sludge modeling. Water Science and Technology，1992，25 (6)：125-139.
[31] Lokkegaard B H. Experimental procedures characterizing transformations of wastewater organic matter in the Emscher river. Water Science and Technology，1995，31 (7)：201-212.
[32] Samb F M，Deront M，Adler N. Wastewater treatment with biofilms：estimation of biokinetic parameters using a segmented column. Journal of Chemical Technology and Biotechnology，1998，71：84-88.
[33] Jih C G，Huang J S. Effect of biofilm thickness distribution on substrate-inhibited kinetics. Water Research，1994，28 (4)：967-973.
[34] Cao Y S，Alaerts G J. Influence of reactor type and shear stress on aerobic biofilm morphology，population，and kinetics. Water Research，1995，29 (1)：107-118.
[35] Loosdrecht M C M，Wijdieks A M S. Population distribution in aerobic biofilms on small suspended particles. Water Science and Technology，1995，31 (1)：163-171.
[36] Riefler R G，Ahlfeld D P. Respirometric assay for biofilm kinetics estimation：Parameter identifiability and retrievability. Biotechnology and Bioengineering，1998，57 (1)：1232-1239.
[37] Plattes M，Fiorelli D. Modelling and dynamic simulation of a pilot-scale moving bed bioreactor for treatment of municipal wastewater：model concepts and the use of respirometry for the estimation of kinetic parameters. Water Science and Technology，2007，55 (8-9)：309-316.
[38] 邱玉琴，生物膜内反应动力学参数的原位测定研究，清华大学硕士论文，2008.
[39] Rittmann B E. Development and experimental evaluation of a steady-state，multispecies biofilm model. Biotechnology and Bioengineering，1992，39：914-922.
[40] Evans M，Wang Y T. Modeling hexavalent chromium removal in a bacillus sp. fixed-film bioreactor. Wiley InterScience，2004，19：874-883.
[41] Palma L D，Merli C，Paris M，Petrucci E. A steady-state model for the evaluation of disk rotational speed influence on RBC kinetic：model presentation. Bioresource Technology，2003，86：193-200.
[42] 李庆扬，关治，白峰杉. 数值计算原理. 北京：清华大学出版社，2005.
[43] 张伟. 快速生物活性测定仪的研制与开发 [硕士学位论文]. 北京：清华大学，2000.
[44] Orupld K，Masirin A，TEmmo T. Estimation of biodegration parameters of phenole compounds on activated sludge by respirometry. Chemosphere，2001，44：1273-1280.
[45] Giuseppe B，Sabrina G，Andrea T. A new approach to the evaluation of biological treatability of industrial wastewater for the implementation of the "Waste Design" concept. Water Science and Technology，1997，36 (2-3)：81-90.

[46] Ekama G A，Dold P L，Marais G R. Procedures for determining influent COD fractions and the masimμ_m specific growth rate of heterotrophs in activated sludge systems. Water Science and Technology，1986，18 (6)：91-114.

[47] Sollfrank U，Gujer W. Characterization of domestic wastewater for mathematical modeling of the activated sludge process. Water Science and Technology，1991，23 (4-6)：1057-1066.

[48] Yoong T，Lant P A. In situ respirometry in an SBR treating wastewater with high phenol concentrations. Water Research，2000，34 (1)：239-245.

[49] Spanjers H. Respirometry in activated sludge [Ph. D. dissertation]. Netherland：University of Wageningen，1993.

第 7 章　二次沉淀池的模型

二次沉淀池（以下简称二沉池）是污水生物处理工艺中非常重要的组成部分，整个系统处理效果的好坏与二沉池的设计和运行是否良好密切相关。由于二沉池在功能上要同时满足固液分离和提高回流污泥浓度两方面的功能，因此二沉池的设计原理和构造与一般的沉淀池有所不同。二沉池的模型主要是水力学模型，而不是生物反应动力学模型，但由于二沉池的运行决定了活性污泥法的出水水质和生物量，是活性污泥法不可分割的一部分，因此本书将二沉池的模型作为一章进行专门的介绍与讨论。本章重点将介绍一维二沉池模型和运用计算流体力学对二沉池进行模拟的方法。

7.1　二沉池模型简述

对二沉池中流场及固相行为和分布进行描述的基础的是二沉池的数学模型。目前，在科研和工程实践中应用较为广泛的二沉池模型主要有经验模型、固体通量模型、Takács 模型和计算流体力学模型。

7.1.1　经验模型

经验模型的建立是通过对实验数据和过程参数进行线性分析得到的。经过数据分析，得到经验常数，对二沉池中的固液分离过程进行较为粗略的描述并指导二沉池的设计。因此，经验模型通常被用于实现一些简单的用途，如预测并控制二沉池出水中的悬浮固体浓度，或是在相关资料缺乏的条件下进行初步的二沉池设计。

由于经验模型是通过实验和经验提出的，因此在实际应用中存在着许多形式不同的经验模型。Voutchkov 等[1]、Roche 等[2]、Billmeier 等[3]，Hallttunen 等[4]和 Akca 等[5]人都曾提出过应用于不同池型二沉池的经验模型。这些模型尽管表达形式不一，但均认为表面负荷和进水固相浓度是影响二沉池固液分离效果的两个最重要的参数。二沉池的固液分离率随着进水固相浓度的增加而增加，但随着表面负荷的增加而减少。

7.1.2　固体通量模型

固体通量模型通常是指建立在 Kynch 提出的固体通量理论基础上的二沉池一维模型。模型假定在空间分布上同一水平断面处沉降颗粒物浓度相同，因此也被称为层模型。固体通量模型的一个最基本假设是：污泥重力沉降速率 v_s 由污泥浓度 X 决定[6]。因此，可以忽略其他因素，将污泥沉降速率定义为一个连续的方程。沉降速率方程的建立是一维模型必须解决的核心问题[7]。

建立二沉池一维模型的基本思路是在垂直方向上将二沉池分割成若干个单元层，每一单元层为一 CSTR（Continuous Stirred Tank Reactor，连续流搅拌池反应器），单元层内活性污泥浓度相同。每一个单元层必须遵循物料守恒定律。在进行一维模型的模拟计算时，二沉池分层数必须确定[8]。Jeppsson 等人[9]建议，为得到一个比较精确的模拟结果，至少将二沉池分为30层。模拟结果不仅受层数大小的影响，同时也受模型选择的算法影响。

该模型能够较好地预测二沉池的回流污泥浓度和污泥泥层层高。在活性污泥系统中，一般通过调整回流污泥量来控制整个活性污泥系统的运行。因此，该模型主要应用于包括活性污泥反应池和二沉池的污水处理系统的控制与运行[10]。

7.1.3　Takács 模型

Takács 模型是在固体通量模型的基础上发展起来的。与固体通量模型不同的是，Takács 模型将二沉池在水平方向上分割成若干个单元层，每一个单元层也需要遵循物料守恒方程[11]。同固体通量模型类似，每一单元层为一混合情况良好的CSTR，一般认为至少将二沉池分为5个单元层，方能得到较为准确的描述[12]。Takács 模型用一阶偏微分方程来模拟二沉池的动态进水和稳态沉降过程。通过每一个单元层的物料衡算可以得到关于池中固相、生物需氧量、氨氮和硝酸盐氮的方程。因此，生物反应过程也可以被包含在物料守恒方程中，以模拟同时发生生物反应的二沉池[13]。

Takács 模型通常被用于考察进水流量和水质参数等的变化对出水和回流污泥的影响。因此，该模型最常见的应用是对现有二沉池的运行进行在线监控[14]。

7.1.4　计算流体力学模型

近年来迅速发展的计算流体力学（CFD），以纳维—斯托克斯（Navier-Stokes，N-S）方程组和各种湍流模型为主体，是描述环境、热能、化工等诸多领域内流场、流态问题的有效工具。与前述三种模型相比，计算流体力学模型更为复杂、精细，将其应用于描述二沉池的运行，在计算精度上具有无可比拟的优势[15]。Brouckaert 等[16]、Stovin 等[17]、Jayanti 等[18]和屈强等[19]人都用CFD模型对二沉池中的流场进行了模拟研究，以减少池中的死区，提高二沉池运行效率。

7.1.5　二沉池模型的应用

在科研和工程实践中应用最广泛的模型是基于固体通量理论的二沉池模型，主要用于模拟二沉池固液分离效果和污泥层高度等，此类模型有以下三种：

（1）一维模型

对于圆形沉淀池和矩形沉淀池，都假设水平层上的污泥浓度和速度是一致的，只模拟垂直方向上的变化，认为物质只有垂直运动，没有水平方向上的运动，也就是采用层的概念来描述沉淀池。

（2）二维模型

对于圆形沉淀池，假设在一个平面上与圆心距离相等处的污泥浓度和速度是相同的，也就是只考虑物质在径向垂直平面上不同点的变化。

对于矩形沉淀池而言，假设同一宽度上的速度和污泥浓度一致，也是只考虑垂直平面上不同点的变化。

（3）三维模型

对圆形沉淀池和矩形沉淀池都考虑三个方向上不同点的变化。

从空间位置的角度来看，圆形沉淀池和矩形沉淀池在一维模型中都以水平面为坐标原点，在二维模型中都考虑一个垂直平面，可以认为圆形沉淀池的圆周与矩形沉淀池的宽可以等价处理。因此，在下面的讨论中，基本没有区分圆形沉淀池和矩形沉淀池。

从模型本身的情况来，二维模型是对一维模型的扩充，而三维模型是对二维模型的扩充，主要体现在模型建立和计算方法上。

二沉池模型主要有两类应用。一类是在曝气池与二沉池构成的活性污泥系统中，主要用于研究二沉池中的固体沉降行为和固液分离效率。此类应用一般可以选择一维的二沉池模型。二沉池的一维模型能够通过校正达到与实际污水处理厂二沉池的运行数据一致，计算速度快，可以有效模拟沉降过程中物质总量的变化，能在污水处理厂的运行与控制中得到很好的应用。另一类应用是研究二沉池的结构，进行二沉池的池型与结构设计。此类应用由于要描述二沉池内的流态分布和固体分布，要研究二沉池的某个要素改变后池内流态发生的变化，就需要采用二维或三维模型。一般方形沉淀池有很强的三维流态特性，应采用三维模型。圆形沉淀池具有轴对称特性，采用二维模型可以取得很好的效果，但是如果有非轴对称因素或者需要考虑强风影响等，就需要采用三维模型。三维模型应用的主要难点是要能对三维模型生成的海量数据进行有价值的信息处理。

本章重点介绍二沉池的一维模型。为满足研究二沉池内流态的需要，介绍了运用 CFD 软件进行二沉池水力计算的方法。重点介绍二沉池的一维模型主要基于以下几个方面的考虑：

(1) 对于污水处理厂的实验室研究和运行模拟而言，一维模型不仅简单，计算速度快，而且能够满足应用的要求；

(2) 一维二沉池模型已经过大量的研究和应用，到目前为止已很成熟，在参数整定方法和模型结构形式上都有清晰的描述，而二维模型和三维模型在实用性、易用性上还存在一定的问题；

(3) 运用二维模型和三维模型需要以一维模型为基础，在对一维模型进行研究应用之后再尝试二维模型和三维模型可以得到更好的效果。

在某些时候，为了简化起见，对二沉池仅作简单的固体分离率的分析，建立最简单的基于固体分离率的二沉池模型。下面首先介绍这一方法，然后再分别介绍基于固体通量理论和分层形式实现的一维二沉池模型。

7.2　基于固体分离率的二沉池模型及计算

在研究活性污泥法工艺模型时，往往采用简化的方法即引入固体分离率进行二沉池的模拟计算，如图 7.1 所示。

图 7.1 中，Q_I 为进水流量，Q_R 为回流流量，Q_E 为出水流量，Q_W 为剩余污泥排放量，X_I 为进入二沉池的固体浓度，X_E 为出水的固体浓度，X_R 为回流污泥的固体浓度，S 溶解性组分的浓度，f 为固体分离率。

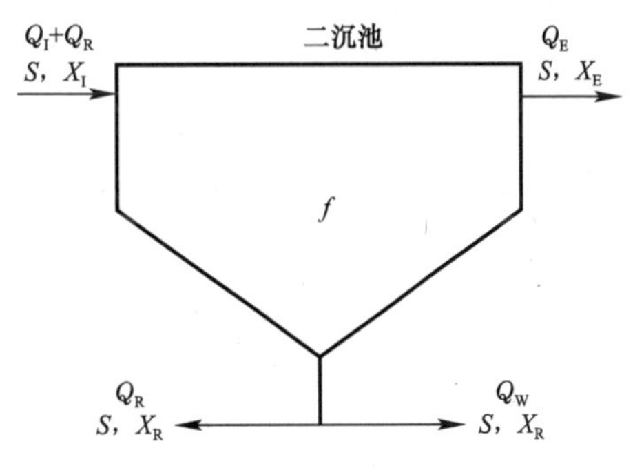

图 7.1　二沉池固体分离率的计算原理

二沉池的功能就是实现颗粒性固体组分与液体的分离，固体分离率表示进入二沉池的颗粒性组分在二沉池中被分离后进入回流和作为剩余污泥排放部分的比例，记为 f。同时认为溶解性组分在整个二沉池中是不变的，即二沉池出水和污泥中的溶解性组分浓度等于二沉池进水中该组分的浓度。

对颗粒性组分建立物料平衡方程，可得到：

$$(Q_I + Q_R)X_I = (Q_R + Q_W)X_R + Q_E X_E \tag{7.1}$$

回流污泥颗粒性组分的浓度为

$$X_R = \frac{X_I(Q_I + Q_R) \cdot f}{(Q_R + Q_W)} \tag{7.2}$$

二沉池出水颗粒性组分的浓度为

$$X_E = \frac{X_I(Q_I + Q_R) \cdot (1 - f)}{Q_E} \tag{7.3}$$

基于固体分离率计算公式的最大优点是简单，但该算法不能对固液分离过程中颗粒性固体组分的分布进行描述。

7.3　二沉池的一维通量模型

二沉池一维通量模型由于求解简单、方便并可与活性污泥模型耦合使用以实现对整个活性污泥过程的模拟与控制，因此在20世纪90年代成为二沉池研究的主流模型而被广泛采用[20~22]。二沉池的一维通量模型是基于Kynch理论和质量守恒定律推导得出的。

7.3.1　一维通量模型的建立

二沉池的一维通量模型，也称为一维分层模型。分层是在模型求解时将二沉池分为一定的层数，模型的理论基础是固体通量理论。固体通量既包括重力沉降通量J_S，也包括因流体流动引起的传递通量。固体通量理论主要有两个重要的结论[23]，其一是活性污泥的沉降速率（区域沉降速率）v_s只与污泥浓度X有关；其二是重力沉降通量J_S取决于沉降速率与污泥浓度，即：

$$J_S = v_S(X) \cdot X \tag{7.4}$$

上述模型只考虑了重力方向上的通量与污泥质量的守恒。

一维通量模型的理论基础除了固体通量理论还有质量守恒定律，其一般形式是根据在重力方向上的污泥质量守恒而建立的。在早期研究中，绝大多数模型都将二沉池视作沉降柱形式，并没有考虑其在污泥浓缩区的截面积变化。实际上二沉池在污泥浓缩区截面积的变化非常显著。通量的一般意义是指单位时间、单位面积通过该处的质量，它往往通过面积来转换为质量。当模型建立于通量理论和质量守恒定律的基础上时，如果忽略这种显著的截面积变化将不可能准确地描述污泥总量以及污泥在二沉池内的分布情况。一些学者已经认识到考虑二沉池截面积变化的重要性，对模型的进一步研究提出了要求。

一维通量模型的基本假设可以归纳如下：

（1）在悬浮固体区的任何水平层内，悬浮物的浓度是均匀的，水平方向的浓度梯度可以被忽略，这一水平层内的全部颗粒以同样的速度下沉。颗粒形状、大小以及成分的任何差别都不会改变这一性质。

（2）颗粒的下沉速度只是颗粒附近局部悬浮物浓度的函数。

(3) 整个沉淀区垂直方向上悬浮物的初始浓度是均匀的，或者是沿深度逐渐增加的。

基于上述假设只需要在垂直方向上建立模型，如图 7.2 所示。

模型假设二沉池有一个入流 Q_F 均匀地分布在一个平面上，随入流进入二沉池的悬浮物浓度为 X_F。入流平面以上的部分，水和悬浮物流向二沉池的表面而溢出，称为上向流，其流速为 V_{ov}，向上流出沉淀池的流量和悬浮物浓度分别为 Q_E 和 X_E。入流平面以下的部分，水和悬浮物流向池底，称为下向流，其流速为 V_{un}，向下流出沉淀池的流量和悬浮物浓度分别为 Q_R 和 X_R。二沉池内的悬浮物浓度为 X_{in}。y 是悬浮物在受重力作用下的沉降方向，y_{in} 表示入流层与水面之间的距离。

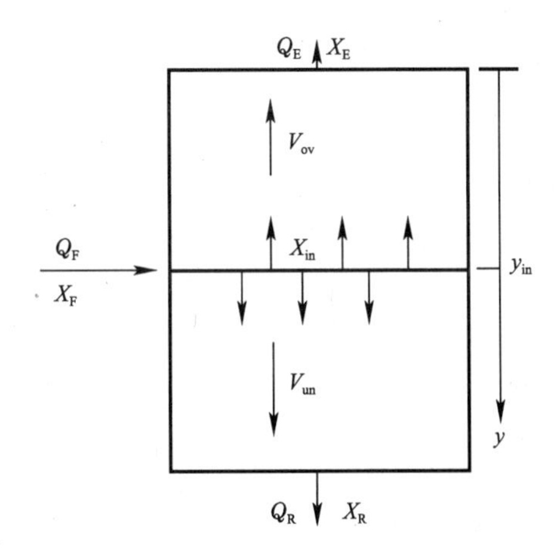

图 7.2 二沉池一维连续流模型

根据图 7.2 建立平衡方程如下：

$$Q_F = Q_E + Q_R \tag{7.5}$$

$$Q_F X_F = Q_E X_E + Q_R X_R \tag{7.6}$$

$$R = \frac{X_R}{X_E} \tag{7.7}$$

总的污泥通量 J_T 由膨胀通量 $J_b = VX$ 和沉降通量 $J_S = V_S X$ 两部分组成，因此

$$J_T = VX + V_S X \tag{7.8}$$

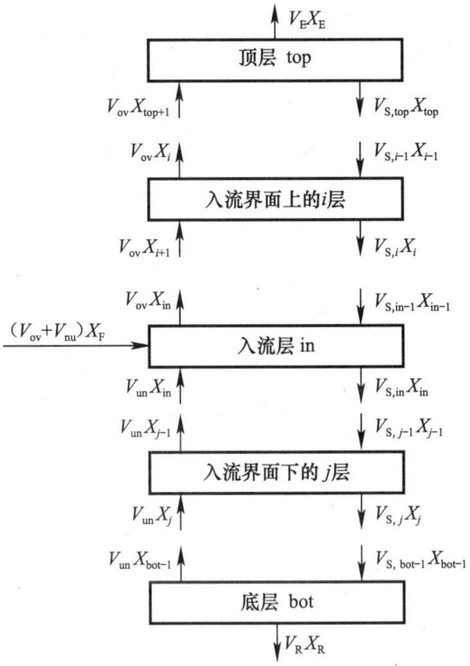

式中：V 表示垂直膨胀速度；V_S 表示污泥沉降速率；X 表示污泥浓度。V_S 就是根据沉降模型计算得到的。

采用偏微分方程表示的形式如下：

$$\frac{-\partial X}{\partial t} = V\frac{\partial X}{\partial y} + \frac{\partial V_S X}{\partial y} \tag{7.9}$$

$$V = \begin{cases} V_{un} = \dfrac{Q_R}{A} & y \geqslant y_{in} \\ V_{ov} = -\dfrac{Q_E}{A} & y \leqslant y_{in} \end{cases} \tag{7.10}$$

式中：t 表示时间；y_{in} 表示入流层与水平面之间的距离；而 y 表示状态点与水平面之间的距离。

沉降速度 V_S 取决于沉降趋势，污泥品质（SVI），在某些趋势上还和 y 有一定的关系。

将整个沉淀池分成若干层，对每一层采用式（7.9）进行离散化处理，结合图 7.3 可以得到式（7.11）和式（7.12）。

图 7.3 二沉池一维模型的分层结构

图 7.3 中带有下角标 top 的参数是顶层的相关参数，带有下角标 bot 的参数是底层的相关参数，其他符号的含义如前所述。

$$\frac{h_i \Delta X_{n \to n+1}}{\Delta t} = [V_{ov}(X_{i+1} - X_i) + V_{S,i-1}X_{i-1} - V_{S,i}X_i]_n \tag{7.11}$$

$$\frac{h_j \Delta X_{n \to n+1}}{\Delta t} = [V_{un}(X_{j-1} - X_j) + V_{S,j-1}X_{j-1} - V_{S,j}X_j]_n \tag{7.12}$$

在稳态条件下，由式（7.11）和（7.12）可以导出式（7.13）和（7.14）：

$$0 = V_{ov}(X_{i+1} - X_i) + V_{S,i-1}X_{i-1} - V_{S,i}X_i \tag{7.13}$$

$$0 = V_{un}(X_{j-1} - X_j) + V_{S,j-1}X_{j-1} - V_{S,j}X_j \tag{7.14}$$

需要说明的是：$V_{ov}=V_E$，$V_{un}=V_R$，而 $V_E=\frac{Q_E}{A}V_R=\frac{Q_R}{A}$。

对于入流层，在稳态条件下，根据图7.3，有如下平衡方程：

$$0 = \frac{Q_F}{A}X_F - V_{ov}X_{in} - V_{un}X_{in} - V_{S,in}X_{in} + V_{S,in-1}X_{in-1} \tag{7.15}$$

其中

$$X_{in} = \frac{(V_{ov} + V_{un})X_F + V_{S,in-1}X_{in-1}}{V_{ov} + V_{un} + V_{S,in}} \tag{7.16}$$

模型入流层的数量和位置可以自由选择。在相同的负荷条件下，入流位置不同，可以得到不同的结果，因此，入流层的数量和位置可以作为模型校正的2个参数。

对于顶层和底层，根据图7.3也可以得到相应的平衡方程。

在实际的模型应用中，还需要考虑下面两种情况：

（1）扩散影响

设置一个扩散系数 D_{df}

$$-\frac{\partial X}{\partial t} = V\frac{\partial X}{\partial y} + \frac{\partial V_s X}{\partial y} - D_{df}\frac{\partial^2 X}{\partial^2 y} \tag{7.17}$$

扩散系数一般用于入流界面上的澄清部分的模拟中，这样可以用来作为模拟验证的参数，通过调整该参数可与实际的污泥膨胀或者出水SS浓度相一致。

有浓度差的地方就会有扩散，本章中浓缩池部分也考虑了扩散的影响。

（2）短流的影响

二沉池的短流是指一部分入流没有经历沉淀浓缩和澄清过程就直接被回流的现象。一般由于短流的影响，$X_R \approx 0.7X_{bot}$，也就是说，回流污泥的浓度大概只有池底污泥浓度的70%。ξ 被引入描述短流影响。二沉池进水被分成两部分，其中一部分 $\xi(Q_I+Q_R)$ 直接进入污泥回流管道中，只有 $(1-\xi)(Q_I+Q_R)$ 部分才真正在二沉池中发生沉淀浓缩和澄清过程。如果不考虑短流的影响，该参数可以设置为0。这样，

$$X_R = \frac{[Q_R - \xi(Q_I + Q_R)]X_{bot} + \xi(Q_I + Q_R)X_F}{Q_R} \tag{7.18}$$

7.3.2　一维通量模型的应用

对实际的二沉池建立模型时可选择陈吉宁（1993）提出的方法[24]，将二沉池分为两个部分：澄清区和浓缩区，其中浓缩区又包括污泥床区和压实区，如图7.4所示。

图7.4中 X_C 是澄清区的物质浓度，XB_1 是泥床区的物质浓度，XB_2 是压缩区的物质浓度，H 是每一层的高度，这些符号加上不同的下角标表示不同层的相应参数。Q_{tt} 是澄清区与浓缩区分界层发生再悬浮现象时产生的总通量。下面分别对澄清区、泥床区和压缩

区建立实际的二沉池模型方程。

7.3.2.1　澄清区方程

澄清区采用半经验模型。从前面的分析可知，澄清区中是系统水力学主导的纯粹的物理过程。澄清区的体积是可变的，就等于二沉池中污泥床上部的体积。整个澄清区采用 M 个 CSTR 进行模拟（也就是 M 个层），每一层进入和流出的物质将构成每一层的物料平衡，相邻的两层之间还包括扩散传输。如果某一层的高度小于指定的数值，该层将消失，其体积和物质将自动合并到相邻的上一层。

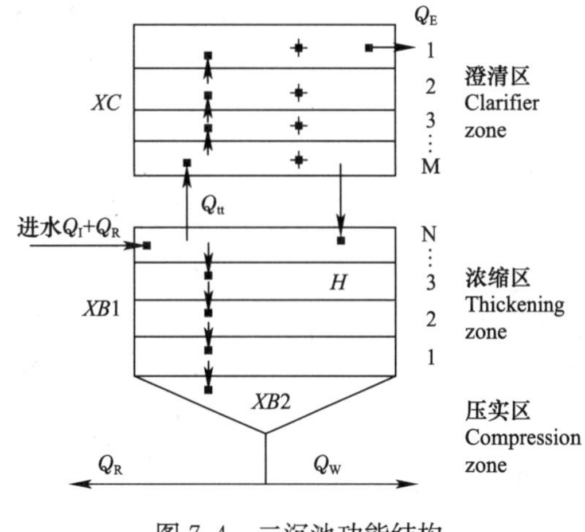

图 7.4　二沉池功能结构

对于溶解性组分，包括可生物降解 COD 和不可生物降解 COD、NH_4^+-N、NO_3^--N 等，在反应器模型中用 S 表示的物质都是可溶解性物质。

扩散考虑为沿水流方向，物质从浓度高的地方向浓度底的地方转移的过程，因此与扩散相关的是浓度差。

进入二沉池的组分浓度等于反应器出水浓度，通过物料平衡，可以得到下面的方程：

（1）第 M 层（也就是澄清区中最下层）

浓度增量＝浓缩池转移增加的量－向上层转移减少的量－向上层扩散减少的量

$$\frac{dXC_{M,j}}{dt}=\left[(XB1_{M,j}-XC_{M,j})\cdot Q_E-D_{df}\cdot A_{SC}\frac{XC_{M,j}-XC_{M-1,j}}{H_{CU,M}}\right]\frac{1}{H_{CU,M}A_{SC}} \tag{7.19}$$

（2）第 i 层（i=2，3，…，$M-1$）

浓度增量＝来自下层转移增加的量－向上层转移减少的量＋来自下层扩散增加的量－向上层扩散减少的量

$$\frac{dXC_{i,j}}{dt}=\left[(XC_{i+1,j}-XC_{i,j})\cdot Q_E+D_{df}\cdot A_{SC}\frac{(XC_{i+1,j}-XC_{i,j})-(XC_{i,j}-XC_{i-1,j})}{H_{CU,i}}\right]\frac{1}{H_{CU,i}A_{SC}} \tag{7.20}$$

（3）第 1 层

由于第一层是二沉池的出水层，$XC_{1,j}$表示二沉池出水可溶性物质的浓度，下同。

浓度增量＝来自下层转移增加的量－因为出水减少的量＋来自下层扩散增加的量

$$\frac{dXC_{1,j}}{dt}=\left[(XC_{2,j}-XC_{1,j})\cdot Q_E+D_{df}\cdot A_{SC}\frac{XC_{2,j}-XC_{1,j}}{H_{CU,1}}\right]\frac{7}{H_{CU,1}A_{SC}} \tag{7.21}$$

对于颗粒性组分，在整个澄清区中有沉淀过程，只有与浓缩区交界的第 M 层有再悬浮的过程发生，如下所述。

为了简化起见，该模型中澄清区中的颗粒固体的沉降速度假定为恒定的，记为 V_{CX}，这是因为澄清区中污泥浓度比较低，可以认为污泥颗粒是单个沉降的，遵循 Stocks 方程。这样，K_{sv}实际上就是污泥絮体自身特性（密度和直径）的函数。而且，仅考虑只有一定范围的絮体尺寸能够进入澄清区并沉淀，因此可以假设澄清区中可沉降的悬浮颗粒的絮体密度和直径的分布没有明显的变化，也就可以假设平均沉降速度基本不随时间变化，这个速度采用V_{CX}。这样沉降量就等于$V_{CX}X$。

当混合液从反应器流入二沉池中时，假设悬浮固体颗粒完全进入浓缩区，这样，澄清区中的悬浮固体可以认为是从浓缩区再悬浮过来的，因为仅在分界层上发生再悬浮现象，在模型中用总通量Q_{tt}描述它。Q_{tt}可以认为是改进二沉池模型的重要一步，因为影响澄清效果的各种因素都可以加入到Q_{tt}中。一旦Q_{tt}确定，澄清区的作用就主要取决于传输和颗粒沉降特性。

$$Q_{tt,j}=\alpha_{45}+\alpha_{46}(Q_{I}+Q_{R})UC_{j}+\alpha_{47}Z_{1}+\alpha_{48}Z_{2} \tag{7.22}$$

有了Q_{tt}，澄清区的第M层的悬浮固体物料平衡就可以建立起来：

（1）第M层（也就是澄清区中最下层）

浓度增量＝来自浓缩区再悬浮增加的量＋上层沉降到本层增加的量－本层沉降到下层减少的量－向上层转移减少的量－扩散到上层减少的量

$$\frac{dXC_{M,j}}{dt}=\left[Q_{tt}+V_{CX}(XC_{M-1,j}-XC_{M,j})-Q_{E}\frac{XC_{M,j}}{A_{SC}}-D_{df}\frac{XC_{M,j}-XC_{M-1,j}}{H_{CUj}}\right]\frac{1}{H_{CUj}} \tag{7.23}$$

（2）第i层（$i=2，3，\cdots，M-1$）

浓度增量＝下层转移到本层增加的量－本层转移到上层减少的量＋上层沉降到本层增加的量－本层沉降到下层减少的量＋下层扩散到本层增加的量－本层扩散到上层减少的量

$$\frac{dXC_{i,j}}{dt}=\left[Q_{E}\frac{XC_{i-1,j}-XC_{i,j}}{A_{SC}}+V_{CX}(XC_{i-1,j}-XC_{i,j})+D_{df}\frac{XC_{i-1,j}+XC_{i+1,j}-2XC_{i,j}}{H_{CUi}}\right]\frac{1}{H_{CUi}} \tag{7.24}$$

（3）第1层

浓度增量＝下层转移到本层增加的量－出水引起减少的量－本层沉降到下层减少的量＋下层扩散到本层增加的量

$$\frac{dXC_{1,j}}{dt}=\left[Q_{E}\frac{XC_{2,j}-XC_{1,j}}{A_{SC}}-V_{CX}(XC_{1,j}-XC_{2,j})+D_{df}\frac{XC_{2,j}-XC_{1,j}}{H_{CU1}}\frac{1}{H_{CU1}}\right] \tag{7.25}$$

7.3.2.2　浓缩区方程

浓缩区主要基于传统的通量理论。浓缩区模型可分成两组CSTR：一组是污泥床（体积可变），每个CSTR单元的体积也是可变的；另一组是压实区，只有一个CSTR，体积固定。污泥床最上层的悬浮固体浓度不能超过给定条件下根据通量理论计算出的限制浓度，一旦超过了这个浓度，污泥床的体积就可以增大，反之就可以减少。减少到一定程度，污泥床的最上层就会消失，物质和高度会自动合并到下一层，而这一层就变成了最上层。

对于溶解性组分，包括可生物降解COD和不可生物降解COD、NH_4^+-N、NO_3^--N等，在反应器模型中用S表示的物质都是可溶解性物质。进入二沉池的组分浓度等于反应器出水浓度，通过物料平衡，可以得到下面的方程：

（1）第N层（也就是浓缩区中最上一层）

浓度增量＝进水增加的量－向上层转移减少的量－向下层转移减少的量－向下层扩散减少的量

$$\frac{\mathrm{d}XB1_{N,j}}{\mathrm{d}t}=\Big[UC_j\cdot(Q_\mathrm{I}+Q_\mathrm{R})-XB1_{N,j}\cdot Q_\mathrm{E}-XB1_{N,j}\cdot(Q_\mathrm{W}+Q_\mathrm{R})$$
$$-D_\mathrm{df}\cdot A_\mathrm{SC}\frac{XB1_{N,j}-XB1_{N-1,j}}{H_\mathrm{USBN}}\Big]\frac{1}{H_\mathrm{USBN}A_\mathrm{SC}} \tag{7.26}$$

（2）第 i 层（i=2，3，…，N）

浓度增量＝来自上层转移增加的量－向下层转移减少的量＋来自上层扩散增加的量－向下层扩散减少的量

$$\frac{\mathrm{d}XB1_{i,j}}{\mathrm{d}t}=\Big[(XB1_{i+1,j}-XB1_{i,j})\cdot(Q_\mathrm{R}+Q_\mathrm{w})+D_\mathrm{df}\cdot$$
$$A_\mathrm{SC}\frac{(XB1_{i+1,j}-XB1_{i,j})-(XB1_{i,j}-XB1_{i-1,j})}{H_{\mathrm{USB}i}}\Big]\frac{1}{H_{\mathrm{USB}i}A_\mathrm{SC}} \tag{7.27}$$

（3）压实区（只有一层）

浓度增量＝来自污泥床区转移增加的量－因为排泥减少的量＋来自污泥床区扩散增加的量

$$\frac{\mathrm{d}XC_j}{\mathrm{d}t}\Big[(XB1_{1,j}-XC_j)\cdot(Q_\mathrm{R}+Q_\mathrm{w})+D_\mathrm{df}\cdot A_\mathrm{SC}\frac{XB1_{1,j}-XC_j}{H_\mathrm{SZ}}\Big]\frac{1}{H_\mathrm{SZ}A_\mathrm{SC}} \tag{7.28}$$

对于颗粒性组分，首先考虑沉降方程。沉降方程可采用自然指数的形式：

$$v_\mathrm{s}=V_0\cdot e^{-nX} \tag{7.29}$$

式中的 V_0 和 n 可以与 SVI 建立相关关系，这样可以通过每日测量的 SVI（最好是 SS-$\mathrm{VI}_{3.5}$或 DSVI）和相关关系，计算得到这对反映污泥沉降性能的参数值。通常在实际中该方程是在大量的实验测量和拟合的基础上得到的。

浓缩区每层悬浮颗粒方程建立如下：

（1）第 N 层（也就是浓缩区中最上层）

浓度增量＝进水引起的增加的量＋澄清区沉降到本层增加的量－本层再悬浮到澄清区减少的量－（沉降到下一层减少的量＋转移到下一层减少的量）

$$\frac{\mathrm{d}XB1_{N,j}}{\mathrm{d}t}\Big[UC_j\frac{Q_\mathrm{I}+Q_\mathrm{R}}{A_\mathrm{SC}}+V_\mathrm{CX}XC_{N,j}-Q_\mathrm{tt}-XB1_{N,j}\Big(V_0e^{-nXB1_{N,j}}+\frac{Q_\mathrm{R}+Q_\mathrm{W}}{A_\mathrm{SC}}\Big)\Big]\frac{1}{H_\mathrm{USBN}} \tag{7.30}$$

（2）第 i 层（i=2，3，…，N－1）

浓度增量＝上层沉降到本层增加的量＋上层转移到本层增加的量－（本层沉降到下层减少的量＋本层转移到下层减少的量）

$$\frac{\mathrm{d}XB1_{i,j}}{\mathrm{d}t}=\Big[XB1_{i+1,j}\Big(V_0e^{-nXB1_{i+1,j}}+\frac{Q_\mathrm{R}+Q_\mathrm{W}}{A_\mathrm{SC}}\Big)-XB1_{i,j}\Big(V_0e^{-nXB1_{i,j}}+\frac{Q_\mathrm{R}+Q_\mathrm{W}}{A_\mathrm{SC}}\Big)\Big]\frac{1}{H_{\mathrm{USB}i}} \tag{7.31}$$

（3）压实区（只有一层）

浓度增量＝浓缩区沉降到本层增加的量＋浓缩区转移到本层增加的量－排泥和回流导致减少的量

$$\frac{\mathrm{d}XB2_j}{\mathrm{d}t}=\Big[XB1_{1,j}\Big(V_0e^{-nXB1_{1,j}}+\frac{Q_\mathrm{R}+Q_\mathrm{W}}{A_\mathrm{SC}}\Big)-XB2_j\frac{Q_\mathrm{R}+Q_\mathrm{W}}{A_\mathrm{SC}}\Big]\frac{1}{H_\mathrm{CZ}} \tag{7.32}$$

7.3.3 一维二沉池模型计算

对于一个稳定状态下运行的二沉池，在其泥水分界面以下的任意一个泥层都会有一个由运行条件和污泥性质决定的不变的固体通量经过并向池底传递。污泥固体经过该泥层向池底移动是由两个因素引起的。一个因素是污泥自身重力所产生的沉降，另一个因素是由于污泥回流和排除剩余污泥产生的底流而引起的向下移动。因此，经过该层的总固体通量 G_t 是由于固体物质的重力沉降引起的固体通量 G_g 和由于污泥以 V_u 速度移除产生底流移动的固体通量 G_u 之和：

$$G_t = G_g + G_u = C_i(v_s + v_u) \tag{7.33}$$

式中：C_i 是浓缩区的污泥浓度；v_s 是污泥重力沉降速度；v_u 为底流速度（$v_u = (Q_R + Q_W)/A_{SC}$）。

G_g 与生物污泥自身的沉降性能有关，可以通过多次静态沉淀试验求得（如图 7.5（a）所示）。G_u 与二沉池的运行方式有关。在一定范围内底流速度 V_u 越大此项也越大。假设一个 V_u 可以得到一条由底流产生的固体通量曲线（如图 7.5（b）所示）。

在二沉池中污泥浓度是由进水的污泥浓度 C_{MLSS} 通过沉淀过程逐渐递增到池底的污泥浓度 C_u，其间有一个限制污泥固体通过的污泥浓度为 C_L 的污泥层，该污泥层向池底传递污泥固体的能力为 G_L，G_L 就是许可的最大固体通量。进入二沉池的污泥产生的总固体通量 G_t 不应超过 G_L，当 $G_t > G_L$ 时，多出来的污泥（$G_t - G_L$）就无法通过污泥浓度为 G_L 的污泥层，泥面将不断上升直至污泥被二沉池的出水带走。

简单的方法是用图解法求得 G_L[25]。将重力沉降固体通量曲线和底流产生的固体通量曲线叠加，就可以得到总的污泥固体通量曲线（如图 7.6 所示）。从总的污泥固体通量曲线的最低点 A 做水平切线相交于纵坐标，可得到许可的最大固体通量 G_L。将此切线延伸与底流产生的固体通量曲线相交于 B 点，从 B 点做垂线与横坐标相交可得到相应的最大污泥浓度值 C_u。

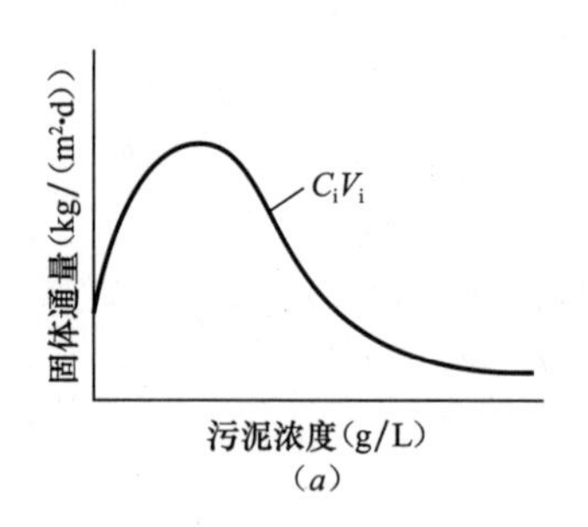

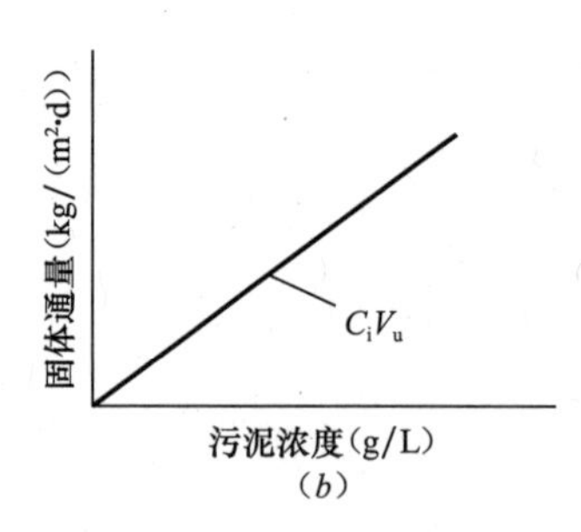

图 7.5　固体通量曲线

（a）重力沉降固体通量曲线；（b）底流产生的固体通量曲线

图 7.6　最大固体通量 G_L 与总固体通量曲线

除了采用图解法外，也可以用计算的方法求最大污泥浓度。计算方法如下：

（1）设置一个大的污泥浓度值（如 15000g/m³）；

（2）采用全区间积分的定步长龙格—库塔法进行数值计算。以小步长（如 10g/m³）减小浓度逐步逼近的方法，计算通量值＝由于沉降引起的通量增加＋由于水力转移引起的通量的增加。

$$G_t = V_0 e^{-nX} X + \frac{Q_R + Q_w}{A_{SC}} X \tag{7.34}$$

（3）若本次计算比上次计算的数值小，则可以认为是通量曲线的拐点，计算停止，否则转入第（2）步；

（4）此时计算得到的通量为污泥最大固体通量 G_L，与此对应的浓度就是最大污泥浓度 C_L。

在有污泥床存在的情况下，污泥床的最上面一层的浓度不能超过 C_L，如果计算得到该浓度超过 C_L，则按照物料平衡增加该层的高度使其浓度为 C_L，若这个高度足够大，则需要将其拆分成新的 CSTR 进行处理。

（5）在上述污泥最大固体通量 G_L 下可以计算出压实区的最大污泥浓度 C_u：

$$C_u = \frac{G_L \cdot A_{SC}}{Q_R + Q_W} = \frac{\left(V_0 e^{-nX_L} X_L + \dfrac{Q_R + Q_W}{A_{SC}} X_L\right) \cdot A_{SC}}{Q_R + Q_W} \tag{7.35}$$

在污泥床高度为 0 的情况下，如果压实区的污泥浓度超过了 C_u，则需要在此基础上建立污泥床，使压实区的浓度为 C_u，污泥床处的污泥浓度为 C_L，根据物料平衡计算污泥床的高度。

由于二沉池中发生的过程基本上是纯粹的物理过程，在过程响应上比反应器要低许多，为了提高计算效率，一般需要相当于 5～10 个反应器的计算周期才能进行一次二沉池计算。

7.4　运用计算流体力学及其软件对二沉池的模拟

由于二沉池是常规污水生物处理工艺的最终处理单元，它的稳定运行对于保证出水水质达标起着至关重要的作用。近年，由于污水生物脱氮除磷技术的发展以及对二沉池中污泥上浮的研究，需要深入研究二沉池中不同区域的流场和污泥絮体在二沉池中的迁移过程及分布。这些研究需要运用计算流体力学及其相应的软件作为工具。二沉池的污泥上浮问题往往与池中的流场及固相行为和分布直接相关。池内的流场可能造成部分区域污泥停留时间过长，从而导致污泥发生反硝化而上浮。而池内的固相行为和分布则直接决定着上浮污泥对出水中悬浮固体浓度的影响。因此，运用计算流体力学工具对二沉池中流场及固相行为和分布的模拟研究，将为研究二沉池中污泥上浮等问题提供理论依据。

近年来迅速发展的计算流体力学（CFD），以纳维—斯托克斯（Navier-Stokes，N-S）方程组和各种湍流模型为主体，是描述环境、热能、化工等诸多领域内流场、流态问题的有效工具。与基于固体通量理论的二沉池模型相比，计算流体力学模型更为复杂、精细，将其应用于描述二沉池的运行，在计算精度上具有无可比拟的优势[26]。Brouckaert 等[27]、Stovin 等[28]、Jayanti 等[29]和屈强等[30]人都用 CFD 模型对二沉池中的流场进行了模拟研究，以减少池中的死区，提高二沉池运行效率。范茏[31]和肖尧[32]运用 CFD 模型对二沉池中固相颗粒的行为和分布进行了研究，并得到了二沉池反硝化污泥上浮过程的主要水力学参数。

7.4.1　计算流体力学（CFD）的特点及求解方法

计算流体力学（CFD），是通过计算机进行数值计算和显示图像，对包含有流体流动和热传导等相关物理现象的系统所做的分析。CFD 的基本思想可以归纳为：把原来在时间域及空间域上连续的物理量的场，如速度场和压力场等，用一系列有限个离散点上的变量值的集合来代替，通过一定的原则和方式建立起关于这些离散点上场变量之间关系的代数方程组，然后求解代数方程组获得场变量的近似值。

CFD的优点是适应性强、应用面广。首先，流动问题的控制方程一般是非线性的，自变量多，计算域的几何形状和边界条件复杂，很难求得解析解，而用CFD方法则有可能找出满足工程需要的数值解。其次，可利用计算机进行各种数值试验，例如，选择不同流动参数进行物理方程中各项有效性和敏感性试验，从而进行方案比较[33]。再次，它不受物理模型和实验模型的限制，有较多的灵活性，能给出详细和完整的资料，便于模拟特殊尺寸和流动状态等真实条件和实验中只能接近而无法达到的理想条件。

但是，CFD也存在一定的局限性。首先，数值解法是一种离散近似的计算方法，依赖于物理上合理、数学上适用、适合于在计算机上进行计算的离散的有限数学模型，且最终结果不能提供任何形式的解析表达式，只是有限个离散点上的数值解，并有一定的计算误差。其次，它不像物理模型实验一开始就能给出流动现象并定性地描述，往往需要由本体观测或物理模型试验提供某些流动参数，并需要对建立的数学模型进行验证。再次，程序的编制及资料的收集、整理和正确利用，在很大程度上依赖于经验与技巧。此外，因数值处理方法等原因有可能导致计算结果的不真实，例如产生数值粘性和频散等伪物理效应[34]。

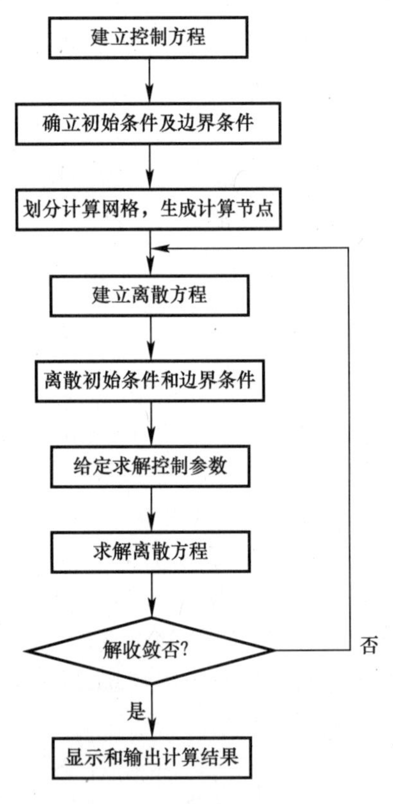

图7.7　CFD工作流程图

CFD求解的计算过程如图7.7所示。

（1）建立控制方程

建立控制方程，是求解任何问题前都必须首先进行的。一般来讲，这一步是比较简单的。因为对于一般的流体流动而言，可以直接写出其控制方程。

（2）确定边界条件与初始条件

初始条件与边界条件是控制方程有确定解的前提，控制方程与相应的初始条件、边界条件的组合构成对一个物理过程完整的数学描述。

初始条件是所研究对象在过程开始时刻各个求解变量的空间分布情况。对于瞬态问题，必须给定初始条件。对于稳态问题，不需要初始条件。

边界条件是在求解区域的边界上所求解的变量或其导数随地点和时间的变化规律。对于任何问题，都需要给定边界条件。

对于初始条件和边界条件的处理，直接影响计算结果的精度。

（3）划分计算网格

采用数值方法求解控制方程时，需要将控制方程在空间区域上进行离散，然后求解所得到的离散方程组。要想在空间区域上离散控制方程，必须使用网格。

对不同问题采用不同数值解法时，需要的网格形式有一定的区别，但生成网格的方法是基本一致的。网格分结构网格和非结构网格两大类。结构网格在空间上比较规范，如对一个四边形区域，网格往往是成行成列分布的，行线和列线比较明显。而对于非结构网格，在空间分布上没有明显的行线和列线。

（4）建立离散方程

对于在求解域内所建立的偏微分方程，理论上是有真解（或称精确解或解析解）的，但由于所处理问题自身的复杂性，一般很难获得方程的真解。因此，就需要通过数值方法把计算域内有限数量位置（网格节点或网格中心点）上的因变量值当作基本未知量来处理，从而建立一组关于这些未知量的代数方程组，然后通过求解代数方程组来得到这些节点值，而计算域内其他位置上的值则根据节点位置上的值来确定。

由于所引入的应变量在节点之间的分布假设及推导离散化方程的方法不同，就形成了有限差分法、有限元法、有限元体积法等不同类型的离散化方法。

在同一种离散化方法中，如在有限体积法中，所采用的离散格式不同，也将导致最终有不同形式的离散方程。

（5）离散初始条件和边界条件

前面所给定的初始条件和边界条件是连续性的，如在静止壁面上速度为 0，现在需要针对所生成的网格，将连续型的初始条件和边界条件转化为特定节点上的值，如静止壁面上共有 90 个节点，则这些节点上的速度值均应设为 0。这样，连同在各节点处已经建立的离散的控制方程，才能对方程组进行求解。

（6）给定求解控制参数

在离散空间上建立了离散化的代数方程组，并施加离散化的初始条件和边界条件后，还需要给定流体的物理参数和湍流模型的经验系数等。此外，还要给定迭代计算的控制精度、瞬态问题的时间步长和输出频率等。

在 CFD 的实际计算中，它们对计算的精度和效率有着重要的影响。

（7）求解离散方程

对于前述步骤生成的具有定解条件的代数方程组，数学上均有相应的解法。如线性方程组可采用 Gauss 消去法或 Gauss-Seidel 迭代法求解，而对非线性方程组，可采用 Newton-Raphson 方法。

（8）判断解的收敛性

对于稳态问题的解，或是瞬态问题在某个特定时间步上的解，往往要通过多次迭代才能得到。因此，在迭代过程中，要对解的收敛性随时进行监视，并在系统达到指定精度后，结束迭代过程。

7.4.2 CFD 的应用软件

由于 CFD 计算的复杂性，必须借助计算机进行计算。同时因为 CFD 计算本身具有的系统性和规律性，它比较适合于被编制为通用的商用软件进行计算。自 1981 年以来，出现了如 PHOENICS、CFX、STAR-CD、FIDIP、FLUENT 等多种商用 CFD 软件。这些软件都具有功能全面、适用性强，易用的前后处理系统，比较完备的容错机制和操作界面等显著的特点。

FLUENT 是由美国 FLUENT 公司于 1983 年推出的 CFD 软件，目前属于美国 ANSYS 公司，是一款功能全面、适用性广泛的 CFD 软件。

FLUENT提供了非常灵活的网格特性，让用户可以使用各种结构和非结构网格，包括三角形、四边形、四面体、六面体、金字塔网格来解决具有复杂外形的流动，甚至可以用混合型非结构网格。它允许用户根据解的具体情况对网格进行修改（细化或粗化）。FLUENT使用GAMBIT作为前处理软件，同时也可读入多种CAD软件的三维几何模型和多种CAE软件的网格模型。FLUENT可用于二维平面、二维轴对称和三维流动分析。它的湍流模型包括κ—ε模型、Reynolds应力模型、LES模型、标准壁面函数、双层近壁模型等。

FLUENT可以让用户定义多种边界条件，如流动入口及出口边界条件、壁面边界条件等。FLUENT提供的用户自定义子程序功能，可让用户自行设定连续方程、动量方程、能量方程或组分输运方程中的体积源项，自定义边界条件、初始条件、流体的物性、添加新的标量方程和多孔介质模型等。

以Fluent6.0为代表的CFD软件主要特征表现在以下方面：

（1）适应性很强的网格生成功能

网格的选择对于CFD计算一直是关键的问题，它对于计算问题的精度和稳定性都有重要的影响。对于简单的几何形状，采用结构化网格就可以满足需要，但对于复杂的几何形状，必须采用非结构化网格。在FLUENT软件中，网格可以有多种形状，譬如对于二维流动，可以生成三角形和矩形网格；对于三维流动，可以生成四面体、六面体、金字塔等网格；而在实际计算中也可容易控制网格的数量。并且生成网格过程具有很强的自动化能力，能自动将四面体、六面体、三角柱和金字塔形网格混合起来，不需求解任何方程，大大减少了工作量。

（2）多方位的几何输入接口

GAMBIT软件是面向CFD的前处理器软件，它包含全面的几何建模能力和功能强大的网格划分工具，可以划分出包含边界层等CFD特殊要求的高质量的网格。GAMBIT可以生成FLUENT4.5、FLUENT5.0、FIDAP、POLYFLOW等求解器所需要的网格。GAMBIT软件将功能强大的几何建模能力和灵活易用的网格生成技术集成在一起。使用GAMBIT软件，将大大减小CFD应用过程中，建立几何模型和划分网格所需要的时间。用户可以直接使用GAMBIT软件建立复杂的实体模型，也可以从主流的CAD/CAE系统中直接读入数据。GAMBIT软件高度自动化，所生成的网格可以是非结构化的，也可以是多种类型组成的混合网格。

（3）先进的数值解法

Fluent6.0提供了三种数值算法，即：非耦合算法、耦合显式算法和耦合隐式算法，从而可以高精度/高效率地计算从低速不可压到高速可压等广阔范围下的流动问题，以及带有激波的复杂流场、激波与激波干扰、激波与剪切层干扰和激波与旋涡之间的干扰等问题。

（4）博采众长的物理模型功能

FLUENT软件包括针对以下各种流动的物理模型：定常和非定常流动；层流（包括各种非牛顿流模型）；紊流（包括各种最先进的紊流模型）；不可压缩和可压缩流动；传热（热传导、对流和辐射）和传质；多孔介质（各向同性及各向异性）；化学反应（燃烧、氧化物的排放、表面化学沉积）；粒子运动轨迹和多相流；自由表面流；相变流。

(5) 高效率的并行计算功能

采用个人计算机并行运算，可使问题的计算速度提高1.9倍以上，FLUENT软件采用自动分区技术，自动保证各CPU的负载平衡，在计算中自动根据CPU负荷重新分配计算任务；FLUENT软件的并行效率很高，双CPU的并行效率高达1.8～1.98，四个CPU的并行效率可达3.6。因而大大缩短了计算时间；除支持单机多CPU的并行计算外，FLUENT还支持网络分布式并行计算。FLUENT内置了MPI并行机制，大幅提高了网络分布式并行计算的并行效率。

(6) 强有力的图形后处理功能

通过Cortex、TECPLOT等图形后处理软件，可以得到二维和三维图像，包括速度矢量图、等值线图（流线图、等压线图）、等值面图（等温面和等马赫数面图）、流动轨迹图、并具有积分功能，可以求得力和流量等。对于用户关心的参数和计算中的误差可以随时进行动态跟踪显示。

7.4.3 CFD的基本方程

CFD是通过求解质量方程、动量方程、能量方程等来预测流体流动、传热传质、生物化学反应等现象，其中涉及流体力学（尤其是湍流力学）、计算方法以及计算机图形处理等技术，且因问题的不同，CFD技术也会有所差别。各种CFD通用软件数学模型的组成都是以N-S（Navier-Stokes）方程组与各种湍流模型为主体，再加上多相流模型、燃烧与化学反应流模型、自由面模型以及非牛顿流体模型等构成。对于湍流流动，采用湍流模型对N-S方程进行简化，就可以得到一组封闭的偏微分方程组，结合相应的边界条件，一个实际问题的数学物理模型就建立起来了。

7.4.3.1 基本控制方程

在对二沉池进行模拟研究时，需要建立相应的控制方程。为得到适用于二沉池实际情况的控制方程，首先需要对二沉池中流动的流体性质进行界定，因为流体的性质及流动状态决定着CFD的计算模型及计算方法的选择。二沉池中的流体为污水和活性污泥的混合液，由于活性污泥的浓度较低，密度和黏度均接近于水，且流动速度较为缓慢，因此该混合液可视为不可压缩的理想非牛顿流体，作定常流动。

流体流动要受物理守恒定律的支配，基本的守恒定律包括：质量守恒定律、动量守恒定律、能量守恒定律。根据这些守恒定律，结合二沉池的实际特点，我们可以得到与之对应的控制方程：

(1) 质量守恒方程

质量守恒定律可表述为：单位时间内流体微元体中质量的增加，等于同一时间间隔内流入该微元体的净质量。按照这一定律，可以得出质量守恒方程，又称为连续性方程：

$$\frac{\partial \rho}{\partial t}+\frac{\partial(\rho u)}{\partial x}+\frac{\partial(\rho v)}{\partial y}+\frac{\partial(\rho w)}{\partial z}=0 \tag{7.36}$$

式中：ρ——密度，kg/m^3；

t——时间，s；

u、v、w——速度矢量在x、y、z方向的分量，m/s。

由于二沉池中流体为不可压缩流体，密度ρ为常数，且作定常流动，密度ρ不随时间变化，故式（7.36）变为：

$$\frac{\partial u}{\partial x}+\frac{\partial v}{\partial y}+\frac{\partial w}{\partial z}=0 \tag{7.37}$$

（2）动量守恒方程

动量守恒定律可表述为：微元体中流体的动量对时间的变化率等于外界作用在该微元上的各种力之和。由此可导出 x、y、z 三个方向的动量守恒方程：

$$\frac{\partial(\rho u)}{\partial t}+\frac{\partial(\rho uu)}{\partial x}+\frac{\partial(\rho uv)}{\partial y}+\frac{\partial(\rho uw)}{\partial z}$$

$$=\frac{\partial}{\partial x}\left(\mu\frac{\partial u}{\partial x}\right)+\frac{\partial}{\partial y}\left(\mu\frac{\partial u}{\partial y}\right)+\frac{\partial}{\partial z}\left(\mu\frac{\partial u}{\partial z}\right)-\frac{\partial p}{\partial x}+S_u \tag{7.38}$$

$$\frac{\partial(\rho v)}{\partial t}+\frac{\partial(\rho vu)}{\partial x}+\frac{\partial(\rho vv)}{\partial y}+\frac{\partial(\rho vw)}{\partial z}$$

$$=\frac{\partial}{\partial x}\left(\mu\frac{\partial v}{\partial x}\right)+\frac{\partial}{\partial y}\left(\mu\frac{\partial v}{\partial y}\right)+\frac{\partial}{\partial z}\left(\mu\frac{\partial v}{\partial z}\right)-\frac{\partial p}{\partial y}+S_v \tag{7.39}$$

$$\frac{\partial(\rho w)}{\partial t}+\frac{\partial(\rho wu)}{\partial x}+\frac{\partial(\rho wv)}{\partial y}+\frac{\partial(\rho ww)}{\partial z}$$

$$=\frac{\partial}{\partial x}\left(\mu\frac{\partial w}{\partial x}\right)+\frac{\partial}{\partial y}\left(\mu\frac{\partial w}{\partial y}\right)+\frac{\partial}{\partial z}\left(\mu\frac{\partial w}{\partial z}\right)-\frac{\partial p}{\partial x}+S_w \tag{7.40}$$

式中： μ——动力黏度，kg/(m·s)；

p——流体微元体上的压力，Pa；

S_u、S_v、S_w——动量守恒方程的广义源项。

（3）能量守恒方程

能量守恒定律是包含有热交换的流动系统必须满足的基本定律。由于对二沉池的研究中一般不考虑池中的热交换过程，所以不需要包括能量守恒方程。

7.4.3.2 扩展控制方程

（1）湍流控制方程

Jayanti 等[29]和屈强等[30]人认为二沉池中的流动是湍流流动。对于湍流，如果直接求解式（7.38）～式（7.40）三维瞬态的控制方程，需要采用对计算机内存和速度要求很高的直接模拟方法，但目前还不可能在实际工程中采用此方法。工程中广泛采用的方法是对瞬态 N-S 方程做时间平均处理。处理方法不同，会导出不同的湍流模型。如单方程(Spalart-Allmaras）模型，双方程（标准 κ—ε）模型，修正的 κ—ε 模型及 Reynolds 应力模型等。Karama 等[34]的研究表明，应用标准 κ—ε 模型与 Reynolds 应力模型模拟所得结果基本一致。因此，可选用最常用的标准 κ—ε 模型。

在标准 κ—ε 模型中，κ 和 ε 是两个基本未知量，与之相应的控制方程为：

$$\frac{\partial(\rho\kappa)}{\partial t}+\frac{\partial(\rho\kappa u_t)}{\partial x_i}=\frac{\partial}{\partial x_j}\left[\left(\mu+\frac{\mu_t}{\sigma_\kappa}\right)\frac{\partial\kappa}{\partial x_j}\right]+G_\kappa+G_b-\rho\varepsilon-Y_M+S_\kappa \tag{7.41}$$

$$\frac{\partial(\rho\varepsilon)}{\partial t}+\frac{\partial(\rho\varepsilon u_t)}{\partial x_i}=\frac{\partial}{\partial x_i}\left[\left(\mu+\frac{\mu_t}{\sigma_\varepsilon}\right)\frac{\partial\varepsilon}{\partial x_j}\right]+C_{1\varepsilon}\frac{\varepsilon}{\kappa}(G_\kappa+C_{3\varepsilon}G_b)-C_{2\varepsilon}\rho\frac{\varepsilon^2}{\kappa}+S_\varepsilon \tag{7.42}$$

式中： κ——湍动能；

ε——湍动耗散率；

σ_κ、σ_ε——与湍动能 κ 和耗散率 ε 对应的 Prandtl 数；

G_κ——平均速度梯度引起的湍动能 κ 的产生项；

G_b——浮力引起的湍动能 κ 的产生项；

Y_M——可压湍流中脉动扩张的贡献，本研究中取为 0；

$C_{1\varepsilon}$、$C_{2\varepsilon}$、$C_{3\varepsilon}$——湍流控制方程经验常数；

S_κ、S_ε——用户自定义源项，本研究中取为 0；

μ_t——湍动黏度，可表示为 κ 和 ε 的函数，即：

$$\mu_t = \rho C_\mu \frac{\kappa^2}{\varepsilon} \tag{7.43}$$

（2）多相流模型

二沉池中的流动为水和固体（即活性污泥）组成的两相流动，需要选择合适的多相流模型加以描述。通常有两种计算方法来处理多相流，即欧拉-欧拉（Euler）方法和欧拉-拉格朗日（Lagrange）方法。

Lagrange 方法的一个基本假设是：作为离散的第二相的体积比率应很低，即便如此，仍能满足较大的质量加载率（$\dot{m}_{\text{particles}} \geqslant \dot{m}_{\text{fluid}}$）。粒子或液滴运行轨迹的计算是独立的，它们被安排在流动相计算指定的间隙完成。这样的处理较好地符合喷雾干燥、煤和液体燃料燃烧、一些粒子负载流动的过程，但是不适用于流—流混合物、流化床及其他第二相体积率不容忽略的情形。在 FLUENT 软件中主要应用 Lagrange 方法的多相流模型是离散相模型。在该模型中，流体相被处理为连续相，直接求解时均 N-S 方程，而离散相是通过计算流场中大量的粒子、气泡或液滴的运动得到的。离散相和流体相之间可以有动量、质量和能量的交换。

在 Euler 方法中，不同的相被处理成互相贯穿的连续介质。由于一种相所占的体积无法再被其他相占有，故此引入相体积率（Phasic Volume Fraction，PVF）的概念。体积率是时间和空间的连续函数，各相的体积率之和等于 1。从各相的守恒方程可以推导出一组方程，这些方程对于所有的相都具有类似的形式。从实验得到的数据可以建立一些特定的关系，从而能使上述方程封闭，另外，对于小颗粒流（Granular Flows），则可以通过应用分子运动论的理论使方程封闭。在 FLUENT 中，共有三种多相流模型采用 Euler 方法，分别为流体体积模型（VOF），混合物（Mixture）模型以及欧拉（Euler）模型。VOF 模型一般应用于分层流和活塞流。而对于 Mixture 模型和 Euler 模型的选择，需要通过粒子加载率 β 来判断[35]。对于中、低加载率（$\beta \leqslant 1$）的情况，Mixture 模型和 Euler 模型都很适合，一般选择最节省资源的模型（通常为 Mixture 模型），或者根据到其他的因素选择。对于高加载率（$\beta > 1$）的情况，只有 Euler 模型才能正确地处理多相流问题。

Euler 方法计算耗时较短，消耗资源较少。而 Lagrange 方法则能实现对离散相颗粒的行为及特点的描述。但它必须忽略离散相颗粒间的影响，因此适用于离散相体积比率在 10%以下的情况。由于在 Lagrange 方法中各个离散相轨道的计算相互独立，因此并不能获得某一网格处的固相比率。

对于二沉池中的流体而言，固相的体积比率通常在 1%以下[36]，因此 Lagrange 方法的离散相模型可用来描述二沉池中的流体流动过程，在本章中，将运用它来描述池中固相颗粒的行为。同时，由于二沉池中固相的粒子加载率 β 为 1 左右，属于中加载率，故可选用 Mixture 模型来描述池中的固相分布情况。

7.4.4　二沉池的CFD模拟

7.4.4.1　二沉池的网格划分与边界条件

由于辐流式二沉池广泛应用于城市污水处理厂本章以辐流式二沉池为例讨论对二沉池中流场与固体颗粒行为的模拟。选择辐流式二沉池的进出水方式为中心进水周边出水，日进水流量40000m^3/d，直径50m，池有效水深4.5m，总水深7m，单池面积1960m^2，双边三角堰出水，间歇排泥，正常运行进水速度0.05m/s。以纯水密度和黏度进行计算，雷诺数为4000。

由于所有的模拟计算都将基于FLUENT软件进行，所以必须建立一个适用于FLUENT计算的关于模拟对象的简化算例。由于辐流式二沉池的轴对称性，可以得到一个轴—径（z-r）方向的二维算例，如图7.8所示：

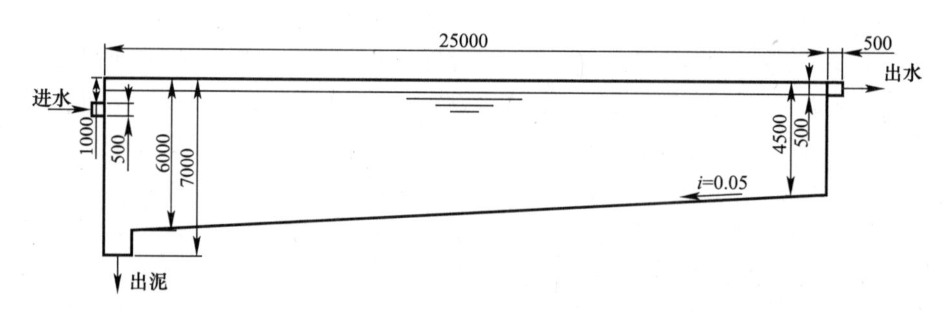

图7.8　二沉池简化算例

由于排泥间歇进行，且间隔时间足够长，可以认为排泥过程对池中流态不会产生显著影响。另外考虑到保证二沉池的轴对称性，避免增加额外的计算，刮泥机等机械装置也在模拟中略去。Brouckaert等人认为这些简化不会影响到模拟结果的准确性。

FLUENT软件是基于有限体积法求解的，所以首先需要将流域划分为一定数量的连续而不重叠的非结构网格。然后基于基本的流体力学原理给出每一网格处关于质量、能量、动量、固相浓度和生化反应的方程。每一网格处的各项参数均与邻近网格或边界的变化相关。网格的数目需要足够多，以准确地描述计算区域的流态和其他流体力学特性，一般来说，网格数越多，模拟结果越精细。但当网格数足够大时，模拟的结果将与网格数无关。对同一算例选择2000、4000、6000个网格分别进行模拟，会发现当网格数大于4000之后，已经可以获得足够精确的模拟结果了。在本章中，最终将图7.8所示的二沉池简化算例划分为4306个网格，如图7.9所示。

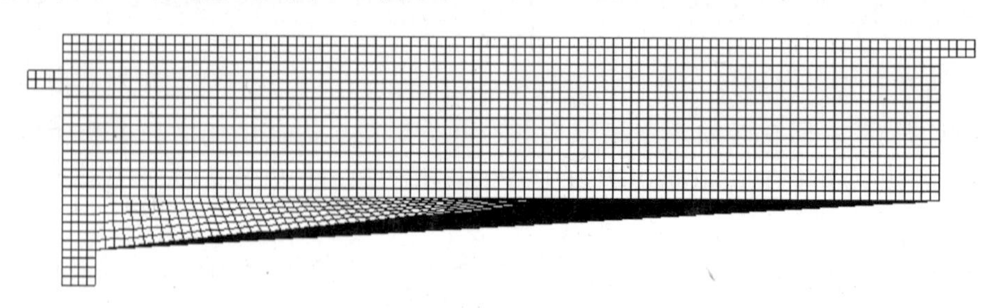

图7.9　二沉池简化算例网格划分示意

根据二沉池的实际情况，边界条件定义为：入流处采用速度入口（velocity-inlet），出水口和污泥出流处采用出流模型（outflow），各壁面及水面处均采用壁面（wall）。在上清液出流处采用与污泥出流类似的 outflow 模型。水面处可采用对称边界（symmetry）、壁面（wall）或压力远场（pressure-out）等边界条件。柯细勇[37]认为若采用压力远场处理，流质不容易扩散，絮体集中在入流处附近，若采用对称边界或壁面处理，则两者计算结果没有明显差别。故在本章中将水面处边界条件设为壁面。

7.4.4.2 二沉池的流场分布

模拟得到池中水流流速矢量图和等速线如图 7.10 所示。图中的流线表明，水流进入二沉池后，保持原有速度流至水面，并向出口流动。进水口附近形成了一个较大的漩涡，同时在整个流场当中，还存在若干小漩涡。

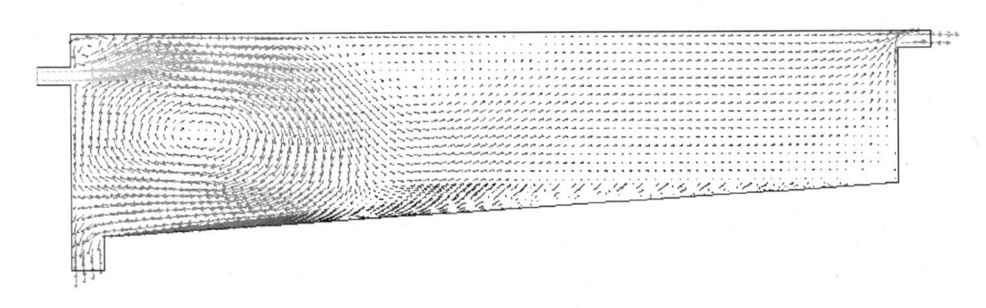

图 7.10 模拟获得的池中水流流速矢量图

图 7.11 所示为二沉池进水口附近的水流流速矢量分布情况。图中的流线表明，水流在进水口附近呈现一个典型的顺时针状涡旋。流体中大部分污泥将在该涡旋的作用下进入泥斗，实现泥水分离。但仍有一部分污泥会在该涡旋的作用下重新混入进水，被裹挟带走，影响泥水分离的效果。

图 7.12 所示为二沉池出水口附近的水流流速矢量分布情况。图中的流线表明，出水口附近的流场相对较为简单，越靠近出口处水流的流速越大，使得污泥具有随水流向出水口处集中的趋势。

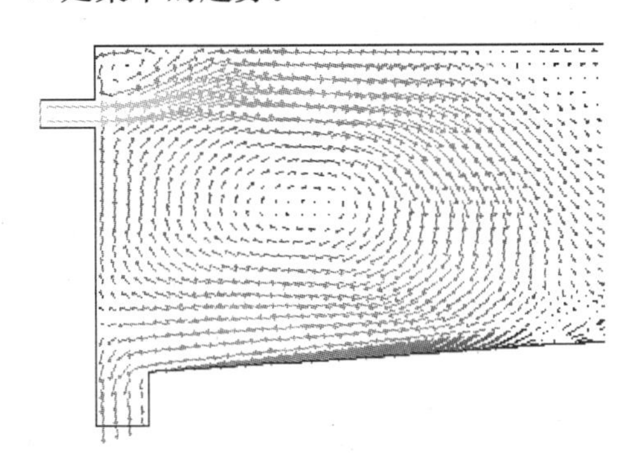

图 7.11 模拟获得二沉池进水口附近水流流速矢量图

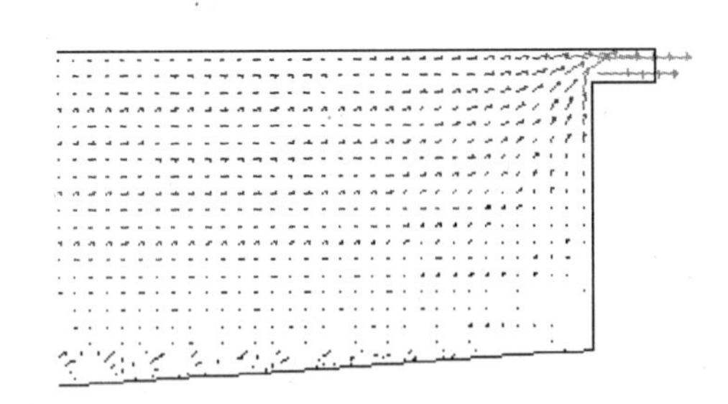

图 7.12 模拟获得二沉池出水口附近水流流速矢量图

模拟得到池中水流流动等速线如图 7.13 所示。图中 1—1 处沿池深方向水流轴向流速分布如图 7.14 所示。从图 7.13 和图 7.14 中可以看到，在靠近出水口区域的许多位置，水流的轴向流速已经超过了 Matko 等人[38]给出的二沉池中固相颗粒的典型沉降速度 0.003m/s。因此，池中的流场分布必然会对固相颗粒的沉降和泥水分离效果产生影响。

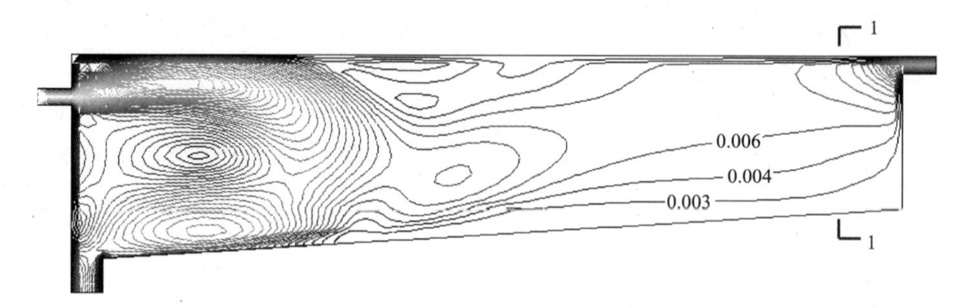

图 7.13　模拟获得池中水流等速线图

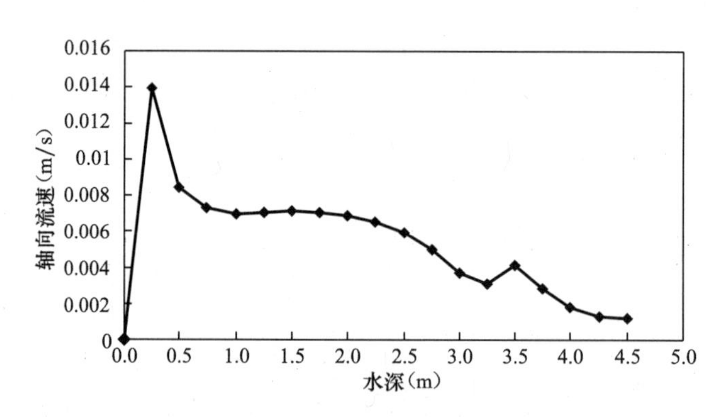

图 7.14　模拟获得二沉池中某处沿池深方向水流轴向流速分布图

从图 7.13 和图 7.14 中还可以看到，除了泥斗附近，在接近二沉池池底的区域水流流速已经低至 0.003m/s 以下，说明该区域的污泥已经基本沉降下来，形成的泥层受水流扰动很小，为发生反硝化过程等生化反应创造了条件。

7.4.4.3　固相颗粒的行为

根据上述研究方法，运用基于 Lagrange 方法的离散相模型来考察二沉池中固相颗粒的行为，即固相颗粒在进入二沉池以后的运动轨迹和归宿。

在用离散相模型来模拟研究多相流时，需要得到固相颗粒的粒径和密度。在本章中，为使问题简化，固相颗粒（即活性污泥颗粒）被处理为刚性小球。其密度大于水，Deininger 等人[39]认为该值可取为 1340kg/m^3。由于活性污泥颗粒在形状上非常不规则，所以关于其粒径的处理较为复杂。为此，肖尧等人在北京清河污水处理厂二沉池中取样，用英国 Malvern 公司出品的 MICRO-PLUS 型激光粒度分析仪测定了其中固相颗粒的粒径分布情况，如图 7.15 所示。

由图 7.15 可以看到，二沉池中固相颗粒的粒径分布在 10～250μm 之间，100μm 是最为典型的一个粒径，因此，在以后的模拟中取其粒径为 100μm。

7.4.4.4　二沉池中的固相浓度分布

模拟得到二沉池中固相浓度的分布情况，如图 7.16 所示。二沉池出水中悬浮固体浓度为 18.92mg/L，这与经验值比较相符。

图 7.16 表明，二沉池上部污泥浓度较低，靠近底部浓度较高，这与二沉池的实际情况相符。同时，二沉池中污泥浓度分布的分层现象比较明显，因此二沉池中的泥水分离可以视作成层沉淀的过程，这与二沉池经典的固体通量一维模型相符。

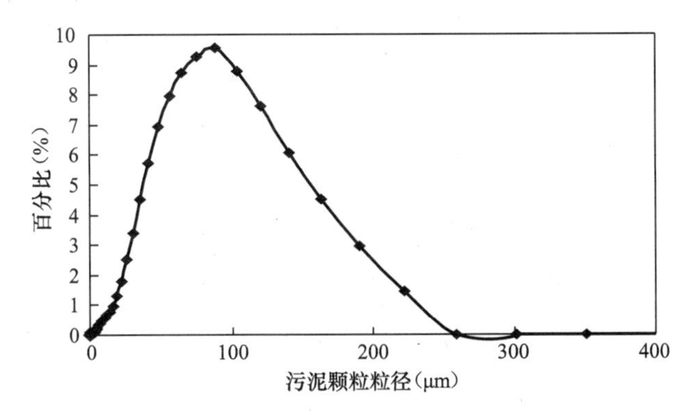

图 7.15　二沉池中固相颗粒的粒径分布

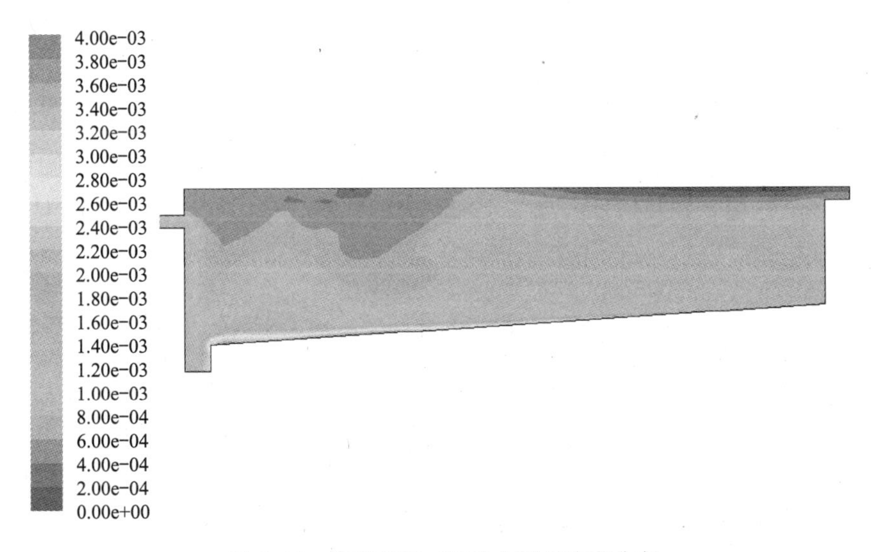

图 7.16　模拟获得二沉池中固相浓度分布

模拟得到池中固相浓度（mg/L）等高线如图 7.17 所示。图中 1-1 处沿池深纵向固相浓度分布如图 7.18 所示。

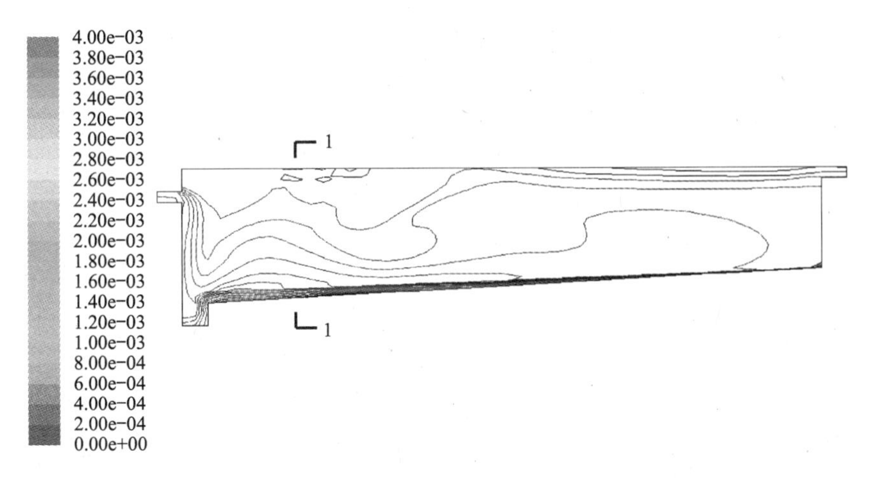

图 7.17　模拟获得二沉池中固相等浓度线

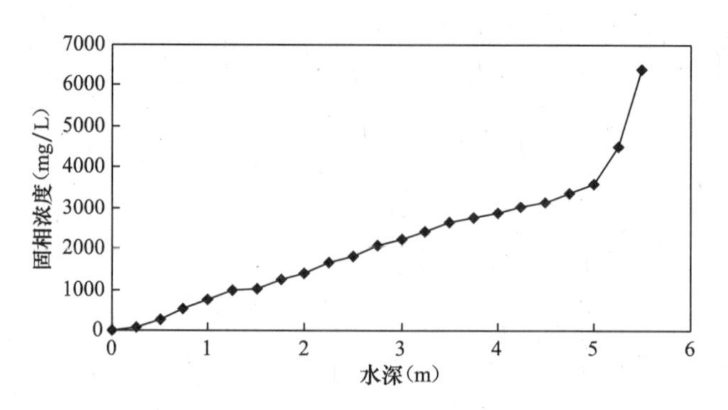

图 7.18　模拟获得二沉池中某处沿池深纵向固相浓度分布

图 7.17 和图 7.18 表明，二沉池中固相浓度沿池深方向逐渐增加，这与文献中介绍的活性污泥在二沉池中的沉淀曲线非常相似[44]。Matko 等人认为二沉池中固相浓度大于 3000mg/L 的区域为泥层。图 7.18 中所示水面下 4.5m 处固相浓度即为 3000mg/L 左右，因此可以视为泥层与流体的分界面。

运用 CFD 的模拟方法不仅能够获得二沉池中不同条件下流场的分布和固体浓度的分布，而且还可以模拟固体颗粒在二沉池中的行为与迁移过程。如果在二沉池中一定的位置设置挡板，可以用 CFD 方法模拟不同特性参数的挡板对流场及固体分布的影响，这些研究将为优化二沉池的设计和改善二沉池的运行条件提供理论依据。因此，对于二沉池的研究来说，CFD 方法与模拟软件是十分重要的工具。

7.5　小结

通过本章学习，掌握二次沉淀池的模型种类、一维通量模型形式、CFD 建模模拟方法和优化案例。

污水处理系统的处理效果与二次沉淀池的设计和运行密切相关。二沉池需要满足固液分离和回流污泥浓缩两方面的功能。二沉池的模型主要是水力学模型，重点描述分离和浓缩的物理过程，目前应用广泛的模型包括经验模型、固体通量模型、Takács 模型和计算流体力学模型。

二沉池模型需要描述固液分离效果和污泥层特征，一般包括一维、二维和三维模型，分别适用于不同的情形。如果使用二沉池模型与活性污泥模型构成工艺模型，主要研究二沉池中的固体沉降过程和固液分离效率，一般可以选择一维模型。如果为了优化二沉池的池型与结构设计，需要描述二沉池内的流态分布和固体分布，分析池内流态发生的变化，一般需要采用二维或三维模型。

基于固液分离率 f 和物料平衡建立起来的模型是最简单的二沉池模型，常用于污水处理系统工艺模型的简化处理。固液分离率 f 是指进水颗粒组分经过回流和剩余污泥从二沉池底部分离的比例，可以根据进水、上清液与污泥层的固体浓度或流量来进行计算。

目前工程中广泛采用的是一维分层模型或一维通量模型，其核心是在重力方向上的污泥质量守恒与稳态条件下的受力平衡。固体通量包括重力沉降通量 J_s 和底流通量 J_b，其中重力沉降通量 J_s 取决于沉降速率与污泥浓度 $J_s=V_sX$，沉降速度 V_s 只与污泥浓度 X 有

关 $V_s = V_0 e^{-KX}$。进一步考虑扩散和短流的影响，可以更好地模拟出水和回流污泥的固体浓度。基于上述思想，可以建立二沉池的一维分层模型，包括澄清区、浓缩区和压实区。三个分区物料平衡方程最大的区别在于固体沉降速度的不同处理方式，澄清区的沉速为恒定沉速 $V_s = V_{cx}$、浓缩区的沉速为正比于污泥浓度的指数形式 $V_s = V_0 e^{-nX}$、压实区的沉速为零 $V_s = 0$。

使用图解法可以根据二沉池固体通量模型计算最大固体通量 G_L，从而进一步计算最大污泥浓度 C_u。上述过程也被称为状态点图法。此外，还可以依据固体通量模型，使用数值积分方法获得最大固体通量和最大污泥浓度。

计算流体力学（CFD）以纳维—斯托克斯（Navier-Stokes，N-S）方程组和各种湍流模型为主体，是描述环境、热能、化工等诸多领域内流场、流态问题的有效工具，近年来发展迅速。通过 CFD 建立二维模型，可以深入研究二沉池中不同区域的流场和污泥絮体在二沉池中的迁移过程及分布，可为研究二沉池多种运行问题（如污泥上浮等）提供理论依据。

CFD 的基本思想可以归纳为：连续物理量场进行网格化离散，建立和求解离散代数方程组，获得场变量的近似值。CFD 的优点是适应性强、应用面广，缺点是存在误差、依赖观测等。CFD 的建模和模拟是一个系统性的工作，一般需要八个步骤。在实际工作中，使用 Fluent 等软件可以简化建模和模拟的工作量。

在 CFD 建模中，基本的守恒定律包括：质量守恒定律、动量守恒定律、能量守恒定律。结合二沉池的实际特点，我们可以得到与之对应的基本控制方程。此外，为了更好求解基本控制方程，还需要建立湍流控制方程、多相流模型等。教材中给出了一个二沉池的 CFD 建模和模拟的实例，并验算了在二沉池合适位置增设挡板对流场的改善效果。

本章参考文献：

[1] Voutchkov N S. Relationship for clarification efficiencyofcircular secondary clarifiers. Water Sci. Technol. 1992，26 (9-11)：2539～2542.

[2] Roche N，Vaxelaire J，and Prost C. A simple empiricalmodel for hindered settling in activated sludge clarifier. WaterEnviron. Res. 1995，67：775～780.

[3] Billmeier E. Dimensioning of final settling tanks of largeactivatedsludgeplants for high qualityeffluent. Water Sci. Technol. 1992，25 (4-5)：23～33.

[4] Halttunen S. Clarifier performance in activated sludgeprocess treating pulp and paper mill effluents. Water Sci. Technol. 1994，29 (5-6)：313～328.

[5] Akca L，Kinaci C，and Karpuzcu M. A model foroptimum design of activated sludge plants. Water Research. 1993，27：1461～1468.

[6] Mazzolani G，and Pirozzi F. Settling Modeling in the numerical analysis of sedimentation tanks. in：Proceeding of IAWQ 19th biennial international conference：Water Quality international. Vancouver，Canada，1998.

[7] 严晨敏，张代钧，卢培利等. 沉淀池模型的研究现状与展望. 重庆大学学报. 2004，27 (3)：130～133.

[8] Ekama GA，Barnard JL，Gunthert FW，et al. Secondary Settling Tanks：Theory，Modelling，De-

sign and Operation. Internation Association on Water Quality. 1997.

[9] Jeppsson U, and Diehl S. An evaluation of a dynamic model of the secondary clarifier. Wat. Sci. Tech. 1996, 34 (5-6): 19～26.

[10] Krebs P. Success and shortcoming of clarifier modeling. Wat. Sci. Tech. 1995, 31 (2): 181～191.

[11] Takács I, Patry G G, and Nolasco D. A dynamicmodelof the clarification-thickeningprocess. Water Res. 1991, 25: 1263～1271.

[12] Javed K H, and Ahmad S. Computer simulation offull scale primary settling tanks. Trans IChemE. 1991, Part B: 69: 107～112.

[13] Pons M N, Potier O, Roche N, et al. Simulation of municipalwastewater treatment plants by activatedsludge. Computers and Chem Eng. 1993, 17: 227～232.

[14] Paraskevas P, Kolokithas G, and Lekkas T. A completedynamic model of primary sedimentation. Environ. Technol. 1993, 14: 1037～1046.

[15] 王福军. 计算流体动力学分析—CFD软件原理与应用. 北京：清华大学出版社，2004.

[16] Brouckaert C J, and Buckley C A. The use of computational fluid dynamics for improving the design and operation of water and wastewater treatment plants. Water Science and Technology, 1999, 40: 81～89.

[17] Stovin V R, and Saul A J. A computational fluid dynamics (CFD) particle tracking approach to efficiency prediction. Wat. Sci. Tech. 1998, 37 (1): 285～293.

[18] Jayanti S, and Narayanan S. Computational study of particle-eddy interaction in sedimentation tanks. Journal of Environmental Engineering, ASCE. 2004, 130 (1): 37～49.

[19] 屈强，马鲁铭，王红武等. 折流式沉淀池流态模拟. 中国给水排水. 2005, 21 (4): 58～61.

[20] Watts R W, Svoronos S A, Koopman B. One-dimensionalmodeling of secondary clarifiers using a concentration and feedvelocity-dependent dispersion coefficient [J]. Water Res., 1996, 30 (9): 2112-2124.

[21] Clercq J D, Devisscher M, Boonen I, et al. A newone-dimensional clarifier model-verification using full-scaleexperimental data [J]. Water Sci. Technol., 2003, 47 (12): 105-112.

[22] Wett B. A straight interpretation of solids flux theory for 3-layersedimentation model [J]. Water Res., 2002, 36: 2949-2958.

[23] Kynch G J. A, Theory of Sedimentation. Trans. Faraday Soc., 1952, 148: 166-176.

[24] Chen J, Modeling and Control of the Activated Sludge Process: Towards a Systematic Framework, Ph. D thesis, Department of Civil Engineering, Imperial College of Science Technology and Medicine, London, UK, 1993.

[25] 章非娟，固体通量分析法—二次沉淀池的设计与运行方法，给水排水，1981, 4: 23-26.

[26] 王福军. 计算流体动力学分析—CFD软件原理与应用. 北京：清华大学出版社，2004.

[27] Brouckaert C J, and Buckley C A. The use of computational fluid dynamics for improving the design and operation of water and wastewater treatment plants. Water Science and Technology, 1999, 40: 81～89.

[28] Stovin V R, and Saul A J. A computational fluid dynamics (CFD) particle tracking approach to efficiency prediction. Wat. Sci. Tech. 1998, 37 (1): 285～293.

[29] Jayanti S, and Narayanan S. Computational study of particle-eddy interaction in sedimentation tanks. Journal of Environmental Engineering, ASCE. 2004, 130 (1): 37～49.

[30] 屈强，马鲁铭，王红武等. 折流式沉淀池流态模拟. 中国给水排水. 2005, 21 (4): 58～61.

[31] Long Fan，Nong Xu，Xiyong Ke，Hanchang Shi，Numerical simulation of secondary sedimentation tank for urban wastewater，Journal of the Chinese Institute of Chemical Engineers 2007，38：425-433.

[32] 肖尧，施汉昌，范茏. 基于计算流体力学的辐流式二沉池数值模拟，中国给水排水，2006，22 (19)：100-104.

[33] Stovin V R，Saul A J，Clifforde I，et al. Field testing CFD-based predictions of storage chamber gross solids separation efficiency. Wat. Sci. Tech. 1999，39 (9)：161～168.

[34] Karama A B，Onyejekwe O O，Brouckaert C J，et al. The use of computational fluid dynamics (CFD)：Technique for evaluating the efficiency of an activated sludge reactor. Water Science and Technology. 1999，39 (10-11)：329～332.

[35] Dahl C，Larsen T，and PetersenO. Numericalmodeling and measurement in a test secondary settling tank，Wat Sci. Technol. 1994，30：219～228.

[36] Szalai L，Krebs P，and Rodi W. Simulation of flow incircular clarifierswith andwithout swirl. J. Hydr. Eng. 1994，120 (1)：4～21.

[37] 柯细勇. 活性污泥工艺模拟系统 TH-ASSS 研究：[工学博士学位论文]. 北京：清华大学环境科学与工程系，2003.

[38] Matko T，Fawcett N，Sharp A，et al. Recent progress in the numerical modeling of wastewater sedimentation tanks. Trans. IChemE. 1996，74 (B)：245～257.

[39] Deininger A，Gunther F W，and Wilderer P A. The influence of currents on circular secondary clarifier performance and design. Water Science and Technology. 1996，34：405～412.

[40] Otterpohl R，and Freund M. Dynamic models for clarifiers of activated sludge plants with dry and wet weather flows Water Science and Technology. 1992，26 (5-6)：1391～1400.

[41] Andreadakis A D. Physical and chemical properties of activated sludge floc. Wat. Res. 1993，27 (12)：1707～1714.

[42] 王红武，李晓岩，赵庆祥. 活性污泥的表面特性与其沉降脱水性能的关系. 清华大学学报（自然科学版）. 2004，44 (6)：766～769.

[43] Ekama G A，and Marais P. Assessing the applicability of the 1D flux theory to full-scale secondary settling tank design with a 2D hydrodynamic model. Wat. Res. 2004，38：495～506.

[44] 张自杰. 排水过程（下册）. 北京：中国建筑工业出版社，2000.

第 8 章　IAWQ 活性污泥法模型

8.1　IAWQ 模型简介

为了建立描述活性污泥系统的正确、实用的数学模型，国际水质协会（IAWQ）于 1983 年成立了课题组，提出为污水生物处理系统的设计与运行开发并研制实用的模型。课题组于 1987 年提出了活性污泥 1 号模型（ASM1），该模型吸收了基于活性污泥的经验和理论的动力学模型要点，是对以往活性污泥模型的概括和总结。随后，课题组在此基础上开发了包括脱氮除磷的 2 号模型（ASM2），以及为了修正 ASM1 在某些方面存在一些问题而提出的 3 号模型（ASM3）。这些模型综合了活性污泥系统中碳氧化、硝化、反硝化以及生物除磷等多个过程，全面体现了活性污泥系统的主要功能。1999 年 ASM2 扩增模型（ASM2d）的提出，又解决了 ASM2 中有关聚磷菌反硝化的问题。ASM2 比 ASM1 增加了与生物除磷有关的生物过程，包含了更多的组分因而更为复杂。但是 ASM2 假设聚磷菌只能在好氧条件下生长，而 ASM2d 模型包括了能进行反硝化的聚磷菌。因而 ASM2d 比 ASM2 增加了 2 个生物过程，用以描述聚磷菌利用细胞内的存储物质进行反硝化的过程。

8.2　活性污泥法 1 号模型（ASM1）

ASM1 可以用于计算有机物质的降解、硝化和反硝化、在负荷动态变化情况下的出水变化情况，以及推流式反应器中溶解氧的分布，对于指导污水处理厂的设计、运行都能够起到很大的帮助作用。

ASM1 的基本动力学原理是酶促反应，所以它的数学形式与 Monod 方程类似。但是 ASM1 对活性污泥中的微生物和反应底物按照物理、化学、生物性质作了更为详细的划分，对生化反应也作了细致的划分。然后在不同类别的反应底物和生化反应之间建立了微分方程，对活性污泥系统进行了更为细致和清晰的描述。ASM1 已经被确认为模拟碳氧化/硝化/反硝化工艺过程的优秀模型[1]，其碳氧化、硝化及反硝化的过程动力学与化学计量学方程见表 8.1。

8.2.1　ASM1 模型的组分

ASM1 共定义了 13 种组分，它们分别是：

（1）$S_I[M(COD)/L^3]$：可溶解性惰性有机物

（2）$S_S[M(COD)/L^3]$：易生物降解基质

（3）$X_I[M(COD)/L^3]$：颗粒性惰性有机物

（4）$X_S[M(COD)/L^3]$：慢性可生物降解基质

（5）$X_{B,H}[M(COD)/L^3]$：异养性活性生物量

（6）$X_{B,A}[M(COD)/L^3]$：自养性活性生物量

表 8.1

碳氧化、硝化及反硝化的过程动力学与化学计量学方程

组分 i / 过程 j	(1) S_I	(2) S_S	(3) X_I	(4) X_S	(5) $X_{B,H}$	(6) $X_{B,A}$	(7) X_p	(8) S_O	(9) S_{NO}	(10) S_{NH}	(11) S_{ND}	(12) X_{ND}	(13) S_{ALK}	过程速率 ρ_j ($ML^{-3}T^{-1}$)
1. 异养菌的好氧生长		$-\frac{1}{Y_H}$			1			$\frac{Y_H-1}{Y_H}$		$-i_{XB}$			$-\frac{i_{XB}}{14}$	$\mu_H\left(\frac{S_S}{K_S+S_S}\right)\left(\frac{S_O}{K_{O,H}+S_O}\right)X_{B,H}$
2. 异养菌的缺氧生长		$-\frac{1}{Y_H}$			1				$-\frac{1-Y_H}{2.86Y_H}$	$-i_{XB}$			$\frac{1-Y_H}{14\times2.86\times Y_H}-i_{XB}/14$	$\mu_H\left(\frac{S_S}{K_S+S_S}\right)\left(\frac{K_{O,H}}{K_{O,H}+S_O}\right)\left(\frac{S_{NO}}{K_{NO}+S_{NO}}\right)\eta_g X_{B,H}$
3. 自养菌的好氧生长						1		$\frac{Y_A-4.57}{Y_A}$	$\frac{1}{Y_A}$	$-i_{XB}-\frac{1}{Y}$			$-i_{XB}/14-1/7Y_A$	$\mu_A\left(\frac{S_{NH}}{K_{NH}+S_{NH}}\right)\left(\frac{S_O}{K_{O,A}+S_O}\right)X_{B,A}$
4. 异养菌的衰减				$1-f_E$	-1		f_p					$i_{XB}-f_E i_{XE}$		$b_H X_{B,H}$
5. 自养菌的衰减				$1-f_E$		-1	f_p					$i_{XB}-f_E i_{XE}$		$b_A X_{B,A}$
6. 溶解有机氮的氨化										1	-1		1/14	$k_a S_{ND} X_{B,H}$
7. 捕集有机物的水解		1		-1										$k_h \frac{X_S/X_{B,H}}{K_X+X_S/X_{B,H}}\left[\frac{S_O}{K_{O,H}+S_O}+\eta_h\left(\frac{K_{O,H}}{K_{O,H}+S_O}\right)\left(\frac{S_{NO}}{K_{NO}+S_{NO}}\right)\right]X_{B,H}$
8. 捕集有机氮的水解											1	-1		$\rho_7(X_{ND}/X_S)$
转换速率	$\gamma_i=\sum_j v_{ij}\rho_j$													

（7）X_P[M(COD)/L^3]：由生物量衰减而产生的颗粒性产物

（8）S_O[M(−COD)/L^3]：溶解氧

（9）S_{NO}[M(N)/L^3]：硝酸盐氮与亚硝酸盐氮

（10）S_{NH}[M(N)/L^3]：NH_4^+氮和NH_3氮

（11）S_{ND}[M(N)/L^3]：溶解性可生物降解有机氮

（12）X_{ND}[M(N)/L^3]：颗粒性可生物降解有机氮

（13）S_{ALK}[M(HCO_3^-)/L^3]：碱度

下面分别介绍这13种组分。

组分（1）和（3）：可溶解性惰性有机物S_I[M(COD)/L^3]与颗粒性惰性有机物X_I[M(COD)/L^3]，不涉及任何转换过程，因此，表8.1中其所在列（分别为（1）、（3）列）不包含化学计量系数，它们之所以被包活在矩阵中，是因为它们对工艺过程的性能非常重要。可溶解性惰性有机物对出水COD有贡献，颗粒性惰性有机物是活性污泥系统中挥发性悬浮固体的一部分。

组分（2）和（4）：易生物降解基质S_S[M(COD)/L^3]通过异养菌的好氧和缺氧生长而去除，通过颗粒性有机物质的水解而形成；慢性可生物降解基质X_S[M(COD)/L^3]，通过水解去除，通过异养菌、自养菌的衰减而形成。换言之，微生物的衰减使细胞物质部分转化为可生物降解有机物质。

组分（5）和（6）：异养性活性生物量$X_{B,H}$[M(COD)/L^3]通过好氧、缺氧生长而形成，通过衰减而破坏。自养性活性生物量$X_{B,A}$[M(COD)/L^3]的生长只发生在好氧条件下，也通过衰减而破坏。

组分（7）：生物衰减而产生的颗粒性产物X_P[M(COD)/L^3]是由异养和自养生物量的衰减而形成的，但却未被破坏掉。事实上，这部分生物量不可能是完全生物惰性的。但其破坏速率与实用目的相比太低，因而对活性污泥系统来说，在正常SRT内显示出其惰性。

组分（8）：反应器中DO的浓度S_O[M(−COD)/L^3]。矩阵中的工艺过程只从溶液中除氧而不包括充氧过程，即矩阵只包括生物学过程。为了模拟DO浓度的变化，在描述氧的物料平衡的方程时，必须将适当的氧的传输速率表达式包括在内。如果这些项未包括在内，也可用第（8）列中的参数计算供氧量（用于满足细菌的代谢需要）。

组分（9）：模型中的另一电子受体是硝酸盐与亚硝酸盐氮S_{NO}[M(N)/L^3]，由自养菌的好氧生长而产生，通过异养菌的缺氧生长而去除。由于亚硝酸盐氮是硝化过程的中间产物，为简化起见，假定模型中硝酸盐是氨氧化的唯一产物。硝酸盐氮的去除是通过生物量的衰减实现的。像氧的去除一样，是通过有机物在衰减过程中的循环而完成，并使其可用于异养菌的缺氧生长。

组分（10）：溶解性氮S_{NH}[M(N)/L^3]假定为离子铵与非离子氨的总和。氨氮的主要作用是作为自养菌好氧生长的基质（$-1/Y_A$），然而，在细胞的合成过程中也结合到生物量中，用系数（i_{XB}）表示异养菌和自养菌在生长过程中所用的氮。

组分（11）和（12）：溶解性可生物降解有机氮S_{ND}[M(N)/L^3]由颗粒性有机氮的水解形成，又经氯化转化为氨氮。颗粒性可生物降解有机氮X_{ND}[M(N)/L^3]由微生物的衰减形成，i_{XB}减去与惰性颗粒性产物有关的量$f_P i_{XP}$，由氨化而去除。

组分（13）：总碱度S_{ALK}[M(HCO_3^-)/L^3]。将碱度结合到模型中是需要用它提供信息来预测可能出现的不利于生物反应的 pH 变化。所有涉及具有质子接受能力的种属的增减及质子的增减均会引起碱度的变化。

8.2.2 ASM1 模型描述的工艺过程

模型描述了活性污泥工艺中的 4 类基本过程：生物量的增长，生物量的衰减，有机氮的氨化，吸附在生物絮体中的颗粒性有机物的水解。具体细分为 8 个工艺过程，分别是：

（1）异养菌的好氧生长

（2）异养菌的缺氧生长

（3）自养菌的好氧生长

（4）异养菌的衰减

（5）自养菌的衰减

（6）可溶性有机氮的氨化

（7）颗粒性有机物的水解

（8）颗粒性有机氮的水解

其流程如图 8.1 所示。

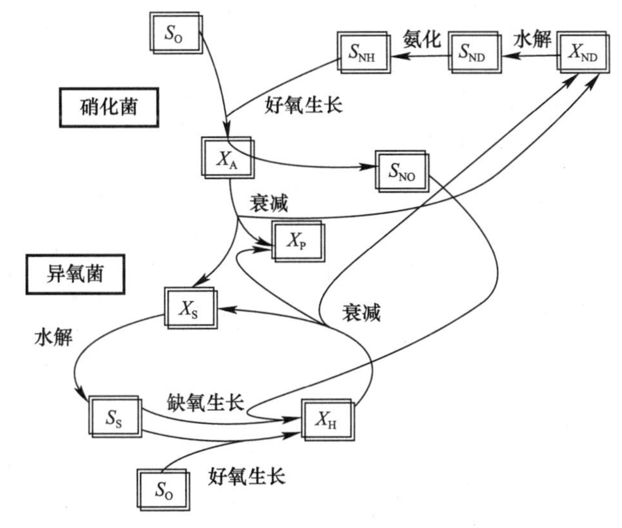

图 8.1 ASM1 的流程

注：图中还应该包含：异养菌生长过程中消耗 S_{NH}，作为生物体的组成部分；因为不是动力学过程中的重要因素，为了使图看起来比较简洁，而没有将其加入到图中。

（1）异养菌的好氧生长：异养菌增长过程消耗可溶性基质，产生生物量，与此相关的是氧的消耗。易生物降解基质的去除与异养菌的增长成比例，可溶性基质的储存未单独分项；因为这种现象只发生在少数基质上，如单糖和乙酸盐。但一般认为基质的去除可以不通过相应的生物生长而实现，这在模型中是通过对慢速可生物降解基质的迅速捕集来实现的。

（2）异养菌的缺氧生长：异养菌以硝酸盐氮作为最终电子受体的缺氧生长与好氧生长一样，要消耗易生物降解基质并产生异养菌，硝酸盐氮作为最终电子受体，它的去除与所去除的易生物降解基质的量和生成细胞量的差值成正比。与好氧生长一样，氨氮要转化为生物量中的有机氮，缺氧生长的速度表达式类似于好氧生长的表达式。

（3）自养菌的好氧生长：溶解性氨氮作为硝化菌生长的能源，并产生自养菌的细胞物质，硝酸盐氮作为最终产物。此外，一部分氨氮结合到生物量中。氧的需要量与氨氮的氧化量成正比。

(4) 异养菌的衰减：模型所采用的方法基本上采用了 Dold 等人提出的“死亡再生”的概念。衰减使生物体转化为颗粒性产物及慢速可生物降解基质，慢速可生物降解基质形成后，进行水解，释放等量的易生物降解 COD。好氧条件下基质用于生成新的细胞并伴随氧的吸收。缺氧条件下细胞生长消耗硝酸盐氮，如果氧和硝酸盐氮都不存在，转化不会发生，慢速可生物降解基质会积累，只有恢复好氧与缺氧条件，才会发生这种转化。

(5) 自养菌的衰减：自养菌的衰减的方式与异养菌完全一样。因为在自养菌富集培养中所观察到的自养菌的衰减实际上是由于网捕和死亡分解，随之而来的是异养菌依赖于死亡分解产物的继发性生长。由于自养菌的衰减系数很可能小于异养菌，对这一工艺过程存在一些疑问。

(6) 可溶性有机氮的氨化：生物量衰减的另一个影响是系统中氮的循环，生物量转化为慢速生物降解物质，又转化为易生物降解物质，与其相联系的是有机氮到氨氮的平行转化。这些反应以同样的方式发生，即进水中可生物降解有机氮转化为氨氮。

(7) 颗粒性有机物的水解：网捕性有机物的水解对模拟现实的活性污泥系统非常重要，因为它主要取决于获得电子受体的时空与实时的分布。污水处理领域的大部分研究都是作为复合模型系统的一部分，因此很难独立地验证颗粒性基质的水解与降解。

(8) 颗粒性有机氮的水解：假定有机氮通过慢速可生物降解基质均一地分布，所网捕的有机氮的水解速率简单地与慢速可生物降解基质的水解速率成正比。

ASM1 中引入了化学计量系数 ν_{ij} 和过程速率式 ρ_j。反应过程的转化速率 γ_i 等于化学计量系数 ν_{ij} 和过程速率式 ρ_j 的乘积。其下标 i 和 j 分别表示组分与过程。如下式所示：

$$\gamma_i = \sum_j \nu_{ij}\rho_j \tag{8.1}$$

对表 8.1 中的化学计量矩阵可解释如下：$\nu_{5,2}$ 对应着过程 2 的第 5 个组分 $X_{B,H}$，表示异养菌在缺氧条件下生长的化学计量系数，其值为 1。ρ_2 对应着过程 2 的过程速率。

$$\gamma_{5,2} = \nu_{5,2}\rho_2 = 1 \cdot \mu_H\left(\frac{S_S}{K_S+S_S}\right)\left(\frac{K_{O,H}}{K_{O,H}+S_O}\right)\left(\frac{S_{NO}}{K_{NO}+S_{NO}}\right)\eta_g X_{B,H} \tag{8.2}$$

将第 5 个组分 $X_{B,H}$ 对应于各反应过程的转化速率相加，就可以得到该组分的总转化速率。

$$\gamma_5 = \sum_{j=1}^{8} \nu_{5,j}\rho_j \tag{8.3}$$

8.3 活性污泥法 2 号模型（ASM2）[4,5,7,8]

对控制水体富营养化的强烈要求产生了对生物除磷工艺过程模拟工具的需求，ASM2 的目标是开发出能够合理地用于描述生物除磷的各种不同工艺构型的模型，因此 ASM2 有一定的复杂性。与 ASM1 类似，对于能够影响反应速率的所有组分均采用 Monod 动力学，实践经验表明，Monod 动力学能使工艺过程平稳过渡。ASM2 的动力学和计量学模型按矩阵形式表达。

活性污泥 2 号模型（ASM2）是活性污泥 1 号模型（ASM1）的扩增，包含了更多组分，以便能更好地对污水和活性污泥进行特性分析。为了在模型中包含生物除磷过程，生物量浓度不能简单地用分布参数 $X_{B,H}$ 来描述，而需要根据微生物的功能采用更详细的分类表达。

ASM2d 模型的提出，进一步解决了有关聚磷菌反硝化的问题，模型包括了能进行反硝化的聚磷菌。因而 ASM2d 比 ASM2 增加了 2 个生物过程，用以描述聚磷菌利用细胞内的存储物质进行反硝化。除了生物除磷过程外，ASM2d 模型还包含了两个“化学过程”，可用于模拟磷的化学沉淀。以下将直接介绍 ASM2d 模型。

8.3.1 ASM2d 模型的组分

ASM2d 包含 20 个组分，分别介绍如下：

（1）发酵产物（按乙酸考虑）S_A[M(COD)/L^3]：由于发酵作用包含在生物学过程中，发酵产物应独立于其他溶解性有机物，进行单独模拟。发酵产物是发酵作用的最终产物，在所有计量学计算中，均假定 S_A 等于乙酸，但在实际情形中发酵产物不仅仅是乙酸。

（2）污水的碱度 S_{ALK}[M(HCO_3^-)/L^3]：碱度可用于估算生物反应过程中电荷的变化。在模型中引入碱度是为了预测出现低 pH 值状态的可能性，低 pH 值有可能抑制某些生物过程。在所有计量学计算中，假定 S_{ALK}仅为碳酸氢根，HCO_3^-。

（3）可发酵的快速生物降解有机物 S_F[M(COD)/L^3]：这部分溶解性有机物能被异养菌直接降解。假定 S_F 仅为可供发酵的基质，因而不包括发酵产物。

（4）惰性溶解性有机物 S_I[M(COD)/L^3]：来源于进水和颗粒性有机物的水解产物，其主要特征是这类有机物在本报告所涉及的生物处理过程中不能进一步降解。

（5）氮气 S_{N2}[M(N)/L^3]：假定 S_{N2}是反硝化作用的唯一产物，与氧 S_{O_2} 相同，S_{N2}受气体交换的影响。

（6）铵态氮与氨态氮 S_{NH_4}[M(N)/L^3]：从电荷平衡角度考虑，假定 S_{NH_4} 全部呈铵态（NH_4^+）。

（7）硝酸盐氮与亚硝酸盐氮（NO_3^-+NO_2^-）S_{NO_3}[M(N)/L^3]：在模型中，亚硝酸盐氮没有作为独立的组分，因此 S_{NO_3} 包括硝酸盐氮和亚硝酸盐氮。在计量学计算（COD 平衡）中，假定 S_{NO_3} 全部为 NO_3^-。

（8）溶解氧 S_{O_2}[M(O_2)/L^3]：S_{O_2} 受气体交换的影响。

（9）溶解性无机磷（主要为正磷）S_{PO_4}[M(P)/L^3]：考虑电荷平衡，假定 S_{PO_4} 的组成为 50%$H_2PO_4^-$ 和 50%HPO_4^{2-}，与 pH 无关。

（10）快速生物降解基质 S_S[M(COD)/L^3]：ASM1 引入了这个组分，在 ASM2 中 S_S 为 S_F 和 S_A 之和。

（11）硝化菌 X_{AUT}[M(COD)/L^3]：硝化菌包括亚硝酸菌（Nitrorosomonas）和硝化杆菌（Nitrobacteria），起硝化作用，是专性好氧化能自养菌，模型中假定硝化菌把氨氮 S_{NH_4} 直接氧化成硝酸盐 S_{NO_3}。

（12）异养菌 X_H[M(COD)/L^3]：假定这些异养菌是全能异养的，既可以好氧生长，也可以缺氧生长（反硝化），并且在厌氧（发酵）条件下也具有一定的活性。异养菌起水解颗粒性基质 X_S 的作用，能够在各种相应环境条件下利用各种可生物降解的有机物。

（13）惰性颗粒性有机物 X_I[M(COD)/L^3]：惰性颗粒性有机物来源于进水和生物量的衰减过程，在所涉及的处理系统中不能得到降解，而是絮凝到活性污泥中。

（14）金属氢氧化物 X_{MeOH}[M(TSS)/L^3]：这个组分来自污水或由外部投加到系统内，代表了所存在的金属氢氧化物结合磷酸盐的能力。在所有的计量学计算中，均假定这个组分由 $Fe(OH)_3$ 组成。也可以用其他反应物代表这个组分，但需要更改计量学和动力学参数。

（15）金属磷酸盐 X_{MeP}[M(TSS)/L^3]：这个组分代表了与金属氢氧化物化合的磷酸盐。在所有的计量学计算中，均假定这个组分由 $FePO_4$ 组成。也可以用其他沉淀产物代表这个组分，但需要更改计量学和动力学参数。

（16）聚磷菌（phosphate-accumulating organism，PAO）X_{PAO}[M(COD)/L^3]：X_{PAO}代表所有能聚集磷的微生物，X_{PAO}的浓度不包括细胞内部储存物 X_{PP}和 X_{PHA}，仅为“纯”生物量。

（17）聚磷菌（PAO）的细胞内部储存物 X_{PHA}[M(COD)/L^3]：X_{PHA}包括聚羟基链烷酸酯（PHA），糖原等。该组分的出现仅与 X_{PAO}关联，但不包含在 X_{PAO}中。X_{PHA}与直接分析测定的 PHA 和糖原浓度不能等同看待，X_{PHA}仅仅是模拟过程所需的功能组分，不能直接用化学方法确定。但有可能在 COD 分析中得到反映，以满足 COD 的物料平衡。从计量学角度考虑，假定 PHA 的化学组成为聚β羟丁酸（$C_4H_6O_2$）。

（18）聚磷 X_{PP}[M(P)/L^3]：聚磷是 PAO 的无机性胞内储存物，其出现仅与 X_{PAO}关联，但不包含在 X_{PAO}中。该组分是颗粒磷的组成部分，可以通过化学分析方法测定。从计量学角度考虑，假定聚磷酸盐的化学组成为（$K_{0.33}Mg_{0.33}PO_3$)$_n$。

（19）慢速生物降解基质 X_S[M(COD)/L^3]：慢速生物降解基质为高分子量、胶体状和颗粒状有机物，这些有机物必须经过胞外水解之后才能被降解。假定水解产物（S_F）是可发酵的。

（20）总悬浮固体（TSS）X_{TSS}[M(COD)/L^3]：在生物动力学模型中引入总悬浮固体是为了能够通过计量学计算其浓度。在除磷和化学沉淀过程中，由于无机物（化学污泥）进入活性污泥，使 TSS 的预测不可缺少。

8.3.2　ASM2d 模型描述的生物过程

ASM2d 模型将 X_{PP}的储存和 X_{PAO}的生长区分为好氧和缺氧的不同过程，使模型有 21 个过程。

有 21 个生物反应过程的名称分别是：

（1）慢速生物降解基质的好氧水解

（2）慢速生物降解基质的缺氧水解

（3）慢速生物降解基质的厌氧水解

（4）异养菌基于可发酵有机物 S_F 的好氧生长

（5）异养菌基于发酵产物 S_A 的好氧生长

（6）异养菌基于可发酵有机物 S_F 的缺氧生长

（7）异养菌基于发酵产物 S_A 的缺氧生长

（8）发酵

（9）异养菌的自溶解（溶菌）

（10）X_{PHA}的储存

（11）X_{PP}的好氧储存

（12）X_{PP}的缺氧储存

（13）X_{PAO}的好氧生长

（14）X_{PAO}的缺氧生长

（15）X_{PAO}的溶菌

（16）X_{PP}的分解

（17）X_{PHA}的分解

（18）X_{AUT}的好氧生长

（19）X_{AUT}的溶菌

（20）沉淀

（21）再溶解

ASM2d 模型的流程如图 8.2 所示。

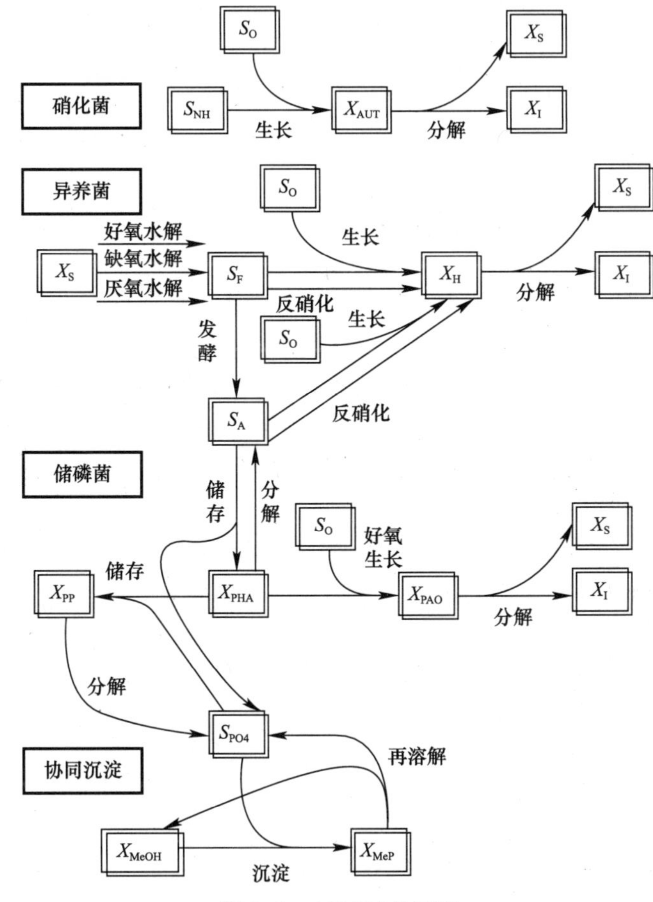

图 8.2　ASM2d 的流程

注：图中还应该包含：

（1）硝化菌生长过程中还需要 S_{PO_4} 作为生物体组成部分，产生 S_{NO}；

（2）S_F 水解过程中释放 S_{NH}；

异养菌生长过程中消耗 S_{NH}，释放 S_{PO_4}；

异养菌反硝化过程中消耗 S_{NH}和 S_{NO}，同时释放 S_{N_2}；

异养菌死亡分解过程中释放 S_{NH}和 S_{PO_4}；

S_A 在发酵过程中释放 S_{NH}和 S_{PO_4}；

（3）聚磷菌 PAO 好氧生长过程中消耗 S_{NH}和 S_{PO_4}，作为生物体的组成部分；

聚磷菌 PAO 分解过程中释放 S_{NH}和 S_{PO_4}；

（4）协同沉淀过程中释放 S_{N_2}；

再溶解过程中消耗 S_{N_2}。

因为不是动力学过程中的重要因素和过程，为了使图看起来比较简洁，而没有将其加入到图中。

ASM2d 模型的 21 个过程的含义如下：

（1）水解过程

1）慢速生物降解基质的好氧水解，表示好氧条件下的水解（$S_{O_2}>0$）。

2）慢速生物降解基质的缺氧水解，表示缺氧条件下的水解（$S_{O_2}\approx 0$，$S_{NO_3}>0$），一般来说，该过程的反应速率低于好氧水解。

3）慢速生物降解基质的厌氧水解，表示厌氧条件下（$S_{O_2}\approx 0$，$S_{NO_3}\approx 0$）的水解，该过程的特性还不太清楚，其反应速率很可能低于好氧水解，有待进一步研究。

水解过程的化学计量学系数见表 8.2。

水解过程的化学计量学系数　　**表 8.2**

序数	过程	S_F	S_{NH_4}	S_{PO_4}	S_I	S_{ALK}	X_S	X_{TSS}
1	好氧水解	$1-f_{S_I}$	$v_{1,NH4}$	v_{1,PO_4}	f_{S_I}	$v_{1,ALK}$	-1	$v_{1,TSS}$
2	缺氧水解	$1-f_{S_I}$	$v_{2,NH4}$	v_{2,PO_4}	f_{S_I}	$v_{2,ALK}$	-1	$v_{2,ALK}$
3	厌氧水解	$1-f_{S_I}$	$v_{3,NH4}$	v_{3,PO_4}	f_{S_I}	$v_{3,ALK}$	-1	$v_{3,ALK}$

（2）兼性异养微生物的过程

异养菌基于可发酵有机物 S_F（过程（4））和发酵产物 S_A 的好氧生长（过程（5））。作为两个平行的消耗两种可生物降解基质 S_F 和 S_A 的过程进行模拟。假定两个过程具有等同的生长速率和产率系数 Y_H。速率方程按这样的方式确定：即使这两种基质（S_F 和 S_A）的浓度均很高的情况下，异养菌的最大比生长速率也不会高于 μ_m。这些过程需要氧 S_{O_2}、氮 S_{NH_4} 和磷 S_{PO_4}，还可能需要碱度 S_{ALK}，生长过程产生悬浮固体 X_{TSS}。

异养菌基于可发酵有机物 S_F（过程（6））、发酵产物 S_A 和反硝化的缺氧生长（过程（7））。这两个过程与好氧生长过程类似，所不同的是硝酸盐 S_{NO_3} 作为电子受体，而不是氧 S_{O_2}。硝酸盐化学计量系数的计算基于这样的假定，所有的硝酸盐均还原为氮气 S_{N_2}。反硝化过程释放碱度，其化学计量系数可依据连续性进行预测。认为反硝化过程受氧的抑制，缺氧状态下最大生长速率 μ_m 相应降低，与好氧状态下的数值相比，比例系数为 η_{NO_3}。这种考虑是基于这样的事实，不是所有的异养菌 X_H 都能反硝化或者说反硝化只能以较低的速率进行（表 8.3）。

兼性异养菌 X_H 生长和衰减过程的化学计量学系数　　**表 8.3**

序数	过程	S_{O_2}	S_F	S_A	S_{NO_3}	S_{N_2}	X_I	X_S	X_H
4	基于 S_F 的好氧生长	$1-\frac{1}{Y_H}$	$-\frac{1}{Y_H}$						1
5	基于 S_A 的好氧生长	$1-\frac{1}{Y_H}$		$-\frac{1}{Y_H}$					1
6	基于 S_F 的缺氧生长（反硝化）		$-\frac{1}{Y_H}$		$-\frac{1-Y_H}{2.86Y_H}$	$\frac{1-Y_H}{2.86Y_H}$			1
7	基于 S_A 的缺氧生长（反硝化）			$-\frac{1}{Y_H}$	$-\frac{1-Y_H}{2.86Y_H}$	$\frac{1-Y_H}{2.86Y_H}$			1
8	发酵		-1	1					
9	溶菌						f_{X_I}	$1-f_{X_I}$	-1

发酵（过程（8））是在厌氧状态下（$S_{O_2}\approx 0$，$S_{NO_3}\approx 0$），假定异养菌能够进行发酵作用，把快速生物降解基质 S_F 转化成发酵产物 S_A。虽然这一过程很可能出现异养菌的生长，但在这里仅把它看作简单的转化过程。生长过程需要更复杂的动力学，更多的动力学和计量学参数，而这些参数是难以获得的，在过程（4）到过程（7）中 S_F 和 S_A 的产率系数有可能是不同。发酵过程产生带负电的发酵产物 S_A，因此该过程需要碱度 S_{ALK}，这可以通过连续性方程进行预测。到目前为止，发酵过程还没有得到很好的了解，对这过程的动力学所知甚少，这可能导致模拟试验结果的动力学参数取值范围很大。ASM2d 的可靠应用需要直接针对发酵过程的特性进行分析研究。

异养菌的自溶解（溶菌）（过程（9））代表了异养菌所有衰减过程的加和。模拟的方式与 ASM1 模型类似，其速率与环境条件无关。

（3）磷聚积微生物的过程

ASM2 和 ASM2d 模型与 ASM1 模型的主要不同是增加了多个磷聚积微生物的生物反应过程。已经知道某些类型的微生物 X_{PAO} 能以聚合磷酸盐（聚磷 X_{PP}）的形式在细胞中聚集磷的化合物，但目前对这些微生物的了解还不充分。在污水生物除磷的研究和开发过程中，曾假定它们都来自不动杆菌属（Acinetobacter），但现在已经清楚，不动细菌属在生物除磷过程中是起作用的，可是并不总是占据主导地位。起初认为聚磷菌 X_{PAO} 不能反硝化，但现在已经有证据表明，有一部分聚磷菌 X_{PAO} 能够反硝化，在存在硝酸盐的情况下，磷的释放有时候会变慢。

对 PAO 的特性了解越多，这个微生物类群就显得越复杂。ASM2d 模型提出一个简单的模型，能够预测生物除磷，但不是所有已经观测到的现象都包含在内。所提出的模型可以作为进一步开发的基础。在下面所介绍的磷聚积微生物 X_{PAO} 的行为特性模型。

聚磷菌 PAO 的过程化学计量系数见表 8.4。

聚磷菌 PAO 的过程化学计量系数 **表 8.4**

序数	过程	S_{O_2}	S_A	S_{N2}	S_{NO_3}	S_{PO_4}	X_I	X_S	X_{PAO}	X_{PP}	X_{PHA}
10	X_{PHA} 的储存		-1			Y_{PO_4}				$-Y_{PO_4}$	1
11	X_{PP} 的好氧储存	$-Y_{PHA}$				-1				1	$-Y_{PHA}$
12	X_{PP} 的缺氧储存			$-v_{12,N_2}$	v_{12,NO_3}	-1				1	$-Y_{PHA}$
13	X_{PAO} 的好氧生长	v_{13,O_2}				$-i_{PBM}$			1		$-\frac{1}{Y_H}$
14	X_{PAO} 的缺氧生长			$-v_{14,N_2}$	v_{14,NO_3}	$-i_{PBM}$			1		$-\frac{1}{Y_H}$
15	X_{PAO} 的溶解					v_{15,PO_4}	f_{X_I}	$1-f_{X_I}$	-1		
16	X_{PP} 的分解					1				-1	
17	X_{PHA} 的分解		1								-1

X_{PHA} 的储存（过程（10）），假定 PAO 可通过聚磷 X_{PP} 释放磷酸盐 S_{PO_4} 并且利用 X_{PP} 水解产生的能量，以细胞内部有机储存物 X_{PHA} 的形式储存细胞外部的发酵产物 S_A。这个过程主要在厌氧条件下观测到，但也有好氧和缺氧条件下出现这个过程的报道，因此动力学表达式中没有包含 S_{O_2} 和硝酸盐 S_{NO_3} 的抑制作用。如果观测的是磷的释放而不是所储存的有机物，则这个过程的试验观测是比较简单的。但已有的经验表明有机物的储存速率是相

当恒定的，而磷的释放则是变化的，这说明计量学关系是变化的。因此，选择所要吸收的有机物 S_A 和 X_{PHA} 作为这个过程的计量学基础。为了可靠地估算速率常数和计量学参数值，需要分别测定 S_A 的去除和 S_P 的释放。

聚磷 X_{PP} 的储存（过程（11）、（12））。在正磷酸盐（正磷）S_{PO_4} 以胞内聚磷 X_{PP} 形式储存的过程中，PAO 所需的能量可通过 X_{PHA} 的呼吸获得。由于有机物的储存仅发生在聚磷分解释放的过程，PAO 的生长需要聚磷的重新合成。如果 PAO 的含磷量变得过高，将观测到 X_{PP} 储存的中止。这一观测引出了 X_{PP} 储存的抑制项，这个抑制项随着 X_{PP}/X_{PAO} 比值接近最大允许值 K_{MAX} 而激活。

聚磷菌 X_{PAO} 的生长（过程（13）、（14））。假定这些微生物的生长仅依靠胞内储存物 X_{PHA} 的分解。由于 X_{PP} 分解过程中出现磷的连续释放，因此可以假定微生物消耗正磷 S_{PO_4} 作为生物量合成的营养成分。已经知道 PAO 能利用溶解性基质（例如 S_A）进行生长，但在生物除磷脱氮处理厂的好氧池或缺氧池中，不太可能得到这种基质。因此建议忽略这种可能性。

聚磷菌及其储存物的分解（过程（15）～（17））。死亡、内源呼吸和维持等过程都导致 PAO 所有组分的减少或衰减。由于储存物（X_{PP} 和 X_{PHA}）与生物量是分开考虑的，因此这三种组分对应于不同的衰减过程。模型包括了 3 个自分解过程，对应于每个衰减的组分，都是一级反应。如果这 3 个速率都相等的话，微生物的组成不会因为衰减而发生变化。试验研究表明 X_{PP} 的衰减快于 X_{PAO} 和 X_{PHA}。聚磷酸盐的额外损失可以通过为该组分的自分解选择一个增长速率 b_{PP} 来预测。聚磷菌的分解产物类似于异养菌的分解，在此可假定储存产物衰减为正磷 S_{PO_4} 和发酵产物 S_A。

（4）硝化过程

假定硝化过程为单步骤过程，从氨氮 S_{NH_4} 直接转化成硝酸盐 S_{NO_3}。为了减少模型的复杂性，虽然亚硝酸盐是硝化过程的中间产物，但不作为模型的组分。在硝化反应过程中，模拟亚硝酸盐的产生和去除相对容易，但在反硝化过程中也存在亚硝酸盐的产生和去除。如果模拟硝化过程的亚硝酸盐，而不模拟反硝化过程的亚硝酸盐，就会出现不一致，并导致模型预测的误差增大。

下面所描述的各种过程的计量学和动力学系数分别在表 8.5 和表 8.6 中给出。

硝化细菌生长和衰减过程的化学计量学系数 **表 8.5**

序数	过程	S_{O_2}	S_{NH_4}	S_{NO_3}	S_{PO_4}	X_I	X_S	X_{AUT}
18	X_{AUT} 的好氧生长	$-\frac{4.57-Y_A}{Y_A}$	v_{18,NH_4}	$\frac{1}{Y_A}$	$-i_{PBM}$			1
19	溶菌		v_{19,NH_4}		v_{19,PO_4}	f_{X_I}	$1-f_{X_I}$	-1

磷协同沉淀过程的化学计量学和动力学系数 **表 8.6**

序号	过程	S_{PO_4}	S_{ALK}	X_{MeOH}	X_{MeP}	X_{TSS}
			化学计量系数			
20	沉淀	-1	$N_{20,ALK}$	-3.45	4.87	1.42
21	再溶解	1	$v_{21,ALK}$	3.45	-4.87	-1.42

续表

序号	过程	S_{PO_4}	S_{ALK}	X_{MeOH}	X_{MeP}	X_{TSS}
		动力学系数				
20	沉淀	$\rho_{20}=k_{PRE}S_{PO_4}X_{MeOH}k_{PRE}=1m^3/(gFe(OH)_3\cdot d)$				
21	再溶解	$\rho_{21}=k_{RED}X_{MeP}k_{RED}=0.6d^{-1}$				

注：化学计量学和动力学的绝对值是基于这样的假设：用 $FeCl_3$ 生成 $FePO_4+Fe(OH)_3$ 的形式来沉淀 S_{PO_4}；S_{ALK} 和 X_{TSS}的化学计量系数可从连续性方程计算。

硝化菌的生长（过程（18））。硝化菌是专性好氧菌，把氨氮作为基质和营养物，产生硝酸盐。硝化过程消耗碱度。在 ASM2 中，除了在生物量中增加磷的吸收外，这个过程的模拟与 ASM1 相同。

硝化菌的溶菌（自分解）（过程（19））。硝化菌自分解过程的模拟与 ASM1 及异养菌的自分解过程类似。由于自分解的衰减产物（初始为 X_S 最终为 S_F）仅能作为异养菌的基质，导致异养菌生长和耗氧量的增加，使硝化菌的内源呼吸更为清楚。这也与 ASM1 类似。

（5）磷的化学沉淀

在生物营养物去除系统中，污水中天然存在的金属离子（如 Ca^{2+}）与释放的高浓度磷酸盐 S_{PO_4} 共同反应，有可能产生磷的化学沉淀，例如磷灰石或磷酸钙。另外，通过投加铁盐和铝盐进行协同沉淀也是国际流行的除磷工艺。在碳/磷（C/P）比值过小的情况下，可联合使用协同沉淀和生物除磷。在实际工程中观测到正磷浓度相当低的出水，部分原因就是化学沉淀。为了模拟正磷浓度低的出水，ASM2d 模型提出了一个非常简单且可以根据不同情况进行校正的沉淀模型。为此，在 ASM2 中增加了 2 个过程和 2 个组分，沉淀过程和再溶解过程，X_{MeOH}和 X_{MeP}。如果处理工艺与化学沉淀毫无关系，则可以从模型中删除这些额外的组分和过程。

S_{PO4}的沉淀（过程（20））和再溶解（过程（21））。沉淀模型基于这样的假定，沉淀和再溶解是可逆过程，在稳态条件下，按下式达到化学平衡：沉淀和再溶解可分别按下列过程速率模拟：

$$X_{MeOH}+S_{PO4}\Leftrightarrow X_{MeP} \tag{8.4}$$

如果这两个过程达到平衡（$\nu_{20,i}\rho_{20}=\nu_{21,i}\rho_{21}$），则平衡常数为：

$$K=\frac{\upsilon_{21,i}\cdot k_{RED}}{\upsilon_{20,i}\cdot k_{PRE}}=\frac{S_{PO_4}\cdot X_{MeOH}}{X_{MeP}} \tag{8.5}$$

这里引入过程（20）和过程（21）的假定是 X_{MeOH}和 X_{MeP}分别由氢氧化铁 $Fe(OH)_3$ 和磷酸铁 $FePO_4$ 构成，相应的计量学参数在表 8.6 中给出。所给出的过程速率产生残留的正磷酸盐浓度，这对于稳态条件下投加 $FeCl_3$ 进行协同沉淀是典型的情况。在这种情况下，对处理厂进水中投加 Fe^{3+} 的情况，可以通过选择进水中 X_{MeOH}来进行模拟，并且有 1g$(Fe^{3+})/m^3$ 产生 1.91g$Fe(OH)_3/m^3$（即等于 1.91gMeOH/m^3）。这个过程也增加进水中的 X_{TSS}，并降低进水的碱度 S_{ALK}。

活性污泥 2 号模型给出了典型污水的水质特性、动力学和计量学系数。但对于具体的某个污水处理厂的实例，污水相关组分的浓度、计量学系数和动力学参数值的确定，需要由模型的用户进行现场测试和修正。这些参数的准确数值不是模型的组成部分，但对于模型的具体应用是必不可少的。

ASM2d 过程速率方程见表 8.7。

ASM2d 的过程速率方程 **表 8.7**

序数 j	过程	过程速率 ρ 的表达
		水解过程
1	好氧水解	$k_h \frac{S_{O_2}}{K_{O_2}+S_{O_2}} \cdot \frac{X_S/X_H}{K_X+X_S/X_H} X_H$
2	缺氧水解	$k_h \eta_{NO_3} \frac{K_{O_2}}{K_{O_2}+S_{O_2}} \cdot \frac{S_{NO_3}}{K_{NO_3}+S_{NO_3}} \cdot \frac{X_S/X_H}{K_X+X_S/X_H} X_H$
3	厌氧水解	$k_h \eta_{fe} \frac{K_{O_2}}{K_{O_2}+S_{O_2}} \cdot \frac{S_{NO_3}}{K_{NO_3}+S_{NO_3}} \cdot \frac{X_S/X_H}{K_X+X_S/X_H} X_H$
		异养菌的 X_H
4	基于可发酵基质 S_F 的生长	$\mu_H \frac{S_{O_2}}{K_{O_2}+S_{O_2}} \cdot \frac{S_F}{K_F+S_F} \cdot \frac{S_F}{S_F+S_A} \cdot \frac{S_{NH_4}}{K_{NH_4}+S_{NH_4}} \cdot \frac{S_{PO_4}}{K_P+S_{PO_4}} \cdot \frac{S_{ALK}}{K_{ALK}+S_{ALK}} X_H$
5	基于发酵产物 S_A 的生长	$\mu_H \frac{S_{O_2}}{K_{O_2}+S_{O_2}} \cdot \frac{S_A}{K_F+S_F} \cdot \frac{S_A}{S_F+S_A} \cdot \frac{S_{NH_4}}{K_{NH_4}+S_{NH_4}} \cdot \frac{S_{PO_4}}{K_P+S_{PO_4}} \cdot \frac{S_{ALK}}{K_{ALK}+S_{ALK}} X_H$
6	基于可发酵基质 S_F 的反硝化	$\mu_H \eta_{NO_3} \frac{K_{O_2}}{K_{O_2}+S_{O_2}} \cdot \frac{S_F}{K_A+S_A} \cdot \frac{S_F}{S_F+S_A} \cdot \frac{S_{NH_4}}{K_{NH_4}+S_{NH_4}} \cdot \frac{S_{NO_3}}{K_{NO_3}+S_{NO_3}} \cdot \frac{S_{PO_4}}{K_P+S_{PO_4}} \cdot \frac{S_{ALK}}{K_{ALK}+S_{ALK}} X_H$
7	基于发酵产物 S_A 的反硝化	$\mu_H \eta_{NO_3} \frac{K_{O_2}}{K_{O_2}+S_{O_2}} \cdot \frac{S_A}{K_A+S_A} \cdot \frac{S_A}{S_F+S_A} \cdot \frac{S_{NH_4}}{K_{NH_4}+S_{NH_4}} \cdot \frac{S_{NO_3}}{K_{NO_3}+S_{NO_3}} \cdot \frac{S_{PO_4}}{K_P+S_{PO_4}} \cdot \frac{S_{ALK}}{K_{ALK}+S_{ALK}} X_H$
8	发酵	$q_{fe} \frac{K_{O_2}}{K_{O_2}+S_{O_2}} \cdot \frac{K_{NO_3}}{K_{NO_3}+S_{NO_3}} \cdot \frac{S_F}{K_{fe}+S_F} \cdot \frac{S_{ALK}}{K_{ALK}+S_{ALK}} X_H$
9	溶菌	$b_H X_H$
		聚磷菌（PAO）的 X_{PAO}
10	X_{PHA}的储存	$q_{PHA} \frac{S_A}{K_F+S_F} \cdot \frac{S_{ALK}}{K_{ALK}+S_{ALK}} \cdot \frac{X_{PP}/X_{PAO}}{K_{PP}+X_{PP}/X_{PAO}} X_{PAO}$
11	X_{PP}的好氧储存	$q_{PP} \frac{S_{O_2}}{K_{O_2}+S_{O_2}} \cdot \frac{S_{PO_4}}{K_P+S_{PO_4}} \cdot \frac{S_{ALK}}{K_{ALK}+S_{ALK}} \cdot \frac{X_{PHA}/X_{PAO}}{K_{PHA}+X_{PHA}/X_{PAO}} \cdot \frac{K_{max}-X_{PP}/X_{PAO}}{K_{IPP}+K_{max}-X_{PP}/X_{PAO}} X_{PAO}$
12	X_{PP}的缺氧储存	$\rho_{12}=\rho_{11}\eta_{NO_3} \cdot \frac{K_{O_2}}{S_{O_2}} \cdot \frac{S_{NO_3}}{K_{NO_3}+S_{NO_3}}$
13	X_{PHA}的好氧生长	$\mu_{PAO} \frac{S_{O_2}}{K_{O_2}+S_{O_2}} \cdot \frac{S_{NH_4}}{K_{NH_4}+S_{NH_4}} \cdot \frac{S_{PO_4}}{K_P+S_{PO_4}} \cdot \frac{S_{ALK}}{K_{ALK}+S_{ALK}} \cdot \frac{X_{PHA}/X_{PAO}}{K_{PHA}+X_{PHA}/X_{PAO}} \cdot X_{PAO}$
14	X_{PHA}的缺氧生长	$\rho_{14}=\rho_{13}\eta_{NO_3} \cdot \frac{K_{O_2}}{S_{O_2}} \cdot \frac{S_{NO_3}}{K_{NO_3}+S_{NO_3}}$

续表

序数 j	过程	过程速率 ρ 的表达
15	X_{PAO}的溶解	$b_{PAO}X_{PAO} \cdot \frac{S_{ALK}}{K_{ALK}+S_{ALK}}$
16	X_{PP}的分解	$b_{PP}X_{PP} \cdot \frac{S_{ALK}}{K_{ALK}+S_{ALK}}$
17	X_{PHA}的分解	$b_{PHA}X_{PHA} \cdot \frac{S_{ALK}}{K_{ALK}+S_{ALK}}$
硝化菌（自养菌）的 X_{AUT}		
18	生长	$\mu_{AUT}\frac{S_{O_2}}{K_{O_2}+S_{O_2}} \cdot \frac{S_{NH_4}}{K_{NH_4}+S_{NH_4}} \cdot \frac{S_{PO_4}}{K_P+S_{PO_4}} \cdot \frac{S_{ALK}}{K_{ALK}+S_{ALK}}X_{AUT}$
19	溶菌	$b_{PHA}X_{PHA}$
磷和氢氧化铁 $Fe(OH)_3$ 的协同沉淀		
20	沉淀	$k_{PRE}S_{PO_4}X_{MeOH}$
21	再溶解	$k_{RED}X_{MeP}\frac{S_{ALK}}{K_{ALK}+S_{ALK}}$

注：动力学参数的定义见表 8.8。

ASM2d 动力学参数的典型数值见表 8.8。

ASM2d 动力学参数的典型数值　　　**表 8.8**

符号	定义		典型值		
			20℃	10℃	单位
K_h	水解	水解速率常数	3.00	2.00	d^{-1}
η_{NO_3}	水解	缺氧水解速率降低修正因子	0.60	0.60	
η_{fe}	水解	厌氧水解速率降低修正因子	0.10	0.10	
K_{O_2}	水解	氧的饱和/抑制系数	0.20	0.20	gO_2/m^3
K_{NO_3}	水解	硝酸盐的饱和/抑制系数	0.50	0.50	gN/m^3
K_X	水解	颗粒性 COD 的饱和系数	0.10	0.30	gCOD/gCOD
μ_H	异养菌	基于基质的最大生长速率	6.00	3.00	d^{-1}
q_{fe}	异养菌	发酵的最大速率	3.00	1.50	gCOD/(gCOD·d)
η_{NO_3}	异养菌	反硝化的速率降低修正因子	0.80	0.80	
b_H	异养菌	溶菌速率常数	0.40	0.20	d^{-1}
K_{O_2}	异养菌	氧的饱和/抑制系数	0.20	0.20	gO_2/m^3
K_F	异养菌	基于 S_F 的生长饱和系数	4.00	4.00	$gCOD/m^3$
K_{fe}	异养菌	S_F 发酵的饱和系数	20.00	20.00	$gCOD/m^3$
K_A	异养菌	S_A（乙酸）的饱和系数	4.00	4.00	$gCOD/m^3$
K_{NO_3}	异养菌	硝酸盐的饱和/抑制系数	0.50	0.50	gN/m^3
K_{NH_4}	异养菌	氨氮（营养物）的饱和系数	0.05	0.05	gN/m^3
K_P	异养菌	磷（营养物）的饱和系数	0.01	0.01	gP/m^3
K_{ALK}	异养菌	碱度的饱和系数	0.10	0.10	$molHCO_3^-/m^3$

续表

符号	定义		典型值		
			20℃	10℃	单位
q_{PHA}	聚磷菌	PHA储存的速率常数	3.00	2.00	gCOD/(gPAO·d)
q_{PP}		PP储存的速率常数	1.50	1.00	gPP/(gPAO·d)
μ_{PAO}		最大生长速率	1.00	0.67	d^{-1}
b_{PAO}		X_{PAO}的溶菌速率常数	0.20	0.10	d^{-1}
b_{PP}		X_{PP}的分解速率常数	0.20	0.10	d^{-1}
b_{PHA}		X_{PHA}的分解速率常数	0.20	0.10	d^{-1}
K_{O_2}		S_{O_2}的饱和系数	0.20	0.20	gO_2/m^3
K_A		S_A（乙酸）的饱和系数	4.00	4.00	$gCOD/m^3$
K_{NH_4}		氨氮（营养物）的饱和系数	0.05	0.05	gN/m^3
K_{PS}		PP储存磷的饱和系数	0.20	0.20	gP/m^3
K_P		生长过程磷的饱和系数	0.01	0.01	gP/m^3
K_{ALK}		碱度的饱和系数	0.10	0.10	$molHCO_3^-/m^3$
K_{PP}		聚磷酸盐的饱和系数	0.01	0.01	gX_{PP}/gX_{PAO}
K_{max}		X_{PP}/X_{PAO}的最大比率	0.34	0.34	gX_{PP}/gX_{PAO}
K_{IPP}		X_{PP}储存的抑制系数	0.02	0.02	gX_{PP}/gX_{PAO}
K_{PHA}		PHA的饱和系数	0.01	0.01	gX_{PHA}/gX_{PAO}
μ_{AUT}	硝化菌	最大生长速率	1.00	0.35	d^{-1}
b_{AUT}		衰减速率	0.15	0.05	d^{-1}
K_{O_2}		氧的饱和系数	0.50	0.50	gO_2/m^3
K_{NH_4}		氨氮的饱和系数	1.00	1.00	gN/m^3
K_{ALK}		碱度的饱和系数	0.50	0.50	$molHCO_3^-/m^3$
K_P		磷的饱和系数	0.01	0.01	gP/m^3
k_{PRE}	沉淀	磷沉淀的速率常数	1.0	1.0	$m^3/(gFe(OH)_3\cdot d)$
k_{RED}		再溶解的速率常数	0.6	0.6	d^{-1}
K_{ALK}		碱度的饱和系数	0.50	0.50	$molHCO_3^-/m^3$

8.4　活性污泥法3号模型（ASM3）[2,6,8]

经过10年的应用，人们发现ASM1模型存在以下不足：

（1）由于设计实验的困难，水解过程没有很好的文献记载。

（2）为了简化模型，在模型中没有考虑pH对于反应速率的影响，而是以碱度表示。

（3）反硝化中的参数如η_g和η_h都还没有准确的测定方法。

（4）模型中对污水组分的描述过于复杂，其中有的组分还没有相应的测量手段，只能依靠大量的生物实验来估测。

（5）ASM1不包括限制异养菌生长的氮和碱度的动力学表达。这导致计算机代码不可能基于ASM1的原始形式，某种条件下会产生负浓度，如铵盐。这会产生不同版本的ASM1，使微分不能再继续。

（6）ASM1组分包括可生物降解的溶解性有机氮和颗粒有机氮。都不容易测量，已在众多的ASM1版本中删除。

（7）ASM1中没有将氨化动力学定量化，在很多版本的ASM1中，只是假定了所有有机组分中的一个恒定的组成（恒定的N/COD）。

（8）ASM1对于惰性颗粒有机物质的区分依赖于它的来源，即进水与生物衰减，而在现实状态下是不可能区分这两个组分的。

（9）水解过程制约着异养菌的氧消耗与反硝化的预测，同时使这些动力学参数定量化也非常困难。

（10）死亡分解与水解、生长相结合，用于描述内源呼吸的综合效应，即微生物储藏的化合物、死亡、捕食、死亡分解等。这使得评估动力学参数非常困难。

（11）活性污泥厂中假定易生物降解的有机物浓度较高，则可在好氧和缺氧条件下观察到有机物质的存储，但ASM1中不包含这一过程。

（12）ASM1中不区分好氧与缺氧条件下硝化菌衰减速率的不同。当固体停留时间和缺氧池体积比例较高时，对最大硝化反应速率的预测就会出问题。

（13）ASM1没有考虑直接观测到的混合液悬浮固体等。

考虑到ASM1的不足，提出了ASM3模型。ASM3和ASM1中所关注的主要现象相同：城市污水活性污泥系统中的氧消耗、污泥产量、硝化和反硝化，ASM3中不包含ASM2中的生物除磷过程。

8.4.1 ASM3模型的组分

ASM3包含了13个组分，分别如下：

（1）S_O[M(O_2) L^{-3}]：溶解氧，O_2

（2）S_I[M(COD)/L^3]：惰性溶解性有机物质

（3）S_S[M(COD)/L^3]：快速可生物降解有机物质（COD）

（4）S_{NH}[M(N)/L^3]：铵盐加氨氮（NH_4^+-N+NH_3-N）

（5）S_{N_2}[M(N)/L^3]：氮气

（6）S_{NO}[M(N)/L^3]：硝态氮加亚硝态氮（NO_3-N+NO_2^--N）

（7）S_{ALK}[M(HCO_3^-)/L^{-3}]：污水的碱度（HCO_3^-）

（8）X_I[M(COD)/L^3]：惰性颗粒性有机物质（COD）

（9）X_S[M(COD)/L^3]：慢速可生物降解基质（COD）

（10）X_H[M(COD)/L^3]：异养菌（COD）

（11）X_{STO}[M(COD)/L^3]：异养菌细胞内储存产物（COD）

（12）X_A[M(COD)/L^3]：硝化菌（COD）

（13）X_{TSS}[M(TSS)/L^3]：总悬浮固体（TSS）

8.4.2 ASM3模型描述的生物反应过程

ASM3中有12个生物反应过程，分别如下：

（1）水解

（2）快速生物降解基质的好氧储存

(3) 快速生物降解基质的缺氧储存
(4) 异养菌的好氧生长
(5) 异养菌的缺氧生长
(6) 好氧内源呼吸
(7) 缺氧内源呼吸
(8) 储存产物的好氧呼吸
(9) 储存产物的缺氧呼吸
(10) 硝化
(11) 好氧内源呼吸
(12) 缺氧内源呼吸

其流程如图 8.3 所示。

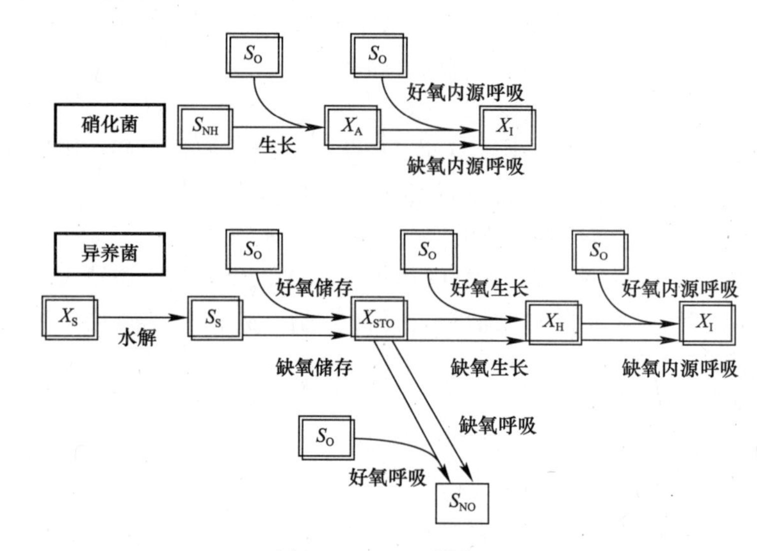

图 8.3　ASM3 的流程

注：图中还应该包含：

(1) 硝化菌生长过程中产生 S_{NO}，在各个缺氧过程中消耗 S_{NO}，同时释放 N_2；

(2) 异养菌生长过程中消耗 S_{NH}，在水解、呼吸和储存过程中释放 S_{NH}；

因为不是动力学过程中的重要因素和过程，为了使图看起来比较简洁，而没有将其加入到图中。

ASM3 模型与 ASM1 模型相比，在污水特性化的一个重要方面作了改动，将重点由水解转到了有机物质的储存。在 ASM1 中快速生物降解 COD 必须从呼吸试验中估计，而这一试验的解释又依赖于 Y_H 的值。在 ASM3 中溶解性 COD 仅由 S_I+S_S 组成。其中的 S_S 占总 COD 的 40%，而不像在 ASM1 中那样占 10%。这种调整使得有可能引入储存的物质，这种假定已被许多研究者观察到了。但是准确获取用于 ASM3 的污水特性仍然需要依赖于与呼吸试验相关的微生物试验来确定快速可生物降解基质 S_S。

在 ASM1 中引入了一个衰减过程，总括了所有的衰减过程。

ASM1 中的 COD 流向非常复杂。异养菌的死亡再生和硝化菌的衰减强烈地互相干扰（图 8.1），这两种过程的细节极大地不同，这导致了两种衰减意义的不同和混淆。在 ASM3 中两组菌体的全部转换过程被清晰地分开了，衰减过程以统一的模型描述（图 8.3）。

在ASM1中异养菌在一个循环反应中利用COD：衰减为水解提供原料并诱发附加的增长。因此硝化菌的衰减增强了异养菌的生长，自养菌和异养菌不能完全分离。氧的存在只有两个入口点。在ASM3中硝化菌和异养菌清楚地分开了，COD不会从一组进入另外一组，氧的存在有许多入口点。

ASM3还没有经过大量的实验与应用的检验[6]，仍然需要进一步改进，特别是对储存现象的描述。很明显ASM3最初的经验可能不如ASM1，随着经验的积累，会证明这两个模型是等价的。ASM3的优点是即使铵盐和重碳酸盐限制了微生物的活动，也不必调整其结构。

表8.9是Gujer与Larsen在1995年提出的ASM3的化学计量矩阵$\nu_{j,i}$和组分矩阵$l_{k,i}$。虽然人们对ASM1中引入的化学计量矩阵$\nu_{j,i}$已相当熟悉，但对组分矩阵还了解不多。例如对表8.9中的组分矩阵进行解释：$l_{2,3}$对应着符号$i_{N,SS}$，表示S_S中包含的$i_{N,SS}$g（氮）；指数$k=2$，指的是第二守恒—氮的守恒；指数$i=3$与第3组分S_S有关。S_S以gCOD为单位进行测定（示于符号S_S的下面）。氮的守恒计算以gN为单位进行度量（示于组分矩阵中氮的右面）。$i_{N,SS}$的含义是指与氮相对应的S_S组分，故此$l_{k,i}$被称为组分矩阵。

$v_{j,i}$和$l_{k,i}$矩阵中对应的空元素，表示其值为0。矩阵中所有的x_j，y_j和z_j值都可由平衡方程式（8.6）获得。这3个参数所对应的3个方程式中的k分别指ThOD、氮和离子电荷：

$$\sum_i v_{j,i} l_{k,i} = 0 \quad (i = 1 \sim 12) \tag{8.6}$$

ThOD代表理论需氧量，是COD的守恒形式。在大多数情况下，有机物的理论需氧量可通过COD标准镉分析方法近似获得。ThOD有效计量了生物氧化还原反应过程中的电子数，是一个守恒量。

在所有反硝化工艺过程中，S_{N_2}的化学计量系数是S_{NO_x}化学计量系数的负值。S_{N_2}与ThOD相对应的组分系数（-1.71gThOD/gN_2），S_{NO_x}（-4.57gThOD/g$NO_3^-$$-$N）及$S_{O_2}$（$-1$gThOD/g$O_2$），是各自对应的ThOD氧化还原基准物电子供体的负值。

可测定的X_{SS}的化学计量系数可由组分方程式（8.7）获得：

$$v_{j,13} = \sum_i v_{j,i} l_{4,i} \quad (i = 8 \sim 12) \tag{8.7}$$

众所周知，缺氧呼吸产生的生化能（ATP）比好氧呼吸产生的少。这导致好氧产率系数（y_{STO,O_2}及y_{H,O_2}）超过缺氧产率系数（y_{STO,NO_x}及y_{H,NO_x}）。假定缺氧生长能是好氧生长能的70%，$\eta_{缺氧}=0.70$，则有以下的能量关系式：

$$\frac{1-Y_{STO,O_2}}{Y_{STO,O_2}} = \frac{\eta_{缺氧}(1-Y_{STO,NO_x})}{Y_{STO,NO_x}}, \frac{1-Y_{O_2}}{Y_{O_2}} = \frac{\eta_{缺氧}(1-Y_{NO_x})}{Y_{NO_x}} \tag{8.8}$$

在ASM3中，式（8.4）被建议用于与缺氧和好氧有关的生长量。

ASM3中去除每单位的S_S所产生的异养生物量X_H，如公式（8.9）所示：

$$Y_{net,O_2} = Y_{STO,O_2} Y_{H,O_2}, Y_{net,NO_x} = Y_{STO,NO_x} Y_{H,NO_x} \tag{8.9}$$

表8.10中定义了化学计量系数及它们的单位和典型值。表8.11给出了化学计量系数值的例子。

表8.9 ASM3的化学计量矩阵 $v_{j,i}$ 和组分矩阵 $l_{k,i}$

		状态变量编号	1	2	3	4	5	6	7	8	9	10	11	12	13
	过程编号	过程名 / 变量单位 / 状态变量	S_{O_2}	S_I	S_S	S_{NH_4}	S_{N_2}	S_{NO}	S_{ALK}	X_I	X_S	X_H	X_{STO}	X_A	X_{SS}
			O_2	COD	COD	N	N	N	mole	COD	COD	COD	COD	COD	SS
	1	水解		f_{S_I}	x_1	y_1			z_1		−1				$-i_{X_S}$
异养菌，好氧及反硝化	2	S_S 的好氧储存	x_2		−1	y_2			z_2					Y_{STO,O_2}	t_2
	3	S_S 缺氧储存			−1	y_3	$-x_3$	x_3	z_3					Y_{STO,NO_x}	t_3
	4	X_H 的好氧生长	x_4			y_4			z_4			1		$-1/Y_{H,O_2}$	t_4
	5	X_H 缺氧生长（反硝化）				y_5	$-x_5$	x_5	z_5			1		$-1/Y_{H,NO_x}$	t_5
	6	X_H 好氧内源呼吸	x_6			y_6			z_6	f_I		−1			t_6
	7	X_H 缺氧内源呼吸				y_7	$-x_7$	x_7	z_7	f_I		−1			t_7
	8	X_{STO}好氧呼吸	x_8										−1		t_8
	9	X_{STO}缺氧呼吸					$-x_9$	x_9	z_9				−1		t_9
自养菌，硝化	10	X_A 的好氧生长	x_{10}			y_{10}		$1/Y_A$	z_{10}					1	t_{10}
	11	X_A 好氧内源呼吸	x_{11}			y_{11}			z_{11}	f_I				−1	t_{11}
	12	X_A 缺氧内源呼吸				y_{12}	$-x_{12}$	x_{12}	z_{12}	f_I				−1	t_{12}
组分矩阵 $l_{k,i}$	k	守恒													
	1	ThOD（gThOD）	−1	1	1		−1.71	−4.57		1	1	1	1	1	
	2	氮（gN）		i_{N,S_I}	i_{N,S_S}	1	1	1		i_{N,X_I}	i_{N,X_S}	$i_{N,BM}$		$i_{N,BM}$	
	3	离子负荷（mole）				1/14		−1/14	−1						
	4	可观测的SS（gSS）								i_{SS,X_I}	i_{SS,X_S}	$i_{SS,BM}$	0.60	$i_{SS,BM}$	

注：x_j，y_j，z_j 和 t_j 的值可从式（8.6）和式（8.7）得到。

ASM3的动力学速率表达式（$\rho_j \geqslant 0$）　　表8.10

序数 j		工艺过程	工艺过程速率 ρ_j 的表达式
	1	水解	$k_H \frac{X_S/X_H}{K_X+X_S/X_H} X_H$
异养菌，好氧与反硝化	2	S_S 好氧储存	$k_{STO} \frac{S_{O_2}}{K_{O_2}+S_{O_2}} \cdot \frac{S_S}{K_S+S_S} X_H$
	3	S_S 缺氧储存	$k_{STO} \eta_{NO} \frac{K_{O_2}}{K_{O_2}+S_{SO_2}} \cdot \frac{S_{NO}}{K_{NO}+S_{NO}} \cdot \frac{S_S}{K_S+S_S} X_H$
	4	好氧生长	$\mu_H \frac{S_{O_2}}{K_{O_2}+S_{O_2}} \cdot \frac{S_{NH_4}}{K_{NH_4}+S_{NH_4}} \cdot \frac{S_{ALK}}{K_{ALK}+S_{ALK}} \cdot \frac{X_{STO}/X_H}{K_{STO}+X_{STO}/X_H} X_H$
	5	缺氧生长（反硝化）	$\mu_H \eta_{NO} \frac{K_{O_2}}{K_{O_2}+S_{O_2}} \cdot \frac{S_{NO}}{K_{NO}+S_{NO}} \cdot \frac{S_{NH_4}}{K_{NH_4}+S_{NH_4}} \cdot \frac{S_{ALK}}{K_{ALK}+S_{ALK}} \cdot \frac{X_{STO}/X_H}{K_{STO}+X_{STO}/X_H} X_H$
	6	好氧内源呼吸	$b_{H,O_2} \frac{S_{O_2}}{K_{O_2}+S_{O_2}} X_H$
	7	缺氧内源呼吸	$b_{H,NO} \frac{K_{O_2}}{K_{O_2}+S_{O_2}} \cdot \frac{S_{NO}}{K_{NO}+S_{NO}} X_H$
	8	利用 X_{STO} 的好氧呼吸	$b_{STO,O_2} \frac{S_{O_2}}{K_{O_2}+S_{O_2}} X_{STO}$
	9	利用 X_{STO} 的缺氧呼吸	$b_{STO,NO} \frac{K_{O_2}}{K_{A,O_2}+S_{O_2}} \cdot \frac{S_{NO}}{K_{NO}+S_{NO}} X_{STO}$
自养菌，硝化	10	X_A 好氧生长，硝化	$\mu_A \frac{S_{O_2}}{K_{A,O_2}+S_{O_2}} \cdot \frac{S_{NH_4}}{K_{NH_4}+S_{NH_4}} \cdot \frac{S_{ALK}}{K_{ALK}+S_{ALK}} \cdot X_A$
	11	好氧内源呼吸	$b_{A,O_2} \frac{S_{O_2}}{K_{A,O_2}+S_{O_2}} X_A$
	12	缺氧内源呼吸	$b_{A,NO} \frac{K_{O_2}}{K_{A,O_2}+S_{O_2}} \cdot \frac{S_{NO}}{K_{A,NO}+S_{NO}} X_A$

ASM3典型的动力学参数值　　表8.11

符号	意义	温度		单位
		10℃	20℃	
k_H	水解速率常数	2	3	$gCOD_{X_S}/(gCOD_{X_H} \cdot d)$
K_X	水解饱和常数	1	1	$gCOD_{X_S}/gCOD_{X_H}$
异养菌 X_H，好氧及反硝化				
k_{STO}	储存速率常数	2.5	5	$gCOD_{S_S}/(gCOD_{X_H} \cdot d)$
η_{NO}	缺氧储存降低因数	0.6	0.6	—
K_{O_2}	S_{O_2} 饱和常数	0.2	0.2	gO_2/m^3
K_{NO}	S_{NO_x} 饱和常数	0.5	0.5	$gNO_3\text{-}N/m^3$
K_S	S_S 饱和常数	2	2	$gCOD_{S_S}/m^3$
K_{STO}	X_{STO} 饱和常数	1	1	$gCOD_{X_{STO}}/gCOD_{X_H}$
μ_H	X_H 的最大比生长速率	1	2	d^{-1}
K_{NH_4}	S_{NH_4} 饱和常数	0.01	0.01	gN/m^3
K_{ALK}	S_{ALK} 碱度饱和常数	0.1	0.1	$molHCO_3^-/m^3$
b_{H,O_2}	X_H 好氧内源呼吸速率	0.1	0.2	d^{-1}

续表

符号	意义	温度		单位
		10℃	20℃	
$b_{H,NO}$	X_H 缺氧内源呼吸速率	0.05	0.1	d^{-1}
b_{STO,O_2}	基于 X_{STO} 的好氧呼吸速率	0.1	0.2	d^{-1}
$b_{STO,NO}$	基于 X_{STO} 的缺氧呼吸速率	0.05	0.1	d^{-1}
自养菌 X_A，硝化				
μ_A	X_A 的最大比生长速率	0.35	1.0	d^{-1}
K_{A,NH_4}	X_A 氨氮饱和系数	1	1	gN/m^3
K_{A,O_2}	硝化菌氧饱和系数	0.5	0.5	gO_2/m^3
$K_{A,ALK}$	硝化菌碱度饱和系数	0.5	0.5	$molHCO_3^-/m^3$
b_{A,O_2}	X_A 好氧内源呼吸速率	0.05	0.15	d^{-1}
$b_{A,NO}$	X_A 缺氧内源呼吸速率	0.02	0.05	d^{-1}

注：这些参数值作为例子提出，但并非是 ASM3 模型的组成部分。

ASM3 的动力学表达式建立在所有消耗的可溶性组分开关函数—抛物线或饱和项，Monod 方程式和 $S/(K+S)$ 的基础上。动力学表达式的选定不是基于实验数据，而是数学计算方便的需要。当工艺过程参照物质量浓度趋于零时，开关函数将停止一切生物活动。这是 ASM1 与 ASM3 的一个重要区别。类似地，颗粒性组分的开关函数分别与 X_{STO}/X_H，X_S/X_H 之值有关。抑制作用通过式 $(1-S)/(K+S)=K/(K+S)$ 进行模拟。

表 8.10 总结了 ASM3 的所有动力学表达式。表 8.11 中列出了各动力学参数的单位，以及它们在 10℃和 20℃时的典型值。为了表达不同的温度（以℃为单位）作用，在方程式中加入相应的动力学系数 k。其可由温度方程式（8.10）计算：

$$k(T)=k(20℃)\exp[\theta_T(T-20℃)] \tag{8.10}$$

式中的 θ_T（以℃为单位）可由下式获得：

$$\theta_T=\frac{\ln[k(T_1)/k(T_2)]}{t_1-t_2} \tag{8.11}$$

8.5　IAWQ 模型的比较

表 8.12 给出了对上述三个模型在若干个方面进行的比较。

ASM1、ASM2d 和 ASM3 模型比较　　**表 8.12**

比较项目	ASM1	ASM2（ASM2d）	ASM3	备注
组分数量	13	20	13	
过程数量	8	19（21）	12	
关键过程	C 氧化过程 硝化过程 反硝化过程	C 氧化过程 硝化过程 反硝化过程 除磷过程	C 氧化过程 N 氧化过程	在 ASM1 和 ASM3 中厌氧过程是缺氧过程的顺推
模型科学性	是早期的模型结构，在组成分配和理解上有一些不清晰的地方	对缺氧生长过程进行了描述，对除磷过程进行了总结性的模型化，对细胞内部结构有了一些细致描述	一方面对硝化菌和异养菌的流程进行了区分，另一方面对细胞内部结构进行了更清晰的定义	

续表

比较项目	ASM1	ASM2（ASM2d）	ASM3	备注
使用情况	经过10多年，有大量的使用事例，从模拟、设计到控制，比较完备	经过将近10年的实验和应用，已具有较好的使用性能	还没有大量的使用	
基本评价	大量成熟和稳定的应用	模型非常复杂，但包含了重要的厌氧和除磷过程	具有模型描述的先进性	

上面的比较表明：

（1）ASM1是一个基础的被广泛采用了的模型，有非常多的成功应用实例，参数确定上已经有了足够多的研究，在常用的污水处理厂模型系统中必然要包含ASM1模型。

（2）ASM2中增加了对厌氧过程和除磷过程的描述，在有除磷的污水处理厂模拟中必须使用这个模型。

（3）ASM3是对ASM1的有力完善，在概念和层次观念上更清晰，但是在参数估计和整定方面还需要做进一步的工作。

（4）从发展看，这些模型总体上思路相近，将来应该合并成为一个单一的模型，让使用者在这个单一的模型上进行研究，从而在实践经验和理论研究上进一步完善该模型。对于这样复杂而综合的模型，可通过有选择地实现该模型的某些部分而解决某个应用所需要的功能。

（5）许多文献中报道了研究者针对自己的应用需要将ASM1或者ASM2等模型进行修改或者去除非重要的部分，然后进行模型验证。对于污水处理中某一个具体问题的研究可以采用这种方法，但是一个修改了的模型在适用性方面往往会受到很大的限制，而且参数整定和一致性维护上都会存在问题。

8.6 小结

通过本章学习，掌握活性污泥ASM1～3号模型的矩阵结构、过程及速率、组分与参数等，以及模型的历史发展特点。

从ASM1到ASM3是一个不断丰富和更新的过程，不仅反映了过程模型与模拟技术的发展历程，而且包含了人们对活性污泥系统不断深入的认识过程。

ASM1提出于1987年，首次采用了矩阵模型结构，清晰地描述了反应底物、反应过程和反应速率之间的关系，是模拟碳氧化、硝化、反硝化工艺过程的成熟模型，已经广泛应用于污水处理厂的设计与运行指导。ASM2提出的背景是生物除磷工艺的发展，目前成熟的模型是ASM2d，描述了聚磷菌的特征和行为，包括了反硝化聚磷菌和磷的化学沉淀过程，是模拟脱氮除磷工艺的成熟工具。ASM3是为了弥补ASM1的不足之处，仍然主要描述活性污泥系统中的氧消耗、污泥产量、硝化和反硝化过程，不包含ASM2d的生物除磷过程。模型使用储存—内源呼吸代替了衰减死亡概念，提出了符合实际观测的基质储存现象。在应用方面，还需要继续研究和推广。

ASM1包含8个过程和13种组分，对这些组分之间各种过程的速率描述是模型的主要内容。组分是指对处于反应过程中各种物质的划分，其中包括组成COD的4种组分（S_I、S_S、X_I、X_S）、组成微生物的3种组分（X_{BH}、X_{BA}、X_P）、包含氮元素的4种组分（S_{NO}、S_{NH}、S_{ND}、X_{ND}）和2种水化学组分（S_O、S_{ALK}）。过程是指组分之间发生的随时间变化的反应，主要包括10种组分之间的关系，如微生物的3种生长过程、2种衰减过程、有机物的1种氨化过程和2种水解过程等。描述这些过程数量和速率特征的有5个化学计量学参数和14个化学动力学参数。用这些过程来联系上述组分，就可以形成ASM1的流程图。

ASM2d包含21个过程和20种组分，模型的精细程度相比ASM1有了质的提高。在理解和记忆ASM2d模型结构时，可以参考ASM1。过程仍然包括ASM1中的生长过程（增加到6种）、衰减过程（增加到4种）、氨化过程（整合入水解过程）和水解过程（增加到3种），由于需要描述生物除磷的行为，因此新增加了与聚磷菌有关的PHA和聚磷PP的储存与消耗（共5个过程），此外还包括1种发酵过程和2种化学沉淀与再溶解过程。

ASM2d组分也可以参考ASM1进行划分，比如2种水化学组分（S_O、S_{ALK}）、COD的6种组分（S_I、S_S、X_S、X_I、S_F、S_A）、微生物的3种组分（X_H、X_A、X_{PAO}）、氮元素的3种组分（S_{NH}、S_{NO}、S_{N_2}）、磷元素有关的3种生物组分（X_{PHA}、X_{PP}、X_{PAO}）和3种化学组分（X_{MeOH}、X_{MeP}、X_{TSS}）等。与ASM1相比，由于新增了生物除磷的概念，ASM2d增加了6种组分，包括在微生物中新增加了1种组分（X_{PAO}，去掉了原来的X_P）、水化学组分新增1种磷酸盐（S_{PO_4}）、在COD组分中新增加了1种PHA组分（X_{PHA}）、并将COD组分的S_S拆分为2种新的组分（S_F和S_A）、在固体组分中增加了1种聚磷组分（X_{PP}）。为了描述磷的化学沉淀过程，新增加了3种固体组分，包括金属氢氧化物、金属磷酸盐和总悬浮固体等（X_{MeOH}、X_{MeP}、X_{TSS}）。此外，模型对脱氮过程描述有所变化，增加了氮元素的1种氮气组分（S_{N_2}）。

ASM3包含12个过程和13种组分，可以与ASM1结构进行比较和记忆，在此不再赘述。

将ASM1、ASM2d和ASM3模型进行比较，从组分数量、过程数量、关键过程、模型科学性、使用情况、基本评价等方面进行分析，可以加深对ASM系列模型的认识。从发展看，这些模型总体上思路相近，将来有可能合并成为一个单一的模型。

本章参考文献：

[1] Gujer, W. and Larsen, T. A. The implementation of biokinetics and conservation principles in ASM, Water Science and Technology, 1995, 31 (2), 257-266.

[2] Gujer, W., Henze, M., Mino, T. and van Loosdrecht, M. C. M., Activated Sludge Model No. 3, Water Science and Technology, 1999, 39 (1), 183-193.

[3] Henze, M. Grady, C. P. L. Jr, Gujer, W., Marais, G. V. R. and Matsuo, T., Activated Sludge Model No. 1. (IAWPRC, Scientific and Technical Report No. 1) London: IAWPRC, 1987.

[4] Henze, M., Gujer, W., Mino, T. Matsuo, T., Wentzel, M. C. and Marais, G. V. R., Activated Sludge Model No. 2. (IAWPRC, Scientific and Technical Report No. 3) London:

IAWQ，1995.

[5] Henze，M.，Gujer，W.，Mino，T. Matsuo，T.，Wentzel，M. C.，Marais，G. V. R. and van Loosdrecht，M. C. M.，Activated Sludge Model No. 2d，ASM2d，Water Science and Technology，1999，39 (1)，165-182.

[6] Henze M. 专题报告会技术资料. 活性污泥 1 号模型和活性污泥 3 号模型. 1998. 10.

[7] Henze M. 专题报告会技术资料. 活性污泥 2 号模型. 1998. 10.

[8] 张亚雷，李咏梅（译）. 活性污泥数学模型. 上海：同济大学出版社，2002.

第9章 活性污泥工艺的建模基础与模型求解

研究活性污泥模型的目的是为了描述污水处理过程中有机物和营养物质去除的过程，从而能够对实际污水处理工艺的运行提供指导作用。在将模型应用于实际污水处理工艺的模拟与分析时，首先要结合模拟的对象选择适当的数学模型，其次要将实际的污水处理工艺转化为用数学模型描述的工艺概化模型，在确定了概化模型每个单元的边界条件和反应参数后，需要选择适当的模拟软件，并进行参数估值及模型校正。在完成上述工作后，就可以对实际污水处理的工艺过程进行模拟计算了。

9.1 活性污泥模型的适用原则

IAWQ模型中包含了描述好氧活性污泥法的ASM系列模型和描述厌氧生物反应的ADM模型。ASM系列模型在欧洲的研究和应用最为广泛，在污水污泥的特性分析、参数估值、敏感性分析、模型校正以及实际水厂的模拟应用上都有较深入的研究。此外，一些国家的研究人员在ASM系列模型基础上开发了用于描述污水生物化学处理过程的其他数学模型，例如Meijer等人利用荷兰Delft大学研究的生物除磷模型与ASM2d模型整合（整合后的模型即TUDP模型）模拟实际污水处理厂的脱氮除磷过程[1]；Rieger等人在ASM3模型的基础上将ASM2d的部分组分和过程融合进来形成了一个新的脱氮除磷模型[2]；从而扩充了ASM系列模型。

对于城市污水处理工艺的模拟工作而言，面对庞大的ASM系列模型，如何有效地选择一种模型进行实际模拟应用和优化是十分重要的，一般来说模型的选择应考虑以下原则：

（1）结合污水处理厂的工艺：例如传统活性污泥法工艺的污水处理厂可以采用多种数学模型，而含有厌氧工艺的污水处理厂可选择的数学模型就会有限制，模型必须能对厌氧生物过程进行描述，才能对该厂工艺过程进行全面的描述和模拟。

（2）适应出水水质要求：根据各污水处理厂出水水质要求的不同，所选取的模型也相应不同，例如以去除COD和氨氮为主要目标的工艺过程可以考虑采用ASM1或ASM3；但是ASM1和ASM3不能对包含除磷目标的工艺有更完整的表达，这时候可以考虑采用ASM2、ASM2d或者TUDP等其他模型。

（3）注意水质参数的可获取性：污水处理过程的数学模型大多具有大量的水质组分和动力学、化学计量学参数，在选取模型的时候一定要注意模型中的各种参数是否能够直接或者间接获取。

（4）考虑模型的稳定性：模型的适用性必须建立在其稳定性之上，任何新建立的模型都需要经过长时间的校正和应用并且达到稳定结果后才能被考虑应用到实践中来。新建立的模型往往对实际污水处理过程的模拟有许多不确定的结果，因而采用被普遍接受的稳定性较好的成熟模型，其结果会对污水处理厂有更好的指导作用。

9.2 污水处理工艺的概化模型

9.2.1 污水处理工艺的概化模型

城市污水处理工艺种类繁多，从混合原理出发活性污泥法可以分为完全混合式活性污泥法和推流式活性污泥法。从微生物的功能出发活性污泥法可以分为普通活性污泥法和吸附氧化（AB）活性污泥法。从供氧条件出发可以分为普通活性污泥法、缺氧/好氧（A/O）和厌氧/缺氧/好氧（$A_1/A_2/O$）活性污泥法。此外还有各种氧化沟工艺和 SBR 工艺。怎样用一种 ASM 模型来描述各种不同的污水处理工艺呢？这就需要寻求一种方法，可以将各种不同的污水生物处理工艺转化成便于用 ASM 模型描述的统一形式，即将实际的处理工艺转化成一种概念化的模型，在保留工艺主要特性的同时忽略其次要特性。在长期的研究与实践中，研究人员选择了连续搅拌反应器（continuous stirred tank reactors，CSTR）来描述和简化各种实际的处理工艺[3]，并最终将各种不同的污水生物处理工艺归结为多个具有不同特性的 CSTR 的串联形式。具体步骤如下：

（1）根据工艺特点，将实际污水处理工艺的生化部分分解成若干单元，每个单元在结构特征或工艺参数上有明显的特征。

（2）用一个 CSTR 代表一个单元，确定该 CSTR 的主要结构特征和工艺参数。

（3）将各 CSTR 串联（个别情况下也可以并联）起来，建立水流的流路，包括顺序流或回流等。

（4）分析该 CSTR 串联系统是否具备了实际模拟对象的主要特性。

例如，对于 A/A/O 工艺，可以用一系列 CSTR 来表达，如图 9.1 所示。

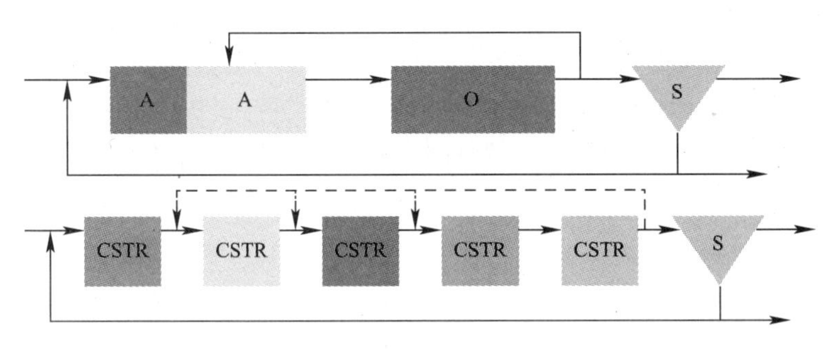

图 9.1 用 CSTR 的串联形式表达 A/A/O 工艺

A—缺氧或厌氧区；O—好氧区；S—沉淀池；CSTR—连续搅拌反应器

根据 A/A/O 工艺各部分的水力停留时间和溶解氧条件，图中 1 个 CSTR 为厌氧单元，2 个 CSTR 为缺氧单元，3 个 CSTR 为好氧单元。对于每个 CSTR 可认为是完全混合式反应器，而各 CSTR 都有各自的结构参数和工艺条件。用这种方法可以将主要的污水生物处理工艺都转化成 CSTR 的串联形式（图 9.2）。

图 9.2 中需要说明的是：1）氧化沟工艺的水力混合性能较强，水力停留时间计算，一般氧化沟的进水会在沟内循环十次以上才会全部流出氧化沟。由于氧化沟多采用非均匀的机械式表面曝气设备，沿氧化沟的沟长方向可以按不同的溶解氧浓度分成好氧区和缺氧

区（或低氧区），因此可用多个CSTR表达。2）SBR工艺从空间上看是一个反应池在不同的时间段以不同的工艺条件运行，每一个运行周期可以看作时间上的推流式反应和空间上的完全混合式反应，因此也可以用串联的CSTR表达。每一个CSTR的反应时间对应于一种运行条件的时段。

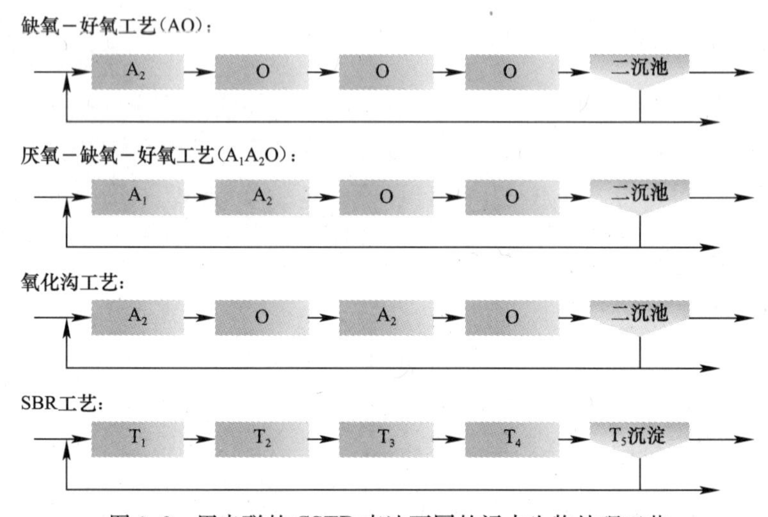

图9.2 用串联的CSTR表达不同的污水生物处理工艺

A_1—厌氧区；A_2—缺氧区；O—好氧区；T_1～T_4—时间顺序反应器；T_5—沉淀池

9.2.2 基于CSTR反应器的模拟与计算

生物反应器的水力学模型主要针对推流式反应器进行讨论[4]，普遍采用的假设如下：

（1）一个推流式反应器可以假设为多个CSTR的串联形式，所划分的CSTR数量越多，越能够准确地模拟纯推流式的生物反应器。但CSTR数量过多会导致计算量和复杂性的增加，需要选择适当的CSTR数量。

（2）每个CSTR都有进水、污泥回流、混合液回流、排混合液（出水），能够根据实际需要进行设置，如图9.3所示。

（3）CSTR进水是稳定的，即在一段时间内进水的水质和水量不变。

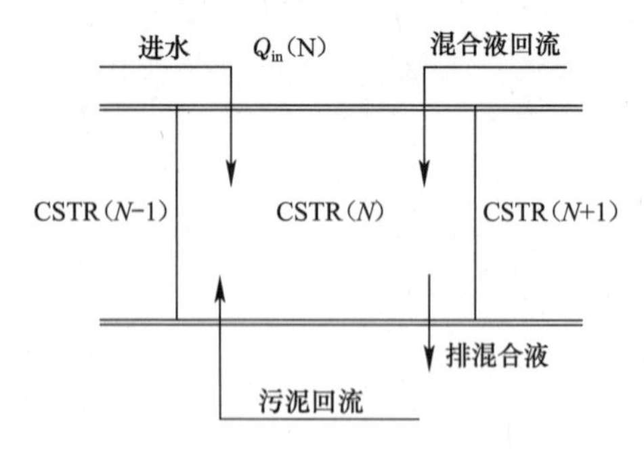

图9.3 单个CSTR的原理

对于N个CSTR反应器，用$i=1, 2, \cdots, N$分别表示，X_j表示第j个组分的浓度，用$d(X_j)/dt$表示生物化学反应引起的第j个组分浓度的变化速度，对每个CSTR建立物料平衡方程如下。

（1）第1个CSTR

浓度变化的量＝进水增加的量＋污泥回流增加的量＋混合液回流增加的量－排混合液减少的量－转移到下一个CSTR减少的量＋生物反应改变的量

$$V\frac{dX_{1,j}}{dt}=Q_{in}(1)X_{in,j}+Q_R(1)X_{R,j}+Q_{MR}(1)X_{MR,j}-Q_{DR}(1)X_{1,j}-Q_O(1)X_{1,j}+VR(X_{1,j}) \tag{9.1}$$

（2）第 i 个 CSTR（$i=2$，3，…，$N-1$）

浓度变化的量=进水增加的量+污泥回流增加的量+混合液回流增加的量−排混合液减少的量+来自（$i-1$）个 CSTR 增加的量−转移到（$i+1$）个 CSTR 减少的量+生物反应改变的量

$$V\frac{dX_{i,j}}{dt}=Q_{in}(i)X_{in,j}+Q_{R}(i)X_{R,j}+Q_{MR}(i)X_{MR,j}-Q_{DR}(i)X_{i,j}-Q_{O}(i)X_{i,j}+VR(X_{i,j}) \tag{9.2}$$

（3）第 N 个 CSTR

浓度变化=进水增加的量+污泥回流增加的量−排混合液减少的量+来自（$N-1$）个 CSTR 增加的量−二沉池出水减少的量+生物反应改变的量

$$V\frac{dX_{N,j}}{dt}=Q_{in}(N)X_{in,j}+Q_{R}(N)X_{R,j}+Q_{MR}(N)X_{MR,j}-Q_{DR}(N)X_{N,j}-Q_{O}(N)X_{N,j}+VR(X_{N,j}) \tag{9.3}$$

9.3 污水处理工艺的水力学特性

9.3.1 进水动态过程的数据获取

动态进水过程的模拟首先需要有相应的数据。进水的水质和水量最好是用在线的自动监测仪器进行测试，并将连续的监测数据进行存储。但对于实际的城市污水处理厂，由于普遍缺乏在线监测仪器，目前还很难连续测量进水流量和水质参数。城市污水与居民生活相关，一般在一日内呈周期性变化。在系统中，可采用一个典型的日变化曲线作为一天数据模拟的基础。根据得到的流量和浓度数据，分析在该日其他时刻的数据，加入到模拟系统中进行计算（图 9.4）。

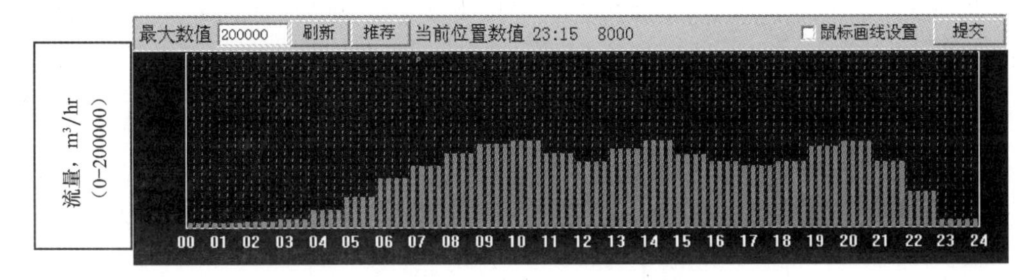

图 9.4 基于日变化曲线模拟的动态进水过程

有在线测试系统的污水处理厂，可以对能够连续测量的参数每 10 分钟为周期读取一组实测值。对于没有在线连续检测条件的一般污水处理厂可以分以下两步走：

（1）每 10 分钟对系统读取进水流量值，作为 HRT 的计算依据；

（2）定期对污水厂初沉池出水 COD 和氨氮作一次 48 小时连续监测以取得污水水质的日变化曲线。一般污水厂每天测一次 COD 和氨氮，例如在上午 9：00。从日变化曲线求出每小时 COD 值和上午 9：00 实测 COD 值的比例关系，将这 24 个值存储起来，以后每天 9：00 测的水质数据用这组比例关系分解为一天不同时刻的 COD 进水值，一个小时以内的 COD 可用差值法计算求得。

由于随着时间的推移污水处理厂的进水水量和水质会发生变化，所以上述方法获得的变化曲线需要定期（如每个月或每个季度）进行校正。

9.3.2　实际污水处理工艺的描述

在对实际污水处理厂的工艺进行模拟时，可以采用多个 CSTR 反应器串联或并联的组合来模拟以下几种常见的活性污泥工艺。

（1）多点进水工艺（图 9.5）

图 9.5 中三点进水的活性污泥法可以设计成三个 CSTR 反应器的串联形式，把每个反应器看作运行于不同工况下的完全混合式反应器，其进水条件各有不同。

（2）反硝化工艺（图 9.6）

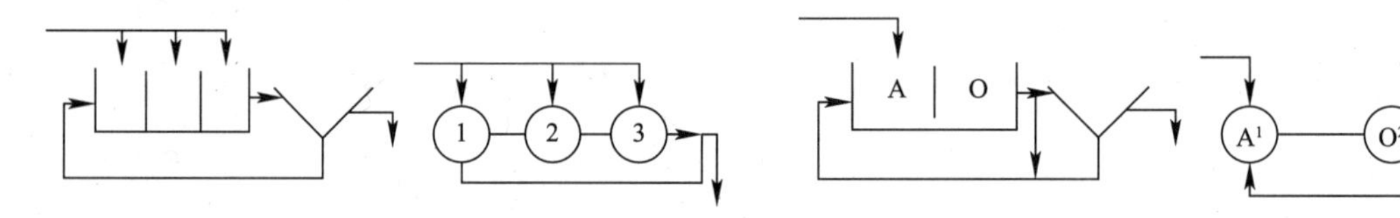

图 9.5　多点进水工艺的模拟方法　　图 9.6　反硝化工艺（A/O 工艺）的模拟方法

带有前置反硝化的活性污泥法可以设计成两个（或多个）CSTR 反应器的串联形式，每个反应器中溶解氧的条件不同。第一个反应器为缺氧反应器，第二个（或更多的）反应器为好氧反应器。

（3）生物脱氮除磷工艺（图 9.7）

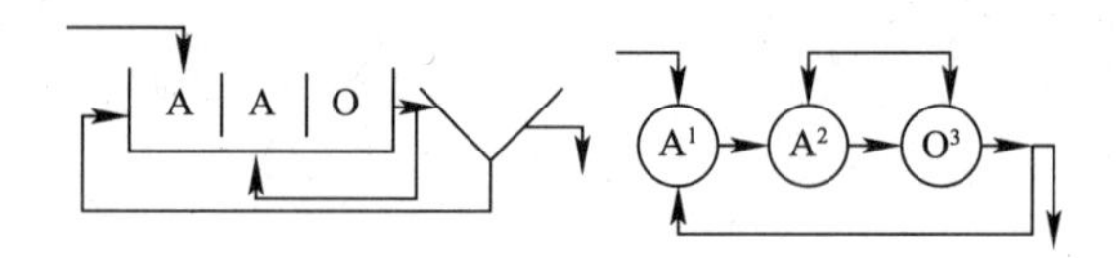

图 9.7　生物脱氮除磷工艺（A/A/O 工艺）的模拟方法

带有厌氧生物除磷和缺氧反硝化的活性污泥法可以设计成三个（或多个）CSTR 反应器的串联形式，每个反应器中溶解氧的条件不同。第一个反应器为厌氧反应器，第二个反应器为缺氧反应器，第三个（或更多的）反应器为好氧反应器。

（4）接触稳定（吸附再生）工艺（图 9.8）

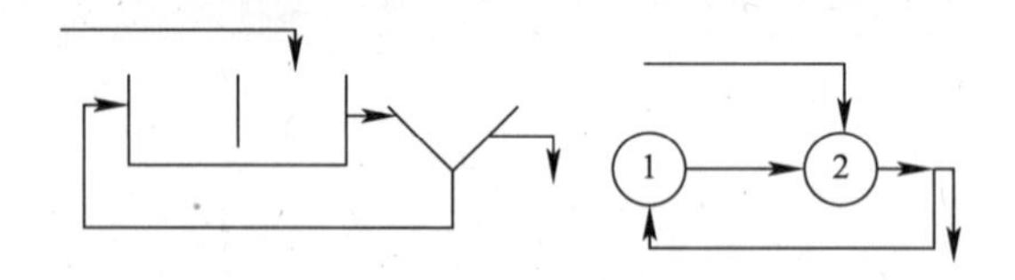

图 9.8　接触稳定工艺的模拟方法

接触稳定（吸附再生）工艺与 AB 法类似，可以设计成两个（或多个）CSTR 反应器的串联形式。第一个反应器以生物吸附为主，第二个反应器为低有机负荷条件下的好氧生物反应器。

9.3.3　回流对反应器水力特性的影响

污水处理设施从进水到出水有一定的停留时间，由于工艺条件的不同，实际停留时间往往并不等于设计的水力停留时间。其中最主要的影响来自进水水量和内外回流量的变化。为了阐述方便，本节将以A/A/O工艺为例，通过理论推导和情景分析，先讨论回流量及回流方式对工艺系统水力学特性的影响，并深入探讨污染物在具有回流的实际污水处理反应器中的传质规律。

9.3.3.1 回流对反应器水力停留时间的影响

1. 水力停留时间（HRT）

HRT是污水生物处理工艺的设计和应用中最为重要的参数之一，其计算方式如式（9.4）所示。

$$HRT = V/Q \tag{9.4}$$

式中：V——反应器的体积；

Q——进入反应器的液相的流量。

在理想情况下，污水处理反应器对污染物的去除效率 E 与污染物的水力停留时间HRT存在如下关系：

$$E = (1 - e^{-KX\cdot HTR}) \times 100(\%) \tag{9.5}$$

其中，E 为去除率，K 为反应常数，X 为生物量浓度，HRT为水力停留时间。

由上式可知，水力停留时间越长，污水处理系统对污染物的去除效率就越高。

2. 回流的影响

在没有污泥回流的反应器中，式（9.4）的物理意义不言自明。但对于A/A/O反应器而言，工艺中外回流和内回流的存在使得式（9.4）中流量的定义变得模糊。从反应器中的实际情况来看，轴向切面上的过流量为进水流量、外回流量和内回流量的三者之和，计算HRT应使用这一总流量。但从反应器总体来看，其输入只有进水流量，外回流和内回流作为内部因素不应该改变系统的整体水力性质，因此计算HRT应使用进水流量。理论上的推导将有助于解释和辨析这两种思路。

为简化说明，推导中的研究对象设定为只具有外回流的反应器和二沉池（外回流比恒定为 R）。对于某一时刻进入反应器的污水（进水流量为 Q），它首次通过反应器和二沉池后，它的一部分作为出水离开处理系统，而其余部分则随回流回到反应器，第二次通过反应器和二沉池，然后再部分被排出、部分继续循环。令 $T=V/Q$（V 为反应器的体积），即为HRT，则第一次通过系统后被排出的水量为 $Q\cdot\frac{1}{1+R}$，这部分水量在反应器中的停留时间为$\frac{V}{Q\cdot(1+R)}$，即 $T\cdot\frac{1}{1+R}$；第二次被排出的水量为 $Q\cdot\frac{R}{1+R}\cdot\frac{1}{1+R}$，这部分污水在反应器中的停留时间一共为 $T\cdot\frac{1}{1+R}\cdot 2$；第 n 次被排出的水量为 $Q\cdot\left(\frac{R}{1+R}\right)^{n-1}\cdot\frac{1}{1+R}$，这部分污水在反应器中的停留时间一共为 $T\cdot\frac{1}{1+R}\cdot n$。

定义进水 Q 在系统中的平均停留时间为 T_Q，则

$$T_Q = \left(\frac{1}{1+R}\times T\cdot\frac{1}{1+R}\right) + \left(\frac{R}{1+R}\cdot\frac{1}{1+R}\times T\cdot\frac{1}{1+R}\cdot 2\right) + \cdots + \left[\left(\frac{R}{1+R}\right)^{n-1}\cdot\frac{1}{1+R}\times T\cdot\frac{1}{1+R}\cdot n\right] \tag{9.6}$$

即，

$$T_Q = T \cdot \left(\frac{1}{1+R}\right)^2 \times \left[1 + \frac{R}{1+R} \cdot 2 + \cdots + \left(\frac{R}{1+R}\right)^{n-1} \cdot n\right] \tag{9.7}$$

对其进行简化，式（9.6）-式（9.7）$\times\frac{R}{1+R}$，得，

$$T_Q \cdot \frac{1}{1+R} = T \cdot \left(\frac{1}{1+R}\right)^2 \cdot \left[\frac{1-\left(\frac{R}{1+R}\right)^n}{1-\left(\frac{R}{1+R}\right)} - \left(\frac{R}{1+R}\right)^n \cdot n\right] \tag{9.8}$$

考虑到$R>0$，$0<\frac{R}{1+R}<1$，当n趋向于无穷时，$\frac{1-\left(\frac{R}{1+R}\right)^n}{1-\left(\frac{R}{1+R}\right)} - \left(\frac{R}{1+R}\right)^n \cdot n$等于$1+R$。因此，由式（9.8）可得污水$Q$在反应器中的平均停留时间$T_Q=T$。

由上述推导可知，污水在反应器中的平均停留时间与污泥回流比无关，其大小等于不考虑回流时的水力停留时间计算值（V/Q）。但是，回流的存在使得进水Q在反应器中的停留过程被分散到污泥回流形成的多次循环中。

9.3.3.2 有回流反应器中的污染物传质过程[6]

上节的研究对象是反应器的污水流量，未涉及去除反应。因此，如果进水中存在惰性的示踪物质，则该物质在反应器中的停留时间等于反应器的水力停留时间。或者可以认为，存在回流的反应器中，HRT表征的是进水（或进水中的惰性物质）在反应器中的停留时间。但是，实际污水处理反应器中必然存在污染物的降解过程。在此前提下，水力停留时间这一概念是否能够描述污染物在具有回流的反应器中的传质过程，需要进一步进行研究。

设反应器的进水流量恒定为Q，回流比为R，水力停留时间为$T(=V/Q$，V为反应器体积）。为了更为清晰地说明问题，假设反应器仅在某一时刻的进水中含有某污染物（浓度为C_0），其余时间内的进水中均不含此污染物。以这一时刻进水中含有的污染物为研究对象，研究污染物在具有回流的反应器中的停留时间，可作如下推导。

污水首次进入反应器并与回流液（不含污染物）混合后，反应器首端的污染物浓度为$C_1=C_0 \cdot \frac{1}{1+R}$。如果反应器对污染物的去除率为$\eta$，则进水在首次通过反应器内后，污染物浓度为$C_1 \cdot (1-\eta)$。首次通过后未被降解的污染物中，一部分（流量为$Q$）将随出水离开反应器，而另一部分（流量为$RQ$）则将随着回流污泥回到反应器中第二次通过反应器。如考察该污染物在反应器中首次通过的过程，可以认为，进水中的污染物（$C_1 \cdot (1+R)Q$）中，除了将随着回流污泥第二次进入反应器的部分（$C_1(1-\eta) \cdot RQ$）之外，其余部分（C_1Q（$1+R\eta$））仅在反应器中通过了一次，停留时间为$\frac{V}{Q \cdot (1+R)}=T \cdot \frac{1}{1+R}$。

对于通过污泥回流第二次进入系统的污染物$C_1(1-\eta) \cdot RQ$，其与后继进水（不含污染物）混合后的浓度为$C_2=C_1 \cdot (1-\eta) \cdot \frac{R}{1+R}$。当这部分污染物到达反应器出口时，出水中的污染物浓度为$C_2 \cdot$（$1-\eta$）。同上，可以认为第二次进入反应器的污染物（$C_2 \cdot (1+R)$ Q）中，除了将随着回流污泥第三次进入反应器的部分（$C_2(1-\eta) \cdot RQ$）之外，

其余部分（C_2Q（$1+R\eta$））在反应器中共通过了两次，停留时间为 $T \cdot \frac{1}{1+R} \cdot 2$。

采用数学归纳法，对于第 n 次进入系统的污染物，可认为 C_nQ（$1+R\eta$）的污染物在反应器中的停留时间为 $T \cdot \frac{1}{1+R} \cdot n$，其中

$$C_n = C_{n-1} \cdot (1-\eta) \cdot \frac{R}{1+R}(n=2,3,\cdots) \tag{9.9}$$

如果将进水中的污染物在反应器中的总停留时间定义为污染物停留时间（Pollutant Retention Time，PRT），综合上述各式可以得到

$$\mathrm{PRT} = \left[\frac{C_1 \cdot Q \cdot (1+R \cdot \eta)}{C_0 \cdot Q} \times T \cdot \frac{1}{1+R}\right] + \cdots + \left[\frac{C_n \cdot Q \cdot (1+R \cdot \eta)}{C_0 \cdot Q} \times T \cdot \frac{1}{1+R} \cdot n\right] \tag{9.10}$$

将式 9.9 代入式 9.10 可以得到：

$$\mathrm{PRT} = \left[\frac{1+R \cdot \eta}{1+R} \times \frac{T}{1+R}\right] + \left[\frac{(1+R \cdot \eta) \cdot (1-\eta) \cdot R}{(1+R)^2} \times \frac{T \cdot 2}{1+R}\right] + \cdots + \left[\frac{(1+R \cdot \eta) \cdot (1-\eta)^{n-1} \cdot R^{n-1}}{(1+R)^n} \times \frac{T \cdot n}{1+R}\right] \tag{9.11}$$

对比式（9.6）和式（9.11）可以发现，考虑去除效率 η 后产生的污染物停留时间 PRT 的概念与反应器的水力停留时间 HRT 的概念有显著的区别。从原理上看，η 的存在使得随回流污泥回到反应器中的污染物的量明显减少，改变了污染物在各次循环过程中的分布比例，从而导致了总的停留时间的变化。随着 η 值的提高，各次回流中的污染物的量将逐渐减少，导致 PRT 将逐渐逼近 $T/(1+R)$，即污染物首次通过反应器所需的时间。前述研究中，为了考察实际反应器（η 值通常较大）中的污染物传质规律，正是以设置回流中不含示踪物质的方法实现了对污染物首次通过反应器各位置所需的时间的分析。

还可以给公式中的参数赋以常见值，通过计算从数值上比较 PRT 与 HRT 的差异。例如，考虑到正常运行的污水处理工艺的氨氮去除率在 80% 以上，令 $\eta=80\%$，则式（9.11）中等式右端第一项可算得为 $91.4\% \times \frac{T}{1+R}$，第二项为 $7.8\% \times \frac{T \cdot 2}{1+R}$，第四项起均基本接近于 0，因此 PRT 约为 $109.4\% \times \frac{T}{1+R}$。如果外回流比 $R=75\%$，则 PRT 约为 $62.5\%T$，即只有 HRT 的 5/8。

实际的污水处理过程中，去除污染物的生物反应是客观存在的，因此污染物在反应器中的停留时间必然不同于反应器的水力停留时间。如前所述，HRT 考察的是液体在反应器中的迁移过程，可以等效为惰性物质在反应器中的污染物停留时间，相当于只考虑了污染物在反应器中随液体的传质过程，而未将传质与反应联合考虑，因此不适合于描述涉及生物反应的实时过程，但是可以用于污水处理工艺的静态设计。在为 A/A/O 工艺建立前馈控制策略时，必须考虑进水负荷在进入反应器后，经过多久、有多少污染物的量到达反应器的某一位置，因此必须使用污染物停留时间的概念描述污染物在具有回流的反应器中传质和反应过程。

需要说明的是，由于推导过程中假设污染物每次通过反应器的去除率均为 η，因此式（9.11）并非 PRT 的精确表达，主要作用为说明 PRT 的含义。事实上，推导过程中为了

说明问题，假设反应器第二次循环的进水中不再含有污染物，此时第二个循环中反应器首端的污染物浓度 C_2 较第一个循环中的首端浓度 C_1 显著降低，使得 η 也有所降低。但实际污水处理工艺的进水中必然含有浓度连续变化的污染物（这并不影响针对某特定时刻进水中的污染物的分析过程），反应器首端的污染物浓度将较为稳定，因而 η 值不会迅速发生大幅变化。

这里值得注意的是，由于上述推导是以回流存在条件下污染物每次通过反应器的过程为分析单位，推导中忽略了反应器中不同位置的去除效率的差别，而仅给出污染物单次通过的总去除效率，因此得到的是 PRT 的宏观表述。更为精确的分析应以反应器中的微元为分析对象，根据该微元所在位置的污染物浓度计算反应速率、得到微观去除效率，并结合该位置的流速计算微观 PRT，最后积分得到实际 PRT。但这一方法过于复杂，往往会受到实验条件和计算方法的限制，而实际反应器可以等效为若干个完全混合反应器的串联系统，其内部各处的去除效率可视为相同的，因此宏观层次 PRT 的推导和计算能够用于描述污染物在全尺寸污水处理反应器中的传质过程。

对于实际 A/A/O 工艺，内回流对于污染物在反应器内的停留时间的影响同外回流相似，不再重复论证。考虑施加控制后工艺对污染物的去除效率通常较高（大于 90%），此时 PRT 非常接近于污染物首次通过反应器所需时间。为了便于计算，在研究 A/A/O 工艺的控制策略时，可使用下式计算各种条件下污染物首次到达好氧区特定断面所需时间的数值，用来近似表征相应的 PRT 值。

$$\mathrm{PRT}=\frac{V_{\mathrm{ANA}}}{Q+Q_{\mathrm{ext,recycle}}}+\frac{V_{\mathrm{ANO}}+V_{\mathrm{O}}}{Q+Q_{\mathrm{ext,recycle}}+Q_{\mathrm{int,recycle}}} \tag{9.12}$$

式中：V_{ANA}——厌氧区体积；

V_{ANO}——缺氧区体积；

V_{O}——好氧区进水断面和目标断面之间的体积；

$Q_{\mathrm{ext,recycle}}$——外回流量；

$Q_{\mathrm{int,recycle}}$——内回流量。

实际的污水处理厂会根据其设计的工艺特点和对出水水质的要求，在运行时设置不同的回流比，回流包括为保持生物量从二次沉淀池到曝气池的污泥回流和为实现反硝化从曝气池末端到缺氧池的内回流。当进水负荷（水质和水量）发生变化后，经过一段时间的水力延迟，该变化的影响将在出水的水质参数中表现出来。由于污泥回流和混合液回流增强了处理系统的混合，该水力延迟的时间会发生变化，而且随着总回流比的增加，水力延迟的时间会缩短。例如以氨氮为指标，采用 Benchmark 模型的标准进水负荷（旱季）的日进水曲线如图 9.9 所示。图中对于浓度、流量和负荷均采用了“归一化”处理，图中显示的是相对于平均值的“相对值”。

当处理系统的污泥回流比为 30%，且没有内回流时，水力延迟的时间为 4h（图 9.10）。当污泥回流比增加到 100%时，水力延迟的时间缩短为 3h（图 9.11）。

由回流引起的水力延迟影响，一般可以通过在污水处理厂的实测获得。对于同一个污水处理厂，一定的回流比产生的水力延迟影响应该是一个相对稳定的值。图 9.12 给出了某污水处理厂实测的水力延迟时间。该厂污水生物处理系统的设计水力停留时间为 11h，在污泥回流比为 50%，内回流比为 200%时测得的水力延迟时间为 6h。

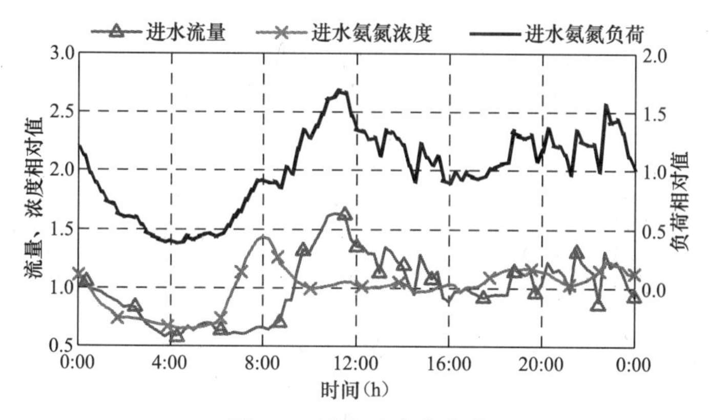

图 9.9 进水日变化曲线

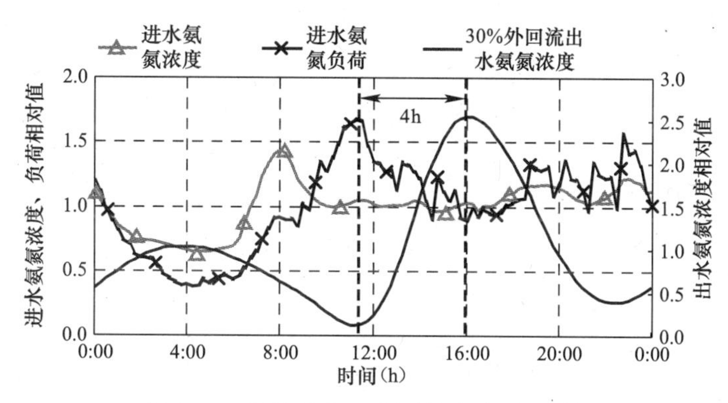

图 9.10 回流比为 30%时的水力延迟时间

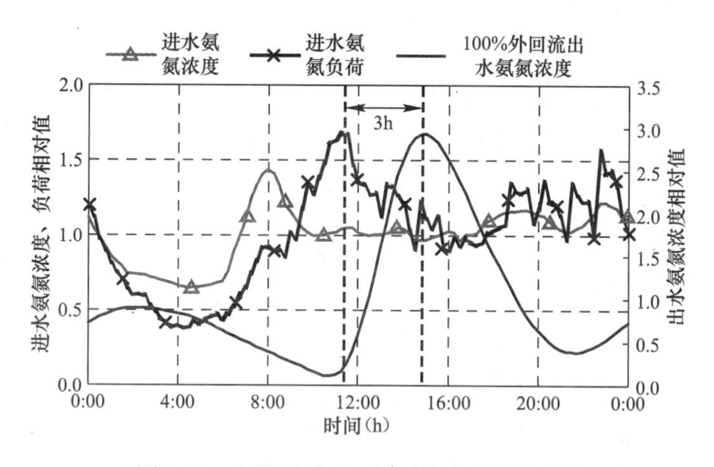

图 9.11 回流比为 100%时的水力延迟时间

9.3.4 进水流量变化对传质的影响

上述讨论都是在假设进水流量稳定不变的前提下得到的。然而实际的污水处理厂的进水流量很难保持稳定，这使得进水中的污染物在反应器中的传质总处于不断变化的过程中。考虑到目前污水处理工艺的设计参数和运行条件多为静态条件下的计算结果，对A/A/O工艺中这一动态变化过程中的传质特性的讨论将有助于优化工艺的设计与运行，同时必然能够提高控制策略的准确性。

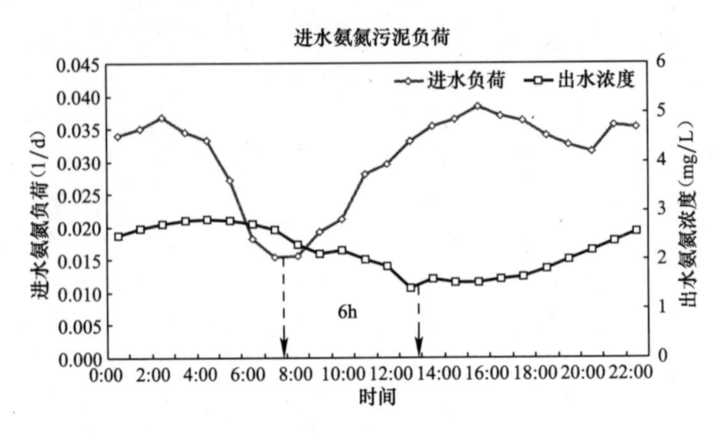

图 9.12 某污水处理厂实测的水力延迟时间

9.3.4.1 进水流量变化对水力停留时间的影响

某污水处理厂的 A/A/O 反应器宽 9m，有效水深 6.5m，通过隔墙将三个串联的廊道划分为厌氧、缺氧和好氧三个区域。厌氧区长 25.9m，缺氧区长 81m，好氧区长 178m。进水流量的时变化规律如图 9.13 所示。

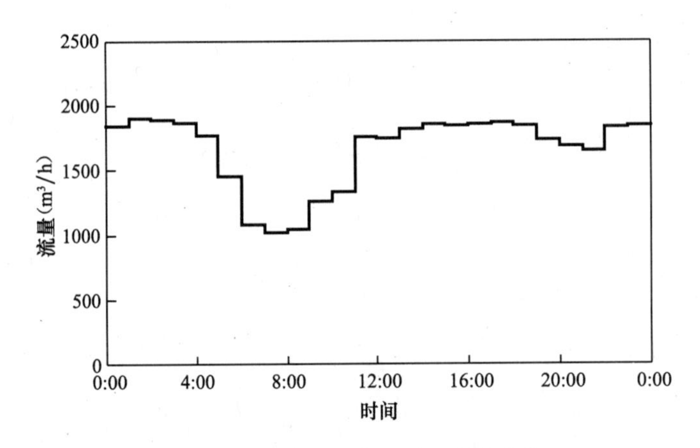

图 9.13 某污水处理厂进水流量变化

实际的污水处理过程中由于进水流量不断地变化，因此在不同时刻进入反应器的进水的水力停留时间往往不等于设计水力停留时间，而是随着进水流量的变化不断改变。由于水力停留时间与污染物的去除效率密切相关（式（9.5)），因此这种变化将导致处理工艺的污染物去除效率的波动。然而对于 HRT 的改变影响去除效率的研究通常局限于小试实验尺度，并且多数研究仅针对反应器在不同进水流量条件下达到稳态后的特征进行分析和比较。这种研究方法是污水处理工艺稳态设计思想的延续，难以反映污水处理反应器的动态特性，无法对工艺的优化运行提供指导。本节中将基于反应器理论以 A/A/O 工艺为例研究水力停留时间在进水流量时变化条件下的变化规律，并分析这一动态变化对污水处理工艺去除效率的影响。

实际反应器中流体的水力特性相当复杂。为了简化推导过程，对反应器及其内部的流体作以下假设：

（1）反应器体积恒定。实际反应器在水平方向上的面积一定，但水深往往不会维持在某个确定值，而是会随进出反应器的流体的流量变化而有所变动。尽管如此，实地观察发现，反应器液位的变化通常只有 10～20cm。相对于实际反应器一般情况下的深度（5～7m），这种变化可以忽略，认为水深是一定的。因此，反应器的体积也可以认为是定值。在这一条件下，可以认为在任一时刻流入和流出反应器的流量都是相等的。

（2）流动仅发生在推流方向。由于实际的污水处理反应器的长宽比通常较大，其性质较为接近于典型的推流反应器，污染物在其中的宏观传质主要发生在推流方向上；另一方面，运行控制中通常更为关心污染物在轴向方向上的移动，因此本节的讨论中忽略流体在过流断面内的速度差异，认为其只在推流方向发生一维的流动。

基于以上两点假设可以断定：在任一时刻，反应器内部在推流方向上的流速仅由此时刻进入反应器流体的流量决定。当进水流量不断变化时，反应器内流体的流速也随之相应改变。

因此，当进水流量 Q 随时间变化（Q_t）时，由于反应器的 HRT 与污泥回流无关（参见 9.3.3.1 节论述），K 时刻进入反应器的流体微元的水力停留时间 HRT_K，与过流断面的面积 A 及反应器长度 L 应有如下关系：

$$\int_{K}^{K+HRT_K} \frac{Q_t}{A} \cdot dt = L \tag{9.13}$$

即 K 时刻的流体微元在进水流量变化的情况下作定向变速运动，当其移动距离等于反应器长度时所经历的时间为其在反应器中的水力停留时间。

式（9.13）也可变换为

$$\int_{K}^{K+HRT_K} Q_t \cdot dt = V \tag{9.14}$$

其中，V 为反应器的体积。

基于式（9.14）可以借助流量随时间变化的函数 Q_t 计算不同时刻进水的停留时间。以时刻 K 作为零点，当累积进水流量等于反应器体积时，经历的时间为 K 时刻进水的 HRT。

当进水流量如图 9.13 所示时，按式（9.14）可以计算获得每个整点时刻进入 A/A/O 反应器的进水在厌氧、缺氧和好氧三个反应区的停留时间，结果如图 9.14 所示。

图 9.14 中，自下而上的三根水平虚线分别代表污水在厌氧段、厌氧＋缺氧段、厌氧＋缺氧＋好氧段的设计水力停留时间（1h、4h、10.6h）。该图所示的结果与常规意义上的水力停留时间有两点显著区别：第一，由于进水流量的动态变化，不同时刻进入反应器的污水在 A/A/O 反应池中的各个不同区域中的水力停留时间各不相同，且与设计水力停留时间有显著的差别。第二，尽管直接用式（9.4）（通常使用的方法）也可以计算不同时刻进水的停留时间，但该种算法得到的结果与图 9.14 所示结果并不相同。例如 7:00 进水流量达到最低值，根据式（9.4）这一时刻进水的 HRT 应该最大。但图 9.14 中，该时刻进水的总停留时间（11.2h）却比 04:00 时刻进水的停留时间（11.9h）短了 0.7h。出现这一差异的主要原因在于，根据式（9.14），某时刻的进水微元的 HRT 不仅受这一时刻的进水流量影响，还受到后继时间内进水流量的影响，进水流量的改变会导致该进水微元在轴向上的流速发生变化，造成 HRT 的改变。至此可以发现，式（9.4）计算 HRT 时仅仅考虑进水时刻的流量，其前提是基于进水流量恒定不变的稳态条件。但这一前提在实际

污水处理过程中并不适用，因此式（9.4）无法给出进水流量动态变化条件下的 HRT 值，应采用式（9.14）进行计算。

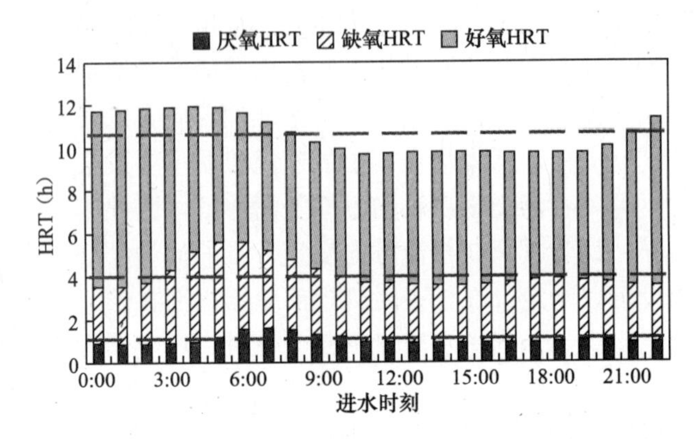

图 9.14 不同时刻进入系统的污水在各反应器内的停留时间

进一步考察不同区域的 HRT。图 9.14 中，8：00 和 22：00 时进水的总 HRT 与设计值近似相等，但这两个时刻的进水在厌氧、缺氧和好氧区的停留时间却与设计值存在明显差异。相对于设计 HRT，8：00 进水的厌氧停留时间增长了 50%，缺氧停留时间增长 10%，好氧停留时间减少 9%；22：00 进水的厌氧停留时间减少了 10%，缺氧停留时间减少 10%，好氧停留时间增加 8%。这一比较补充说明，当研究对象从 A/A/O 反应器转换为厌氧、缺氧和好氧分区时，由于研究对象的容积减小，进水流量变化造成的停留时间差异更为显著。从数值上看，一天内厌氧段最小停留时间为 0.87h，而最大值则为 1.62h；对于缺氧段来说，最小和最大停留时间分别为 2.63h 和 4.44h；好氧段水力停留时间的范围在 5.87～8.24h。每个区域的 HRT 差别不仅会对区域内的主要反应（厌氧释磷反应、缺氧反硝化反应、好氧硝化反应及有机物氧化反应等）的效率产生影响，不同分区 HRT 的组合更将使得 A/A/O 工艺的处理效果变得复杂多样。

基于以上分析，进水流量的日内时变化将导致 HRT 发生动态变化，进而影响 A/A/O 工艺中各生物反应过程的效率。在设计污水处理反应器的几何尺寸和运行条件时，如果能考虑到进水流量的动态变化及其影响，相比于依据静态条件的设计必然能够提高反应器的去除效率和实现节能降耗。

9.3.4.2 进水流量变化对污染物停留时间的影响

使用 CFD 模拟示踪实验分析进水流量变化条件下污染物停留时间的变化。模拟中，进水流量的变化遵从图 9.13 所示的实际规律。于 t 时刻起提高进水中的示踪剂浓度，$t+1$（h）时刻起恢复示踪剂浓度为 0，监测 t 至 $t+6$（h）间出水断面的示踪剂浓度，根据示踪实验的液龄分布函数可以计算得到示踪剂在反应器内的平均停留时间。由于模拟中的回流不含示踪剂，因此该平均停留时间等于污染物在反应器内首次通过所用的时间，亦即前文所述的污染物停留时间的近似值。

与水力停留时间不同，回流量的大小对于污染物停留时间有影响（式（9.12））。进水流量稳定时，定回流比和定回流量（即回流量和进水流量之比保持定值）的效果相同。但进水流量动态变化时这两种回流的控制方式将产生差别，因此分别讨论内、外回流定量和定比条件下的污染物停留时间的变化。

(1) 定量回流

图 9.15 显示了内外回流均维持定值（3124.8m³/h，1562.4m³/h）条件下的污染物停留时间（PRT）的日内变化。作为比较，图中也一并显示了根据式（9.14）计算得到的不同时刻进水的水力停留时间（HRT）。

图 9.15 中，各个整点时刻进水的 PRT 都大幅低于其 HRT，这主要是由于回流的存在造成的。式（9.14）在计算理论水力停留时间时使用的是进水流量；PRT 则是基于反应器内的实际过流总流量计算得到的。本例中，除进水外，反应器中更有与进水流量等值的外回流以及 2 倍于进水流量的内回流，因此反应器内的实际轴向流量远高于进水流量。由于使用的是进水中的污染物在反应器中的首次穿越时间近似表征 PRT，因此高过流流量必然导致低 PRT。

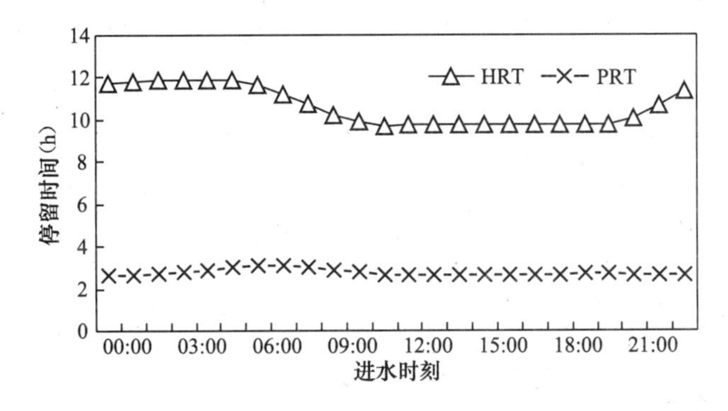

图 9.15 进水流量动态变化条件下的 HRT 和 PRT

图 9.15 中 PRT 曲线和 HRT 曲线的另一个显著区别在于 HRT 曲线的振幅较大，而 PRT 则始终维持在 2h 附近，这一区别同样是内外回流的存在造成的。虽然进水流量在 1000～2000m³/h 的范围内波动，但内、外回流量都维持定值，且回流量是进水流量平均值的三倍，因此反应器内的总流量较为稳定，并未随进水流量产生明显的波动，依据式（9.12）所示的近似值计算公式易估算 PRT 不会有较大变化。这一模拟结果进一步表明，对于内外回流维持定量的 A/A/O 工艺，进水中的污染物到达反应器内各个位置的时间近似相等，在建立控制策略时可近似忽略进水流量变化造成的控制时序差异。

(2) 定比回流

图 9.16 显示了不同回流方式下污染物停留时间的变化曲线。其中，A 方式为内、外回流量都维持为定值（3124.8m³/h，1562.4m³/h）；B 方式为内回流维持定量（3124.8m³/h），外回流与进水的比设定为 100%；C 方式为外回流维持定量（1562.4m³/h），内回流与进水的比设定为 200%。

图 9.16 中，B、C 两种回流方式下不同时刻进水的 PRT 的数值接近，A 方式的 PRT 变化规律与 B、C 相似，但在 4:00～7:00 的范围内较两者减少了约 30min。由于 4:00 起进水流量大幅降低，如回流保持定比控制，则回流量也将大幅降低。这种情况下，式（9.12）中的总过流流量也将显著减少，因此 PRT 便会增长；而 A 方式中内、外回流均保持定值，总流量降幅较小，因此 PRT 不会显著提升。

上述模拟结果表明，采取固定流量的回流控制方式能够较好地抑制进水流量变化带来的波动；而固定回流比控制条件下，在低进水流量时段内污染物在反应器中的停留时间将有所增长，并进一步使工艺的去除效率得到提高。以 C 方式为例（污水处理厂为了保持二沉池的水力条件稳定通常设定外回流量稳定，而使内回流量跟随进水流量定比例变化以更好地进行反硝化），如果均值 PRT（166min）条件下的去除率为 80%，根据式（9.5）可以推算得图 9.16 中最小 PRT（152min）条件下的去除率为 77%，而最大 PRT（207min）条件下的去除率将达到 87%，如图 9.17 所示。

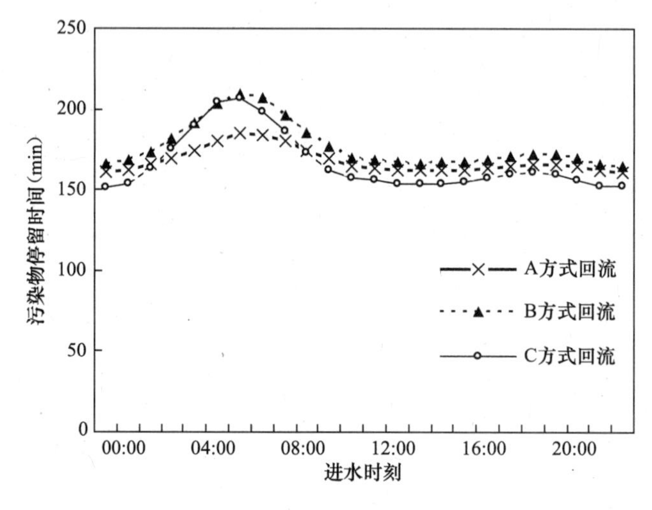

图 9.16　不同回流控制方式下 PRT 的日内变化

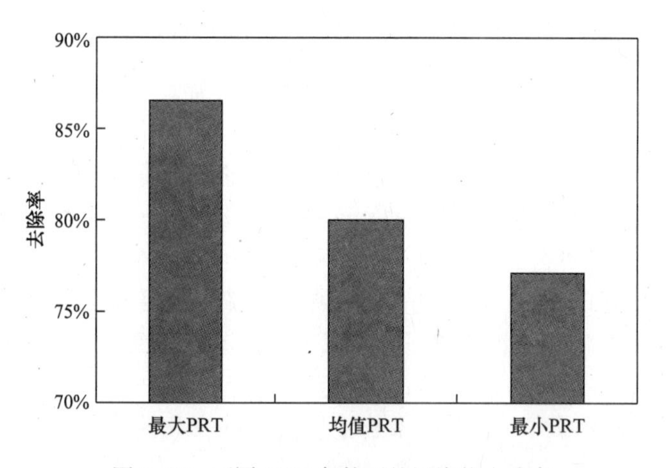

图 9.17　不同 PRT 条件下的污染物去除率

在不同的去除率条件下，系统的曝气量如维持不变将有可能导致供气不足或过量。因此，在建立控制策略时需根据变化的进水负荷动态调整控制参数，匹配污染物停留时间的改变，从而实现精确高效的运行控制。

9.4　ASM 模型的计算

根据污水生物处理系统运行时进水和处理工艺参数的变化，可以将污水生物处理系统的运行状态划分为三种不同的情况[7]：第一种情况是进水的流量、组成、组分的浓度以及各工艺参数都不随时间变化，这种状态称为“稳态”。第二种情况是进水的流量、组成、组分的浓度以及处理工艺各参数中，有些参数不随时间变化，其他参数随时间呈周期性变化，这种情况称为“动态”。第三种情况是进水和处理工艺中各参数随时间变化没有一定的规律，这种情况被称为“随机状态”。

根据污水生物处理系统运行时设施内污水和出水中各组分的浓度变化情况，可以将污水生物处理系统的运行状态划分为稳态和非稳态两种情况。稳态是指处理设施内污水和出水中各组分的浓度不随时间变化。实际应用中，可将稳态近似定义为在一定时间内处理设施内污水和出水中每一种组分的浓度变化都小于一定的范围。例如，可将颗粒态各组分浓度变化小于1%和溶解态各组分浓度变化小于0.1gCOD/m^3 时的污水处理系统视为稳态。非稳态是指处理设施内污水和出水中组分的浓度随时间而变化。非稳态中有一种特殊的情况，即处理设施内污水和出水中组分的浓度呈周期性变化，这种情况可以称为“半稳态”。半稳态在实际应用中也可近似定义为在某一时段内处理设施中污水和出水各组分的浓度变化都小于一定的范围。

以上根据不同的标准对污水生物处理系统的运行状态进行了分类。一般来说，当进水和工艺条件不随时间变化时，经过一定时间以后，最终处理设施内污水和出水中各组分的浓度将不随时间变化，即达到稳态。当进水和工艺条件随时间周期变化时，经过一定时间以后，最终处理设施内污水和出水中各组分的浓度将随时间周期变化，即半稳态；当进水和工艺条件的变化没有规律时，处理系统不可能达到稳态。

以上的分类和分析表明，污水生物处理系统各种不同的状态不可能用完全相同的数学方法进行模拟。表9.1给出了对各种状态进行模拟可能采用的数学方法。

污水生物处理系统运行状态的分类 **表9.1**

入流和工艺条件	处理设施内污水和出水	模拟的数学方法
不随时间变化，稳态	不随时间变化，稳态	解非线性方程组和线性方程组
同上	随时间变化，非稳态	给出工艺初始状态、时间，解微分方程组
随时间周期变化，动态	随时间周期变化，半稳态	插值、解微分方程组
同上	不随时间周期变化，非稳态	插值、工艺初始状态、时间，解微分方程组
没有规律，随机状态	没有规律，非稳态	工艺初始状态、时间解微分方程组

9.4.1 稳态求解及初值确定

当入流和工艺条件不随时间变化时，生物处理系统运行一定时间以后，处理设施内的污水和出水中各组分的浓度保持不变（或者只在很小的范围内变化），处理系统处于稳态。实际系统中一般不存在绝对的稳态运行状况，但是研究污水处理厂的长期行为时，往往取平均值作为稳态数据，以便考察污水处理厂的稳态运行结果。这种方法一般用于污水处理厂的设计或者动态计算的初值确定。

在稳态时，将ASM模型应用于活性污泥处理系统，对处理系统内的各种组分进行物料衡算，可以得到一个非线性方程组，解此非线性方程组可以得到活性污泥处理系统在一定条件下的各组分和参数的数据。

对于这种由物料平衡产生的非线性方程组，可以有许多实际解法。首先，可尝试得到方程组的解析解。解析解具有计算速度快、便于手算等优点，因此能够得到解析解是最简便的。但实际上，使用像ASM这样复杂的数学模型获得的物料平衡方程组，一般得不到解析解。其次，可以从求解非线性方程组的一般方法中寻找合适的方法。这种方法由于存在严格的条件，对于具体的非线性方程组是可行的。但在对活性污泥法进行一般模拟计算时，由于不可能对每个具体的非线性方程组都寻找一种具体的解法，因此不可能采用。最后，从建立方程组的物理意义上看，可将求解上述物料平衡非线性方程组转化成求解微分方程组。微分方程在给定初值条件下，当时间量 t 取足够大时，可以得到稳态的近似解。

用这种方法求稳态的近似解时，通常会遇到一些技术问题。这是因为对于不同的初值，计算到近似稳态所花的时间有很大差异。为了获得较快的计算速度，可采用以下方法：

（1）设法获得非常接近初值的稳态解，并且花费很少的时间；

（2）选用较大的可行的计算步长；

（3）减少模拟计算方程组的个数。

对于活性污泥模型来说，稳态时惰性颗粒物、内源惰性产物和碱度的物料平衡方程是线性的，采用分别解线性方程组的解法具有更快的速度。

由于模拟计算求稳态解时，不同的初值会影响计算速度。因此需要有简便的方法获得好的初值。以ASM1为例，为了获得一组好的初值，而又花费较少的计算时间，可以假设工艺中各反应器内氧的浓度或某些基质的浓度远大于它们的饱和常数，这样可以简化模型的过程速率表达式。简化后的过程速率表达式如下。

$$\rho_1 = u_{\mathrm{H}}\left(\frac{S_{\mathrm{S}}}{K_{\mathrm{S}}+S_{\mathrm{S}}}\right)\left(\frac{S_{\mathrm{O}}}{K_{\mathrm{O,H}}+S_{\mathrm{O}}}\right)X_{\mathrm{B,H}}$$

$$\rho_1 = \mu_{\mathrm{H}}\left(\frac{S_{\mathrm{S}}}{K_{\mathrm{S}}+S_{\mathrm{S}}}\right)X_{\mathrm{B,H}}(S_{\mathrm{O}} \gg K_{\mathrm{O,H}}) \tag{9.15}$$

$$\rho_2 = 0 \tag{9.16}$$

$$\rho_3 = \mu_{\mathrm{A}}\left(\frac{S_{\mathrm{NH}}}{K_{\mathrm{NH}}+S_{\mathrm{NH}}}\right)X_{\mathrm{B,A}} \tag{9.17}$$

$$\rho_4 = b_{\mathrm{H}}X_{\mathrm{B,H}} \tag{9.18}$$

$$\rho_5 = b_{\mathrm{A}}X_{\mathrm{B,A}} \tag{9.19}$$

$$\rho_6 = k_{\mathrm{a}}S_{\mathrm{ND}}X_{\mathrm{B,H}} \tag{9.20}$$

$$\rho_7 = k_{\mathrm{h}}X_{\mathrm{B,H}} \tag{9.21}$$

$$\rho_8 = \rho_7(X_{\mathrm{ND}}/X_{\mathrm{S}}) \tag{9.22}$$

仅作以上简化，对于由几个反应器串联而成的活性污泥工艺来说，仍然需要求解一个复杂的方程组。由于模型已经简化，花时间去计算这样一个方程组意义很少。因此可以再将复杂的工艺简化成图9.18的形式作为求初值的工艺模型。此处好氧池为完全混合反应器。

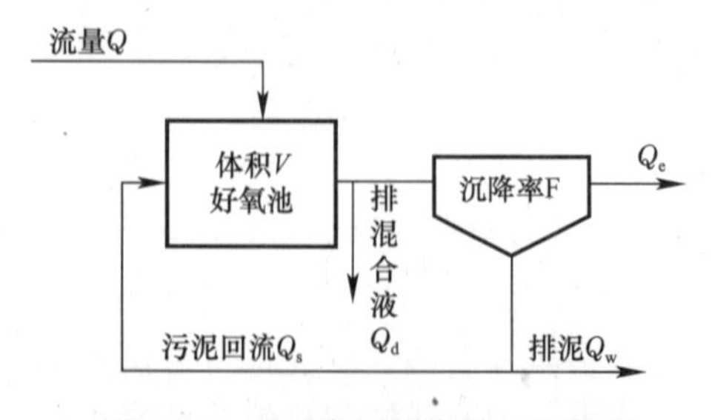

图9.18　用于求解初值的工艺模型

图9.18中反应器的体积为 V、污泥回流量为 Q_s、混合液排放量为 Q_d，剩余污泥排放量为 Q_W 和入流污水流量为 Q，这些量分别由实际工艺中的相关量相加得到。对于有 n 个反应器的工艺有：

$$V = V_1 + V_2 + \cdots V_i + \cdots + V_n$$
$$Q = Q_1 + Q_2 + \cdots Q_i + \cdots + Q_n$$
$$Q_d = Q_{d1} + Q_{d2} + Q_{di} + \cdots + Q_{dn}$$
$$Q_s = Q_{s1} + Q_{s2} + \cdots Q_{si} + \cdots + Q_{sn}$$
$$\cdots\cdots$$

式中：V_i，Q_i，Q_{di}，Q_{si}分别表示工艺中第i($i=1，2，\cdots n$）个反应器的体积、入流污水流量、混合液排放和回流污泥流量。

接下来求解物料平衡方程。根据简化后的ASM1模型和工艺模型，分别对反应器中的各组分进行物料平衡，可得一组方程。求此方程组的解析解，可以获得初值的估算方法。

（1）异养菌物料平衡

$$QX^0_{B,H} + \left[\mu_H\left(\frac{S_S}{K_S + S_S}\right) - b_H\right]VX_{B,H} + K_1 X_{B,H} - QX_{B,H} = 0 \tag{9.23}$$

式中：$K_1 = \frac{Q_E F Q_S}{Q_S + Q_W}$

假设通常异养菌在进水中很少，故可忽略它。由异养菌的物料平衡方程可得：

$$S_S = \frac{(b_H V + Q - K_1) \times K_S}{\mu_H V - b_H V - Q + K_1} \tag{9.24}$$

（2）自养菌的物料平衡

$$QX^0_{B,A} + \left[\mu_A\left(\frac{S_{NH}}{K_{NH} + S_{NH}}\right) - b_A\right]VX_{B,A} + K_1 X_{B,A} - QX_{B,A} = 0 \tag{9.25}$$

假设通常自养菌在进水中也很少，故也可忽略它。由自养菌的物料平衡方程可得：

$$S_{NH} = \frac{(b_A V + Q - K_1) \times K_{NH}}{\mu_A V - b_A V - Q + K_1} \tag{9.26}$$

（3）易生物降解有机物的物料平衡

$$QS^0_S + \left(k_h - \frac{K_2}{Y_H}\right)VX_{B,H} - Q \times S_S = 0 \tag{9.27}$$

式中：$K_2 = \mu_H\left(\frac{S_S}{K_S + S_S}\right)$

解此方程可得$X_{B,H}$的解析式如下：

$$X_{B,H} = \frac{Q(S^0_S - S_S)}{\left(\frac{K_2}{Y_H} - k_h\right)V} \tag{9.28}$$

（4）氨氮的物料平衡

$$QS^0_{NH} - QS_{NH} - i_{XB}K_2 VX_{B,H} - \left(i_{XB} + \frac{1}{Y_A}\right)K_3 VX_{B,A} = 0 \tag{9.29}$$

式中：$K_3 = \mu_A\left(\frac{S_{NH}}{K_{NH} + S_{NH}}\right)$

由于$X_{B,H}$，S_S，S_{NH}等量都已求出，所以由此方程可得$X_{B,A}$的表达式。

$$X_{B,A} = \frac{QS^0_{NH} - QS_{NH} - i_{XB}K_2 VX_{B,H}}{\left(i_{XB} + \frac{1}{Y_A}\right)K_3 V} \tag{9.30}$$

（5）慢生物降解有机物的物料平衡

$$QX_S^0 + K_1X_S - QX_S + [(1-f_E)b_H - k_h]VX_{B,H} + (1-f_E)Vb_AX_{B,A} = 0 \quad (9.31)$$

由此式可得 X_S 的解析表达式如下：

$$X_S = \frac{QX_S^0 + [(1-f_E)b_H - k_h]VX_{B,H} + (1-f_E)b_AVX_{B,A}}{Q - K_1} \quad (9.32)$$

（6）硝酸盐氮的物料平衡

$$QS_{NO}^0 - QS_{NO} + \frac{1}{Y_A}K_3VX_{B,A} = 0 \quad (9.33)$$

解此方程得：

$$S_{NO} = \frac{QS_{NO}^0 + \frac{1}{Y_A}K_3VX_{B,A}}{Q} \quad (9.34)$$

（7）颗粒有机氮的物料平衡

$$QX_{ND}^0 + K_1X_{ND} - QX_{ND} + (i_{XB} - f_Ei_{XE})b_HVX_{B,H} + (i_{XB} - f_Ei_{XE})b_AVX_{B,A} - k_hX_{ND}VX_{B,H}/X_S = 0 \quad (9.35)$$

$$X_{ND} = \frac{QX_{ND}^0 + (i_{XB} - f_Ei_{XE})b_HVX_{B,H} + (i_{XB} - f_Ei_{XE})b_AVX_{B,A}}{Q + \frac{k_h}{X_S}VX_{B,H} - K_1} \quad (9.36)$$

（8）溶解性有机氮的物料平衡

$$QS_{ND}^0 - QS_{ND} + \frac{k_h}{X_S}X_{ND}VX_{B,H} - k_aS_{ND}VX_{B,H} = 0 \quad (9.37)$$

$$S_{ND} = \frac{QS_{ND}^0 + \frac{k_h}{X_S}X_{ND}VX_{B,H}}{Q + k_aVX_{B,H}} \quad (9.38)$$

以上分别求出了八种组分的解析表达式。这些表达式用于估算工艺稳态时处理设施内的组分浓度具有相当的精度。用解析表达式求出的值作为解微分方程组的初值，可有效地缩短对稳态过程模拟计算的时间。

9.4.2　动态过程的模拟计算

将 ASM 活性污泥模型应用到完全混合生物反应器，可得到一组如下形式的物料平衡微分方程组。

$$\begin{cases} \frac{dY_1}{dt} = f_1(t, Y_1, Y_2, \cdots, Y_m), Y_1(t_0) = Y_{10} \\ \frac{dY_2}{dt} = f_2(t, Y_1, Y_2, \cdots, Y_m), Y_2(t_0) = Y_{20} \\ \frac{dY_m}{dt} = f_m(t, Y_1, Y_2, \cdots, Y_m), Y_{m(t_0)} = Y_{m0} \end{cases} \quad (9.39)$$

上述方程组中 t 表示时间；Y_1，Y_2，…，Y_m 表示 t 时刻污水生物处理系统中完全混合反应器内各组分的浓度；Y_1'，Y_2'，…，Y_m'表示 t 时刻生物反应器的进水的浓度，对于稳态是不变的，因此在式中略去。$Y_1(t_0)$，$Y_2(t_0)$，…，$Y_m(t_0)$ 表示 t_0 时刻污水生物处理系统中处理设施内各组分的浓度；$f_1(t, Y_1, Y_2, \cdots, Y_m)$，$f_2(t, Y_1, Y_2, \cdots, Y_m)$，…，$f_m(t, Y_1, Y_2, \cdots Y_m)$ 表示 t 时刻分别由 Y_1，Y_2，…，Y_m 等物料平衡得到的量。dY_1/dt，

dY_2/dt，…，dY_m/dt 表示处理设施内各组分浓度 t 时刻的变化率。

对于上述模型，都是针对一个完全混合的处理单元进行计算，并对这个处理单元建立物料平衡方程。平衡方程的一个关键部分是根据模型计算得到的，在指定时间范围内因为反应过程而导致的物质成分变化。一般可采用数值积分的方法进行该计算。

数值积分的一个通用方法是采用以下方程进行计算：

$$C(t+\Delta t)=C(t)+\left(\frac{dC}{dt}\right)\Delta t \tag{9.40}$$

这里 C 表示与模型相关的组分，如 X_A 等，Δt 为积分所采用的步长。

进行近似计算的计算次数（及计算所花费的时间）与 Δt 的大小成反比。当 Δt 很小时，计算量会很大，但 Δt 又不能太大，因为这样做会产生较大的计算误差和其他数值问题。例如，当 Δt 太大时，$-(dC/dt)\ \Delta t>C(t)$，则 $C(t+\Delta t)$ 将为负值，从实际意义上讲，这是不可能的。因此，关于 Δt 的上限是：

$$\Delta t<-C(t)\left(\frac{dC}{dt}\right)^{-1} \tag{9.41}$$

对于反应单元 k 而言，状态变量 i 的物料平衡可以写成：

$$V_{ki}\frac{dC_{ki}}{dt}=F_{ki}-O_{ki}+P_{ki}-K_{ki} \tag{9.42}$$

其中 F 和 O 为进水与出水项（MT^{-1}），P 和 K 为产生和消耗项（MT^{-1}），V 为体积。

由上两式可以推出

$$\Delta t<\frac{V_{ki}C_{ki}}{Q_{ki}+K_{ki}}=\theta_{ki} \tag{9.43}$$

θ_{ki} 为稳态下反应单元 k 内 i 组分的平均停留时间，这表明每个组分的最大允许步长取决于该组分的平均停留时间，对于不同的组分平均停留时间可以是不同的数值。因此采用适当的 θ_{ki} 可以为每一组分的计算提供足够的精度而又不浪费计算时间。对于 ASM1 模型而言，θ_{ki} 对于 X_I，$X_{B,H}$，$X_{B,A}$，X_P，X_S，X_{ND} 等为 10min 级，对 S_S、S_{ND}、S_{NH} 和 S_{ALK} 为 1min 级，而对 S_O 则为 1s 级。

平均停留时间在 10^3s 范围内，意味着对于模型中的各种微分方程，使用不同的步长，可以提高计算效率，进而可以对这些方程依据步长进行分组。每一步长可以根据下列逻辑，在条件式（9.41）的基础上进行计算。对于所有反应单元及组内所有组分可计算 dC/dt，而最大值 $[C(t)(dC/dt)^{-1}]$ 可用来确定下一个时间步长。若每组的时间步长在上述提供的最大值的 5%～20% 的范围内选择，则可获得充分的精度。这一选择方法的优点是，即使时间步长保持在上限，也不会出现数值问题。

在模拟系统中，一方面可以选择上述计算原则（三级计算循环，最内层为氧气控制循环，然后是可溶性物质循环，最外层是颗粒性物质循环），以实现快速模型计算，另一方面可以选择 60s 为积分步长。对于一个采样测量传感器而言，60s 也是较快的传感器数值稳定所需要的时间。

求解微分方程的方法很多，有变步长欧拉方法、定步长维梯方法和龙格—库塔法等。但是四阶龙格—库塔法具有较好的数值稳定性、收敛性和计算速度快等优点。该算法如下。

设一阶微分方程组为：

$$\begin{cases} y_1' = f_1(t, y_1, y_2, \cdots, y_m), y_1(t_0) = y_{10} \\ y_2' = f_2(t, y_1, y_2, \cdots, y_m), y_2(t_0) = y_{20} \\ \cdots\cdots \\ y_m' = f_m(t, y_1, y_2, \cdots, y_m), y_m(t_0) = y_{m0} \end{cases} \tag{9.44}$$

由 t_j 积分到 $t_{j+1}=t_j+h$ 的四阶龙格—库塔法的计算公式如下（式中 $i=1, 2, \cdots, m$）：

$$\begin{cases} K_{1i} = f_i(t_j, y_{1j}, y_{2j}, \cdots, y_{mj}) \\ K_{2i} = f_i(t_j + \frac{h}{2}, y_{1j} + \frac{h}{2}K_{11}, \cdots, y_{mj} + \frac{h}{2}K_{1m}) \\ K_{3i} = f_i(t_j + \frac{h}{2}, y_{1j} + \frac{h}{2}K_{21}, \cdots, y_{mj} + \frac{h}{2}K_{2m}) \\ K_{4i} = f_i(t_j + \frac{h}{2}, y_{1j} + \frac{h}{2}K_{31}, \cdots, y_{mj} + \frac{h}{2}K_{3m}) \\ y_{i,j+1} = y_{i,j} + \frac{h}{6}(K_{1i} + 2K_{2i} + 2K_{3i} + K_{4i}) \end{cases} \tag{9.45}$$

以上所述是污水生物处理过程模拟的数学基础。只要所选数学模型足够好，就可以用这种方法来模拟污水生物处理系统的生物反应过程。

9.4.3　基于ASM模型的计算软件

由于污水处理过程模拟的复杂性，运用ASM模型进行实际的模拟计算时必须采用适当的计算软件。国外在20世纪90年代初陆续涌现了一批污水处理系统的模拟软件，主要有：GPS-X、BioWIN、SIMBA、WEST、EFOR、STOAT和ASIM等软件[8,9]。这些软件以各种描述活性污泥工艺过程及其他污水生物化学处理过程的数学模型为基础，利用Fortran、C等各种计算机语言编制程序；在此基础上与友好的用户界面及其他各种帮助工具结合，从而形成了完整的污水处理厂模拟软件。它们可以用来描述多种污水生物处理工艺，例如传统活性污泥法及其各种变形工艺。

1. GPS-X软件

GPS-X软件于1991年9月由加拿大Hydromantis公司研制开发[10]。曾在St. Catherines Ontario，Mt. Vernon等多家城市污水处理厂及工业污水处理厂中得到实际工程应用.

该软件的模型库相当丰富，包括多种污水生物处理单元的数学模型，见表9.2。

GPS-X软件的模型库　　**表9.2**

处理单元	相关模型
生物处理	ASM1，ASM2，ASM2d，ASM3，Mantis（ASM1的温度模型），General（ASM1除磷模型），NP（简化除磷模型），Reduced（简化脱氮除碳模型），丝状菌膨胀模型
沉淀池	双指数模型（Vesilind，Takács模型）
进水	ASM2，States.
固定膜	ASM1，ASM2，Mantis模型
厌氧	Andrews-Barnett两阶段厌氧模型，VSS衰减模型，VFA产生模型，CH_4及CO_2产生模型，pH模型，铵毒性模型
过滤	Iwasaki-Horner SS捕获模型
其他	除砂，脱水，消毒，过滤等过程的经验模型及黑箱模型

GPS-X所能描述和模拟的污水处理工艺过程非常全面，包括活性污泥法及其各种变形工艺（CSTR，推流式，多点进水等）、SBR、Hybrid系统（固定膜和悬浮生长）、初沉池、二沉池、生物滤池、膜过滤、厌/好氧消化池和生物转盘以及用户自定义流程。

作为污水处理工艺模拟软件的先驱，在经过多年不断的修改和扩充后，GPS-X几乎包括了其他各种软件的大部分功能，并形成了自己的特点。

（1）具有敏感性分析模块，模型校正及参数估值优化模块，能在稳态和动态情况下运行。

（2）用户可对系统内置的模型进行更改和编辑，并能自定义添加描述工艺过程的模型。

（3）能帮助进行污水处理过程的设计、改进及优化，并向员工提供污水厂运行决策的培训。

（4）读取和利用实际污水处理厂的数据作为模拟输入，或者将其与模拟输出结果对比。

（5）具有对工艺过程的自动检查、警告和自动校正、传感器探错、过程检错及预测等功能。

（6）可与SCADA系统连接，也可与PID控制连接。

GPS-X的模型种类、模拟工艺及数据处理功能非常全面，适合于大部分污水处理厂日常运行的模拟和指导及新建、扩建和改建的污水处理厂的设计和优化，是比较理想和全面的全厂模型化软件。

2. WEST软件

WEST软件由Hemmis公司于1995年开始开发，适合于不同层次的人员使用，包括模型编写研究人员，模型构建应用人员和污水处理厂管理人员。WEST的活性污泥模型库中包含ASM1、ASM2、ASM2d、ASM3以及ASM系列的温度校正模型以及沉淀池模型等。加上各种单元模块如初沉池、活性污泥法工艺单元（如传统ASP、AO、AAO、UCT等）、二沉池等以及各种传感器（DO、NH_4、PO_4、TSS、COD和BOD等）和控制单元（P、PI、PID和开关控制）就可以用于模拟活性污泥法及AO、A/A/O和延时曝气等各种变形工艺。WEST仍在不断地扩充其模型库，现已能描述的其他工艺单元有UASB、I-DEA和BAF、污泥浓缩、脱水及焚烧，还有带式压滤机等。

WEST软件包含的功能与GPS-X的类似。每个污水处理单元都可由用户选择相应的子模型，子模型间相互独立，能方便地进行自由组合，搭建成污水处理厂的工艺流程。此外，用户可以根据污水的情况选择模型，如工业污水模型等。能实现多种实际功能如模型校正，不确定性分析，敏感性分析和模型有效性判定等。此外WEST的界面相当友好，各种图表能在模拟过程中实时显示，并可随时调节过程参数，清晰且直观。

WEST软件更适合用于对污水处理过程的模拟研究和教学培训。由于该软件输入的参数是由模型组分的形式表达，从文件中读取模型参数进行模拟计算，对于操作人员来说不够方便。用WEST做全厂模型化在应用上有一定的难度。

3. EFOR软件

EFOR软件由丹麦技术大学开发于20世纪80年代末至90年代初，1991年底被EFOR ApS公司收购，2000年12月由DHI接管。该软件包含ASM的系列模型，其核心模型被称为 CNDP 模型，是以 ASM1 和 ASM2d 为基础构建的。该软件能模拟有机物质的去除，硝化反硝化过程，以及生物除磷和化学除磷过程。EFOR 软件在沉淀池模型的处理上较有特色，它包含有三种水力学模型：split-point settler、simple 2-laye settler 和 full flux-model，这使得该程序能够模拟沉淀池内不同污泥层的状况和污泥回流等生物过程，L. Piirtola 和 F. Gohle 等人分别用 EFOR 模拟污泥床不同层的沉降情况[11]。EFOR 内置了一些工艺流程，例如传统活性污泥法以及多种脱氮除磷工艺供用户使用，用户也可以自定义建构工艺流程。

EFOR 软件应用十分广泛，国外对其在沉淀池的应用研究上报道较多，国内的陈立等也曾将 EFOR 用于模拟某市的奥贝尔氧化沟[12]。与前两种软件相比，EFOR 的功能相对较少，能描述的工艺过程也不够全面，但是 EFOR 比较简单实用，适合日常模拟要求的污水处理厂进行全厂模型化。

4. BioWin 软件

BioWin 软件是在 20 世纪 90 年代末由加拿大 Envirosim 环境咨询公司开发的[13]。该软件采用单一矩阵的全污水处理厂的 BioWin 数学模型，这个模型在技术文献中通常称为 ASDM 模型。它主要起源于各种活性污泥动力学模型（如 UCT 和 IWA）综合的 Barker/Dold 模型（Barker 和 Dold 1997）。BioWin 软件的结构使得在模拟一个全污水处理厂时包括所有的物理、化学和生物工艺在一个综合的模型中成为可能，即模拟污水处理厂中每一个特定的工艺单元的行为和这个单元中依赖于其环境条件（泥龄、温度和 pH）的主要反应。BioWin 软件可以追踪整座污水处理厂中各主要模型组分或状态变量在不同单元工艺中的变化（包括普通异养菌、氨氧化菌、亚硝酸盐氧化菌等 50 余个模型组分）以及作用于这 50 余个模型组分的多种物理、化学和生物反应。

5. SIMBA 软件

SIMBA 软件于 1994 年由 ifak 开发。其基础模型为 IAWQ 工作组开发的 ASM 模型、消化模型（Siegriest）以及污染负荷模型。这些模型存放在其模型程序库中，用户可以对这些模型进行修改，编辑自定义模型。软件中包括进水、初沉池、二沉池等单元模块以及描述污泥存储等过程的模块，此外，还有独立的一些模块如 SBR 模块可模拟 SBR 系统，Netfox 模块可实现推流式反应器和氧化沟等结构的模拟。这些模块化的单元都存放在一个开放式结构下，用户可以自行编辑修改。SIMBA 还有其他单元模块来描述生物膜工艺和污水运送过程等。此外，SIMBA 中有很多辅助工具，如图表显示和结果分析的终端支持工具，参数敏感性分析及参数估值校正等功能，也能用于全厂模型化。

6. STOAT 软件

STOAT 软件是一个模拟污水处理系统的模块化模拟软件，可用于模拟独立的处理设施和整体的处理流程。其模型包括 ASM1 和 Takács 沉淀模型，支持序批式反应器模拟，并包括污水收集系统和河流水质模型的整合[14]。该软件是 WRc 软件家族的一部分（该家族包括 OTTER 和 Plan-it STOAT 等其他污水处理软件）。

此外 ASIM、SSSP、SASSPro、SSSP、AQUASIM、ARASIM、EWSIM 等也是知名的模拟软件。

7. 国内研发的软件

国内在活性污泥模型及污水处理过程模拟软件上的研究均起步较晚。现阶段多数研究工作集中在利用国外软件对活性污泥模型进行研究和应用，而在软件开发上的研究非常少。重庆大学的张代钧等人以 ASM1 模型为基础利用 matlab 编写了程序，对传统活性污泥法的运行过程进行计算机动态模拟[15]，但是没有将其进一步开发为模拟软件。

TH-ASSS 软件是由清华大学环境模拟和污染控制国家重点联合实验室于 2000 年开发的。清华大学环境科学与工程系施汉昌教授于 1993 年开展了对 IAWQ 活性污泥过程模型的研究，1995 年成功编制了国内第一个以 ASM1 为核心的汉化污水生物处理模拟软件。2000 年开发了 TH-ASSS 软件，该软件以 ASM1 为基础，并增加了沉淀池一维模型，能对污水处理厂进行更为全面的描述。该软件曾在北京市方庄污水处理厂和河南省郑州市污水处理厂得到应用[16]，对污水厂的运行管理起了一定的预测和指导作用。2004 年在 TH-ASSS 软件的基础上，通过对污水处理过程的模拟系统和专家系统进一步整合，形成了 ODSS 软件[17]。ODSS 主要包括用于城市污水处理厂活性污泥工艺系统故障诊断的专家系统、用于动态模拟污水处理厂运行状况及出水水质的模拟系统和对员工培训污水处理、数学模型和 ODSS 软件基本知识的培训系统。ODSS 将定量计算的数学模型（国际水协会的活性污泥系列模型 ASMs）与定性推理的专家系统结合应用于污水处理过程，可解决水质水量多变、微生物反应复杂和大滞后等问题，实现城市污水处理厂脱氮除磷的优化与控制。ODSS 软件已应用于污水处理厂的调试运行分析，并被应用于北京某污水处理厂的工艺优化和控制研究。

本章所用符号及意义见表 9.3。

本章所用符号及意义 **表 9.3**

符　号	意　义	单　位	备　注
$X_{i,j}$	$i=1, 2, \cdots M$，表示第 i 个 CSTR $j=1, 2, \cdots N$，表示第 j 个组分浓度	kg/m^3	
Q_R	污泥回流量	m^3/d	
Q_{IN}	反应器进水流量	m^3/d	
$X_{IN,J}$	进水中第 j 个组分的浓度	kg/m^3	
Q_{DR}	排混合液流量	m^3/d	
Q_{MR}	混合液流入流量	m^3/d	
Q_0	该 CSTR 转移到下一个 CSTR 的流量	m^3/d	
M_O	传氧效率	$M/(m^3 \cdot d)$	
C^*	氧在水中的饱和浓度	mg/L	
C_b	水中氧的残余浓度	mg/L	
C_i	第 i 个 CSTR 的进水当量浓度	kg/m^3	
Q_i	第 i 个 CSTR 的进水当量流量	m^3/d	
QC_{i0}	第 0 时刻进入第 i 个 CSTR 的物质的量	kg	
θ_{ki}	稳态下反应器单元 k 内 i 组分的平均停留时间	d	

9.5　小结

通过本章学习，掌握常见活性污泥工艺的建模方法、模拟步骤和支持软件等。

对实际污水处理工艺应用模型分析时，首先要结合模拟的对象选择适当的数学模型；

其次要将处理工艺转化为概化模型（或数学模型），并确定概化模型每个单元的边界条件；第三是获取工艺运行数据和操作参数，进行必要的数理统计；最后需要选择适当的模拟软件，并进行参数估值及模型校正。

在选择模型时，要从处理工艺、出水水质、参数可获取性、模型稳定性等方面考虑。在概化模型方面，一般是将各种不同的工艺简化为多个连续搅拌反应器（CSTR）的组合形式，使之与原有工艺在原理上一致。需要掌握的典型概化模型包括 A/A/O、氧化沟、SBR 等。在获取工艺运行参数时，特别需要从水力学上考虑回流条件对各个过程的影响，并且理解进水流量和回流影响反应器传质、水力和污染物停留时间等过程的原因和定量关系。

污水处理系统可以分为稳态、动态、随机状态等类型，在采用模拟软件时需要采取针对性方法进行处理，常用稳态和半稳态的模拟方法。稳态模拟主要用于污水处理厂的设计和确定动态计算的初值，一般通过物料衡算建立非线性方程组，取足够大的时间量 t 来获得稳态近似解。合理的初值往往能使数值计算快速收敛，因此通过简化模型可以获得组分初值的解释表达式（参考 ASM1 的例子）。

动态模拟可以反映系统随内部和外部条件变化后的响应，在需要掌握和控制系统动态特性时有用，比如自控系统的设计和优化等。动态模拟一般是数值求解一组给定初值的微分方程组，除了数值计算方法之外，需要特别考虑计算步长的选取。以 ASM1 为例，颗粒性组分平均步长为 10min 级别、溶解性组分为 1min 级别、溶解氧为 1s 级别。通过选取合适的步长可以提高数值计算的稳定性。

由于污水处理过程模拟的复杂性，运用 ASM 模型进行实际的模拟计算时必须采用适当的计算软件。国外在 20 世纪 90 年代初陆续涌现了一批污水处理系统的模拟软件，主要有 GPS-X、BioWIN、SIMBA、WEST、EFOR、STOAT 和 ASIM 等软件。这些软件大大促进了 ASM 模型的推广和应用。

本章参考文献：

［1］ Meijer S C F，Van loosdrecht M C M，and Heijnen J J. Metabolic modelling of full-scale biological nitrogen and phosphorus removing WWTP's. Wat. Res. 2001，35（11）：2711-2723.

［2］ Rieger L，Koch G，Kuhni M，et al. The EAWAG bio-P module for activated sludge model No. 3. Wat. Res. 2001，35（16）：3887-3903.

［3］ 许保玖，龙腾锐. 当代给水与污水处理原理（第二版）. 北京：高等教育出版社，2000.

［4］ 柯细勇. 活性污泥工艺模拟系统 TH－ASSS 研究，清华大学博士论文，2003.

［5］ Henze M. 专题报告会技术资料. 活性污泥 1 号模型和活性污泥 3 号模型，1998. 10.

［6］ 沈童刚. 基于数值模拟的 AAO 工艺前馈控制策略研究. 清华大学博士论文，2010.

［7］ 李国辉. 活性污泥工艺计算机模拟研究. 清华大学硕士学位论文，1995.

［8］ 张亚雷，李咏梅（译）. 活性污泥数学模型. 上海：同济大学出版社，2002.

［9］ Schutze M，Butler D，and Beck M. B. Modelling，simulation and control of urban wastewater systems [M]. London；New York：Springer，2002.

［10］ Hidromantis，GPS-X Technical Reference. Hidromantis，Inc.，Ontario，1995.

［11］ Gohle F，Finnson A，et al. Dynamic simulation of sludge blanke movements in a full-scale rectangular sedimentation basin [J]. Wat. Sci. &Tech. 1996，33 (1)：89-99.

[12] 陈立. EFOR 程序的仿真模拟功能应用研究 [J]. 中国给水排水，1998，14 (5)：15-19.

[13] 胡志荣，周军，甘一萍等. 基于 BioWin 的污水处理工艺数学模拟与工程应用，中国给水排水，2008，24 (4) 19-23.

[14] Stokes AJ，West JR，et al. Understanding some of the differences between the COD-and BOD-based models offered in STOAT [J]. Wat. Res. 2000，34 (4)：1296-1306.

[15] 张代钧，卢培利等. 传统活性污泥法 COD 去除及脱氮改造的模拟 [J]. 环境科学学报，2002，22 (4)：448-453.

[16] 施汉昌，刁惠芳等. 污水处理厂运行模拟、预测软件的应用 [J]. 中国给水排水，2001 17 (10)：61-63.

[17] 徐丽婕，施汉昌. 城市污水处理厂运行决策支持系统（WWTP ODSS）的介绍和应用，给水排水，2006，32 (4)，105-108.

第 10 章　IAWQ 模型的水质表达与动力学参数估值

10.1　活性污泥 1 号模型（ASM1）的水质表达与动力学参数估值

10.1.1　污水特性和参数值的估计

为了使模型能应用到污水处理系统的设计和运行中，必须能够确定特定污水的参数值，还要能估计进水中各重要组分的浓度。表 8.1 显示模型包含 13 个组分，除 X_P 外，进水中都包含其他各种组分。在模拟污水生物处理系统推荐的符号中[1]，特定的位置用数字下标来代表组分。假设在生物处理系统之前还有其他预处理方法（比如沉淀池），生物处理系统进水浓度的下标应是 1。因此，进水中易生物降解物质浓度要以 S_{S1} 来表示，慢速生物降解物质是 X_{S1}，以此类推。表 8.1 也包含了 19 个参数，其中 5 个是化学计量系数，另 14 个是动力学参数。所幸的是，有些参数在各种污水之间的差别不大，可以看成是恒定值。由于各组分的特性，有必要将进水以各种组分项表征，同时要估计它们的化学计量系数。因此，我们首先阐述有关估测方法，再来总结估计动力学参数的方法。

10.1.1.1　污水特性和化学计量系数的估计

评判一个模型的重要因素是看它对于电子受体需求变化的时间和空间预测能力。正因如此，才把基质划分为两个部分：易生物降解和慢速生物降解。它们是人为的区分，并不需要与物理特性上的区分（比如说溶解性的和颗粒性的）一致。因此，进水水质的定性必须由实验来完成，才能保证模型可以准确预测电子受体需求量。在设计过程中，另一个重要因素是对活性污泥产率的预测，因为它决定污泥处理设备的大小和一定泥龄条件下活性污泥浓度。在一系列的污泥停留时间下，稳态运行完全混合好氧活性污泥系统，可以判定菌种的净生长速率对于电子受体需求和污泥产率的影响。所获得的数据可与其他实验一起用来表征污水水质并估算化学计量系数。

进水中总 COD（COD_{tot}）的组成如下：

$$COD_{tot} = S_{S1} + X_{S1} + X_{I1} + S_{I1} \tag{10.1}$$

式中：S_{S1}——可溶性易生物降解基质；

X_{S1}——颗粒性慢速可生物降解基质；

X_{I1}——颗粒性惰性有机物质；

S_{I1}——可溶性惰性有机物质。

可溶性惰性有机物的浓度比较容易确定。只要从泥龄超过 10d 的完全混合式污水处理反应器中取出一部分混合液，在间歇实验中曝气，定期取样分析其中可溶性 COD 的浓度。如果反应器中易生物降解的 COD 浓度小到可以忽略不计，其 COD 浓度会基本保持恒定；否则，COD 浓度将随时间减少。最终残留的溶解性 COD 就是惰性物质，其值相当于进水

中的 S_{I1}。

在获得易生物降解物质的浓度之前，必须知道异养菌产率 Y_H。可以通过在溶解性基质去除过程中观察细胞物质生成量来估算。首先将污水沉淀并滤去颗粒物，滤液中只含有溶解性基质，从完全混合反应器中取出少量已经驯化的微生物接种，此时混合液中的颗粒性物质全为细胞。定期取出混合液，测量溶解性 COD 和总 COD。异养菌的产率由下式计算：

$$COD(\text{细胞}) = COD(\text{总}) - COD(\text{可溶性}) \tag{10.2}$$

$$Y_H = \frac{\Delta COD(\text{细胞})}{\Delta COD(\text{可溶性})} \tag{10.3}$$

将上述实验重复几次，就可得到大致的 Y_H 值。在这个估测过程中，任何误差都能在确定其他参数或进水浓度时得到补偿。

有了 Y_H 值，在一个完全混合反应器中，污泥停留时间约 2d 的情况下，序批式进水（进水 12h，停止进水 12h），通过测定其耗氧速率（OUR）可以估算进水中易生物降解基质的浓度 S_S[2]。如图 10.1 所示，进水结束后，氧吸收速率曲线立即有一个快速的下降。这是因为任何积累的易生物降解物质都会被迅速利用。然而 OUR 不会降至零，因为积累的慢速生物降解物质在一段时间内继续以相同的速率被利用。因而 OUR 的立即下降只与易生物降解物质有关。可用下式计算其浓度：

$$S_{S1} = \frac{\Delta \mathrm{OUR} \cdot V}{Q(1 - Y_H)} \tag{10.4}$$

式中：ΔOUR——停止进水后 OUR 的变化，M/（L^3 · T）；

V——反应器的容积，L^3；

Q——进水流量，L^3/T。

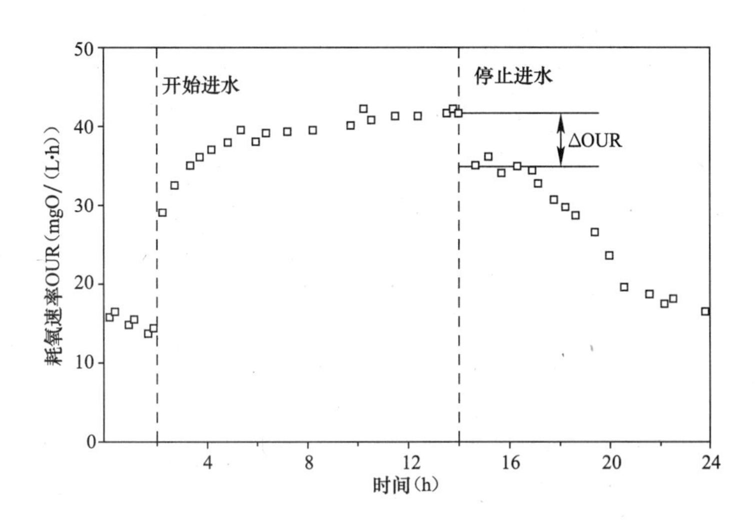

图 10.1 以 12h 序批进水方式测定完全混合活性污泥反应器中易生物降解基质的浓度

已经确定了污水中的总 COD、易生物降解 COD 和惰性溶解 COD，现在只需要知道惰性悬浮有机物质 X_{I1} 和慢速生物降解 COD 物质 X_{S1} 中的任何一个，因为另一项可以通过对式（10.1）来确定。建议以估算惰性悬浮物 COD 浓度来确定模型参数，这样可以体现污泥停留时间对污泥产率的影响。

活性污泥反应过程中的污泥主要有 4 个来源：依靠可生物解物质（S_S 和 X_S）的异养菌生长，由微生物衰减产生的惰性颗粒产物，惰性悬浮有机物的积累及没有降解的慢速生物降解物质。同时也存在自养微生物，但它的影响很小，在分析中可以忽略不计。异养微生物的生长速率与基质的降解速率成比例，比例系数是异养菌的产率 Y_H。异养菌以恒定的速率 b_H 发生衰减，结果是一部分微生物以 f_P 的比例转化为惰性颗粒产物。如果列出微生物的物料平衡方程，能够在稳态完全混合活性污泥系统中预测泥龄（SRT）对于污泥产率的影响，可以看到未知项有 X_{I1}、X_{S1}、f_P、b_H、S_S、k_h 和 K_X。因为 f_P 是表征微生物特性的系数，其值不会因污水水质的不同而有显著变化。f_P 取值为 0.08gCOD/gCOD[3]。对于 ASM 模型，衰减将引起基质的循环，衰减速率常数 b_H 也能独立估算。如果完全混合活性污泥反应器在污泥量及水力负荷恒定，SRT 超过 5d 的稳态条件下运行，反应器中易降解的 S_S 和慢速降解的 X_S 相对于进水中同类物质的量来说小到可以忽略。基于这一认识，可以从上述未知项中去掉水解常数项（k_h 和 K_X）和 S_S 项，从而使关系得到简化。利用式（10.1），可以按惰性颗粒 COD（X_{I1}）由总进水 COD 来计算进水中慢速生物降解物质的浓度 X_{S1}。由于 Y_H、f_P 和 b_H 都已知道，只要估算 X_{I1}。可以使用一维搜索方法，选择一个 X_{I1} 值，使污泥生长速率的预测值与不同 SRT 条件下的测量值之差的平方和最小。这种调整可以适合模型和被研究的特定污水，补偿估计 Y_H 和 b_H 时的误差。一旦知道了 X_{I1} 的值，就可通过式（10.1）计算 X_{S1}。对于不同浓度的进水，通常可以假设各个不同组分之间的比例是恒定的。

多数活性污泥模型都假定相对于过程中生成的微生物量，进水中的微生物浓度可以忽略。本模型也采用这一假设。表 8.1 显示的模型中还包含有溶解氧、硝酸盐氮及亚硝酸盐氮、氨氮和碱度。这些组分在进水中的浓度可通过化学方法测定。

由于 ASM 模型要描述活性污泥系统运行时碳氧化、硝化和反硝化的过程，因此氮的表述就很重要。氧化态的氮有 5 种存在形式：氨氮 S_{NH}、可溶惰性有机氮 S_{NI}、颗粒惰性有机氮 X_{NI}、易生物降解有机氮 S_{ND} 和慢速生物降解有机氮 X_{ND}。如上所述，进水中的氨氮浓度可通过对过滤样品的化学分析来确定。进水中可溶解惰性有机氮的浓度可通过对过滤的进水样品测定凯氏氮获得。凯氏氮测试同样也用来测定进水中总溶解有机氮的浓度。二者之差约等于易降解有机氮 S_{ND1}。由于有机物具有相近的碳氮元素组成，因此可以假设进水中易降解和慢速降解有机氮之比类似于进水中易降解 COD 与慢速降解 COD 之比，那么，进水中慢速降解有机氮的浓度可以通过易降解有机氮来求得：

$$\frac{S_{ND1}}{X_{ND1}+S_{ND1}}=\frac{S_{S1}}{X_{S1}+S_{S1}} \tag{10.5}$$

式（10.5）中的唯一未知数是 X_{ND1}。因为有氮气的损失，无法进行氮的平衡检查，所以没有确定进水中颗粒惰性氮质的必要。

由于活性污泥中硝化细菌的自身特性，各系统之间的自养菌产率系数 Y_A 变化很小，可以采用文献中的数值。观察发现，每形成 1g 的硝态氮要消耗 4.33g 的氧，可以取值为 0.24mg 细胞 COD/mg 氧化 N[4]。假设细胞分子式为 $C_5H_7O_2N$，可以近似估计单位质量细胞 COD 中的氮量 i_{XB}。得出的结果值是 0.086gN/gCOD。在惰性颗粒产物中，单位质量

COD中的含氮量 i_{XP} 可采用文献值，近似值为0.06gN/gCOD。

10.1.1.2 动力学参数的估值

在ASM模型中半饱和系数 $K_{O,H}$ 和 K_{NO} 起到开关函数的作用。当溶解氧浓度下降时，关闭异养菌的好氧生长，开启缺氧生长。同样，当溶解氧水平变低时自养菌的氧气半饱和系数 $K_{O,A}$ 也是作为停止硝化反应的开关函数。因此，只要数量级相同、运行浓度相对较小时，这些参数的实际取值并不要求非常精确，对于不同的情况不必逐一取值，使用给出的默认值也能达到满意的效果。

表征自养菌生长最关键的参数是最大比增长速率 μ_A。这是因为它比半饱和常数 K_{NH} 对污水浓度更敏感，而且由它能确定防止出现硝化菌流失的最低SRT。因此，测定 μ_A 要尽量准确。推荐的测定方法是：用一个完全混合反应器，使它运行在高DO浓度下，并且只发生硝化反应。这样可以在实际污水环境中获得准确的 μ_A 值。在实验的开始阶段，降低反应器的剩余污泥排放量，使SRT时间比达到高度硝化所需的时间更长。由于硝态氮的浓度会随硝化菌的增长而增加，需要随时测量反应器中硝态氮的浓度。由于活性污泥中硝态氮的浓度与自养菌数量成比例，可用硝酸盐的浓度变化来估算 μ_A[5]。如果画出硝态氮浓度的自然对数与时间的关系曲线，其斜率是：$(\mu_A-1)/(\theta_X-b'_A)$。此处，$\theta_X$ 是新的SRT，b'_A 是硝化菌的传统衰减速率系数。因为 θ_X 已知，b'_A 取设定值，于是便可求出 μ_A。

与异养菌细胞物质的情况不同，模型中的自养菌衰减速率系数 b_A 与传统的衰减速率常数 b'_A 在数值上相等。这是由于衰减引起的有机物质循环是通过异养菌而不是自养菌的活动发生。关于自养菌的衰减机理存在着许多疑问，因此，ASM课题组一致认为以任何实测法来测量 b_A 值都是很困难的。查阅研究文献发现，对于大多数活性污泥系统来说，b_A 值在 $0.05\sim0.15d^{-1}$ 之间。因此ASM模型也假定 b_A 值在这一范围之内。

硝化菌的半饱和系数 K_{NH} 可由Williamson和McCarty试验（1975）[6]来测定。该试验从完全混合反应器中取出硝化活性污泥样品，置于间歇进水的反应器中，连续输入小流量低浓度的含氨氮进水，使氨氮负荷低于微生物的硝化潜力，使反应器内形成假稳态。这个试验提供了比硝化速率与假稳态氨氮浓度之间的关系。通过分析，可以获得半饱和系数 K_{NH} 的值。其中，假稳态氨氮浓度可通过多种化学方法测定。

由于pH、温度和DO浓度等环境因素对硝化速率有影响，在实验中应该特别注意保持它们恒定在适当的值。特别是DO浓度，要求将它保持在足够高的水平，使得 $S_O/(K_{O,A}+S_O)$ 接近于1。

衰减系数 b_H 对于污泥产率和需氧量的预测至关重要，所以，它必须根据所使用的活性污泥确定。它是从完全混合反应器中取出污泥置于间歇反应器中，几天内多次测量OUR[2]，氧吸收速率的自然对数与时间的关系曲线的斜率就是传统衰减系数 b'_H。实验过程中，应该投加20mg/L的硫脲来抑制硝化反应，pH应维持在中性的恒定值。如果 Y_H 和 f_P 已知，模型的衰减系数 b_H 可由下式计算：

$$b_H=\frac{b'_H}{1-Y_H(1-f_P)} \tag{10.6}$$

η_g 和 η_h 是预测反硝化的两个重要参数。第一个参数用于调整与缺氧条件有关的 μ_H 变化，或调整只有一部分微生物可反硝化的校正因子。第二个参数用于对慢速生物降解物质在缺氧条件下，水解速率小于好氧条件下进行校正的因子。这两个校正因子在数值上不同，η_h 值较小[3]。通过对进水中所含微生物的氧平衡实验，可以对 η_g 的值作初步估算，假定它等于硝酸盐去除速率对氧去除速率的比值[7]。在小试或中试的基础上，这两个 η 值可以用生物方法直接测量到。

在好氧和缺氧的两个间歇式生物反应器中，估算氧和硝酸盐的消耗速率，可同时进行测量 η_g 和 η_h 的实验。这两个反应器的最终电子受体不同（好氧条件下的是氧，缺氧条件下的是硝酸盐），其他条件完全相同。该实验的基本原理是：在间歇反应器中引入活性污泥，与污水接触初期，反应器中的主导反应是异养菌依赖易生物降解物质的生长，然后占优势的活动是利用由慢速降解物质水解产生的基质。运行这个实验时，要注意保持好基质与微生物浓度的比例（F/M）。如果 F/M 太小，则易生物降解物质的去除时间会太短，无法准确测量 OUR 和硝酸盐利用率（NUR）；F/M 太大时，这两个阶段的速率相差太小，以致无法准确区分；如果 F/M 合适，将能准确区分这两个区的活性，并有足够的时间去准确测定好氧反应器中的 OUR 和缺氧反应器中的 NUR。如果 OUR_g 代表第一阶段的 OUR，NUR_g 代表相应的 NUR，那么

$$\eta_g = \frac{2.86\ NUR_g}{OUR_g} \tag{10.7}$$

与此同时，如果 OUR_h 代表第二阶段的 OUR，而 NUR_h 代表相应的 NUR，则

$$\eta_h = \frac{2.86\ NUR_h}{OUR_h} \tag{10.8}$$

描述微生物生长的参数 $\hat{\mu}_H$ 的主要功能是预测 OUR 的最大值，这表明的测定 $\hat{\mu}_H$ 应该以氧消耗的测量为基础，而不是细胞生长或基质去除。由于活性污泥系统出水中易生物降解物质的浓度通常很低，所以并不需要准确地预测微生物浓度和 OUR。也就是说，这两个因素的误差对模型的预测不会有太大的影响。K_S 的主要功能是开关函数，控制着异养菌生长和基质去除的一级或零级反应动力学。Cech 和 Chudoba 等人[8]在 1985 年已经提出了呼吸测定法，因此，用呼吸测定法来估算 μ_H 和 K_S 值是合适的。下面介绍这一方法。

从实验活性污泥反应器中取出污泥，曝气 1h 得到恒定的背景呼吸速率。将污泥和污水按不同的稀释比混合，使微生物的比呼吸速率达到最大。在实验过程中，DO 的浓度应保持高水平，使得不同实验中的 $S_O/(K_{O,H}+S_O)$ 项大致相等，接近 1。结合污水已知的特性，用这些化学计量系数和动力学参数可以估算从小试反应器取出的活性污泥中异养菌的浓度 $X_{B,H}$。然后，将测定的呼吸速率除以反应器中异养菌的生物浓度，可得到菌种的比呼吸速率。测量值与背景值之差为基质氧化的速率 $r_{resp,ox}$。于是，可以计算菌种比生长速率 μ_H：

$$\mu_H = \left(\frac{Y_H}{1-Y_H}\right) r_{resp,ox} \tag{10.9}$$

由于在实验过程中保持高的 DO 浓度，μ_H 只是易降解基质浓度 S_S 的函数。用多种方法分析以 S_S 为函数的 μ_H 数据，可以得到 $\hat{\mu}_H$ 和 K_S。这个过程对 S_S 的微小变化很敏感，这样可以较好地估算 K_S 值。

最后要估算的参数是菌种的最大比水解速率 k_h、慢速生物降解有机物水解的半饱和系数 K_X 以及氨化速率 k_a。为了测定 k_h，必须使微生物中慢速生物降解物质达到饱和。这一实验可以通过运行序批式进水的完全混合活性污泥反应器来完成。图 10.1 给出了 24h 内氧的消耗速率，可以看到测定易生物降解物质的浓度时停止进水后的耗氧曲线突然下降。

另外，进水停止后OUR曲线的平缓是由于慢速降解物质水解所释放基质的降解。曲线持续平缓的现象是微生物达到饱和并且以最大速率进行水解的证据，由此，可以估算k_h。而且，OUR曲线随时间下降的模型是由K_X决定的。因此，估算k_h和K_X最好的方法是采用曲线拟合法，使模型模拟的反应曲线与图10.1所示的耗氧曲线相匹配。因为其他的参数都已确定，曲线拟合中只有两个水解参数是未知的，并且这个方法对两个参数的值很敏感。基于停止进水时的可溶性有机氮中氨的释放，可以用一个相类似的抑制了硝化反应的序批式进水实验来确定氨化速率。

上述讨论产生了两个重要观点。首先，一些参数不需要测定，因为采用文献推荐值能收到良好的效果。这些参数归纳在表10.1中。其次，污水特性和其他参数的估算必须按一定顺序来进行，因为得到某些参数之前需要其他参数。表10.2中列出了它们的前后关系。对于以上给出的估算参数和污水水质特性的方法，需要说明的是一些测定方法是临时性的，随着模型使用经验的积累，可能会得到更好的测定技术。

可以采用推荐值的参数与污水特性值　　表10.1

符　号	名　称
Y_A	自养菌产率系数
b_A	自养菌衰减系数
f_P	生物体中可转化为颗粒性产物的比例
i_{XB}	生物体COD中的含氮比例
i_{XP}	生物体产物COD中的含氮比例
$K_{O,H}$	异养菌的氧半饱和系数
K_{NO}	反硝化菌的硝酸盐半饱和系数
$K_{O,A}$	自养菌的氧半饱和系数

必须估测的参数、污水特性及前期所需的信息　　表10.2

符　号	名　称	前期所需信息
S_{NO1}	溶解性硝酸盐氮的浓度	
S_{NH1}	溶解性氨氮的浓度	
S_{I1}	溶解性惰性COD浓度	
S_{NI1}	溶解性惰性有机氮浓度	
S_{ND1}	溶解性可生物降解有机氮浓度	S_{NI1}
Y_H	异养菌产率系数	
S_{S1}	易生物降解COD浓度	Y_H
$\hat{\mu}_A$	自养菌最大比增长速率	b_A
K_{NH}	自养菌的氨半饱和系数	
b_H	异养菌的衰减系数	Y_H，f_P
X_{I1}	惰性悬浮性有机物浓度	f_P，b_H，S_{S1}，S_{I1}
X_{S1}	慢速可生物降解有机物浓度	X_{I1}，S_{S1}，S_{I1}
X_{ND1}	慢速可生物降解有机氮浓度	S_{S1}，X_{S1}，S_{ND1}
η_g	缺氧条件下μ_H的校正因子	

续表

符　号	名　称	前期所需信息
η_h	缺条件下水解校正因子	
$\hat{\mu}_H$	异养菌最大比增长速率系数	Y_H，X_{S1}，X_{I1}，$S_{S1,fP}$
K_S	异养菌半饱和系数	Y_H，X_{S1}，X_{I1}，X_{S1}，f_P
k_h	最大比水解速率	
K_X	慢速可生物降解基质水解的半饱和系数	
k_a	氨化速率	

注：表中空白表示无需该信息。

10.1.2　典型参数范围、默认值和环境因素的影响

10.1.2.1　典型参数值

首先考虑那些可以采用推荐值而不需估测的参数与污水特性值，见表 10.1。

自养菌产率 Y_A 是亚硝化单胞菌属 *Nitrosomonas sp.* 和硝化杆菌属 *Nitrobacter sp.* 结合生长的复合值。文献中报道了这个值的范围。尽管这一范围更像是不同环境条件下的结果，而非不同生物体的不同代谢速率。报道值的范围在 0.07～0.28g 细胞 COD/g 氧化的 N。观察发现，每形成 1g 硝态氮需要 4.33g 氧，从而其理论值是 0.24g 细胞 COD/g 氧化的 N。如前所讨论的，ASM 课题组成员普遍认为很难用现有方法去测定自养菌的衰减系数。尽管报道值在 0.05～0.15d^{-1}之间，但极少知道其准确值。

系数 f_P 表示衰减后以惰性颗粒产物存在的那部分微生物。普遍认为，所形成的微生物成为惰性残留物的典型比例值是 20%，这样，在传统的模型中，f_P 通常取值 0.20。然而，需要认识到，衰减通过合成及再溶解途径导致微生物循环。因此，为了使观察到的混合液悬浮固体（MLVSS）形成的最终惰性产物的比例等于 20%，则在每次循环中的惰性产物实际产率将小于 20%。可以观察到的比例 I 为：

$$I=\frac{f_P}{1-Y_H(1-f_P)} \tag{10.10}$$

如果观察到的比例为 20%，则模型中的 f_P 值应在 0.08 左右。

另两个可以采用推荐值的化学计量系数是微生物中单位质量细胞 COD 中氮的量和惰性颗粒产物中氮的量。对于典型的细胞分子式（$C_5H_7O_2N$），i_{XB}的值将是 0.086gN/g 细胞 COD。但实际观测中似乎惰性颗粒产物含有更少的氮，因此，i_{XP} 值将可取 0.06gN/gCOD。

如前所述，当氧和硝酸盐浓度变化时，电子受体的半饱和系数作为开关函数，控制好氧生长和缺氧生长的开始或停止。溶解氧的半饱和系数 $K_{O,H}$还没有得到满意的描述，但知道对于不同的生物体，其值不同。例如，Lau 等人[9]在 1984 年报道了对于絮体形态细菌，其值是 0.15gO_2/m^3；而对于丝状菌浮游球衣菌属（*Sphaerotilus natans*），其值只有 0.01gO_2/m^3。鉴于 K_{NO}对完整描述反硝化动力学相当重要，因此对它有更多的研究。研究结果都发现，该值很低，于是，反硝化反应表现为硝酸盐浓度的零级反应。其典型值在 0.1～0.2gNO_3^--N/m^3 之间。半饱和系数 $K_{O,A}$对于溶解氧对硝化菌作用的影响非常重要，可以观察到低 DO 浓度的延缓作用。文献报道该参数值在 0.5～2.0gO_2/m^3 之间。为说明

方便，Parker 等人[10]于 1975 年建议对其取值 1.3gO_2/m^3。

表 10.2 列出了对每种污水都必须估测的参数值，同时，也列出了它们需要遵守的估测顺序。

异养菌产率 Y_H 依赖于基质的性质，同时也依赖于进行降解的微生物体。对于各种不同的单一基质进行纯培养，发现 Y_H 在 0.46～0.69g 细胞 COD/g 去除基质 COD。对混合基质进行的混合培养也发现此值在这个范围内。如果进水中包含一定量的微生物，但在对污水特性进行定性时未加考虑，那么它们的存在也许会影响观察到的 Y_H 值。迄今为止，还少有关于进水微生物影响研究的报道。

参数 $\hat{\mu}_A$ 是模型中比较重要的参数之一，因为它决定了阻止硝化菌损失的最小 SRT。由于硝化反应被模拟成单步过程，同时，也由于普遍认为硝化杆菌属 *Nitrobacter sp*. 的最大比增长速率比亚硝化单胞菌属 *Nitrosomonas sp*. 更大，所以，采用与模型中氨氮去除（即借助 *Nitrosomonas sp*. 增长）相关的 μ_A 是比较合适的。文献报道，在实验室最佳条件下混合培养氨氮氧化菌，其值在 0.34～0.65d^{-1}之间。由于硝化菌易受 pH 和温度等多种环境因素的影响，所以针对非常规的污水要通过实验测定 μ_A 的适宜值。

衰减速率系数 b_H 也很重要，因为它对于预测给定 SRT 条件下的细胞数量有很大影响。在传统模型中，并没有像 ASM 模型中所提出的由衰减导致的循环。因此，很难对传统模型中的 b'_H值与 ASM 模型中修正的参数 b_H 值进行比较。文献报道的 b'_H值范围很广，从美国城市污水得出的 0.05d^{-1}的低值，到一些食品加工污水的 1.6d^{-1}的高值。正是因为其范围太大，所以建议对各种特定的污水都要测定其值。

模型中必须包含反硝化校正因子 η_g，用它来解释两个现象：①缺氧条件下单位微生物对易降解物质的最大去除速率小于好氧条件下的相应速率；②并不是所有的异养菌都能利用硝酸盐作为最终电子受体。虽然对这个参数没有太多的测定，但知道它的范围在 0.6～1.0。低值可能与来自下水道污水的厌氧状态有关，而高值可能与污水的好氧状态有关。

表 10.2 列出的另两个参数是 μ_H 和 K_S，它们描述了依靠易生物降解物质的异养菌的生长。它们尤其依赖于被处理污水的性质，所以文献报道的数值范围很大。它们甚至还会受到微生物生长的反应器结构的影响。因此，即使对于城市污水，文献报道的 μ_H 也在 3.0～13.2d^{-1}之间，而 K_S 值在 10～180g/m^3 可生物降解 COD。

菌种最大比水解速率 k_h、慢速生物降解物质水解的半饱和系数 K_X 和氨化速率 k_a 是较新的参数，尚缺乏有关信息的文献报道，所以在此还不能给出这些值的范围。

参数 η_h 用于修正缺氧条件下的最大水解速率。这方面的资料也很少，它的值大约为 0.4。

10.1.2.2 默认值

表 10.3 列出了在 10℃和 20℃条件下，ASM 模型研究组在模型研究过程中所采用的参数值。这些参数值被认为是在 pH 中性和城市污水条件下的典型值[11]。表 10.4 列出了几个国家典型城市污水的特性值。需要强调的是许多参数受环境的影响很大，因此在缺乏数据的情况下采用表中的值作为参数的默认值，也要意识到这样做存在一定的风险。

pH 为中性时的典型参数值 **表 10.3**

符号	单位	参数值	
		20℃	10℃
化学计量参数			
Y_A	g 细胞 COD/g 氧化 N	0.24	0.24
Y_H	g 细胞 COD/g 氧化 COD	0.67	0.67
f_P	量纲为 1	0.08	0.08
i_{XB}	gN/g 生物量 COD	0.086	0.086
i_{XP}	gN/g 内源代谢产物 COD	0.06	0.06
动力学参数			
$\hat{\mu}_H$	d^{-1}	6.0	3.0
K_S	$gCOD/m^3$	20.0	20.0
$K_{O,H}$	gO_2/m^3	0.20	0.20
K_{NO}	gNO_3^{-}-$N/m^3 NO_3^{-}$	0.50	0.50
b_H	d^{-1}	0.62	0.20
η_g	量纲为 1	0.8	0.8
η_h	量纲为 1	0.4	0.4
k_h	g 慢速可生物降解 COD/(g 细胞 COD · d)	3.0	1.0
K_X	g 慢速可生物降解 COD/g 细胞 COD	0.03	0.01
$\hat{\mu}_A$	d^{-1}	0.80	0.3
K_{NH}	gNH_3-N/m^3	1.0	1.0
$K_{O,A}$	gO_2/m^3	0.4	0.4
k_a	$m^3COD/(g \cdot d)$	0.08	0.04

初沉后的生活污水典型特性值 **表 10.4**

符　号	单　位	国　别			
		丹麦	瑞士	匈牙利	中国 *
S_S	$gCOD/m^3$	125	70	100	95
S_I	$gCOD/m^3$	40	25	30	50
X_S	$gCOD/m^3$	250	100	150	108
X_I	$gCOD/m^3$	100	25	70	35
S_{ND}	gN/m^3	8	5	10	5
X_{ND}	gN/m^3	10	10	15	12
S_{NH}	gNH_3-N/m^3	30	10	30	26
S_{NI}	gN/m^3	2	2	3	1
S_{NO}	gNO_3^{-}-N/m^3	0.5	1	1	1

* 中国北方地区污水处理厂进水水质的测算值。

10.1.2.3 环境因素的影响[12]

虽然影响参数值的环境因素有很多，但污水特性、pH 和温度是三个最常见的环境影响因素。

大多数参数都会受到进水特殊组分的影响，这种影响或起促进作用，或起抑制作用。在描述硝化反应时尤其如此。由于许多因素有这种潜在的影响，使得认识它们很困难。最可靠的方法是针对特定的污水估算其有疑问的参数。

许多文献都说明了 pH 对硝化反应的影响，并提出了相关方程。pH 同样也会影响异养菌的生长动力学，但没有发现稳定的定量关系。许多参数的估算是在中性条件下，所以模型中假设 pH 是在中性范围内并相对恒定。因为硝化反应和反硝化反应都涉及氢离子浓度的变化，如果活性污泥系统的缓冲能力不足，它们可能会导致 pH 的改变。由于碱度是缓冲能力的主要组分，所以 ASM 模型要使碱度可以被计算。这样模型的使用者可以检测反应系统的 pH，从而考察模拟假设的中性条件是否与实际系统的运行条件发生了偏离。

在微小的温度范围内（低温、中温、高温），温度的上升一般会导致速率系数值的上升，比如 μ、b 或 k_h。其关系可由修正后的 Arrhenius 公式描述。由于半饱和系数不是速率系数，但会影响 μ-S（或氨氮、氧等）曲线的形状，所以更难概括温度的影响。然而，重要的是几乎所有的动力学参数都会受温度影响，在参数取值时应考虑温度因素。尽管许多文献都提出不同的温度校正因子，但大多数是基于对独立工艺过程的研究提出来的。由于没有确定温度对模型所有过程影响的专门研究，ASM 模型研究组只能从一些研究的报道中总结出温度影响的混合校正因子。

10.2 活性污泥法 2 号模型（ASM2）的水质表达与计量学参数[13]

10.2.1 模型的动力学和化学计量参数

活性污泥法 2 号模型（ASM2）和活性污泥法 2d 模型（ASM2d）是 ASM1 号模型的发展，ASM2 模型更为复杂，模型包括了对污水和活性污泥组分更详细的描述以及生物除磷与化学除磷过程。ASM2d 模型在 ASM2 模型的基础上进一步完善，它更适合用于具有脱氮除磷功能的活性污泥工艺模拟。

使用 ASM2 模型必须首先确定污水中相关组分的浓度，及其用于特定情况下的动力学和化学计量学参数。这些参数的绝对数值并不是 ASM2（或 ASM2d）模型的一部分，但是对模型用于具体案例分析是必不可少的。

ASM 模型研究组在研究模型的过程中提出了初沉池出水中模型组分的典型浓度和一组模型参数。这些参数可以用于测定计算机程序性能时的参考值，也可作为初始的参数来设计一个模拟试验，以便通过模拟更准确地确定这些参数。由于污水水质的多样性和各种工艺特点的不同，必须理解使用 ASM2（或 ASM2d）模型时这些参数并非在任何情况都是可靠的。

表 10.5 列出了某污水处理厂初沉池出水中所有的模型组分及其典型浓度。该污水包括 260gCOD/m^3 的总 COD，25gN/m^3 的总氮，以及大约 140gTSS/m^3 的悬浮固体。分析测得，TSS<X_{TSS}(180gTSS/m^3)。因为，进水中 X_S 的一部分会通过滤膜，但这部分必须是模型组分 X_{TSS}的组成部分，因为随后它们会吸附到活性污泥上。进水中的总氮和总磷可借助于进水浓度乘以表 10.6 和表 10.7 中相关的转化因子来求得。

初沉出水中模型组分的简短定义及其典型组成　　　　表 10.5

	符　号	名　称	数　值	单　位
溶解性组分	S_{O_2}	溶解氧	0	gO_2/m^3
	S_F	易生物降解基质	30	$gCOD/m^3$
	S_A	发酵产物（乙酸）	20	$gCOD/m^3$
	S_{NH_4}	氨氮	16	gN/m^3
	S_{NO_3}	硝酸盐氮（含亚硝酸盐氮）	0	gN/m^3
	S_{PO_4}	磷酸盐	3.6	gP/m^3
	S_I	可溶性不可生物降解有机物	30	$gCOD/m^3$
	S_{ALK}	重碳酸盐碱度	5	$mol\ HCO_3^-/m^3$
	S_{N_2}	氮气（N_2），20℃，79kPa	15	gN/m^3
颗粒性组分	X_I	颗粒性不可生物降解有机物	25	$gCOD/m^3$
	X_S	慢速可降解基质	125	$gCOD/m^3$
	X_H	异氧菌生物量	30	$gCOD/m^3$
	X_{PAO}	聚磷菌	0	$gCOD/m^3$
	X_{PP}	PAO 储存的聚磷酸盐	0	gP/m^3
	X_{PHA}	PAO 储存的有机物	0	$gCOD/m^3$
	X_{AUT}	自养菌，硝化生物量	0	$gCOD/m^3$
	X_{MeOH}	氢氧化铁 Fe（OH）$_3$	0	gFe（OH）$_3/m^3$
	X_{FeP}	磷酸铁 $FePO_4$	0	$gFePO_4/m^3$
	X_{TSS}	作为模型组分的颗粒物质	180*	$gTSS/m^3$

*表示这一数值比分析测得的 TSS 高，因为它包括了在分析 TSS 时通过滤器的一部分 X_S。X_{TSS}也可能包括进水中一些未被其他组分计入的惰性无机物。如果是这种情况，那么进水中的 X_{TSS} 高于从连续性方程预测的数值 $140gTSS/m^3$。这一数值是针对上述表中的数值并基于表 10.6 中的转换因子得出的。分析测得的 TSS（0.45μm）大约为 $120gTSS/m^3$。

注：1. 进水水质参数：$COD_{tot}=260gCOD/m^3$，TKN（总凯氏氮）$=25gN/m^3$，TP（总磷）$=6gP/m^3$。
2. 不同模型组分的组成见表 10.6。

表 10.6 列出了 ASM2 中的典型化学计量系数。许多转换因子已经通过估算得出，不用再通过特定的试验来测定。这些数值表明了物质的量级。这些化学计量系数是基于 ASM1 的应用经验或从 ASM2 的生产性校正试验取得的，但对于 PAO 的 3 个产率系数 Y_{PAO}、Y_{PO_4} 及 Y_{PHA}的值尚缺乏经验验证。

ASM2 中化学计量系数的定义和典型值　　　　表 10.6

项　目	符　号	名　称	数　值	单　位
氮	溶解性物质			
	i_{N,S_I}	溶解性不可降解 COD 组分 S_I 的 N 含量	0.01	gN/gCOD
	$i_{N,S_{fI}}$	溶解性易降解 COD 组分 S_F 的 N 含量	0.03	gN/gCOD
	颗粒性物质			
	i_{N,X_I}	颗粒性不可降解 COD 组分 X_I 的 N 含量	0.03	gN/gCOD
	i_{N,X_S}	颗粒性慢速降解 COD 组分 X_S 的 N 含量	0.04	gN/gCOD
	$i_{N,BM}$	生物量 X_H，X_{PAO}，X_{AUT}中的 N 含量	0.07	g（N）/g（COD）

续表

项　目	符　号	名　称	数　值	单　位
磷	溶解性物质			
	i_{P,S_I}	溶解性不可降解 COD 组分 S_I 的 P 含量	0.00	gP/gCOD
	$i_{P,S_{fI}}$	溶解性易降解 COD 组分 S_F 的 P 含量	0.01	gP/gCOD
	颗粒性物质			
	i_{P,X_I}	颗粒性不可降解 COD 组分 X_I 的 P 含量	0.01	gP/gCOD
	i_{P,X_S}	颗粒性慢速降解 COD 组分 X_S 的 P 含量	0.01	gP/gCOD
	$i_{P,BM}$	生物量 X_H，X_{PAO}，X_{AUT}中的 P 含量	0.02	gP/gCOD
总悬浮固体	i_{TSS,X_I}	TSS/X_I 的比值	0.75	gTSS/gCOD
	i_{TSS,X_S}	TSS/X_S 的比值	0.75	gTSS/gCOD
	$i_{TSS,BM}$	TSS 与生物量 X_H，X_{PAO}，X_{AUT}中的比值	0.90	gTSS/gCOD
典型化学计量系数	水解			
	f_{S_I}	颗粒性基质中惰性 COD 的分数	0.00	gCOD/gCOD
	异养菌的 X_H			
	Y_H	产率系数	0.63	gCOD/gCOD
	f_{X_I}	生物量溶解产生的惰性 COD 的分数	0.10	gCOD/gCOD
	聚磷菌的 X_{PAO}			
	Y_{PAO}	产率系数（生物量/PHA）	0.63	gCOD/gCOD
	Y_{PO_4}	储存 PHA 所需要的 PP（S_{PO_4} 的释放）	0.40	gP/gCOD
	Y_{PHA}	储存 PP 所需要的 PHA	0.20	gCOD/gCOD
	f_{X_I}	生物量溶解产生的惰性 COD 的分数	0.10	gCOD/gCOD
	硝化菌的 X_{AUT}			
	Y_{AUT}	产率系数（生物量/硝酸盐）	0.24	gCOD/gCOD
	f_{X_I}	生物量溶解产生的惰性 COD 的分数	0.10	gCOD/gCOD

随着对模型进一步应用和经验的积累，将会对模型参数有更好的估算。以下将基于表 10.6 中化学计量参数的一个完整的化学计量矩阵列于表 10.7 和表 10.8 中，该矩阵给出了化学计量系数 v_{ji}的参考值。

ASM2 中溶解性组分及沉淀过程的化学计量矩阵　　　　表 10.7

序号	过程	溶解性组分的化学计量矩阵								
		S_{O_2}	S_F	S_A	S_{NH_4}	S_{NO_3}	S_{PO_4}	S_I	S_{ALK}	S_{N_2}
1	好氧水解		1.00		0.01			0.00	0.001	
2	缺氧水解		1.00		0.01			0.00	0.001	
3	厌氧水解		1.00		0.01			0.00	0.001	
	异养菌的 X_H									
4	基于 S_F 的生长	−0.59	−1.59		−0.022		−0.004		−0.001	
5	基于 S_A 的生长	−0.59		−1.59	−0.070		−0.02		0.021	
6	基于 S_F 的反硝化		−1.59		−0.022	−0.21	−0.004		0.014	0.21
7	基于 S_A 的反硝化			−1.59	−0.070	−0.21	−0.02		0.036	0.21
8	发酵		−1	1.00	0.03		0.01		0.014	
9	溶菌				0.031		0.01		0.002	
	聚磷菌（PAO）的 X_{PAO}									

续表

序号	过程	溶解性组分的化学计量矩阵								
10	X_{PHA}的储存			-1			0.40		-0.004	
11	X_{PP}的储存	-0.20					-1		0.48	
12	X_{PAO}好氧生长	-0.60			-0.07		-0.02		-0.004	
13	X_{PAO}的溶解				0.031		0.01		0.002	
14	X_{PP}的分解						1.00		-0.048	
15	X_{PHA}的分解			1.00					-0.016	
硝化菌（自养菌）的 X_{AUT}										
16	生长	-18.0			-4.24	4.17	-0.02		-0.600	
17	溶解				0.031		0.01		0.002	
磷和氢氧化铁 $Fe(OH)_3$ 的协同沉淀										
18	沉淀						-1			0.048
19	再溶解						1			-0.048

ASM2 颗粒性组分及沉淀过程的化学计量矩阵　　**表 10.8**

序号	过程	颗粒性组分的化学计量矩阵									
		X_I	X_S	X_H	X_{PAO}	X_{PP}	X_{PHA}	X_{AUT}	X_{TSS}	X_{MeOH}	X_{MeP}
1	好氧水解		-1						-0.75		
2	缺氧水解		-1						-0.75		
3	厌氧水解		-1						-0.75		
异养菌的 X_H											
4	基于 S_F 的生长			1					0.90		
5	基于 S_A 的生长			1					0.90		
6	基于 S_F 的反硝化			1					0.90		
7	基于 S_A 的反硝化			1					0.90		
8	发酵										
9	溶菌	0.10	0.90	-1.00					-0.15		
聚磷菌（PAO）的 X_{PAO}											
10	X_{PHA}的储存					-0.40	1.00		-0.69		
11	X_{PP}的储存					1.00	-0.20		3.11		
12	X_{PAO}好氧生长				1		-1.60		-0.06		
13	X_{PAO}的溶解	0.10	0.90		-1				-0.15		
14	X_{PP}的分解					-1			-3.23		
15	X_{PHA}的分解						-1		-0.60		
硝化菌（自养菌）的 X_{AUT}											
16	生长							1	0.90		
17	溶菌	0.10	0.90					-1	-0.15		
磷和氢氧化铁 $Fe(OH)_3$ 的协同沉淀											
18	沉淀								1.42	-3.45	4.87
19	再溶解								-1.42	3.45	-4.87

注：表中化学计量系数的绝对值是以表 10.6 中典型的化学计量参数为基础的，这些数值并不是 ASM2 的固有部分，但却是模型的典型应用值，表中空白处表示过程 n 与该处系数无关。

10.2.2 活性污泥工艺中污水水质特性的表征

活性污泥法2号模型（ASM2）是模拟预测生物脱氮除磷工艺的工具。模型预测的质量与污水性质和模型校正密切相关。对一个污水处理系统进水的详细了解将有助于进行良好的模拟与预测。污水组成对实际污水处理系统运行具有显著的影响，所给污水的特征可以用较详细或不甚详细的数据来描述。水质特征描述得越详细，从模型得到的预测结果就越准确。

因此，可根据模型的用途来确定污水特性的复杂程度。如果模型用于设计目的，则需要详细的污水性质；如果用于教学目的，则不需要很复杂的污水特性。

10.2.2.1 污水组成的变化

ASM2模型的开发主要针对城市污水处理系统。因此，模型只能适用于工业污水占比例很小，且不会引起生活污水整体组成发生重大变化的情况。进入污水处理厂的污水组成由以下三个主要因素决定：

（1）进入污水管网的污水；

（2）污水收集系统的类型（分流制/合流制）；

（3）在污水输送过程中的转化。

进入污水管网的污水性质与污水收集系统范围内的雨水量、工业性质和居民生活习惯有关。进水的变化会导致其中各种组分质量浓度的变化。对于工业污水流入量较少的城市污水，组分的浓度及各组分的比例不会受到工业废水的严重影响。

在管道中污水组分的转化过程与温度、运输时间、供氧量有关。除了温度的季节性变化外，转化过程对管道中污水浓度的变化并不敏感。在管道中由转化过程引起的各种组分比例随时间的变化基本上很小。尽管实际进水浓度每天、每时都有很大的变化，但进水各组分的比例随时间变化并不明显。

10.2.2.2 污水的水质特性

ASM2模型可用于任何类型的城市污水：原污水、经过初沉或化学预沉淀的污水。预处理会影响污水中各组分的分布。ASM2模型不包括预处理部分，故输入到模型中的数据必须是进入污水处理厂生物处理单元的污水特性参数。

（1）城市污水中的有机组分

表征城市污水中有机组分的方法仍在发展中，尚未标准化。了解污水性质和模型及其所用参数之间的密切关系是十分重要的。在某个模拟过程中被证实是有效的表征方法，可能对另一个模拟过程毫无用处。以下通过溶解性惰性物质测定的例子来加以说明。污水的各部分COD值可按图10.2的方法测定。通过污泥产量模拟可得到X_I，用氧吸收速率/氮吸收速率（OUR/NUR）的测试结果，通过模拟可得到X_S。

污水中总有机物的含量可用COD表示，即C_{TCOD}。这可根据模型的复杂性及其应用来细分。图10.2表示了初沉污水各部分COD的典型相对分布。为确保计算中的质量平衡，COD的测定应用重铬酸钾法而不是高锰酸钾法。表10.10给出了ASM2模型中用到的各部分COD的典型取值范围。

在原污水和初沉污水中，颗粒性组分的分布有区别。化学预沉淀的污水中颗粒性组分的浓度比表10.9中给出的最小值还要小。

组分的取值范围较广，包括了分流制管道系统、低渗漏及缺水地区的污水，其污水浓度较高；合流制管道系统，高渗漏及水资源丰富地区的污水，其污水浓度较低。

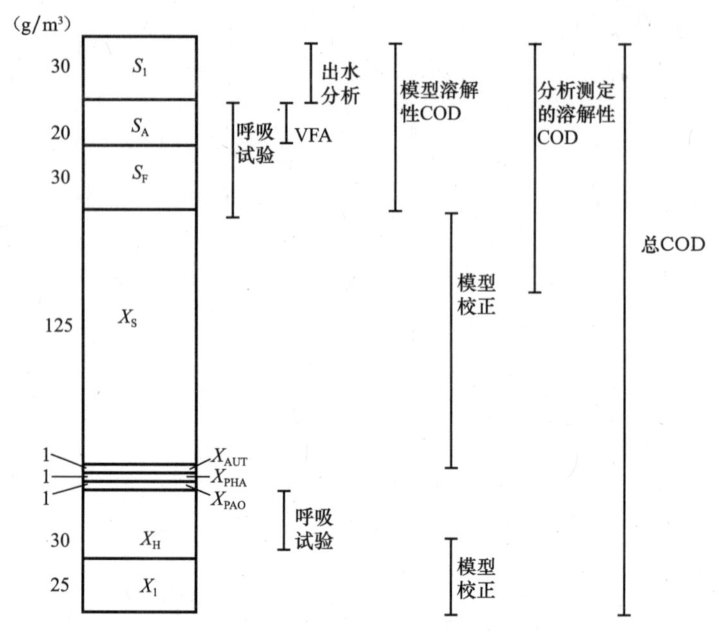

图 10.2　ASM2 模型中 COD 组分的划分

图 10.2 中的长方形表示城市污水经初沉池沉淀后的出水中典型的 COD 分布。通过各种分析技术可得到图 10.2 和表 10.10 的关系和范围，模型中的总 COD 包括下列组分：

$$C_{TCOD} = S_A + S_F + S_I + X_I + X_S + X_H + X_{PAO} + X_{PHA} + X_{AUT} \tag{10.11}$$

式（10.11）中，并不是所有组分都同等重要。为了解释活性污泥系统中某些种属微生物的优势繁殖及被淘汰现象，不能忽视进水中的生物量部分。如果进水中的微生物含量较高，那么即使在淘汰率较高的高负荷状态下，也可能参与反应过程。对于异养菌（其中一部分具有反硝化功能），因为有较高的增值速率，在工程实践中很少发生过被淘汰的现象。由于大多数计算总是假定初始浓度中有这类微生物存在，因此不必考虑它们是否存在于进水中。

ASM2 模型中城市污水的组分　　　　**表 10.9**

	符　号	组　分	典型取值范围	单　位
模型中的溶解性组分	S_{O_2}	溶解氧	0～0.5	gO_2/m^3
	S_F	易（可发酵）生物降解基质	20～250	$gCOD/m^3$
	S_A	挥发酸/发酵产物（乙酸）	10～60	$gCOD/m^3$
	S_{NH_4}	氨氮	10～100	gN/m^3
	S_{NO_3}	硝酸盐氮和亚硝酸盐氮	0～1	gN/m^3
	S_{PO_4}	磷酸盐磷	2～20	gP/m^3
	S_I	溶解性不可降解有机物	20～100	$gCOD/m^3$
	X_I	颗粒性不可降解有机物	30～150	$gCOD/m^3$
	X_S	慢速可生物降解 *	80～600	$gCOD/m^3$
	X_H	异养菌生物量	20～120	$gCOD/m^3$
	X_{PAO}	聚磷菌	0～1	$gCOD/m^3$
	X_{PP}	PAO 中贮存的聚磷酸盐磷	0～0.5	gP/m^3
	X_{PHA}	贮存的聚羟基链烷酸	0～1	$gCOD/m^3$
	X_{AUT}	自养菌，硝化生物量	0～1	$gCOD/m^3$

* 表示有一些在化学分析中是可溶解的。

为了解释系统中聚磷菌和自养菌的增殖和淘汰现象，进水中聚磷菌和自养菌应纳入进水参数中。在高负荷处理系统中，这两类微生物可能会从系统中被淘汰。在大多数情况下，进水中的自养菌的含量很低，聚磷菌 X_{PAO} 也是如此。应注意的是，X_{PAO} 不包括储存的聚羟基烷酸 X_{PHA}。一般认为，它们是独立的化合物。同样，储存在聚磷菌内的聚磷酸盐也被认为是独立的组分。这就意味着聚磷菌对总悬浮固体的贡献来自三部分——X_{PAO}、X_{PHA}、X_{PP}。

在原污水中储存的聚羟基链烷酸 X_{PHA} 接近零，因此大多数情况下，总 COD 可简化为：

$$C_{TCOD} = S_A + S_F + S_I + X_I + X_S + X_H \tag{10.12}$$

在忽略异养菌生物量或将其纳入到慢速可降解悬浮有机物 X_S 之内的情况下，可以进一步简化为：

$$C_{TCOD} = S_A + S_F + S_I + X_I + X_S \tag{10.13}$$

X_H 包含在 X_S 中，不会对模型造成很大影响，但它影响产率系数 Y_H 的数值，因此必须选择一个较小的产率系数。

基于各种简化，式（10.11）～式（10.13）可用来计算那些不能直接测定的有机组分。

对于城市污水，各种有机组分所占比例一般在一个限定的范围内。对于特定的污水，大多数情况下，日变化和季节变化似乎也在一个相对较窄的范围。表10.10给出了一些典型的取值范围。预处理可改变这些范围，例如，初沉污泥酸化能够大大增加乙酸 S_A 的浓度。

城市污水初沉池出水中有机组分所占总COD质量分数的典型取值范围　　表10.10

符号	组分	占总COD的典型质量分数（%）
S_F	易（可发酵）生物降解的基质	10～20
S_A	挥发酸（乙酸）	2～10
S_I	溶解性不可降解有机物	5～10
X_I	颗粒性不可降解有机物	10～15
X_S	慢速可生物降解	30～60
X_H	异养菌生物量	5～15
X_{PAO}	聚磷菌	0～1
X_{PHA}	储存的聚羟基链烷酸	0～1
X_{AUT}	自养菌，硝化生物量	0～1

（2）城市污水中的氮含量

总体来说，对氮组分的表征没有必要像对有机物那么详细。主要原因是污水绝大部分氮以氨氮的形式出现，而氨氮与有机组分无关。但氨氮以外其余氮组分大部分属于有机氮，这可用各种COD组分的恒定氮分数来表征，如表10.11所示。

一些含氮组分，可用图10.3中的标准化学分析法来测定。

图10.3中的长方形表示城市污水处理中初沉出水的典型氮分布，图中的各种测试方法可以测定各部氮的含量。

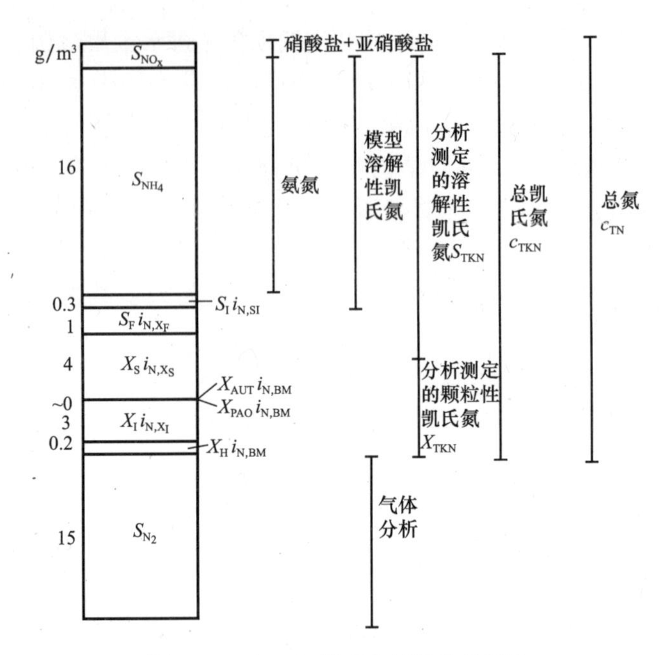

图 10.3 ASM2 模型中氮组分的划分

城市污水中总氮的浓度可表征为：

$$C_{TN} = C_{TKN} + S_{NO_3} = X_{TKN} + S_{TKN} + S_{NO_3} \tag{10.14}$$

式中：C_{TKN}——总凯氏氮质量浓度；

X_{TKN}——颗粒性凯氏氮组分；

S_{TKN}——溶解性凯氏氮组分。

城市污水有机物中氮和磷的含量 **表 10.11**

符号	组分	氮占总 COD 的典型质量分数（%）	磷占总 COD 的典型质量分数（%）
S_F	易（可发酵）生物降解的基质	2～4	1～1.5
S_A	挥发酸（乙酸）	0	0
S_I	溶解性不可降解有机物	1～2	0.2～0.8
X_I	颗粒性不可降解有机物	0.5～1	0.5～1
X_S	颗粒性慢速可生物降解	2～4	1～1.5
X_H	异养菌生物量	5～7	1～2
X_{PAO}	聚磷菌	5～7	1～2
X_{PHA}	储存的聚羟基链烷酸	0	0
X_{AUT}	自养菌，硝化生物量	5～7	1～2

从表 10.11 可看出，除了 X_{PHA}（储存的聚羟基烷酸），所有的有机颗粒部分都包含氮。X_{TKN}是所有其他有机氮颗粒组分的总和，即

$$X_{TKN} = (X_I i_{N,X_I}) + (X_S i_{N,X_S}) + (X_H + X_{PAO} + X_{AUT}) i_{N,BM} \tag{10.15}$$

溶解性凯氏氮受氨氮 S_{NH_4} 的控制，即

$$S_{TKN} = S_{NH_4} + (S_F i_{N,S_F}) + (S_I i_{N,S_I}) \tag{10.16}$$

与严格的出水标准相关时，应特别重视溶解性不可降解氮含量 $S_I i_{N,SI}$。从表 10.12 可

看到氮分数 $i_{N,SI}$一般很小，在初排的城市污水中其浓度一般为 0.5～1gN/m³。有时出现较高的浓度可能是工业污水或高浓度污水排放的结果。

（3）城市污水中的磷含量

一般对磷含量的表征没有必要像有机物那样详细。为了模拟方便，可将固定的磷比例与各种 COD 含量相乘即可（如表 10.12 所示）。图 10.4 中给出了初沉池出水中磷的典型分布。

在城市污水中，总磷的浓度可分为两部分，即

$$C_{TP}=X_{TP}+S_{TP} \tag{10.17}$$

式中：X_{TP}——颗粒性磷的组分；

S_{TP}——溶解性磷的组分。

颗粒性磷 X_{TP}包括无机磷（表示为"磷酸铁"X_{FeP}）和有机磷。

$$X_{TP}=0.205\times X_{FeP}+X_{PP}+X_S i_{P,X_S}+X_I i_{P,X_I}+(X_H+X_{PAO}+X_{AUT})\ i_{P,BM} \tag{10.18}$$

在城市污水中，储存的聚磷酸盐浓度 X_{PP}接近于零，而且对许多污水，金属磷酸盐浓度 X_{FeP}也接近于零。大多数情况下，自养菌和聚磷菌贡献的颗粒性磷浓度可以忽略。因此，式（10.18）可简化为：

$$X_{TP}=X_S i_{P,X_S}+X_I i_{P,X_I} \tag{10.19}$$

溶解性磷包括

$$S_{TP}=S_{PO_4}+S_F i_{P,S_F}+S_I i_{P,S_I} \tag{10.20}$$

污水中溶解性无机磷浓度 S_{PO_4}包括正磷酸盐和聚磷酸盐，而在 ASM2 模型中则认为仅为正磷酸盐。在城市污水中，溶解性有机磷的浓度与无机正磷酸盐浓度相比很小，因此，溶解性磷可大致表示为：

$$S_{TP}=S_{PO_4} \tag{10.21}$$

图 10.4 中的长方形表示城市污水处理中初沉池出水的典型磷分布，图中的各种测试方法可以测定各部分磷的含量。

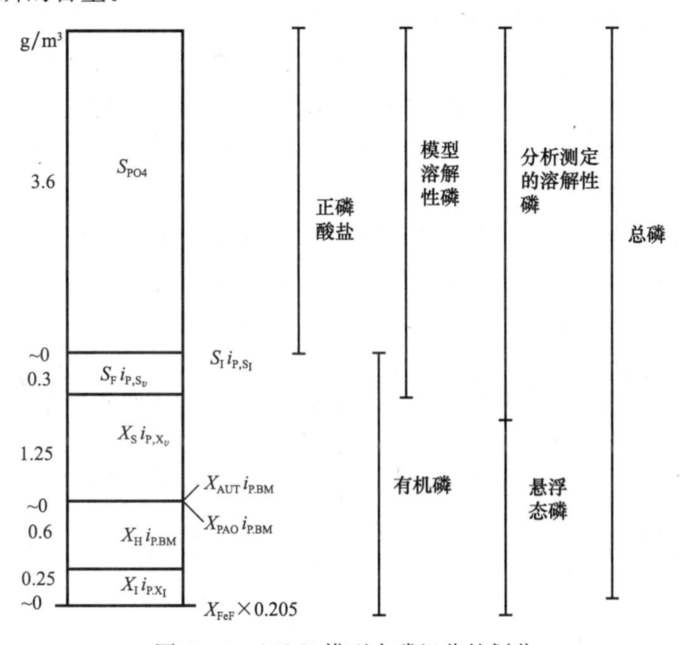

图 10.4 ASM2 模型中磷组分的划分

10.2.3 模型组分的常规分析

ASM2 模型中的许多组分可用常规化学分析法测得。这些组分如下所列。

（1）S_A——挥发酸/发酵产物

城市污水中的挥发酸/发酵产物主要是乙酸，它通常占这部分 COD 的 60%～80%，其浓度在不同污水厂的差异较大，这主要是由于污水在管道输送中的反应所致。

S_A 可用氧（OUR）或硝酸盐（NUR）的呼吸试验来估测，但呼吸试验的结果可能不是很准确。S_A 的挥发酸部分可直接用气相色谱法测定。

（2）C_{TN}——总氮

城市污水中总氮的主要组分为还原态氮，或以氨氮形态存在，或以有机物中的氨基化合物形式存在。其中氨氮是主要的还原态组分，通常占总凯氏氮的 60%～70%。在原污水中，可发现低浓度的硝酸盐或亚硝酸盐，通常其范围在 0～1g/m³，总氮量可从式（10.14）计算而得，即

$$C_{TN} = C_{TBN} + S_{NO_3} \tag{10.22}$$

（3）C_{TKN}——总凯式氮

城市污水中总凯式氮（TKN）包括有机还原态氮（氨基）和氨氮。大多数 TKN 是生理原始性的，可用传统化学分析法（凯式分析法）测定。

（4）S_{NH_4}——氨氮

城市污水中的氨氮主要来自尿素。尿素能很快水解，因此，在污水处理厂中很少能发现尿素。氨氮可用传统化学分析法测定。

（5）S_{NO_3}——硝酸盐和亚硝酸盐氮

城市污水中的氧化态氮可来源于渗入水；但如果浓度较高，可能来源于地下水和工业污水。硝酸盐和亚硝酸盐可用传统化学分析法测定。二者可分开测定，也可合并测定。

（6）C_{TP}—总磷

城市污水中总磷以磷酸盐形态存在。可以是无机磷，也可以是有机结合态磷。污水中磷的总浓度和其中各部分的比例，受洗涤剂中磷的影响很大。污水中洗涤剂带来的磷将以溶解性聚磷酸盐或（水解后）以正磷酸盐形式存在。洗涤剂中的磷占污水总磷的 50%以上。总磷可用传统化学分析法测定。

（7）S_{PO_4}——正磷酸盐

城市污水中的大部分正磷酸盐来源于洗涤剂及其他家用化学物质。洗涤剂中的聚磷酸盐会缓慢水解为正磷酸盐，这一过程的发生是由于污水在管道中的反应。正磷酸盐可用传统化学分析法测定。

10.3 活性污泥法 3 号模型（ASM3）的水质表达和计量学参数[14]

使用 ASM3 模型需要确定污水中相关组分的浓度，及其用于特定情况下的动力学和化学计量学参数。这些参数的绝对数值并不是 ASM3 模型的组成部分，但是对模型用于具体案例分析是必不可少的。模型的化学计量系数与污水特性参数的确定可参考本书 10.1 节和 10.2 节中的方法。

ASM 模型研究组提出了初沉池出水中模型组分的典型值和一组模型参数。这些参数

可以用于测定计算机程序性能时的参考值，也可作为初始的参数来设计一个模拟试验，以便通过模拟更准确地确定这些参数。由于污水水质的多样性和各种工艺特点的不同，必须理解使用 ASM3 模型时这些参数并非在任何情况都是可靠的。

ASM3 模型的化学计量系数及组分参数值 **表 10.12**

符号	含意	取值	单位	备注
f_{S_I}	水解产物中 S_I 的比例	0	$gCOD_{S_I}/gCOD_{X_S}$	
Y_{STO,O_2}	单位 S_S 储存物好氧产率	0.85	$gCOD_{X_{STO}}/gCOD_{S_S}$	
Y_{STO,NO_x}	单位 S_S 储存物缺氧产率	0.80	$gCOD_{X_{STO}}/gCOD_{S_S}$	参见（式 10.14）
Y_{H,O_2}	异养菌的好氧产率	0.63	$g\ COD_{X_H}/g\ COD_{X_{STO}}$	
Y_{H,NO_x}	异养菌的缺氧产率	0.54	$gCOD_{X_H}/gCOD_{X_{STO}}$	参见（式 10.14）
Y_A	单位硝酸盐自养菌产率	0.24	$gCOD_{X_A}/gN_{S_{NO_x}}$	
f_{X_I}	内源呼吸中 X_I 的产率	0.20	$gCOD_{X_I}/gCOD_{X_{BM}}$	
i_{N,S_I}	S_I 中 N 含量	0.01	$gN/gCOD_{S_I}$	
i_{N,S_S}	S_S 中 N 含量	0.03	$gN/gCOD_{S_S}$	
i_{N,X_I}	X_I 中 N 含量	0.02	$gN/gCOD_{X_I}$	
i_{N,X_S}	X_S 中 N 含量	0.04	$gN/gCOD_{X_S}$	
$i_{N,BM}$	X_H，X_A 中 N 含量	0.07	$gN/gCOD_{X_{BM}}$	如果模型中 X_{SS}以 VSS 替代 SS，则有以下值：
i_{SS,X_I}	X_I 中 SS 与 COD 的比值	0.75	$gSS/gCOD_{X_I}$	$0.75gVSS/gCOD_{X_I}$
i_{SS,X_S}	X_S 中 SS 与 COD 的比值	0.75	$gSS/gCOD_{X_S}$	$0.75gVSS/gCOD_{X_S}$
$i_{SS,BM}$	X_H 和 X_A 中 SS 与 COD 的比值	0.90	$gSS/gCOD_{X_{BM}}$	$0.75gVSS/gCOD_{X_H 或 X_A}$

注：这些参数值作为例子提出，但并非是 ASM3 模型的组成部分。

ASM3 模型组分物质的定义和初沉池出水的组成 **表 10.13**

组　分			质量浓度	单　位	备　注
溶解性组分	S_{O_2}	溶解氧	0	gO_2/m^3	
	S_I	溶解性惰性有机质	30	$gCOD/m^3$	
	S_S	易生物降解基质	60	$gCOD/m^3$	
	S_{NH_4}	铵盐	16	gN/m^3	
	S_{N_2}	由反硝化释放的氮气	0	gN/m^3	
	S_{NO_x}	硝酸盐与亚硝酸盐	0	gN/m^3	
	S_{ALK}	碱度，碳酸氢盐	5	gO_2/m^3	
颗粒性组分	X_I	惰性颗粒性有机质	25	$gCOD/m^3$	
	X_S	慢速可生物降解基质	115	$gCOD/m^3$	
	X_H	异样菌	30	$gCOD/m^3$	
	X_{STO}	异氧菌储存的有机质	0	$gCOD/m^3$	如果模型中 X_{SS}以 VSS 替代 SS，则有以下值：
	X_A	自养，硝化菌	0	$gCOD/m^3$	$100gVSS/m^3$
	X_{SS}	总悬浮固体	125	$gCOD/m^3$	

ASM3 模型与 ASM1 模型相比，在污水组分的转化方面作了改动，将重点由水解转到了有机物质的储存。如前所述，污水中的易生物降解基质 S_S 最好通过生物试验来测定。对于其储存和生长过程动力学而言，在 ASM3 模型中，储存过程与基质进入生物体后所发

生的氧的快速吸收有关。因此，必须使用储存产率将氧吸收与基质消耗联系起来，如式（10.23）所示。

$$S_S(\text{间歇}) = \int \Delta r_{S_S}\,dt = \frac{\nu_{S_S}}{\nu_{SO_2}}\int \Delta r_{SO_2}\,dt = \frac{\int \Delta r_{SO_2}\,dt}{1 - Y_{O_2,STO}} \tag{10.23}$$

因此，可运用 ASM3 模型通过模拟间歇试验来确定 S_S。

表 10.14 是基于表 10.12 和表 10.13 所列参数的化学计量矩阵。这一矩阵是 ASM3 模型的应用范例，但并不建议作为 ASM3 模型的最终确定形式。

ASM3 模型化学计量矩阵　　表 10.14

	j	i	1	2	3	4	5	6	7	8	9	10	11	12	13
		组分	S_{O_2}	S_I	S_S	S_{NH_4}	S_{N_2}	S_{NO_x}	S_{ALK}	X_I	X_S	X_H	X_{STO}	X_A	X_{SS}
		过程　形式	O_2	COD	COD	N	N	N	mole	COD	COD	COD	COD	COD	SS
	1	水解		0	1	0.01			0.001		−1				−0.75
异养菌，好氧及反硝化	2	S_S 的好氧储存	−0.15		−1	0.03			0.002				0.85		0.51
	3	S_S 的缺氧储存			−1	0.03	0.07	−0.07	0.007				0.80		0.48
	4	X_H 的好氧生长	−0.60			−0.07			−0.005			1	−1.60		−0.06
	5	缺氧生长（反硝化）				−0.07	0.30	−0.30	0.016			1	−1.85		−0.21
	6	好氧内源呼吸	−0.80			0.066			0.005	0.20		−1			−0.75
	7	缺氧内源呼吸				0.066	0.28	−0.28	0.025	0.20		−1			−0.75
	8	X_{STO}好氧呼吸	−1										−1		−0.60
	9	X_{STO}缺氧呼吸					0.35	−0.35	0.025				−1		−0.60
自养菌，硝化	10	X_A 好氧生长	−18.04			−4.24		4.17	−0.600					1	0.90
	11	好氧内源呼吸	−0.80			0.066			0.005	0.20				−1	−0.75
	12	缺氧内源呼吸				0.066	0.28	−0.28	0.025	0.20				−1	−0.75

10.4　小结

通过本章学习，掌握 ASM1-3 模型中碳、氮、磷组分划分，以及模型动力学参数估计。

污水水质特性描述的重要意义在于联系宏观水质指标和模型输入参数。以 COD 为例，该指标反映了污水中有机物的综合特征，包含了可溶性、胶体、颗粒等不同形态的有机物，也可以按照生物易降解、慢速降解、不降解等来划分。每种划分的组分中仍然包含有多种不同的物质，但它们在生物系统中存在相似的转化行为，因此模型将它们视为一类物质进行处理。同样浓度但不同组分比例的 COD，在生物系统中经历相同的生化反应步骤后，最终处理效果会有明显差异。这反映了污水组分描述的重要性。

模型参数主要包括计量学和动力学参数，反映了生物处理系统的动力学特征。模型参数值具有特异性，即不同的生物处理系统具有一组不同的参数值。因此，在建模和模拟的过程中，需要通过小型实验或现场观测，根据一套数值处理程序来率定模型参数。在率定过程中，一些参数不需要测定，因为采用文献推荐值能收到良好的效果；此外，污水特性和动力学参数的估算必须按一定顺序来进行，因为得到某些参数之前需要其他参数。

ASM1 模型中的进水 COD 有 4 种组分（S_I、S_S、X_S、X_I），可以通过耗氧速率测试获取 S_S、出水残留 COD 获取 S_I、模型拟合 X_S 和 X_I。进水含氮物质有 5 种组分（S_{NH}、S_{NI}、X_{NI}、S_{ND}、X_{ND}），可以通过进水氨氮测试获取 S_{NH}、凯氏氮测试获取 S_{ND}、进水 COD 组分比例计算 X_{ND}等。ASM1 模型的动力学参数一般通过小型实验和呼吸速率测试来获取，比较重要的模型参数包括最大比增长速率 μ_H 和 μ_A、产率系数 Y_H 和 Y_A、衰减速率 b_H 和 b_A、水解速率校正因子 η_g 和 η_h 等。由于 ASM1 结构简单，应用较广泛，需要掌握这些参数的获取方法。

在确定 ASM1 模型参数过程中，需要了解哪些参数可以采用推荐值，哪些参数必须率定及其率定顺序。此外，模型参数还受到污水特性、pH、水温等与地域有关环境因素的影响，在采用默认值时需要考虑实际存在的偏差。本章给出了 ASM1 模型中主要组分的测试方法和取值范围。

ASM2 模型的组分和参数估计比 ASM1 更加复杂。以进水 COD 为例，在 ASM1 模型率定 S_S、S_I、X_S 和 X_I 的基础上，还需要通过呼吸实验和模型校正率定 X_H、X_{AUT}、X_{PAO} 和 X_{PHA}，以及通过 VFA 测试计算 S_A 和 S_F 等参数。关于含氮物质和含磷物质的组分测试情况与 COD 类似。详细的组分测试对脱氮除磷工艺的设计而言十分重要。预处理会影响污水中各组分的分布，因此 ASM2 模型输入必须是进入污水处理厂生物处理单元的污水特性参数。教材给出了 ASM2 模型中主要组分的测试方法和取值范围。除了采取上述方法直接测试和确定参数之外，还可以根据排水管网和预处理工艺特征，在初沉池出水组分的典型取值范围内选取模型的参数值。

ASM3 模型与 ASM1 模型相比，在污水组分的转化方面作了改动，将重点由水解转到了有机物质的储存。一般通过小型微生物试验来确定相关组分参数。本章给出了 ASM3 模型中主要参数的取值范围。

本章参考文献：

［1］ Grau，P.，Sutton，P. M.，Henze，M.，Elmaleh，S.，Grady，C. P. L. Jr，Gujer，W. and Koller，J. Recommended notation for use in the description of biological wastewater treatment process. Water Research，1982，16，1501-1505.

［2］ Ekama，G. A.，Dold，P. L. and Marais，G. V. R.，Procedures for determining influent COD fractions and the maximum specific growth rate of heterotrophs in activated sludge system. Wat. Sci. Technol.，1986，18 (6)，91-114.

［3］ Dold，P. L. and Marais，G. V. R.，Evaluation of the general activated sludge model proposed by the IAWPRC task group. Wat. Sci. Technol.，1986，18 (6)，63-89.

［4］ Grady C P，Jr. L and Lim，H. C.，Biological wastewater treatment，Theory and Applications. New York：Marcel Dekker，1980.

［5］ Hall，I. R.，Some studies on nitrification in the activated sludge process. Wat. Pollut. Control，1974，73，538-547.

[6] Williamson，K. J. and McCarty，P. L.，Rapid measurement of monod half-velocity coefficients for bacterial kinetics，Biotechnol. Bioeng.，1975，17，915-924.

[7] Henze，M.，Nitrate versus oxygen utilization rates in wastewater and activated sludge system，Wat. Sci. Technol.，1986，18 (6)，115-122.

[8] Cech，J. S.，Chudoba，J. and Grau，P.，Detemination of kinetic constants of activated sludge microorganisms，Wat. Sci. Technol.，1985，17 (2/3)，259-272.

[9] Lau，A. D.，Strom，P. F. and Jenkins，D.，Grouth kinetics of sphaerotilus natas and a floc former in pure and dual continuous culture，J. Wat. Pollut. Control Fed.，1984，56，41-51.

[10] Parker，D. S.，Stone，R. W.，Stenquist，R. J. and Culp，G.，Process design manual for nitrogen control，US Environmental Protection Agency，Washington，DC. Technology Transfer，1975.

[11] Henze，M.，Gujer，W.，Loosdrecht，M.，Mino，T.，Activated sludge models ASM1，ASM2，ASM2d，and ASM3，IWA Publishing，London，UK，2000.

[12] 张亚雷，李咏梅译. 活性污泥数学模型. 上海：同济大学出版社，2002.

[13] Mogens Henze 教授专题报告会技术资料. 活性污泥 2 号模型. 1998. 10.

[14] Mogens Henze 教授专题报告会技术资料. 活性污泥 1 号模型和活性污泥 3 号模型. 1998. 10.

第 11 章　ASM 模型用于污水处理过程模拟的方法与流程

11.1　模拟方法与流程

经过多年的发展，描述活性污泥系统的数学模型不断完善和丰富。迄今为止大多数成熟的模型（ASM1、ASM2d、ASM3、B&D 等）都是包含十数个甚至更多的微分方程和近百个模型参数的复杂体系。如何使得模型与污水处理工艺的实际情况相结合，使之能够准确地描述和预测活性污泥系统的特性，是污水处理领域中的一个重要问题。迄今已经有很多研究机构对这一问题进行了详细讨论[1,2]，其中一项较为重要的研究结果是 Langergraber 等人为污水处理厂过程模拟研究制定了 HSG 模拟指南[3]。根据其建议，活性污泥系统的数值模拟应按照以下过程顺序进行（图 11.1）：

1. 目标定义

2. 数据采集和模型选取

（1）污水处理厂常规数据

工艺过程；操作参数（污泥龄等）；运行数据（流量、浓度、曝气量等）。

（2）模型边界定义及模型选取

进水特征；生物反应过程；沉淀过程；传感器；执行器和控制器。

（3）初步模型定义

3. 数据质量控制

（1）数据评价（评估常规数据差距与数据可靠性）

（2）数据补充（增加测量以保证数据质量）

（3）数据质量保证（物料平衡分析、可靠性检验等）

4. 模型结构评价和试验设计

（1）水力学模型评价（模型结构、是否需要进行示踪实验）

（2）预模拟（日均值稳态模拟、敏感性分析）

（3）建立监控策略（持续时间、频率、参数）

5. 模拟研究的数据采集

（1）监控策略（恒定运行设置）

（2）参数估值实验

（3）数据质量评估（精确性是否满足要求）

（4）最终模型定义

6. 模型有效性检验

（1）初始模拟

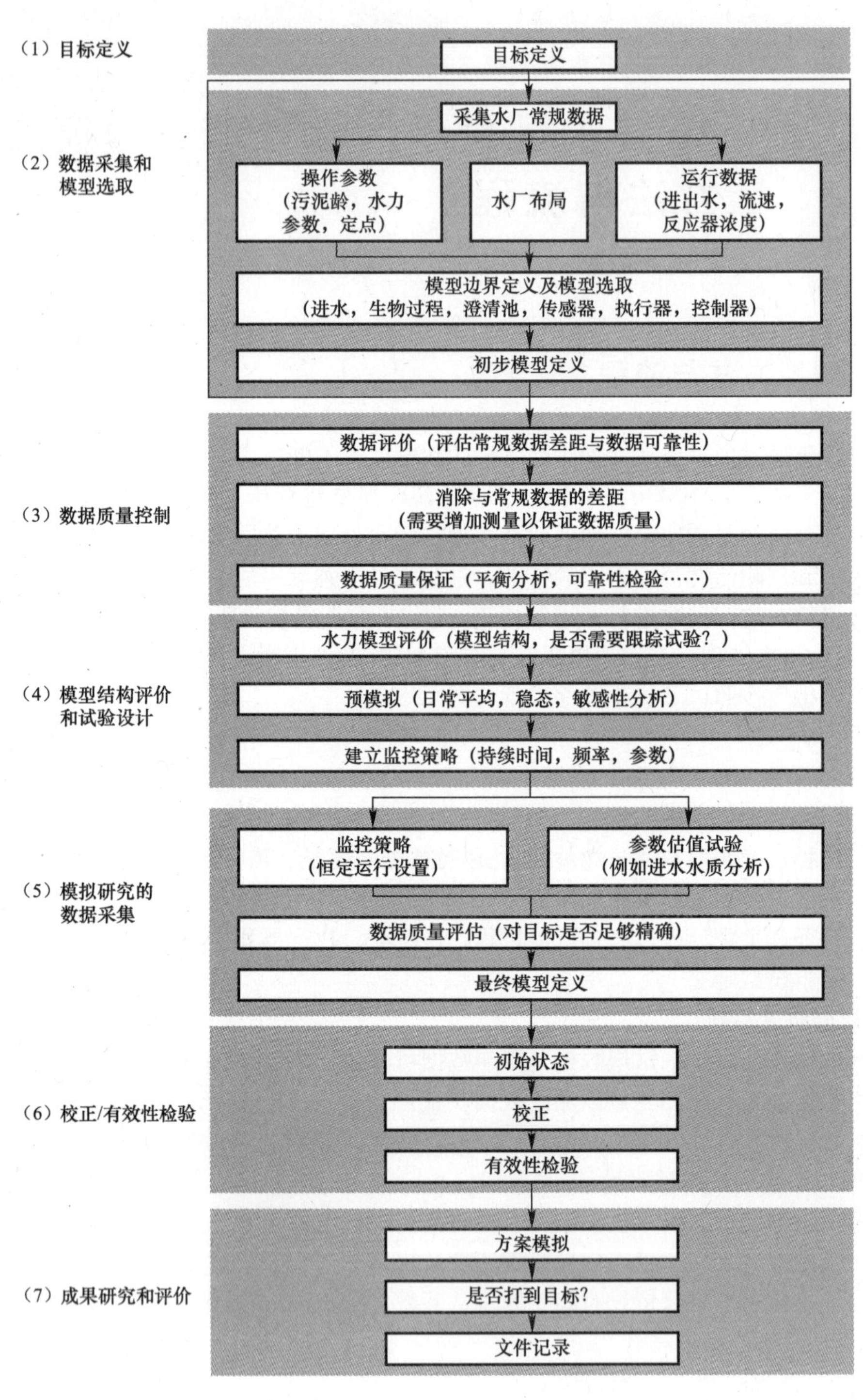

图 11.1　HSG 指南的模拟研究流程

（2）校正

（3）有效性检验

7. 成果研究和评价

（1）方案模拟

（2）目标检验

（3）文件记录

HSG 指南建立的目的是定义一个标准，使模拟研究的结果易于理解和评价，从而提高污水处理系统数值模拟的质量和可靠性。HSG 指南中要求的数据质量较高，适合于有稳定进水组成且长期稳定运行的污水处理厂的离线模拟，对于数据数量及质量较低的污水处理厂较难适用。

考虑到我国许多污水收集管网的建设尚不完备，城市污水处理厂的运行经验和管理水平还有待提高，对我国城市污水处理厂进行数值模拟时，较难参照 HSG 指南直接执行。因此，结合在我国污水处理厂的实践经验，可对 HSG 模拟指南进行调整，提出城市污水处理厂的常规模拟过程[4]如图 11.2 所示：

相对于 HSG 模拟指南，图 11.2 所建议的模拟流程对于待模拟工艺的基础数据的数量和质量的要求都较少，其重点在于识别和实验测定模型中的关键参数。

对于污水处理厂能够提供的数据，在步骤（2），可根据化验分析方法和历史数据记录判断进出水浓度测量的准确性、根据控制设备的特性及物料平衡确定进水流量、回流量和排泥量数据的准确性，删除不准确的数据点，无法确定的数据根据步骤（4）中的过程分析结果予以修正。根据数据收集结果，步骤（3）要求对模拟对象反应器进行水力学模拟，用以确定反应器的有效体积（扣除死区）和流态性质，后者可进一步服务于生物反应动力学模拟中确定反应器的分区。对于模拟需要而污水处理厂无法提供的参数，在步骤（4）中分析确定出模型中较为敏感的关键参数，然后在步骤（5）中通过实验测定获取准确数值。为了鉴别模拟中的关键参数，步骤（4）首先利用模型的默认值（这些默认值为多个污水处理厂模型参数的平均值，通常一定程度上能够概括性地描述一般城市污水处理厂活性污泥系统的性能）进行预模拟，基于初步模型作敏感性分析，确定会对系统产生显著影响的模型参数。此外，初步模型还可用于分析系统中的脱氮除磷过程，协助确定有可能影响模拟准确性的参数及判断其调整方向。在进出水浓度、进水组分和关键模型参数确定后，步骤（6）使用一部分数据进行动态模拟，根据其结果调整模拟中最为关键的参数，如硝化菌最大比增长速率等，使模型能够准确表述实际系统的动态特性。然后使用另一部分数据检验模型的准确性。考虑到活性污泥系统的性质会随时间逐渐变化，模型中参数也需定期调整，为了便于模型参数的调整，步骤（7）要求针对最终模型进行敏感性分析，确定各参数的变化对于该状态下模型的影响。最后，可以使用最终确定的模型分析工艺特性，对工艺的处理效果进行预测，并在此基础上优化运行条件。

需要说明的是，在步骤（5）中重点获取进、出水污染物负荷的时变化状况。相对于污水处理厂的常规日变化数据，时变化值能够更好地反映活性污泥的动态特征，因此更加适合校正和检验模拟的准确性。建议每 1～2h 采样测定一次进、出水的浓度和流量，持续 14d。这一采样频率和持续时间的原因在于：①活性污泥模型是一个连续的动态模型，要求输入的进水条件是连续的；②污水处理厂运行控制的时间精度以分钟或小时计，常规的日变化规律数据不足以满足要求，必须获取时变化数据；③较长时间的数据有助于消除偶然性，使规律更符合实际；④国际上常用的基准水厂控制模拟（WWTP Benchmark Simulation)[5]采用 14d 连续进水数据。

以下按照图 11.2 所示流程对某城市污水处理厂的 A/A/O 工艺进行案例分析，用实例

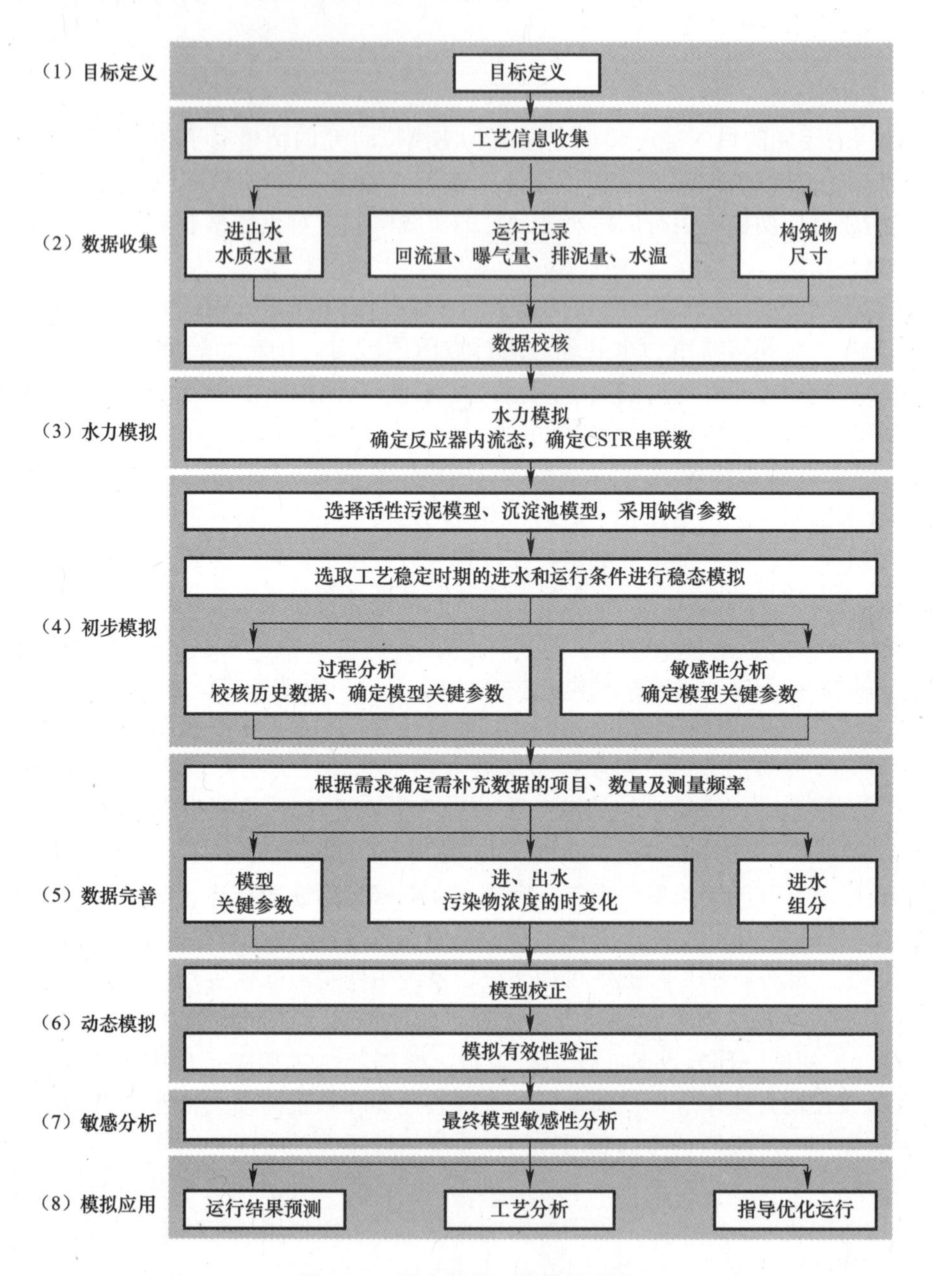

图 11.2　污水处理工艺模拟流程

说明 ASM 模型应用于污水处理过程模拟的方法与流程，以便于初学者学习和理解。

11.2　建立模型

某城市污水处理厂共有四个平行的活性污泥系列，每个系列拥有两座初次沉淀池（简称初沉池）、四座 A/A/O 反应池以及四座二次沉淀池（简称二沉池）。本案例选取其中一座 A/A/O 反应池和一座二沉池为代表，模拟该厂活性污泥系统的运行状况。根据该城市污水处理厂实际构筑物情况及水力学模拟的结果，厌氧区因隔墙的存在可以等效为三个反应器（体积分别为：428m³、636m³ 和 636m³），缺氧区可以等效为一个反应器（体积为 4400m³）。该厂好氧区建有“溶解氧—阀门开度”的 PID 闭环反馈系统、分四段控制反应池内的溶解氧浓度，因此将好氧区划分为四个反应器（体积分别为：2340m³、2640m³、2640m³ 和 2340m³），保证运行控制中各区域的溶解氧浓度设定值均可根据实际情况进行调节。

综上，该城市污水处理厂 A/A/O 工艺的概化模型如图 11.3 所示。

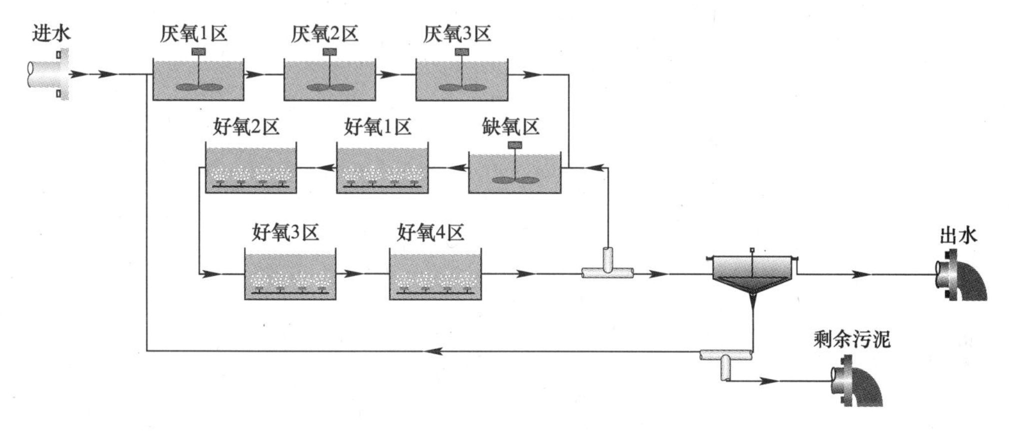

图 11.3 某城市污水处理厂 A/A/O 工艺概化模型

对活性污泥系统的模拟选用了 Barker 和 Dold 提出的基于 ASM 模型基础上改进的 B&D 模型[6]，对二沉池的模拟选用基于通量理论的一维修正 Vesilind 模型。模拟采用 Biowin 软件作为模型计算求解的平台。

11.3 模型校正

使用活性污泥模型对污水处理工艺进行数值模拟存在许多困难，造成这些困难的最为主要的原因是模型的参数众多且其取值较难确定。虽然 Gernaey 等人的研究表明，对污水处理过程进行模拟时只需根据模拟对象特性确定极少的模型参数，便能获得较好的模拟效果[7]。但由于污水处理厂的特性各不相同，要想使得复杂的活性污泥模型能成功地适用于实际污水处理厂，必须确定模拟中的特定关键参数并准确地进行测定。

常用的筛选模型关键参数方法包括专家法、过程分析法和灵敏度分析法等[8]。其中，专家法是一种经验方法，由污水处理领域的专业技术人员和专家的权威经验构成专家系统，根据模拟预测值与实验测定值之间的偏差判断模拟过程中的关键参数及其可能的取值范围；过程分析法是针对系统中的单个过程进行分析，根据小试实验测试确定模拟偏差的原因和修改相关的参数；灵敏度分析法是通过计算特定参数的变化对于模拟结果产生影响的程度来判断参数值确定在模拟中的重要性，下文还将进一步讨论这种方法在数值模拟中的应用。

选定关键参数后，参数数值的确定方法有两种，一种是通过实验进行测定；另一种是通过数值试算使得模拟结果逼近实际情况，从而获得参数的估测值。从原理上看，前一种方法较为准确，但活性污泥模型中的许多参数的测试方法迄今仍不够成熟；后一种方法能够获得较好的模拟效果，但具备一定程度的灰箱性质，难以对于参数值的确定作出具体解释。因此实际模拟过程中往往是将这两种方法结合使用。

对模型的过程分析与敏感性分析（参见 11.5）结果表明：模型的关键参数包括进水组分、异养菌和硝化菌的最大比增长速率、异养菌产率系数。下面介绍这些参数的含义与测定方法。

11.3.1　进水组分

进水组分是活性污泥模型的输入信息，保证其准确性是模拟过程获得成功的基础。城市污水处理厂的进水组分与城市经济发展水平、居民生活习惯、市政排水管网状况以及污水处理厂预处理方式都有关系[9]。因此，为使得模拟结果与实际相符必须准确测定进水组分。

（1）COD 组分

随着活性污泥模型的不断发展，进水组分的划分也逐渐细化，不同模型的进水组分的定义不尽相同。本案例中所使用的 B&D 模型对进水 COD 组分的定义如图 11.4 所示。

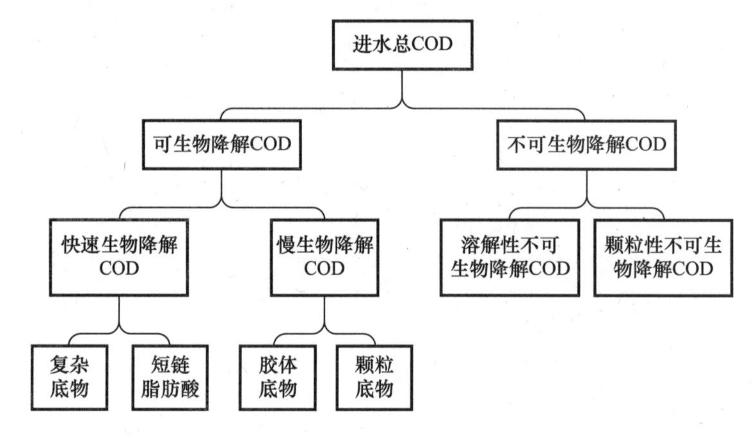

图 11.4　进水 COD 组分

如图 11.4 所示，模型中首先根据可降解性将进水 COD 分为可生物降解 COD 与不可生物降解 COD。对于可生物降解 COD，划分为快速生物降解 COD（RBCOD）与慢速生物降解 COD（SBCOD），其中前者被定义为可被细胞迅速吸收进行生物合成和能量制造的物质，可进一步细分为复杂的快速生物降解 COD（即可发酵的易生物降解有机物）和以短链脂肪酸形式存在的快速生物降解 COD（即发酵产物）；后者则由胶体、颗粒性的可生物降解底物组成，这部分物质往往为复杂的有机分子，并且需要在胞外酶的作用下分解后才能为细胞所利用。不可生物降解 COD 按溶解性也可分为溶解性与颗粒性两类，前者会随着二沉池出水流出系统；后者在活性污泥系统中累积并可随剩余污泥排出系统，因此与系统的泥龄密切相关。

慢速生物降解 COD 中的胶体组分与颗粒性组分的划分对于初沉池运行过程模拟的准确性具有重要意义。但由于胶体组分会迅速被活性污泥絮体吸附，这一划分对于活性污泥系统的模拟并不十分重要。相对而言，可生物降解 COD 中快速降解组分和慢速降解组分的比例对于工艺的脱氮除磷效果有着直接的影响，因此对于 A/A/O 工艺模拟的准确性具有重要的意义。

上一章中介绍了根据污水处理厂常规化验数据估测几种 COD 组分的方法。本章将在其基础上进一步介绍测定各组分的原理及详细方法。

1）可溶性不可生物降解 COD 比例（S_I）

通常认为，对于污泥龄在 10～20d 之间的活性污泥系统，其进水中的 S_I 近似等于其二沉池出水中的溶解性 COD 值[10]。STOWA 研究组的研究结果[11]进一步表明，如使用滤膜（孔径 0.1μm）进行过滤，且过滤前不施加混凝沉淀预处理，则可用下两式估算可溶性不可降解 COD 的比例（S_I）：

$$S_I=\frac{0.9\cdot COD_{eff,f}}{COD_t}\quad（适用于低负荷污水处理厂）\tag{11.1}$$

$$S_I=\frac{0.9\cdot COD_{eff,f}-1.5\cdot BOD_{5,eff}}{COD_t}\quad（适用于高负荷污水处理厂）\tag{11.2}$$

其中，COD_t 为总 COD，$COD_{eff,f}$ 为二沉池出水中的溶解性 COD，$BOD_{5,eff}$ 为二沉池出水中的溶解性 BOD_5。

2）可溶性可生物降解 COD 比例（S_S）

根据 D. Mamais 的研究结果[12]，可溶性可生物降解 COD 的比例（S_S）可用下式进行计算：

$$S_S=\frac{COD_{inf,ff}-S_I}{COD_t}\tag{11.3}$$

其中，$COD_{inf,ff}$ 为絮凝过滤后的进水的 COD 值，其获得方法如下：

① 在 100mL 污水中加入 1mL 硫酸锌溶液（100g/L）；

② 将样品充分搅拌混合 1min；

③ 使用 6 mol/L 的氢氧化钠溶液将样品的 pH 调节至 10.5；

④ 静置沉淀，取上清液；

⑤ 使用孔径 0.45μm 的滤膜过滤上清液。

3）发酵产物比例（S_A）

参考 E Lie 等人的研究[13]，可使用气相色谱法测定生活污水中的短链挥发性脂肪酸（包括乙酸、丙酸、丁酸、异丁酸、戊酸和异戊酸）的含量。选用火焰离子检测器（FID）和极性毛细管柱 FFAP。本案例中的测定按照下述程序进行：

① 液相色谱仪采用安捷伦 6890N；

② 毛细柱采用 HP-FFAP（30m，0.25mm 内径，0.25μm 膜厚）

③ 水样用孔径为 0.22μm 的滤膜过滤；

④ 取 1mL 过滤液，加入 2 滴 3mol/L 盐酸进行酸化，混合后立即测定；

⑤ 设定取样量为 1μL，分流比为 1∶1；

⑥ 设定检测器温度为 220℃，进样口温度为 220℃；

⑦ 设定升温程序为炉温 120℃维持 2min，程序升温从 120℃升值 200℃，升温速度 5℃/min，在 200℃保持 2min。

得到短链挥发性脂肪酸的含量后折算为 COD 当量再除以进水总 COD 值即得到 S_A。

4）颗粒性可生物降解 COD 比例（X_S）

STOWA 研究组的研究结果表明，可生物降解 COD（颗粒性可生物降解 COD 与溶解性可生物降解 COD 之和）可以通过 BOD 测试实验估测，因此在确定 S_S 的前提下可以得

到 X_S。

BOD 测试实验连续测量目标污水的 BOD 值随时间的变化，对变化曲线按照式（11.4）的形式进行拟合，可得到进水中的总 BOD 值（BOD_{tot}）。

$$BOD_{tot} = \frac{1}{1-e^{-k_{BOD}\cdot t}}BOD_t \tag{11.4}$$

其中，BOD_t 是时间为 t 时污水的 BOD 值，k_{BOD} 为碳 BOD 常数。

在此基础上，可以根据式（11.5）得到进水中的总可生物降解 COD（BCOD）

$$BCOD = \frac{1}{1-f_{BOD}}BOD_{tot} \tag{11.5}$$

其中，f_{BOD} 为修正系数，通常取 $f_{BOD}=0.15$，以补偿生物量衰减产生的不可生物降解惰性残留物质。

至此，可以得到颗粒性可生物降解 COD 比例（X_S）

$$X_S = \frac{BCOD}{COD_t} - S_S \tag{11.6}$$

本案例中，BOD 的测量可采用 WTW 生化培养箱（TS 606-G/2）和 BOD 测定仪（OxiTop IS6/12）。

5）颗粒性不可生物降解 COD 比例（X_I）

$$X_I = 1 - S_S - X_S - S_I \tag{11.7}$$

需要说明的是，以上各个组分的测量都有多种方法，本案例中选用的主要是物理化学方法。许多研究表明用物化分析法测定 COD 组分是有效的[11,14]。其他相关研究中常常使用呼吸法[15,16]，通过实验测量获取进水 COD 的组分，但单次呼吸实验的测量结果往往具备一定程度的随机性，而呼吸法测试时间较长，难以通过大批量测量求取平均值，因此在本案例中未能采用。

（2）氮磷组分

生活污水中氮的组成可以表征为

$$TN = X_{TKN} + S_{TKN} + S_{NO} \tag{11.8}$$

式中：TN——总氮浓度；

X_{TKN}——颗粒性凯氏氮浓度；

S_{TKN}——溶解性凯氏氮浓度；

S_{NO}——氧化态无机氮（硝酸盐氮、亚硝酸盐氮等）浓度。

根据上一章的分析，氧化态无机氮含量很低（通常小于 5%），因此以凯氏氮浓度近似等于总氮浓度。本案例中以氨氮和总氮浓度表征进水中的氮组分，两种污染物的测定按照标准方法进行[17]。

生活污水中的磷污染物可分为颗粒性磷和溶解性磷，前者与进水中 SS 的含量密切相关，后者包括正磷酸盐、聚磷酸盐和溶解性有机磷。在 ASM 模型中认为生活污水中的溶解性有机磷含量较低，因此使用正磷酸盐浓度近似等于溶解性磷浓度。本案例中以正磷酸盐和总磷浓度表征进水中的磷组分，两种污染物的测定按照标准方法进行。

（3）其他进水指标

除了上述指标外，生活污水的无机悬浮颗粒物（ISS，即 SS 与 VSS 之差）与活性污泥系统的 MLVSS/MLSS 的比值及污泥龄等运行参数密切相关；进水的 pH 及碱度对于脱氮除磷多个反应有重要影响，因此也需检测确定。三个指标的测定按照标准方法进行[17]。

11.3.2 反应动力学参数及化学计量系数

（1）异养菌的最大比增长速率

测量原理[18]如下：

根据反应器内溶解氧的物料平衡，可以得到测量过程的微分方程：

$$\frac{d[DO(t)]}{dt} = K_{La}[DO_s - DO(t)] - (OUR_{ex} + OUR_{en}) \tag{11.9}$$

其中，DO 为混合液的溶解氧浓度（mg/L），K_{La}为氧传质系数（min^{-1}），DO_s为饱和溶解氧浓度（mg/L），OUR_{ex}为外源呼吸速率（mg/L/min），OUR_{en}为内源呼吸速率（mg/L/min）。

如果污泥处于内源呼吸状态，即 $OUR_{ex}=0$，那么停止曝气后，忽略大气复氧的作用（即 $K_{La}=0$），可以得到内源呼吸速率。

$$\frac{d[DO(t)]}{dt} = -OUR_{en} \tag{11.10}$$

当溶解氧下降到一定程度后，重新曝气，$K_{La}\neq 0$，此时得到：

$$\begin{aligned}\frac{d[DO(t)]}{dt} &= -K_{La}DO(t) + (K_{La}DO_s - OUR_{en}) \\ &= -K_{La}DO(t) + K_{La}DO_{bl}\end{aligned} \tag{11.11}$$

其中，DO_{bl}是平衡态溶解氧浓度（mg/L）。

根据测量的 DO(t) 曲线，计算$\frac{d[DO(t)]}{dt}$，用回归分析方法对$\frac{d[DO(t)]}{dt}$与 DO(t) 进行线性拟合，可以得到 K_{La}和 DO_{bl}。

图 4.5 给出了一组测量内源呼吸速率时的原始数据。

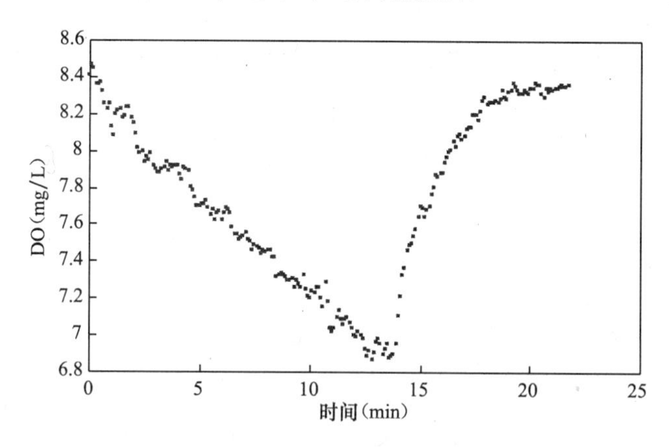

图 11.5 测定 OUR_{en}和 K_{La}的曲线

考察外源呼吸

在一直曝气的情况下，溶解氧浓度维持平衡，记为 DO_{bl}。有

$$\frac{d[DO(t)]}{dt} = K_{La}(DO_s - DO_{bl}) - OUR_{en} = 0 \tag{11.12}$$

即，

$$OUR_{en} = K_{La}(DO_s - DO_{bl}) \tag{11.13}$$

将式（11.13）代入（11.9）得到：

$$\mathrm{OUR_{ex}} = K_{\mathrm{La}}[\mathrm{DO_{bl}} - \mathrm{DO}(t)] - \frac{\mathrm{d}[\mathrm{DO}(t)]}{\mathrm{d}t} \tag{11.14}$$

将测量的 DO(*t*) 平滑滤波后，进行差分可以得到$\frac{\mathrm{d}[\mathrm{DO}(t)]}{\mathrm{d}t}$，再结合前面估算出来的参数 K_{La}，便可以计算 $\mathrm{OUR_{ex}}$。图 11.6 给出了一次测量时的溶解氧曲线和计算得到的 $\mathrm{OUR_{ex}}$ 曲线。

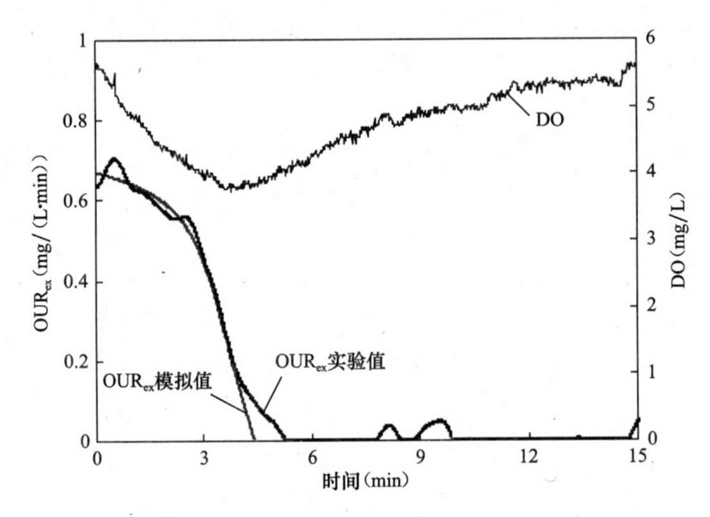

图 11.6　测定 $\mathrm{OUR_{ex}}$ 的曲线

考虑到异养菌降解底物速率 r_{H} 可表示为

$$r_{\mathrm{H}} = -\mathrm{d}S_{\mathrm{S}}/\mathrm{d}t = \frac{\mu_{\mathrm{m,H}} X_{\mathrm{H}}}{Y_{\mathrm{H}}} \cdot \frac{S_{\mathrm{S}}}{K_{\mathrm{S,H}} + S_{\mathrm{S}}} \tag{11.15}$$

利用

$$r_{\mathrm{H}} = \frac{\mathrm{OUR_{ex,H}}}{1 - Y_{\mathrm{H}}},\quad S_{\mathrm{s}} = \left(\int_0^{\infty} \mathrm{OUR_{ex,H}}\,\mathrm{d}t - \int_0^{t} \mathrm{OUR_{ex,H}}\,\mathrm{d}t\right)\Big/(1 - Y_{\mathrm{H}}) \tag{11.16}$$

可以得到

$$\mathrm{OUR_{ex,H}} = A \cdot \frac{C - C(t)}{B + [C - C(t)]} \tag{11.17}$$

其中，

$$C(t) = \int_0^t \mathrm{OUR_{ex,H}}\,\mathrm{d}t,\ A = \frac{\mu_{\mathrm{m,H}} X_{\mathrm{H}} \cdot (1 - Y_{\mathrm{H}})}{Y_{\mathrm{H}}},\ B = K_{\mathrm{S,H}} \cdot (1 - Y_{\mathrm{H}}),\ C = \int_0^{\infty} \mathrm{OUR_{ex,H}}\,\mathrm{d}t$$

对式（11.14）得到的外源呼吸速率曲线进行拟合，根据得到的 A 值和 Y_{H}，X_{H}（近似等于 VSS）值可以到 $\mu_{\mathrm{m,H}}$。需要注意的是，模型在描述异养菌增长时使用的参数为最大比增长速率和衰减速率之差 $\mu_{\mathrm{m,H}} - b_{\mathrm{h}}$，本方法求出的是异养菌的表观最大比增长速率，已经涵盖了衰减速率，因此可以替代这个差值。

测量过程全部在污水处理工艺现场进行。使用好氧段的活性污泥，底物由生化单元进水提供，污水的 COD 浓度和组分、污泥的 MLVSS 均按上文介绍的标准方法测定得到。溶解氧的变化由 YSI-58 溶解氧仪连续读取，实验系统如图 11.7 所示。

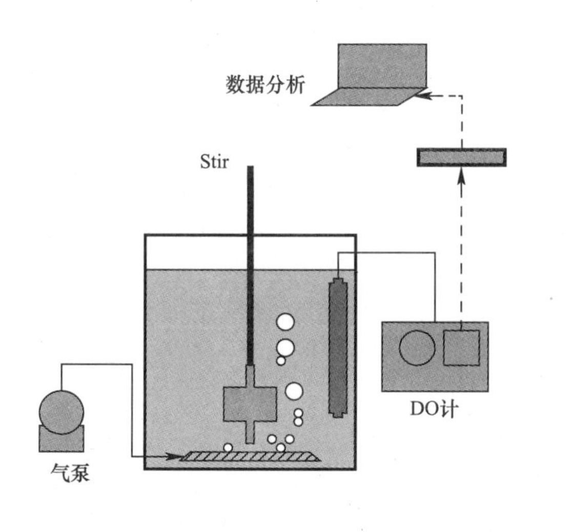

图 11.7 呼吸速率法测量异养菌的最大比增长速率及产率系数的实验系统

(2) 异养菌的产率系数

异养菌的产率系数可以通过实验测试由式 (11.18) 得到

$$Y_H = \frac{\Delta \mathrm{COD} - \int_0^T \mathrm{OUR}(t)\,\mathrm{d}t}{\Delta \mathrm{COD}} \tag{11.18}$$

其中，ΔCOD 为 0～T 时间内底物 COD 浓度的减少量。

(3) 硝化菌的最大比增长速率

在获得了大量待模拟工艺的进出水数据和工艺运行记录后，可采用模拟校核的方法[19]获取硝化菌的最大比增长速率：通过调节参数值使模拟得到的出水氨氮浓度和实测值最为接近，认为此时的参数值能够表征系统的特征。

表 11.1 归纳了模型中参数的调整情况。除硝化菌的最大比增长速率外，各参数值均为多次测量的平均值。

模型中的关键参数值 **表 11.1**

	含义及单位	使用值	默认值
F_{bs}	可生物降解 COD 比例（mgCOD/mg 总 COD）	0.32	0.27
F_{us}	可溶性难生物降解 COD 比例（mgCOD/mg 总 COD）	0.11	0.08
F_{bp}	颗粒性可生物降解 COD 比例（mgCOD/mg 总 COD）	0.48	0.57
F_{up}	颗粒性难生物降解 COD 比例（mgCOD/mg 总 COD）	0.09	0.08
F_{ac}	短链脂肪酸比例（mgCOD/mg 总 COD）	0.04	0.04
NH_4-N/TKN	TKN 中氨氮的比例（mgN/mgN）	0.81	0.75
PO_4-P/TP	总磷中正磷酸盐的比例（mgP/mgP）	0.75	0.75
pH		7.6	7.3
碱度	(mmol/L)	9.0	6.0
μ_H	异氧菌最大比增长速率（1/d）	1.5	3.2
μ_A	硝化菌最大比增长速率（1/d）	0.46	0.90
Y_H	异养菌产率系数（mgCOD/mgCOD）	0.640	0.666

11.3.3　模拟结果验证

根据图 11.2 所示的模拟步骤，首先选用某城市污水处理厂 2007 年 6 至 8 月的进水和运行条件的平均值以及模型默认参数进行稳态模拟，确定关键模型参数后进行参数测定，并于 2007 年 9 月 3 日至 9 月 16 日进行了进出水污染物浓度的时变化测定，以一半数据校核模型，确定了硝化菌的最大比增长速率。最后，根据时间序列的季节分析法对进水流量和浓度的时变化监测结果进行处理，得到了进出水负荷的日内时变化规律，将之输入模型，采用测试期间运行条件的平均值，模拟得到出水氨氮浓度与正磷酸盐浓度的日内时变化规律。图 11.8 比较了模拟值和实验测定值（出水浓度的日内时变化规律）。

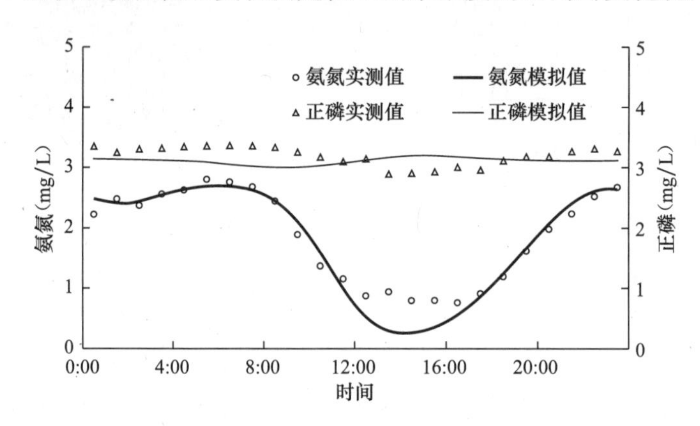

图 11.8　模拟出水与实际出水的曲线

模拟结果表明，出水氨氮和正磷酸盐的相对标准差分别为 13.3%和 6.7%，图 11.8 中曲线表明，模拟效果良好。此外，出水 COD 模拟值在 35～45mg/L 的范围内而测量值则在 33～52mg/L 的范围内。由于出水 COD 受到出水悬浮物等多种因素的影响，动态模拟值往往难以与之完全符合。考虑到模拟的目的主要在于考察系统脱氮除磷的性能，因此对于出水 COD 浓度不作太严格的要求，浓度范围相当即可满足模拟的需要。同样，好氧区污泥浓度的模拟值在 3001～3165mg/L 的范围内，与测试平均值 3106mg/L 基本符合。

需要说明的是，由于进水负荷对活性污泥系统的响应主要表现在小时层面上，因此在作模拟结果验证时没有使用出水浓度日均值作比对，而是比较了模拟和实测得到的出水浓度瞬时值，这种验证相对而言更能说明模拟对系统动态特性描述的准确性。

以上的分析表明，通过关键参数的调节，模型能够较好地表征目标 A/A/O 工艺在实验测定期间的反应特性。考虑到进水负荷的长期变化会导致活性污泥微生物特性的改变，因此如果想保证模拟有效性的长期延续，则必须对模型参数定期进行更新。对某些城市污水处理厂进水负荷年内变化规律的研究结果表明，在一年中调整模型参数 4～6 次是较为适宜的频率。

11.4　模型的敏感性分析

灵敏度是用来衡量参数的变化对于状态或目标产生影响程度的量化指标，灵敏度高则参数变化时系统的状态特性变化大，反之则小。这里的参数包括了所有需要输入进模型的变量，不仅仅指模型的动力学参数和化学计量系数，还包括进水特性及操作变量等。

敏感性分析包括非线性方法和线性方法两种。由于污水处理系统中的活性污泥模型和沉淀模型通常都是非线性模型，非线性的敏感性分析能够提供更多的模型在参数变化条件下的动态特征。非线性敏感性分析是以参数概率分布为基础计算模型变量的概率分布。理论上来说，这一计算可以通过数学分析得到。但是由于典型的活性污泥模型中用于描述各个污水处理过程的方程式及相关参数的数量极多，无法开展解析分析。Monte Carlo 分析可以近似求得非线性敏感性分析的数值解，因此在模型开发过程中有时可以采用。但它对于实际工艺中的大量参数的动态变化过程则难以发挥作用，因此非线性敏感性分析迄今尚无法应用于实际污水处理过程模拟的全面分析，本案例中不予以讨论。

线性灵敏度分析中最常用的指标为相对灵敏度因子，其计算方法为[20]：

$$RSF_{x_0} = \frac{(Y_{x_0+\Delta x} - Y_{x_0})/Y_{x_0}}{\Delta x/x_0} \tag{11.19}$$

式中：RSF_{x_0}——参数因子 X 取值为 x_0 时系统变量 Y 对 X 的敏感度因子；

$Y_{x_0+\Delta x}$，Y_{x_0}——X 取值为 $x_0+\Delta x$ 和 x_0 时系统变量 Y 的值；

Δx——参数 X 的变化量，通常取 x_0 的+10%。

根据式（11.19）的定义，灵敏度因子不仅和所考察的系统参数指标（X）及输出指标（Y）有关，还与参数因子 X 的取值 x_0 及其变化幅度 Δx 密切相关。因此，灵敏度描述往往难以反映所考察对象的全面性质，只能作为一种系统工程方法分析特定条件下系统或系统中某一过程的动态变化特性。对于活性污泥模型来说，由于其系统通常极为复杂，在研究其敏感性时，通常仅分析缺省值条件下系统的输出量对于参数变化的响应，协助确定模型中需校核的关键参数。在系统特性动态变化条件下，如此得到的参数敏感性的有效性难以保证，因此本案例提出的模拟过程（图 11.2）在此基础上增设了第二次敏感性分析（步骤（7）），用以考察关键参数的不确定性对最终模型的影响和系统预测性能的稳定性。对于两次敏感性分析结果的比对还将有助于加深对工艺运行性能的理解。此外，在获得确定的模型后可进一步考察动态条件下的参数敏感性——即敏感性随时间变化的状况，可以用之讨论动态模拟结果的有效性。本案例中，仅对首次敏感性分析中确定的模型关键参数进行动态敏感性分析。

11.4.1 模型缺省状态下的敏感度分析

表 11.2～表 11.4 显示了基于 B&D 模型建立的某城市污水处理厂 A/A/O 工艺的活性污泥模型在参数取缺省值条件下各模型参数的相对灵敏度因子（Relative Sensitivity Factor，RSF）。表 11.2～表 11.4 中第二行的基态值的单位均为 mg/L。为了便于与实际情况比较从而进一步调整，选择实际工艺运行中较为关心且可实验测定的出水水质和污泥浓度作为输出变量 Y，计算方法如式（11.19）所示。

缺省状态下的动力学参数敏感性分析 **表 11.2**

		COD	氨氮	总氮	总磷	SS	MLSS
	基态值	33.0	0.03	22.9	4.0	9.7	3712
硝化菌							
μ_A	0.9	0	−191	−1	0	0	0
K_A	0.7	0	153	0	0	0	0
b_A	0.17	0	135	0	0	0	−1
$b_{A,An}$	0.08	0	49	0	0	0	0
Ki_{HNO_2}	0.005	0	−1	0	0	0	0

续表

		COD	氨氮	总氮	总磷	SS	MLSS
	基态值	33.0	0.03	22.9	4.0	9.7	3712
异养菌							
μ_H	3.2	−4	2	−2	0	0	0
K_H	5	4	−2	1	0	0	0
$\eta_{f,H}$	0.5	0	−3	−11	0	0	−1
b_H	0.62	2	−22	11	7	−3	−11
$b_{H,An}$	0.3	0	−6	2	2	−1	−3
r_h	2.1	−2	57	−19	1	−1	−2
k_h	0.06	1	−23	5	−1	0	1
$\eta_{h,An}$	0.28	−1	2	−33	1	0	−2
$\eta_{h,Ana}$	0.5	0	0	−1	0	0	0
$r_{A,c}$	0.8	0	0	0	0	0	0
r_{Am}	0.04	0	5	0	0	0	0
$r_{A,N}$	0.5	0	9	0	0	0	0
开关因子							
$K_{O,H}$	0.05	0	−2	−1	0	0	0
$K_{O,ON}$	0.05	0	−1	−3	0	0	0
$K_{O,AOB}$	0.25	0	26	1	0	0	0
$K_{O,NOB}$	0.5	0	1	0	0	0	0

表11.2显示了动力学参数的敏感性。其中，μ为比增长速率，单位为d^{-1}；K为各菌种的底物的半饱和常数，单位为mg/L；b为各菌种的好氧衰减速率，单位为d^{-1}；b_{An}为各菌种的缺氧/厌氧衰减速率，单位为d^{-1}；Ki_{HNO_2}为自养菌的亚硝酸盐的抑制系数，单位为mmol/L；$\eta_{f,H}$为异养菌的缺氧生长因子，无量纲；r_h为水解速率，单位为d^{-1}；k_h为水解半饱和系数，$\eta_{n,An}$和$\eta_{h,Ana}$分别为缺氧和厌氧水解因子，均无量纲；$r_{A,c}$为胶体吸附速率，r_{Am}为氨化速率，$r_{A,N}$为同化氨化速率，单位均为d^{-1}。

缺省状态下的化学计量参数敏感性分析　　表11.3

		COD	氨氮	总氮	总磷	SS	MLSS
	基态值	33.0	0.03	22.9	4.0	9.7	3712
$N1$	0.07	0	35	−11	0	0	0
$N2$	0.07	0	−20	−6	0	0	0
$P1$	0.022	0	0	0	−20	0	0
$P2$	0.022	0	0	0	−11	0	0
f_e	0.08	2	−14	0	−8	3	12
硝化菌							
Y_A	0.15	1	4	−2	−2	1	3
亚硝酸盐氧化菌							
Y_{NOB}	0.09	0	1	−1	−1	0	2
异养菌							
Y_H	0.67	14	−94	−92	−46	17	66

表 11.3 中，$N1$ 和 $N2$ 分别为生物量和惰性物质中 N 组分的含量，单位均为 mgN/mgCOD；$P1$ 和 $P2$ 分别为生物量和惰性物质中 P 组分的含量，单位均为 mgP/mgCOD；f_e 为生物量衰减为惰性组分的系数，无量纲；Y 为产率系数，无量纲。

缺省状态下的进水特征敏感性分析 **表 11.4**

		COD	氨氮	总氮	总磷	SS	MLSS
	基态值	33.0	0.03	22.9	4.0	9.7	3712
流量	37500	36	−2	1	−3	142	45
COD	300	84	−7	−141	−31	13	51
TKN	53	1	33	229	−4	1	5
TP	5.5	0	1	0	137	0	0
pH	7.3	0	−2	0	0	0	0
碱度	6	0	−46	0	0	0	0
ISS	45	−7	−2	−1	−1	12	44
F_{bs}	0.27	−1	28	−48	2	−1	−3
F_{ac}	0.15	0	−3	−3	1	0	−1
F_{xsp}	0.5	0	0	0	0	0	0
F_{us}	0.08	72	2	8	3	−1	−4
F_{up}	0.08	3	0	5	−3	3	10
F_{na}	0.75	0	−105	0	0	0	0
F_{nox}	0.25	0	30	0	0	0	0
F_{nus}	0.02	0	−2	0	0	0	0
F_{upN}	0.035	0	−2	−3	0	0	0
F_{po_4}	0.75	0	−1	0	0	0	0
F_{upP}	0.011	0	0	0	−6	0	0

表 11.4 中，TKN 为进水中的凯氏氮浓度，ISS 为进水中的无机固体悬浮物浓度；F_{bs} 为快速生物降解有机物在总 COD 中的比例、F_{ac} 为醋酸在快速生物降解有机物中的比例、F_{xsp} 为非胶体慢速生物降解有机物在慢速生物降解有机物中的比例、F_{us} 为可溶性难生物降解有机物在总 COD 中的比例、F_{up} 为颗粒性难生物降解有机物在总 COD 中的比例、F_{na} 为氨氮在凯氏氮中的比例、F_{nox} 为颗粒性有机氮在有机氮中的比例、F_{nus} 为可溶解难生物降解凯式氮在凯氏氮中的比例、F_{upN} 为颗粒难生物降解 COD 中的含氮比例、F_{PO_4} 为磷酸盐在总磷中的比例、F_{upP} 为颗粒难生物降解 COD 中的含磷比例；表中流量的单位为 m^3/d，COD、TKN、TP 和 ISS 的浓度为 mg/L，碱度的单位为 mmol/L，其余参数均无量纲。

表 11.2～表 11.4 中数值表述的含义是，当其所在行的参数变化为 100%时，其所在列的变量所变化的百分数（单位为%）。三表中均省略了 RSF 全部为 0 的参数共计 26 行。考虑到所有参数的敏感度大部分低于 20%，这一计算结果初步表明了模型在缺省参数条件下具备较强的稳定性。表中浅灰色背景单元格的 RSF 在 20%～100%；深灰色背景单元格的 RSF 大于 100%，根据相关文献 [3]，认为深灰色背景单元格所在行参数是重要敏感因子，应作为模型关键参数确定其数值。

根据表 11.2～表 11.4 所示结果，模型动力学参数中最为敏感的是硝化菌的最大比增长速率 μ、衰减速率 b 以及半饱和常数 K。前两项是成对参数，仅需确定其中一个。事实上，关于活性污泥系统模拟的许多研究[19,21]都表明硝化菌的最大比增长速率 μ 是对模拟结果影响结果最大的因素之一。化学计量参数中，敏感性较强的为异养菌的产率系数 Y。该变量对于出水氨氮、总氮和总磷均有负影响，对反应器内的 MLSS 有正影响。对进水特征的敏感性分析表明，可溶性难生物降解组分对出水 COD 有正影响，氨氮在总氮中的比例对出水氨氮有正影响。

此外，计算结果还表明，稳态条件下出水总氮主要受进水 COD 浓度与总氮浓度的影响，出水总磷主要受进水总磷浓度影响，出水 SS 主要受进水流量的影响。这些进水负荷与运行效果的关系为建立前馈控制策略提供了基础。

11.4.2 确定模型的敏感度分析

根据上文的研究结果，按照表 11.1 对模型参数进行了调整，得到了较好的模拟结果（图 11.8），因此以之为确定模型。在此基础上，再次分析模型各输入参数的敏感性，表 11.5～表 11.7 显示了计算结果，表中参数的含义和单位同表 11.2～表 11.4。同样，表 11.5～表 11.7 中第二行的基态值的单位均为 mg/L。由于再次分析的目的是为后续模型参数调整做准备，因此计算中将 $\Delta x/x_0$ 从 10%变更为 5%，考察模型参数微调对模拟结果的影响。

确定模型的动力学参数敏感性分析 **表 11.5**

		COD	氨氮	总氮	总磷	SS	MLSS
	基态值	33.0	0.03	22.9	4.0	9.7	3712
硝化菌							
μ_A	0.46	0	−628	−2	0	0	0
K_A	0.7	0	172	0	0	0	0
b_A	0.17	0	442	0	1	0	0
$b_{A,An}$	0.08	0	152	0	0	0	0
Ki_{HNO_2}	0.005	0	0	0	0	0	0
异养菌							
μ_H	1.5	0	−21	0	0	−6	0
K_H	5	0	8	0	0	5	0
$\eta_{f,H}$	0.8	−5	−29	1	0	0	−5
b_H	0.62	2	22	6	−2	6	2
$b_{H,An}$	0.3	1	2	2	−1	0	1
r_h	4.2	2	−21	1	0	−2	2
k_h	0.06	−2	12	0	0	1	−2
$\eta_{h,An}$	0.42	0	−27	1	0	−1	0
$\eta_{h,Ana}$	0.75	0	−1	0	0	0	0
$r_{A,c}$	0.8	0	0	0	0	0	0
r_{Am}	0.04	−1	0	0	0	0	−1
$r_{A,N}$	0.5	0	0	0	0	0	0
开关因子							
$K_{O,H}$	0.05	0	−4	−1	0	0	0
$K_{O,ON}$	0.05	0	0	−4	0	0	0
$K_{O,AOB}$	0.25	0	72	2	0	0	0
$K_{O,NOB}$	0.5	0	0	0	0	0	0

确定模型的化学计量参数敏感性分析 **表 11.6**

		COD	氨氮	总氮	总磷	SS	MLSS
	基态值	33.0	0.03	22.9	4.0	9.7	3712
$N1$	0.07	0	9	−9	0	0	0
$N2$	0.07	0	0	−5	0	0	0
$P1$	0.022	0	0	0	−14	0	0
$P2$	0.022	0	0	0	−8	0	0
f_e	0.08	1	−2	3	−6	3	11
硝化菌							
Y_A	0.15	0	2	−3	−2	1	3
亚硝酸盐氧化菌							
Y_{NOB}	0.09	0	0	−2	−1	0	2
异养菌							
Y_H	0.64	9	−24	−88	−24	10	42

确定模型的进水特征敏感性分析 **表 11.7**

		COD	氨氮	总氮	总磷	SS	MLSS
	基态值	33.0	0.03	22.9	4.0	9.7	3712
流量	37500	32	135	4	0	136	44
COD	300	81	−11	−172	−33	18	72
TKN	55	1	−42	260	−4	2	6
TP	6	0	0	0	136	0	0
pH	7.3	0	−4	0	0	0	0
碱度	9	0	−37	0	0	0	0
ISS	25	−4	−5	−1	−1	7	27
F_{bs}	0.32	−1	0	−33	1	−1	−2
F_{ac}	0.15	0	−1	−5	1	0	−1
F_{xsp}	0.48	0	0	0	0	0	0
F_{us}	0.11	72	1	21	3	−1	−6
F_{up}	0.2	5	−5	29	−8	7	29
F_{na}	0.81	0	0	0	0	0	0
F_{nox}	0.25	0	1	0	0	0	0
F_{nus}	0.02	0	1	0	0	0	0
F_{upN}	0.035	0	2	−9	0	0	0
F_{PO_4}	0.75	0	−1	0	0	0	0
F_{upP}	0.011	0	0	0	−13	0	0

对比表 11.5～表 11.7 与表 11.2～表 11.4 中对应位置的数值可以发现，存在敏感性的参数基本没有变化，其敏感性除了和氮有关的指标外都有一定程度的降低。这表明确定模型的稳定程度较高，确定状态下模型中参数的变更对于系统输出的影响较小，因此不需要对模型全部参数进行频繁调整。

敏感性分析中与氮组分相关的参数的敏感性较缺省状态有所升高，其主要原因在于硝化菌的最大比增长速率 μ 从缺省值 0.9d^{-1}调节为 0.46d^{-1}。这一调整使得模型对进水氨氮负荷的去除能力大幅降低至临界状态（也正是所模拟的活性污泥系统的实际状态）。在此条件下，与硝化过程相关的参数的调整均会对出水氨氮浓度产生显著影响，因而导致了与氮组分相关参数的敏感性升高。此时，为了保证模型能持续表征活性污泥系统对氨氮的去除性能，需定期校核硝化菌的最大比增长速率 μ。

11.4.3　动态敏感性分析

对活性污泥系统进行动态模拟时，模型的敏感性不仅与状态点的选择有关，还会随着时间不断变化。以进水氮元素为例，某城市污水处理厂进水的总氮浓度平均值为 55mg/L，而实际工艺中的进水氮浓度在一天中并不稳定，在平均值上下有 15%的波动，进水流量也有波动。可以预期，在进水低负荷期和高负荷期系统的敏感性将有所不同。但前述敏感性分析中的模拟计算均是在稳态条件下完成，这种静态分析无法表征随时间变化的敏感性。因此，选择模型参数中最为关键的硝化菌的最大比增长速率 μ、硝化过程半饱和常数 K 和出水氨氮浓度作为研究对象，分析进水动态变化过程中系统敏感性的变化。

图 11.9（*a*）显示了硝化菌的最大比增长速率 μ 取 $0.46d^{-1}$（基态），增加 5%及减少 5%条件下的出水氨氮浓度；图 11.9（*b*）显示了半饱和常数 K 取 0.7mg/L（基态），增加 5%及减少 5%条件下的出水氨氮浓度，图 11.9（*c*）显示了两种条件下出水氨氮对 μ 的敏

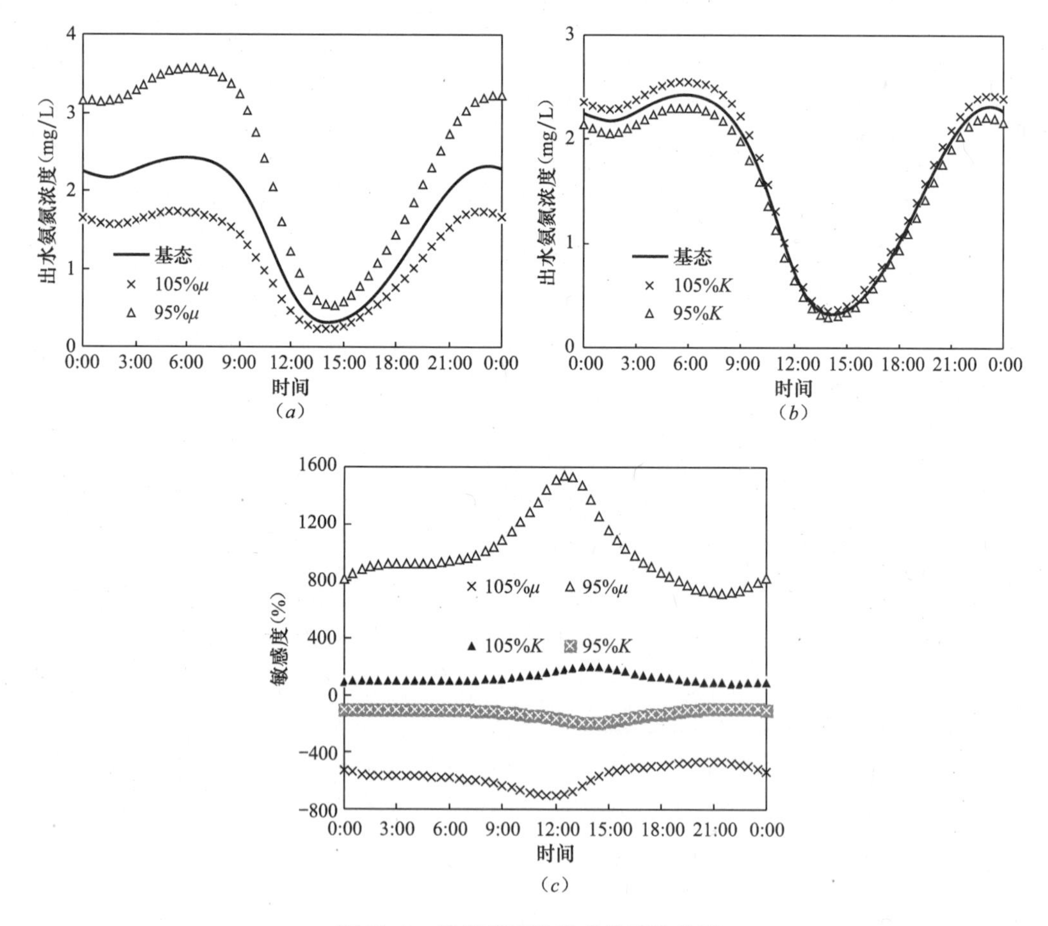

图 11.9　确定模型的动态敏感性分析

（*a*）硝化菌的最大比增长速率 μ 对出水氨氮浓度的影响；（*b*）硝化过程半饱和常数 K 对出水氨氮浓度的影响；（*c*）敏感度的日内变化

感度的动态变化以及两种条件下出水氨氮对 K 的敏感度的动态变化。

图 11.9 所示结果表明，敏感因子会随着进水负荷的变化而产生动态变化，但其平均值与表 11.5 中的静态结果有显著的相关性。μ 的动态 RSF 均值为 1000%（－5%）和－561%（＋5%），静态值为－628%；μ 动态 RSF 均值为 126%（＋5%）和－123%（－5%），静态值为 172%。动态模拟得到的结果的平均值与静态模拟结果不相同在数值模拟中是较为常见的，这主要是多元偏微分方程组解的非线性性质造成的。

从敏感幅度看，硝化菌的最大比增长速率 μ 增加和减少时系统的敏感程度并不相同。μ 减少 5%后导致的出水氨氮浓度变化幅度高于 μ 增加 5%后出水氨氮浓度的变化幅度。从数值上看，μ 减少 5%后动态 RSF 的平均值为 1000%，而 μ 增加 5%后动态 RSF 的平均值为－561%。这表明在系统当前状态下，当 μ 增大时出水氨氮的下降空间有限，下降速度也较小；而当 μ 减少时，出水氨氮浓度则将急剧升高，速度约为前者速度的一倍。相对而言，半饱和常数 K 的增大和减小导致的系统出水氨氮浓度的变化幅度的差别较小，两侧的 RSF 的平均值（126%和－123%）的绝对值也较为接近。基于以上结果，在硝化菌的最大比增长速率 μ 和硝化过程半饱和常数 K 之中，前者对于系统去除氨氮的敏感性更高，能更好地表征系统特性，因此如上所示在模拟过程中主要对这一参数进行调整和校核。

从动态特性上看，模型中 K 值增加 5%所导致的出水氨氮浓度的变化程度在一天内几乎是一致的，而 μ 值的减少对出水氨氮浓度的影响在进水高负荷阶段（17:00—08:00）和低负荷阶段（08:00—17:00）则有显著差别，如图 11.9（c）所示。μ 的敏感性的动态变化和进水负荷密切相关，在负荷最低点，系统对于氨氮的去除率最高，因而表现出最强的敏感性。这一区域内对模型进行校核将有较大的难度，应该予以避免。此外，考虑到保证高负荷条件下的出水达标是控制系统的重要目的，动态研究中得到的“系统在高负荷时敏感性较低”的结论将有利于增强根据模拟结果判定出水水质是否超标的可靠性。

11.5 小结

通过本章学习，掌握污水处理工艺模拟方法、组分确定方法、ASM 模型参数敏感性分析等。

在开展污水处理工艺模拟的过程中，需要使得模型和污水处理工艺的实际性状密切相符，使之能够准确地描述和预测活性污泥系统的特性。HSG 模拟指南描述了活性污泥系统的数值模拟工作的程序，要求数据质量较高，适合进水及运行长期稳定的污水处理厂。针对我国污水处理厂数据数量及质量较低的现实情况，给出了简化的工艺模拟流程，重点在于识别和实验测定模型中的关键参数，对于待模拟工艺的基础数据要求较少。

本章给出了一个例子来说明如何对污水处理工艺开展模拟工作。首先是建立工艺概化模型，其次是模型参数率定和校正，第三是进行稳态和动态模拟，最后是模型敏感性分析。

在模型参数校正方面，详细给出了通过水质测试方法来近似获取进水 COD、氮磷等中各组分的方法，以及通过呼吸速率测试实验获取关键动力学参数的方法。在上述基础上，通过稳态和动态模拟，可以进一步确定其他的模型参数。

模型参数敏感性分析包括所有需要输入进模型的变量，不仅仅指模型的动力学参数和化学计量系数，还包括进水特性及操作变量等。采用线性灵敏度分析法，可以快速分析特定条件下系统或系统中某一过程的动态变化特性。例子给出了动力学参数、计量学参数、进水组分等对出水水质（COD、氨氮、总氮、总磷、SS）和污泥浓度的影响情况，并说明了利用稳态模拟和动态模拟进行敏感性分析的差异。

本章参考文献：

[1] Brdjanovic D，Loosdrecht MCM，Versteeg P，et al. Modeling COD，N and P Removal in a Full-Scale WWTP Haarlem Waarderpolder. Water Research，2000，34（3）：846-858.

[2] Ferrer J，Morenilla JJ，Bouzas A，et al. Calibration and simulation of two large wastewater treatment plants operated for nutrient removal. Water Science and Technology，2004，50（6）：87-94.

[3] Langergraber G，Rieger L，Winkler S，et al. A guideline for simulation studies of wastewater treatment plants. WatSciTech，2004，50（7）：131-138.

[4] 沈童刚. 基于数值模拟的 AAO 工艺前馈控制策略研究，清华大学博士论文，2010.

[5] Copp JB. The COST Simulation Benchmark-Description and Simulator Manual. Luxembourg：Office for Official Publications of the European Communities，2002.

[6] Barker PS，Dold PL. General model for biological nutrient removal activated sludge systems：model presentation [J]. Water Environ Resource，1997，69（5）：969-984.

[7] Gernaey KV，van Loosdrecht MCM，Henze M，et al. Activated sludge wastewater treatment plant modelling and simulation：state of the art. Environmental Modelling and Software，2004，19（9）：763-783.

[8] 孙培德，宋英琦，王如意. 活性污泥动力学模型及数值模拟导论. 北京：化学工业出版社，2010.

[9] 静贺. 排水管网水量水质变化特性及其运行优化策略的研究，清华大学硕士论文，2010.

[10] Henze M，et al.（The IWA Task Group on Mathematical Modelling for Design and Operation of Biological Wastewater Treatment）. Activated Sludge Models ASM1，ASM2，ASM2d and ASM3. London：IWA Publishing，2000.

[11] Roeleveld PJ，van Loosdrecht MCM. Experiences with guidelines for wastewater characterization in the Netherlands. Water Science and Technology，2002，45（6）：77-87.

[12] Mamais D，Jenkins D，Prrr P. A rapid physical-chemical method for the determination of readily biodegradable soluble COD in municipal wastewater. Water research，1993，27（1）：195-197.

[13] Lie E，Welander T. A method for determination of the readily fermentable organic fraction in municipal wastewater. Water Research，1997，31（6）：1269-1274.

[14] Ginestet P，Maisonnier A，Spérandio M，et al. Wastewater COD characterization：biodegradability of physico-chemical fractions. Water Science and Technology，2002，45（6）：89-97.

[15] Orhon D，Karahan O，Szen S. The effect of residual microbial products on the experimental assessment of the particulate inert COD in wastewaters. Water Research，1999，33（14）：3193-3203.

[16] 周振，吴志超，王志伟等. 基于批式呼吸计量法的溶解性 COD 组分划分. 环境科学，2009，30（1）：75-79.

[17] 国家环境保护总局. 水和污水监测分析方法委员会水和污水监测分析方法（第 4 版）. 北京：中国环境科学出版社，2002.

[18] 邱勇. 快速生物活性测定方法的仪器化与控制策略研究 [硕士学位论文]. 北京：清华大学环境科

学与工程系，2003.
[19] Melcer H，Dold PL. Methods for wastewater characterization in activated sludge modeling. Co-published by IWA Publishing and Water Environment Federation，2003.
[20] vanVeldhuizen HM，van Loosdrecht MCM，Heijnen JJ. Modelling biological phosphorus and nitrogen removal in a full scale activated sludge process. Water Research，1999，33 (16)：3459-3468.
[21] Gernaey KV，Van Loosdrecht MCM，Henze M，et al. Activated sludge wastewater treatment plant modelling and simulation：state of the art. Environmental Modelling and Software，2004，19 (9)：763-783.

第12章　ASM模型在污水处理工艺设计中的应用

我国城市污水处理事业发展迅速，污水处理能力和效率逐渐提高。目前，城市污水处理厂的设计通常采用“设计负荷＋安全系数”的方法，根据处理负荷计算构筑物尺寸和工艺参数，并乘以安全系数，作为最终的设计参数。这种设计方法简单易用，在实际工程设计和运行中被证明是有效和成功的。

随着城市污水处理效率的提高，排放标准的日趋严格，对工艺设计和运行的要求越来越高，需要工艺设计得更加准确和有效。传统设计方法在某些方面存在不足，比如认为有机底物降解近似遵循一级反应，而实际上大多数有机物的降解介于零级和一级之间。另外，进水负荷的动态变化对工艺处理效果的具体影响，如降雨冲击负荷等，使用传统设计方法难以做出可靠的评价。

近年来，活性污泥工艺的数学模型及其软件得到快速发展，并逐渐用于污水处理工艺的设计，为解决上述问题提供了新的方法和途径。这种模型辅助设计方法可以模拟污水处理中的真实生化反应，通过数值计算来确定有机物的降解速率，从而使设计更加准确可靠，有助于加深对工艺运行的理解，也有助于提高工艺处理的能力和效率。

12.1　模型辅助工艺设计的方法

根据设计手册完成初步方案设计后，可以使用工艺模型来复算设计方案的处理效果，从而更好地预测设计方案的可靠性。因此，工艺复算的对象是污水处理厂工艺的初步设计方案，一般主要针对污水处理厂的生物处理系统，如A/A/O单元、二沉池和甲醇投加单元等。预处理工艺和深度处理工艺的原理基本是物理和化学方法，其处理效果的评估相对于生物处理系统而言比较简单，一般按照经验和规范进行设计即可。

工艺复算的主要方法是建立污水处理工艺的数学模型，并在此基础上验算不同进水特性、运行条件和动力学参数对处理效果的影响。由于工艺尚处于设计阶段，模型参数的选取只能参照其他污水处理厂的工艺。模拟得到的出水水质并不能完全符合建成后工艺运行的实际数据，但出水水质的趋势和范围依然可以作为设计的重要参考。

在开展工艺复算时，一般需要先使用污水处理工艺模拟软件建立工艺的动力学模型，如BioWIN或者GPS-X等。然后，基于初步设计方案中提出的进水水质、构筑物尺寸及运行参数为基础，核定建模需要的工艺参数，据此确定基准工艺状态。第三，在基准工艺状态的基础上，根据不同的运行条件，如进水负荷变化、水温变化、污泥活性等，模拟设计工艺的出水水质，评价达标情况。最后，总结复算结果，提出评估结论和改进建议。

综上所述，工艺复算就是通过运用数学模型和计算机模拟技术，对初步设计方案的技术参数和不同设计情景下预期的污水处理效果进行模拟，以期检验工艺设计的合理性，并为工艺设计和运行提供有用的建议。本章将结合实际案例介绍运用活性污泥工艺的数学模型及其软件对污水处理厂的初步设计方案进行复算的方法[1]。

12.2 设计方案的分析与建模

12.2.1 设计方案介绍

某北方城市污水处理厂，工程设计规模近期为 60 万 m^3/d，远期总规模 80 万 m^3/d。设计院推荐污水处理推方案为：改良 A/A/O+高效沉淀池+过滤工艺。图 12.1 为某污水处理厂处理工艺的流程。

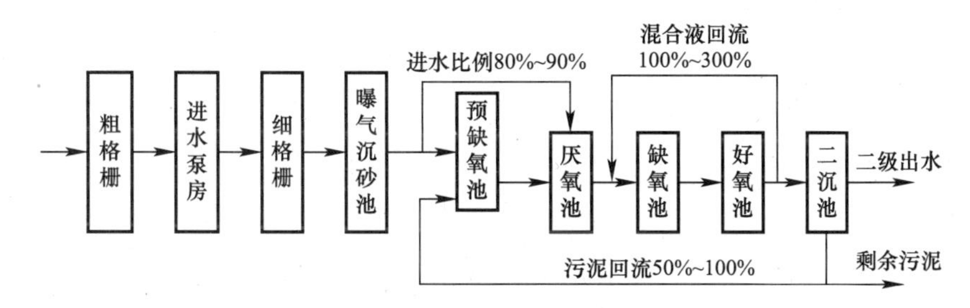

图 12.1 某污水处理厂改良 A/A/O 工艺的流程

工艺设计进水水质如表 12.1 所示，排放标准为《城镇污水处理厂污染物排放标准》GB 18918—2002 的一级 A 标准。

设计方案的进出水水质（单位：mg/L） **表 12.1**

项目	COD_{Cr}	BOD_5	SS	NH_3-N	TN	TP
进水水质	340	140	210	30	40	5
出水标准	50	10	10	5（8）	15	0.5

12.2.2 工艺概化模型

本案例采用 BioWIN 软件作为模拟平台。该平台采用 ASDM 综合模型，描述了污水处理过程中的 50 种组分（普通异养菌、氨氧化菌、亚硝酸盐氧化菌等）以及作用于这些组分的 80 个物理、化学和生物反应过程。ASDM 模型整合了国际水协会的三套活性污泥生物反应模型（ASM1～ASM3），集成了厌氧消化模型（ADM）、pH 平衡、气体转移和化学沉淀等模型，并且根据实际污水处理工艺率定了大量的动力学参数，具有良好的工程应用背景。

依据初步设计方案对 A/A/O 生化处理单元的设计参数，建立了工艺概化模型，如图 12.2 所示。模型设置了 1 个前缺氧区、1 个厌氧区、1 个缺氧区（分为 2 段）、1 个好氧区（分为 4 段）和 2 个二沉池。A/A/O 系统具有良好的推流特性，比完全混合式的处理效率要高。在实际工程中，由于池内流态不均匀，A/A/O 反应器在轴向上也存在一定程度的混合，所以属于不完全推流形式。参照以往建模经验，从流体力学和反应动力学角度考虑，对于容积较大的缺氧反应区和好氧反应区，可使用多个 CSRT 反应器串联来表征实际反应器内的推流特性。因此将缺氧区分为串联的 2 段，把好氧区分为串联的 4 段。

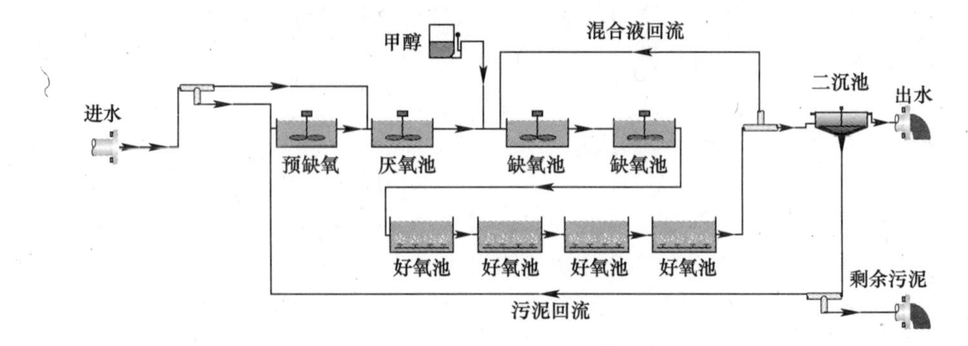

图 12.2　某污水处理厂改良 A/A/O 工艺的概化模型

依据《污水处理厂初步设计说明》（以下简称《初设说明》）对生化处理单元的构筑物设计尺寸，可以确定模型中各单元的结构尺寸，如表 12.2 所示。

工艺概化模型中的构筑物尺寸　　表 12.2

构筑物	长（直径）	宽	深
单位	m	m	m
前缺氧区	57.1	11.5	6.6
厌氧区	65.7	11.5	6.6
缺氧区 1 段	125.4	11.5	6.6
缺氧区 2 段	125.4	11.5	6.6
好氧区 1 段	113.5	11.5	6.6
好氧区 2 段	113.5	11.5	6.6
好氧区 3 段	113.5	11.5	6.6
好氧区 4 段	113.5	11.5	6.6
二沉池 1	50	—	4
二沉池 2	50	—	4

12.2.3　设计工艺的运行参数

根据《初设说明》，对系统运行的设计参数进行了汇总和分析，按如下内容选取了参数值，确定工艺模拟的基准状态。

（1）进水流量的选取

《初设说明》的工艺设计流量为 600000m^3/d，在设计计算中考虑到日变化系数 1.1 倍，因此采用了 660000m^3/d 作为设计流量。在本复算文件中，选取工艺设计流量 600000m^3/d 作为基准状态。复算过程中，选取总变化系数 1.3 倍流量，即 780000m^3/d，评价水量变化后的达标情况。

《初设说明》设计阶段进水的比例为：10％进入前缺氧区，用于前置反硝化脱氮；90％进入厌氧区，用于生物除磷。在本复算文件中，选取该值作为基准状态。在实际运行过程中，由于进水水量的波动，很难严格控制为该进水比例。经验表明，该比例小幅度的变化对工艺效果的影响不大，因此复算过程设定该进水比例为恒定值，忽略小幅波动的影响。

（2）回流量和排泥量的选取

《初设说明》对回流量和排泥量进行了理论计算，并进行了设备选型。考虑到实际运行的状况，本复算中按照选型泵的额定流量来确定相关数值。

按生化单元3组6座反应池考虑，每座反应池的内回流由3台混合液回流泵（单台流量3200m³/h）提供，设计假定内回流泵不变频，因此内回流量恒定为230400m³/d。

《初设说明》给定污泥回流比为100%，污泥回流量为4167m³/h。污泥回流泵两池合用5台，单台流量1600m³/h，因此在实际运行中，污泥回流按定量控制，单池回流量应为96000m³/d，略低于理论计算值。复算中选择单池回流量为96000m³/d。

《初设说明》给定剩余污泥量计算值为11547kgDS/d。另一方面，根据总污泥龄设计值18.8d、混合液浓度3500mg/L、有效池容63098.05m³计算，可得剩余污泥量为11747kgDS/d。此外，剩余污泥泵选型后，确定两池合用2台，单台流量80m³/h，实际运行中单池的剩余污泥排放量为13440kgDS/d（剩余污泥浓度取7g/L）。复算中选取剩余污泥排放量为较大值，即单池13440kgDS/d，折合流量为1920m³/d。

（3）曝气量等参数的选取

在《初设说明》中，要求保持好氧区溶解氧浓度DO等于或大于2mg/L。因此在初设计算过程中，好氧区的溶解氧浓度计算值取为2mg/L。如果要维持溶解氧恒定，就需要实现“按需曝气”。在实际运行中，由于好氧区首端耗氧速率高，末端耗氧速率低，导致首尾的需气量可相差一倍以上，对曝气系统的布置提出了较高要求。

复算选取理想的溶解氧浓度控制作为基准状态，好氧区的4段全部采用溶解氧浓度反馈控制，DO设定值定为2mg/L，假定能瞬间满足需氧量。为了模拟实际运行情况，复算再将鼓风机最大曝气量均匀分配于好氧各段，评价其达标效果。

（4）水温和甲醇投加量的选取

《初设说明》选取最不利水温10℃作为设计值。由于污水处理厂进水的温度变化范围为10～20℃，因此实际运行状况宜用平均值15℃作为代表。复算选取15℃作为基准状态，再考察最不利水温10℃和最高水温20℃下的达标情况。

《初设说明》设定六座生化单元池的甲醇消耗为6912.87t/年，则单池的甲醇投加量折合约3996L/d（工业甲醇密度为0.79kg/L）。设计中配备的甲醇投加计量泵的投加能力（5600L/d）能够实现该投加量。因此复算中的甲醇投加量选取3996L/d作为基准状态，再选取0和5600L/d比较其处理效果。

12.2.4 设计工艺的模型参数

12.2.4.1 进水水质及组分参数

城市污水处理厂的进水特性包括污染物的浓度指标和组分参数。进水特性参数的准确取值对模拟工作的准确程度意义重要。由于城市污水处理厂进水特性的地域差别很大，所以模型中进水组分的缺省值一般难以精确反映进水的实际情况，因此应最大限度地通过实验分析，来确定进水组分的实际值。

通过分析《初设说明》的设计依据和同地区相临污水处理厂历史数据等，确定了如表12.3所示的进水水质组分作为复算的基准状态。此外，根据实验室测定的冬季融雪后该污水厂管网的进水水样，复算确定了低碳源条件下的进水水质。

复算选取基准状态下的进水水质组分　　表 12.3

符　号	含　义	单　位	取　值
COD	化学需氧量	mg/L	340
TKN	总凯氏氮	mg/L	40
TP	总磷	mg/L	5
Nitra	硝酸盐氮	mg/L	0
pH	pH		7.3
Alk	碱度	mmol/L	7
ISS	无机固体悬浮物	mg/L	75
Ca	钙离子	mg/L	80
Mg	镁离子	mg/L	15
DO	溶解氧浓度	mg/L	0
F_{bs}	快速生物降解有机物	g COD/g 总 COD	0.16
F_{ac}	醋酸	g COD/g 快降解 COD	0.15
F_{xsp}	非胶体慢生物降解有机物	g COD/g 慢降解 COD	0.75
F_{us}	可溶性难生物降解有机物	g COD/g 总 COD	0.05
F_{up}	颗粒性难生物降解有机物	g COD/g 总 COD	0.13
F_{na}	氨氮	g 氨氮/gTKN	0.66
F_{nox}	颗粒性有机氮	gN/g 有机氮	0.5
F_{nus}	可溶解难生物降解凯式氮	gN/gTKN	0.02
F_{upN}	颗粒难生物降解 COD 含 N 量	gN/gCOD	0.035
F_{po4}	磷酸盐	g 磷酸盐/gTP	0.5
F_{upP}	颗粒难生物降解 COD 含 P 量	gP/gCOD	0.011

12.2.4.2　模型的动力学参数

在运用模型进行污水处理工艺的设计时，由于污泥活性难以估计，因此工艺模型的动力学参数及计量学参数主要选取模型缺省值。《初设说明》和计算书中选取氨氧化菌的最大比增长速率的设计值为 0.47d^{-1}（15℃），即为 0.77d^{-1}（20℃）。由于该参数的模型缺省值为 0.9d^{-1}（20℃），复算中选取较为不利的设计值 0.77d^{-1}（20℃）作为基准状态。表 12.4 列举了模型动力学的几项关键参数的取值。

复算选取的关键模型动力学参数　　表 12.4

	参数名称	单　位	取　值
氨氧化细菌	最大比增长速率	1/d	0.77
	基质（NH_4）半饱和常数	mgN/L	0.7
	好氧衰减速率	1/d	0.17
	缺氧/厌氧衰减速率	1/d	0.08
	Ki_{HNO_2}	mmol/L	0.005

续表

	参数名称	单位	取值
异养菌	最大比增长速率	1/d	3.2
	基质半饱和常数	mgCOD/L	5
	缺氧生长因子	—	0.5
	好氧衰减速率	1/d	0.62
	缺氧/厌氧衰减速率	1/d	0.3
	水解速率（AS）	1/d	2.1
	水解半饱和常数（AS）	—	0.06
	缺氧水解因子	—	0.28
	厌氧水解因子	—	0.5
	胶体吸附速率	L/(mgCOD·d)	0.8
	氨化速率	L/(mgN·d)	0.04
	硝酸盐/亚硝酸盐的吸收速率	1/d	0.5
	发酵速率	1/d	3.2
	发酵半饱和常数	mgCOD/L	5
	厌氧生长因子（AS）	—	0.125
	水解速率（AD）	1/d	0.1
	水解半饱和常数（AD）	mgCOD/L	0.15

在本案例进行的工艺模拟工作中发现，氨氧化细菌的最大比增长速率反映了系统内硝化菌的活性状态，出水氨氮浓度对该参数的取值很敏感。北京市某污水处理厂和无锡市某污水处理厂均属于常规的A/A/O工艺，该参数的取值为0.5～0.6d^{-1}[2,3]，因此复算选取了0.55d^{-1}进行了模拟，评估了该参数取值下对出水达标的影响。

12.3 工艺初始方案的复算

12.3.1 工艺初始方案的复算内容

根据研究计划，工艺初始方案的复算包括以下几部分的内容，主要指：基准状态复算、进水条件复算、工艺状态复算和动力学参数复算。

（1）工艺基准状态的复算

根据12.2.2节中确定的工艺基准状态，复算出水水质情况。一方面检验各方面条件均满足设计要求时，处理工艺是否能够达标；另一方面将该状态作为其他状态的比较基准，考察变更进水特性、工艺条件和动力学参数后，系统的处理效果和出水水质。

（2）进水特性变化的复算

在基准状态的基础上，其他条件不变，仅改变进水特性，考察设计工艺对动态进水负荷的承受能力和效果。进水特性变化包括进水水量和进水水质的变化。

考虑到两者只需要验算较不利的条件，因此对“水量变化”方面，考虑进水水量取值为最大水量780000m^3/d；对“水质变化”方面，进水水质取较低的COD浓度，为210mg/L。

（3）工艺运行变化的复算

在基准状态的基础上，其他条件不变，仅改变相关的工艺条件，考察设计工艺对运行条件变化的承受情况。工艺运行条件的变化包括以下几方面：甲醇投加、曝气量的分配、水温变化、模型动力学参数变化。

考虑到验算不利条件，因此对“甲醇投加”方面，考虑不投加甲醇的条件，考察对总氮的去除情况；对“曝气量分配”方面，调整DO控制为曝气量控制，考察出水水质是否恶化；对“水温变化”方面，考察低温条件下的硝化效果；对“模型动力学参数”方面，主要调整硝化菌最大比增长速率 $\mu_{A,M}$，并考察不同温度情况下，设计工艺中硝化过程的效果。

12.3.2 工艺设计方案的复算结果

12.3.2.1 基准状态的复算结果

根据复算选择的基准状态，模拟了设计条件下的工艺状态和出水水质。模拟结果表明，基准状态下，生化反应单元MLSS浓度3449mg/L，MLVSS浓度2186mg/L，回流污泥MLSS浓度6889mg/L，污泥龄18.9d，与设计目标基本吻合。单池的需气量为22936m³/h，略低于鼓风机最大曝气量23500m³/h。

模拟基准状态的进水水质、出水水质和排放标准如表12.5所示。表中可见，生化系统出水的SS和TP略高于排放标准，考虑到后续深度处理可有效去除SS和TP，因此认为基准状态下的出水可达到一级A标准。

工艺模拟基准状态下的模拟结果（mg/L） **表12.5**

参数	COD	SS	氨氮	总氮	总磷
进水浓度	340	173	26.7	40	5
模拟出水	33.2	12.9	0.4	9.81	0.51
排放标准	40	10	5	15	0.5

12.3.2.2 进水特性变化的复算结果

（1）进水水量持续增加

污水处理厂设计处理量总变化系数为1.3，因此可能出现780000m³/h的进水流量。复算在基准状态上，修改进水水量为持续高流量进水条件，保持其他工艺运行条件不变。进水量变化的模拟结果如表12.6所示。

最高进水流量下的模拟结果 **表12.6**

参数	COD (mg/L)	SS (mg/L)	氨氮 (mg/L)	TN (mg/L)	TP (mg/L)	流量 (万t/d)	需气量 (m³/h)
基准状态	33.7	13	0.4	9.7	0.5	10	22936
高流量	40.3	20.6	0.6	11.83	0.75	13	30367
低COD	22.3	11.8	0.42	10.64	2.86	210	18517

从表12.6中可见，当工艺系统处理1.3倍高流量进水时，生化系统出水SS为21mg/L，TP为0.75mg/L，满足后续深度处理的进水条件，可经后续工艺有效去除。但是，当水量增加30%后，需气量也在基准状态上相应增加，达到约30000m³/h，超过了鼓风机最大曝气量23500m³/h。因此当进水持续为最高流量时，生化系统会出现曝气不足的现象。

（2）进水COD明显降低

根据初步设计方案提供的COD历史检测数据，50%保证率时的进水COD浓度

210mg/L。因此在基准状态的基础上，将进水 COD 浓度调整为 210mg/L，其他条件不变，模拟出水水质情况。模拟结果如表 12.6 所示。

从表 12.6 中可以看到，进水 COD 浓度偏低时，TP 的去除会受到明显影响。这是因为碳源过低时，厌氧段释磷不足，从而造成 TP 的去除受影响。同时可以看到，出水氨氮和 TN 浓度变化不大，这是由于进水碳源和添加的甲醇等有机物会优先完成反硝化过程，因此受影响的程度比 TP 要小。由于后续有化学除磷工艺，故 TP 可以被后续工艺处理达标。在本条件下，设计工艺仍然可以达标，但是需要添加大量的甲醇和化学除磷药剂，药耗成本较高。此时由于 COD 浓度低，需氧量也有所降低，大约减少了一台鼓风机的额度风量。

12.3.2.3 工艺条件变化的复算结果

(1) 甲醇投加工艺变化

设计工艺向缺氧池投加 3996L/d 的甲醇，用于补充反硝化的碳源不足。在基准状态下，更改甲醇投加量为 0，其他条件不变，进行模拟，考察了投加甲醇工艺对脱氮除磷的影响。模拟结果如表 12.7 所示。

有无投加甲醇时的出水水质模拟结果 **表 12.7**

参数	COD (mg/L)	SS (mg/L)	氨氮 (mg/L)	总氮 (mg/L)	总磷 (mg/L)	甲醇 (L/d)	需气量 (m^3/h)
投加甲醇	33.7	13	0.4	9.7	0.5	3996	22936
未投甲醇	31.2	12.5	0.4	10.9	1.5	0	22052

从表 12.7 中可以看到，未投加甲醇时，出水 TN 与基准状态相差不大，仍然可以达标。这表明，设计进水 COD 为 340mg/L 时，进水碳源可以大致保证反硝化过程的完成。投加甲醇后，反硝化过程进行的更为彻底，因此 TN 浓度会更低。

未投加甲醇时，反硝化过程不够彻底，回流硝酸盐较多，容易影响厌氧区释磷，进而影响 TP 的去除效果。由于后续化学除磷工艺的保障，在基准状态未投加甲醇时，出水也可以达标。

由于甲醇投加主要针对低碳源的情况，因此将进水 COD 降低为 210mg/L，再次模拟未投加甲醇的情况，结果如表 12.8 所示。可以看到，在低 COD 进水条件下，投加甲醇可以大幅度改善出水的 TN 指标，同时对 TP 指标也有改善；如果不投加甲醇，出水 TN 将超标。

低 COD 进水条件下，有无投加甲醇的出水水质模拟结果 **表 12.8**

参数	COD (mg/L)	SS (mg/L)	氨氮 (mg/L)	总氮 (mg/L)	总磷 (mg/L)	甲醇 (L/d)	需气量 (m^3/h)
低 COD 投甲醇	22.3	11.8	0.42	10.64	2.86	3996	18517
低 COD 无甲醇	21.2	11.5	0.41	19.01	3.78	0	18488

(2) 曝气量控制条件

《初设说明》中要求好氧区溶解氧浓度 DO 等于 2mg/L。然而在实际运行中，受曝气装置的影响，很难实现“按需曝气”。因此在基准状态基础上，将溶解氧控制“按需曝气”更改为最大曝气量均匀分配于好氧各段，评价其达标效果。模拟结果如表 12.9 所示。

曝气量沿程均匀分配的模拟结果　　表 12.9

参数	COD (mg/L)	SS (mg/L)	氨氮 (mg/L)	总氮 (mg/L)	总磷 (mg/L)	需气量 (m^3/h)
基准状态 (DO=2mg/L)	33.7	13	0.4	9.7	0.5	22936
均匀曝气 (DO=0.9、1.5、2.2、3.7mg/L)	33.1	12.9	0.46	9.75	0.52	23285

从表 12.9 中可以看到，将最大曝气量均匀分配于好氧各段，虽然不能实现 DO 的稳定控制（此时 DO 浓度为 0.9mg/L、1.5mg/L、2.2mg/L 和 3.7mg/L），但并不影响出水水质达标。

（3）水温变化条件下的模拟效果

沈阳南部污水处理厂夏季最高水温 20℃，冬季最低水温 10℃。《初设说明》按照最不利水温条件设计工艺参数。由于复算的基准状态选择，故在此基础上，增加了 10℃和 20℃的模拟结果，以便进行对比，考察水温变化的影响。

模拟结果如表 12.10 所示。

不同水温条件下的模拟结果　　表 12.10

参数	COD (mg/L)	SS (mg/L)	氨氮 (mg/L)	总氮 (mg/L)	总磷 (mg/L)	温度 (℃)	需气量 (m^3/h)
低温，10℃	33.3	12.9	3.4	12.2	0.5	10	20778
常温（基准），15℃	33.7	13.0	0.4	9.7	0.5	15	22936
高温，20℃	33.4	12.8	0.1	9.6	0.5	20	23749

从表 12.10 中可以看到，随着温度的降低，氨氮和 TN 的出水浓度逐渐升高，其余指标变化较小。这是因为随着温度降低，微生物的活性逐渐降低，硝化菌受到的影响更为明显。从模拟结果看，设计工艺可以在 10～20℃温度范围内达标。

（4）动力学参数调整后的复算结果

动力学参数是决定模拟系统处理效率的一个重要因素。由于污水处理厂仍处于设计阶段，没有活性污泥可供分析微生物活性，因此基准状态采用设计值 $\mu_{A,M}=0.77d^{-1}$（20℃）作为氨氧化菌的最大比增长速率。该参数反映了系统内硝化菌的活性状态，出水氨氮浓度对该参数的取值很敏感。

根据以往的研究经验和文献调研，此参数取值在国外常用设计范围（默认值 $0.9d^{-1}$）之内，可表征运行状态良好的 A/A/O 系统，但对国内的工艺运行而言略微偏高，国内污水处理厂该参数的取值为 $0.5\sim0.6d^{-1}$（20℃）。综上所述，在基准状态下，改变该参数值为 $\mu_{A,M}=0.55d^{-1}$（20℃），并在不同水温下进行了模拟，模拟结果如表 12.11 所示。

经验动力学参数下的模拟效果　　表 12.11

参数	COD (mg/L)	SS (mg/L)	氨氮 (mg/L)	总氮 (mg/L)	总磷 (mg/L)	温度 (℃)	需气量 (m^3/h)
基准状态 $\mu_{A,M}=0.77d^{-1}$（20℃）	33.7	13.0	0.4	9.7	0.5	15	22936

续表

参数	COD (mg/L)	SS (mg/L)	氨氮 (mg/L)	总氮 (mg/L)	总磷 (mg/L)	温度 (℃)	需气量 (m^3/h)
动参-低温 $\mu_{A,M}=0.55d^{-1}$ (10℃)	35.6	12.8	29.8	32.4	0.5	10	9268
动参-常温 $\mu_{A,M}=0.55d^{-1}$ (15℃)	33.5	12.8	10.6	17.7	0.5	15	18775
动参-高温 $\mu_{A,M}=0.55d^{-1}$ (20℃)	33.4	12.8	0.7	10.0	0.5	20	23164

从表 12.11 中可以看出，降低参数取值对出水氨氮的影响巨大，常温下即超过排放标准，从基准状态的 0.4mg/L 升至 10.6mg/L，相应 TN 也无法达标。到达高温时，氨氮的去除逐渐得到恢复，与基准状态出水水质接近。TP 的去除受温度和硝化菌参数影响较小。

因此，硝化菌比增长速率的取值，会灵敏地影响系统出水的氨氮和总氮，甚至造成常温下无法达标，需要慎重测试和选取。如果选用较低的硝化菌比增长速率（$\mu_{A,M}<0.6d^{-1}$），则设计工艺的脱氮效果无法达标。

12.3.3 工艺初始方案的复算结论

工艺初始方案的复算结果汇总于表 12.12，从表中可以看到：

不同水温时，在工艺设计条件下，生化单元出水即可达到一级 A 排放标准。将曝气量均匀配置于好氧段，也可以达到一级 A 排放标准。

1）在最高水量条件下，生化阶段出水的 SS 和 TP 未达标。但经过后续深度处理后，预期可以达标。

工艺复算模拟条件、出水水质和达标情况汇总　　表 12.12

类别	指标	单位	基态	高流量	低 COD	无甲醇	低 COD 无甲醇	曝气均匀	基态—低温	基态—高温	调低动参值	动参—低温	动参—高温
模拟条件	进水流量	万 m^3/d	10	13	10	10	10	10	10	10	10	10	10
	进水 COD	mg/L	340	340	210	340	210	340	340	340	340	340	340
	甲醇	L/d	3996	3996	3996	0	0	3996	3996	3996	3996	3996	3996
	温度	℃	15	15	15	15	15	15	10	20	15	10	20
	曝气	DO/Air	DO=2	DO=2	DO=2	DO=2	DO=2	Air	DO=2	DO=2	DO=2	DO=2	DO=2
	动参 $\mu_{A,M}$	d^{-1}	0.77	0.77	0.77	0.77	0.77	0.77	0.77	0.77	0.55	0.55	0.55
	需气量	m^3/h	22936	30367	18517	22052	18488	23285	20778	23749	18775	9268	23164
出水水质	COD	mg/L	33.7	40.3	22.3	31.2	21.2	33.1	33.3	33.4	33.5	35.6	33.4
	SS	mg/L	13	**20.6**	11.8	12.5	11.5	12.9	12.9	12.8	12.8	12.8	12.8
	氨氮	mg/L	0.4	0.6	0.4	0.4	0.4	0.5	3.4	0.1	**10.6**	**29.8**	0.7
	总氮	mg/L	9.7	11.8	10.6	10.9	**19.0**	9.8	12.2	9.6	**17.7**	**32.4**	10.0
	总磷	mg/L	0.5	**0.8**	**2.9**	**1.5**	**3.8**	0.5	0.5	0.5	0.5	0.5	0.5
达标			已达	可达	可达	可达	**不达**	已达	已达	已达	**不达**	**不达**	已达

注：上表的加粗字体表示未达标的水质指标。“达标”行中，“已达”表示生化阶段出水已经达到一级 A 标准；“可达”表示生化阶段出水 SS 或 TP 不达标，后续深度处理后可以达到一级 A 标准；“不达”表示生化阶段脱氮效果不好，氨氮或者 TN 不达标，后续深度处理无法有效去除，故而最终出水的 TN 或者氨氮不能达到一级 A 标准。

2）进水低碳源时，生化阶段出水 TP 未达标。经过后续深度处理后，预期可以达标。

3）不投加甲醇时，在设计进水条件下，生化阶段出水 TP 未达标，后续处理预期可以达标。但在低碳源条件下，如不投加甲醇，生化阶段出水 TN 未达标，后续处理也不能达标。

4）调整硝化菌比增长速率为 $\mu_{A,M}=0.55d^{-1}$（20℃）后，常温和低温下，生化阶段出水氨氮和 TN 未达标，且后续处理也无法达标。在高温下，生化阶段出水已达标。

12.4　设计修改方案的复算

12.4.1　工艺设计的修改方案

根据工艺设计初始方案的复算结果，设计单位对工艺设计进行了调整，以解决冬季低温情况下，工艺硝化效果不足的问题。修改方案拟在缺氧区末尾选择一段区域，布设曝气头，设置为“A/O 可调区”。平时运行时不予曝气，“A/O 可调区”作为缺氧区使用。冬季运行时，将缺氧段的 1/8 容积（单池的 1/4 容积，约 2390m^3）改为好氧段进行曝气，“A/O 可调区”作为好氧区使用，以增长好氧区泥龄，达到富集自养菌、改善硝化效果的目标。“A/O 可调区”延长了好氧段污泥龄，能维持较高的硝化菌浓度，保证硝化菌的活性较低时，仍然能够有良好的硝化效果。

12.4.2　工艺修改方案的复算内容

本部分将对设计单位提出的修改方案进行复算，判断修改后的设计方案能否出水氨氮达标，这里特指在低温（10℃）和低硝化活性（15℃下最大比增值速率 $\mu_{A,M}=0.34d^{-1}$）条件下。为了更好地理解好氧容积变化、硝化菌活性与出水氨氮浓度的关系，还将复算“A/O 可调区”容积、不同活性参数时的出水氨氮变化情况，获得趋势性的参考信息。

根据修改方案，工艺模型的构筑物参数、基准工艺运行参数、进水特性参数、动力学参数等的选取与 12.2.2 节中一致。在复算修改方案时，从两个角度进行考虑：

（1）“A/O 可调区”的容积。在利用模型进行模拟时，保持总体积不变，变更缺氧区第 2 段和好氧区第 1 段的体积，反映好氧区容积的变化。总共研究了 4 种“可调区”容积，即增加缺氧池的单池 1/4 段、1/2 段、3/4 段和全段。

（2）硝化菌动力学参数取值。在改变“A/O 可调区”容积的同时，逐步更改硝化菌动力学参数，观察不同活性下的硝化效果。总共研究了 5 级活性条件，均低于设计默认值 $0.47/d^{-1}$（15℃），包括硝化菌最大比增长速率为 $\mu_{A,M}=0.34d^{-1}$、$0.37d^{-1}$、$0.40d^{-1}$、$0.43d^{-1}$和 $0.46d^{-1}$（15℃）。

12.4.3　工艺修改方案复算的结果

12.4.3.1　工艺修改方案的出水氨氮情况

考察了低温（10℃）情况下，（1）“A/O 可调区”的不同容积和（2）硝化菌不同活性对出水氨氮的影响。

“A/O 可调区”容积以缺氧区单池体积 V 为单位（$H\times L\times B=6.5\times141.7\times10.5\approx9563m^3$），分别增加 1/4 段、1/2 段、3/4 段和整段。后续以 D1 表示初始工艺的基准状态，D2～D5 分别表示“A/O 可调区”容积依上述次序递增后的修改工艺。

同时考察了 20℃下，硝化菌最大比增长速率按 $0.55d^{-1}$、$0.6d^{-1}$、$0.65d^{-1}$、$0.7d^{-1}$

和0.75d^{-1}取值后，工艺出水的氨氮浓度。上述速率换算为15℃下，取值为0.34d^{-1}、0.37d^{-1}、0.40d^{-1}、0.43d^{-1}和0.46d^{-1}。

模拟出水的氨氮浓度如表12.13所示。

工艺修改方案复算的出水氨氮数据 **表12.13**

水平	1号	2号	3号	4号	5号
$\mu_{A,M}$ (20℃)	0.55	0.6	0.65	0.7	0.75
$\mu_{A,M}$ (15℃)	0.34	0.37	0.40	0.43	0.46
$V_{A/O}=V/4$	29.8	29.3	28.2	19.4	4.9
$V_{A/O}=V/2$	29.5	28.7	24.5	5.9	2.4
$V_{A/O}=3V/4$	29.1	27.1	8.9	3.0	1.5
$V_{A/O}=V$	28.4	20.3	4.3	2.0	1.0

注：$V_{A/O}$：A/O可调区容积；V：缺氧段总容积。

图12.3直观表现了出水氨氮浓度与好氧区增加体积、硝化菌活性的变化关系。

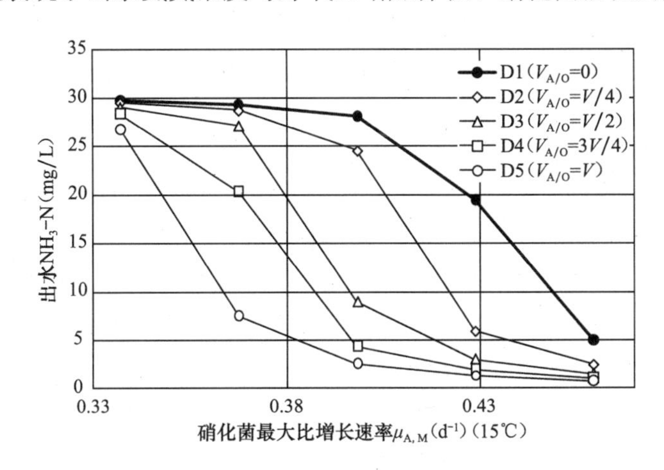

图12.3 “A/O可调区”容积变化后的出水氨氮浓度

从图12.3中可见，如果设定硝化活性为最不利点（$\mu_{A,M}=0.34d^{-1}$），则即使将一半的缺氧段（体积为V）全部改为好氧段，也依然无法解决出水氨氮超标的问题。如果设定硝化活性为考察梯度中的最佳活性（接近设计值的$\mu_{A,M}=0.46d^{-1}$），则所有情况下的氨氮都能达标。

在最不利点和最佳点之间，通过增加“A/O可调区”容积，对出水氨氮有一定的改善，均能出现达标的工况（出水氨氮≤8mg/L）。比如，硝化活性参数$\mu_{A,M}$选择0.36d^{-1}时，如果“可调区”容积为缺氧区的一半（$V_{A/O}=V$），则可使氨氮达标。

通过考察D1～D5曲线，可以看到存在一个硝化活性区间，位于其中的出水氨氮浓度随活性降低而急剧升高。这一段曲线可以视为硝化活性参数的“敏感区域”。在该区域内，硝化活性参数的细微变化，即可引起出水氨氮变化。在该区域之外，硝化活性参数的变化，对出水氨氮浓度变化的影响较小。

从图12.3中还可以看到，随着“A/O可调区”体积的增加，D1～D5的曲线依次向左侧推移。这表明，随着好氧体积的增加，好氧区污泥龄的变长，硝化过程得到了逐步改善。硝化活性参数的“敏感区域”也在左移，表明系统可以忍耐更低的硝化活性，使出水继续达标。

综上所述，通过增加“可调区”的办法，可以提高氨氮的去除率，但是效果不够明显。目前的设计方案可以确保 $\mu_{A,M}=0.43d^{-1}$ 时达标，如果实际的硝化活性更低，则出水氨氮不能达标。如果选定最不利的硝化活性参数 $\mu_{A,M}=0.34d^{-1}$，计算达标所需增加的好氧区体积，结果显示“可调区”约为 2V，即需要将全部缺氧区改为好氧区，才可能在该工况下使氨氮达标。

12.4.3.2　工艺修改方案复算的总氮情况

在设计修改方案中，将缺氧区容积补偿给了好氧区，可以改善硝化效果，但缺氧区的减少可能会影响反硝化过程，因此需要考察出水总氮的情况。

结果如图 12.4 所示。图 12.4 中曲线的形状和位置，与图 12.3 所示氨氮出水浓度比较接近。这是因为低温下氨氮不能正常氧化，导致出水总氮以氨氮组分为主，因此两者的浓度曲线十分相似。

考察曲线底部（空心曲线）的相对关系可知，随着“可调区”容积的增大，总氮去除会因为氨氮的改善而得到提高。但同时，缺氧区的减少会导致反硝化能力的减弱。因此当硝化活性恢复后，即氨氮能够有效氧化（总氮≤15mg/L），总氮去除率会随着好氧区体积增大而减弱。

比如，当 $\mu_{A,M}=0.37d^{-1}$时，将“可调区”容积从 $V/2$ 变为 V，即可使氨氮达标，出水总氮 17mg/L。如果维持“可调区”容积不变，硝化活性逐渐从 $0.37d^{-1}$恢复至 $0.46d^{-1}$的话，可以看到虽然从氨氮看，“可调区”容积为 V 比“可调区”容积为 $V/2$ 要好（见图 12.4），但从总氮看，“可调区”容积为 V 要劣于“可调区”容积为 $V/2$。这说明，此时反硝化的损失开始表现出影响。

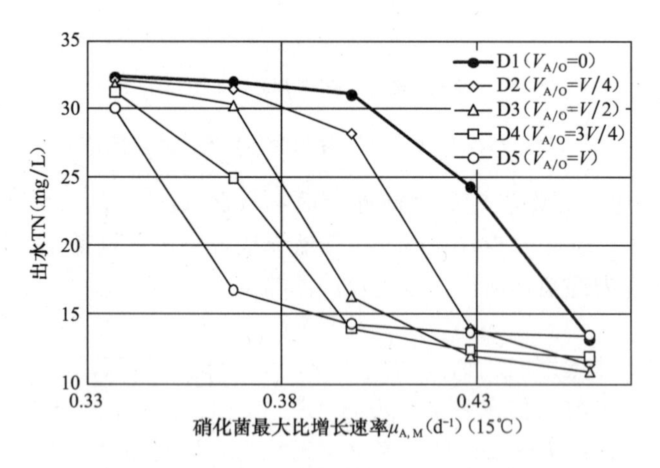

图 12.4　“可调区”容积变化后的出水总氮浓度

注：理论上，$\mu_{A,M}$是一个常数，不随水温和底物浓度而变化。由于影响实际硝化速率的因素较多，此处用 $\mu_{A,M}$的变化来近似表征基质、菌群等对硝化速率产生的影响。

12.4.3.3　工艺修改方案复算的需氧量情况

缺氧区转换为好氧区，不仅意味着停留时间的变化，而且对需氧量有较大影响。

图 12.5 说明随着好氧区体积的增大，在冬季低温条件下，需气量也逐步增加，并且

是非线性的变化。与夏天相比，冬季的需气量明显减少，这是因为冬季低温时有更高的饱和溶解氧浓度，这样氧传质的动力变大，气泡的氧传质效率会增加。但同时也要考虑到，目前常用的离心式鼓风机随着气温的降低，鼓风量也会逐步降低，这个结论可以参照理想气体状态方程 $pV=nRT$ 的关系。

从能耗上考虑，增加好氧区容积会提高工艺需气量，从而提高能耗。图 12.5 的结果表明，增加容积后的需气量，仍在鼓气量最大值（23500m³/h）范围之内，并不需要因为好氧段扩容而新增风机。

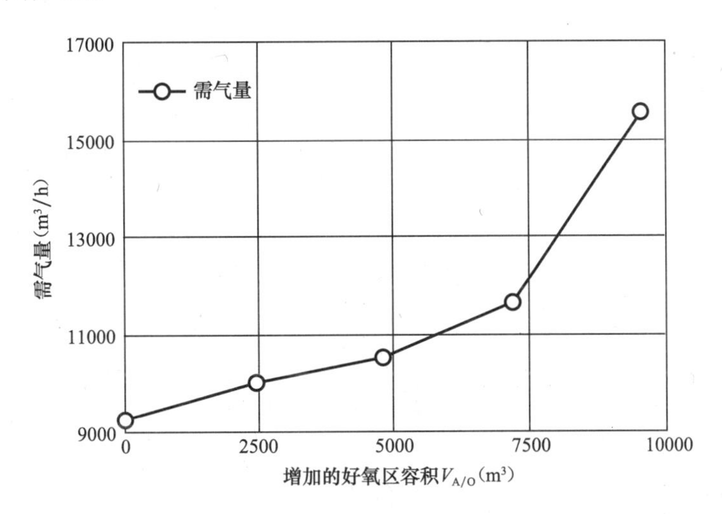

图 12.5 “A/O 可调区”容积变更后的总需氧量

12.4.4 工艺修改方案复算的结论

根据《某污水处理厂初步设计复算报告（初稿）》的内容，结合设计单位对某污水处理厂初设工艺的修改，复算了好氧区容积变更方法对硝化过程的影响。

复算结果表明，存在一个出水氨氮浓度对硝化菌活性的“敏感区域”。在敏感区域内，活性的细微变化即可引起出水超标。当增加好氧区容积时，出水氨氮浓度对硝化活性的曲线开始向左侧移动，变得较为安全。

模拟结果显示，在设计的运行条件下，增加 1/4 单池容积时，工艺可以在硝化活性 $\mu_{A,M}=0.43d^{-1}$ 的条件下达标；而增加全部单池容积时，可以在硝化活性为 $\mu_{A,M}=0.37d^{-1}$ 条件下达标；如果要在硝化活性为 $\mu_{A,M}=0.34d^{-1}$ 的条件下达标，需要增加约 2V 的好氧容积。

考察好氧段增容对总氮的去除效果表明，总氮与氨氮的变化情况类似。

好氧段增容后，需气量也非线性增加，但仍在鼓风机的工作流量之内。

12.5 工艺修改方案的优化模拟

12.5.1 修改工艺优化运行的目的

根据设计单位做出的设计修改方案，即“A/O 可调区”容积为 $V/4$（2390m³，HRT =0.15h），尚且不能满足冬季运行时极低硝化速率下（$\mu_{A,M}=0.34d^{-1}$，15℃）的氨氮去除要求。

考虑到污水处理厂冬季实际运行时，可以适当减少排泥量，增加污泥龄，以富集硝化细菌数量；并且提高好氧区溶解氧浓度，以提高硝化细菌的反应速率（减低溶解氧限制和 COD 竞争）。因此，在冬季运行中，需要对修改工艺的运行参数进行优化，使其达到出水要求。

优化运行主要包括以下内容：

（1）冬季运行条件（10℃）下，不同排泥量或污泥龄下，好氧区增容后的出水氨氮效果。

（2）冬季运行条件下，不同的溶解氧设定值下，好氧区增容后的出水氨氮效果。

评估冬季运行污泥龄影响时，在基准状态的基础上，设置水温 10℃，好氧区增容 2390m^3，硝化菌动力学参数 $\mu_{A,M}$=0.34d^{-1}或者 0.37d^{-1}（15℃）。通过改变排泥量，增加污泥龄，计算不同排泥量下的出水氨氮浓度，根据排放标准进行评估。

评估冬季运行溶解氧设定值影响时，在基准状态的基础上，设置水温 10℃，好氧区增容 $V/4$ 和 $V/2$（2390m^3 和 4780m^3），硝化菌动力学参数 $\mu_{A,M}$=0.34d^{-1}（15℃）。通过改变排泥量和溶解氧设定值，考察不同组合下的出水氨氮浓度，根据排放标准进行评估。

根据调整后的初设方案建立处理工艺的概化模型。模型的构筑物参数、基准工艺运行参数、进水特性参数、动力学参数等的选取与 12.2.2 节中的参数完全一致。

12.5.2　修改工艺优化运行的结果

12.5.2.1　冬季排泥量的优化运行

经验表明，冬季运行时，增加曝气区容积可以改进硝化作用，但增加污泥浓度的效果则更加明显。因此，在初步设计修改方案的基础上，调整排泥量以便提高污泥浓度，可以衡量修改方案下出水氨氮达标的可能性。

冬季运行评估溶解氧设定值影响时，在基准状态的基础上，设置水温 10℃，好氧区增容 2390m^3，硝化菌动力学参数 $\mu_{A,M}$=0.34d^{-1}或 0.37d^{-1}（15℃）。改变工艺的排泥量，从设计值 1920m^3/d（污泥龄 18.9d）开始，考察排泥量为 640m^3/d、960m^3/d、1280m^3/d、1600m^3/d 的出水氨氮浓度，根据排放标准（8mg/L）进行评估。表 12.14 和表 12.15 分别列出了硝化菌动力学参数 $\mu_{A,M}$=0.34d^{-1}和 0.37d^{-1}（15℃）时的结果。

从表 12.14 可以看出，通过降低排泥量，可以提高污泥浓度最高至 5g/L 左右。但是，如果动力学参数取 $\mu_{A,M}$=0.34d^{-1}（15℃），那么污泥浓度的提高也无法使出水氨氮达标。

排泥量变化对出水氨氮的影响（$\mu_{A,M}$=0.34d^{-1}，15℃）　　**表 12.14**

指标	单位	I	II	III	IV	V
排泥量	m^3/d	640	960	1280	1600	1920
总污泥龄	d	61.86	40.44	28.76	22.74	18.98
生化池污泥浓度	mg/L	5111	5083	4679	3918	3375
出水氨氮浓度	mg/L	22.6	23.1	27.3	29.2	29.5

从表 12.15 可以看出，如果动力学参数取 $\mu_{A,M}$=0.37d^{-1}（15℃），那么当排泥量减少 1/3，即总污泥龄从 18.9d 增长到 28.9d 时，硝化效果得到明显改善，出水氨氮浓度低于排放标准（8mg/L）。从表 12.15 中可以看到，污泥龄在 22.7d 和 28.9d 之间，存在硝化

效果的突变。

排泥量变化对出水氨氮的影响（$\mu_{A,M}$=0.37d^{-1}，15℃） **表 12.15**

指标	单位	I	II	III	IV	V
排泥量	m^3/d	640	960	1280	1600	1920
总污泥龄	d	62.14	40.43	28.89	22.74	18.98
生化池污泥浓度	mg/L	5126	5032	4774	3914	3374
出水氨氮浓度	mg/L	5.2	5.7	7.7	25.9	28.7

图 12.6 直观表示了调整排泥量以后出水水质的变化。图 12.6 中横坐标为污泥龄 SRT，当 $\mu_{A,M}$=0.34d^{-1}（15℃）时，SRT 的增加会改善出水氨氮浓度，但是无法达标。当 $\mu_{A,M}$=0.37d^{-1}（15℃）时，出水氨氮浓度在 SRT 为 23～29d 之间突然降低，说明活性污泥中硝化菌量的积累引起了硝化过程的质变。

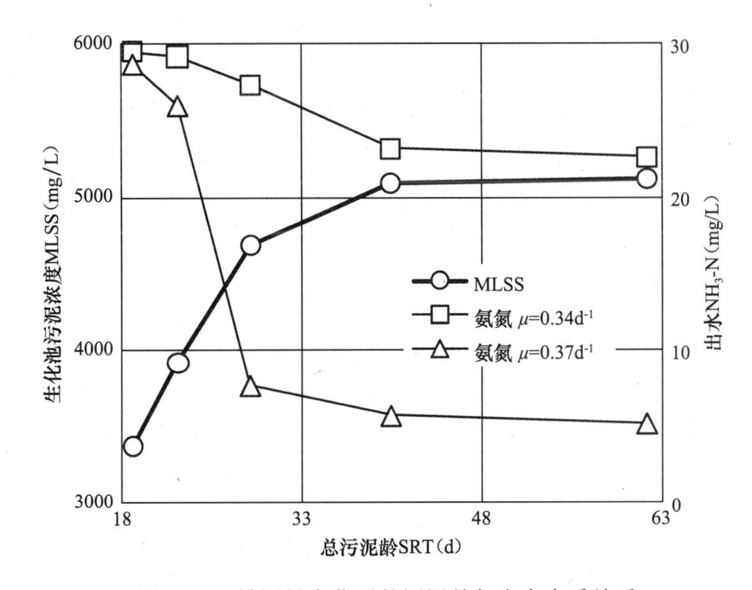

图 12.6 排泥量变化后的污泥龄与出水水质关系

12.5.2.2 冬季基于泥龄“A/O 可调区”最优容积

以上模拟计算结果表明“A/O 可调区”容积为缺氧池 $V/4$（约 2390m^3）时，通过对排泥量的优化运行，无法满足 $\mu_{A,M}$=0.34d^{-1}（15℃）条件下的出水氨氮达标需要。因此，本部分将进一步考察好氧区扩大为不同容积的结果，即考虑增加更大的容积，讨论在最不利情况下（$\mu_{A,M}$=0.34d^{-1}，15℃），需要增加多大容积才有可能通过调整排泥量来实现出水氨氮达标。

数值模拟设定条件与 12.5.2.1 相同，取 $\mu_{A,M}$=0.34d^{-1}（15℃），将相应体积的缺氧区转变为好氧区。“A/O 可调区”容积的梯度设定为 $V/4$、$V/2$ 和 $3V/4$（V 为缺氧段单池容积，9563m^3），排泥量变化的梯度范围与 12.5.2.1 相同。

图 12.7 给出了不同的“A/O 可调区”容积下，调整排泥量对出水氨氮浓度的影响。

图中曲线表明，“A/O 可调区”容积 $V_{A/O}$为 $V/4$ 和 $V/2$ 时，出水氨氮浓度均高于排放标准，不能满足要求。当“可调区”容积达到 $3V/4$ 时（即缺氧区第二段的后 3/4 区域均

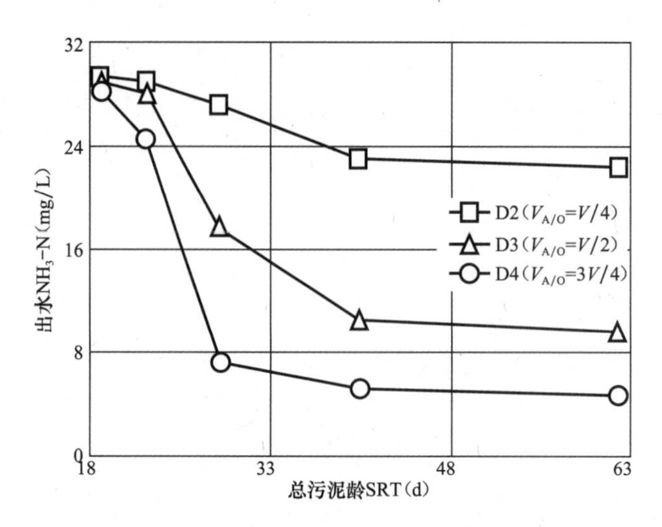

图 12.7 “可调区”容积、污泥龄与出水氨氮的关系

设置曝气头），通过减少排泥量，增长污泥龄后，能在 SRT 为 29d 时使出水氨氮达到排放标准（8mg/L）；此时的污泥浓度为 4.7g/L（设计值 3.5g/L）。

综上所述，如果可以将排泥量从总泥龄 18.9d 调整为 28.9d，则“A/O 可调区”容积 3V/4 时，可以在最不利的动力学参数条件下，实现出水氨氮达标。如果“可调区”容积小于 3V/4，则不能通过延长污泥龄来实现出水氨氮达标。

12.5.3　工艺优化运行的结论

依据设计单位对某污水处理厂初设工艺的修改方案，在优化运行条件下，对好氧区容积的变更对硝化过程的影响进行了模拟计算。

（1）考察了好氧区扩容 V/4 时，延长 SRT 对出水氨氮的改善效果。通过降低排泥量，可以提高污泥浓度最高至 5g/L 左右。如果动力学参数取 $\mu_{A,M}=0.37d^{-1}$（15℃），SRT 延长至 29d 时，出水氨氮可以达标。如果动力学参数取 $\mu_{A,M}=0.34d^{-1}$（15℃），提高污泥浓度也无法使出水氨氮达标。

（2）为了在 $\mu_{A,M}=0.34d^{-1}$（15℃）下出水氨氮达标，考察了增加扩容体积的可能性。如果将好氧区扩容 3V/4，此时延长 SRT 至 29d，出水氨氮达标。如果仅扩容 V/4 和 V/2，则仅考虑延长泥龄或提高污泥浓度时，也无法实现出水氨氮达标。

12.6　工艺方案复算的结论

通过对工艺设计的初始方案、修改方案的复算，得到以下结论：

1）初步设计的处理工艺，在选定的设计参数值下可以实现达标排放，在最高进水流量、低进水 COD、不加甲醇、低温条件等苛刻条件下，处理工艺的生化阶段出水可能存在不达标，但经过后续深度处理后，可以达到排放标准。

2）如果要在最不利动力学参数 $\mu_{A,M}=0.34d^{-1}$（15℃），即 $\mu_{A,M}=0.55d^{-1}$（20℃）下，实现出水氨氮达标，需要将好氧区扩容到 V/2（即缺氧区第二段的一半，约 4780m^3），且优化排泥量和溶解氧的运行操作条件。

3）为了实现出水氨氮达标，有延长泥龄、增加好氧区、提高溶解氧等不同方法。其中延长污泥龄最为重要。多种模拟条件表明，需要延长泥龄至 28.9d（设计值 18.9d），方有可能在其他条件改善的情况下，在最不利的动力学参数下达标排放。

12.7 小结

通过本章学习，掌握如何使用 ASM 模型来验算和改进污水处理工艺的设计方案。

污水处理工艺的设计一般采用设计负荷计算方法，并考虑一定变化系数和安全系数。使用活性污泥工艺数学模拟的方法，可以补充上述方法的不足，从进水和运行的动态变化方面，给出定量的分析结论。

本章给出一个例子来说明如何采用数学模型和情景分析的方法，来分析和验算一个污水处理厂的初步设计方案，判断和识别可能导致工艺处理不达标的情景，并给出改进设计和优化运行的措施。工艺复算一般主要针对污水处理厂的生物处理系统，如 A/A/O 单元、二沉池和甲醇投加单元等。预处理工艺和深度处理工艺的原理基本是物理和化学方法，一般按照经验和规范进行设计。

在开展工艺辅助设计时，首先要建立设计工艺模型，设定工艺运行的基准状态（对照组情景）；然后要设定动态变化的情景，比如进水流量变化、进水 COD 浓度变化、水温变化、是否投加甲醇、曝气量分配变化和污泥活性参数变化等，考察各种可能情景下的出水水质情况，评估出水水质的达标情况；接着根据不达标情景，结合工艺优化分析，提出设计修改意见；最后验算经过设计修改后的方案是否能够明显降低出水达标的风险。

在验算设计方案时，需要特别注意进水组分参数和模型参数的取值。由于缺乏现场实测数据，因此进水组分和模型参数方面需要参考邻近区域污水处理厂同类工艺的实测数据，以减少参数选择方面的不确定性。此外，在工艺分析的基础上，对关键动力学参数（如影响硝化过程的 $\mu_{A,M}$）要进行敏感性分析，判断不同取值条件下对处理效果的影响。

本章参考文献：

[1] 施汉昌，邱勇，沈童刚. 污水处理厂初步设计工艺复算研究报告，清华大学环境学院技术报告，2009，9.

[2] 施汉昌，邱勇，沈童刚. 城市污水处理厂全流程模拟软件 BioWIN 的应用研究，第十四届中国科协年会：水资源保护与水处理技术国际学术研讨会论文集，2009，9.

[3] 沈童刚，邱勇，应启锋等. 污水处理厂模拟软件 BioWIN 的应用，给水排水，Vol.35，增刊，2009：459-462.

第 13 章　ASM 模型在污水处理厂优化运行中的应用

城市污水处理厂的快速建成与投入运行，使污水处理能力迅速提高。随着城市污水处理出水的排放标准日趋严格，对工艺设计和运行的要求越来越高，需要将污水处理工艺的运行参数进行优化，并要求对运行条件的控制更加准确有效。与此同时，降低污水处理厂运行成本的目标要求采用节能降耗技术。污水处理的节能降耗技术就是在稳定达到排放标准的前提下，通过及时调整工艺运行参数尽可能降低电耗和药剂的消耗。一般城市污水处理厂进水的水量和水质都是随时间变化的。进水负荷的动态变化会对处理工艺产生影响，进水负荷高时会产生出水超标的风险，而进水负荷低时处理污水往往会消耗过多的电能和药剂。所以对于污水处理厂的优化运行而言，就是要在高进水负荷时确保处理出水的达标排放，在低进水负荷时，及时找到节能降耗的空间，调整运行参数取得节能降耗的效果[1]。

活性污泥数学模型及其软件的快速发展，为实现污水处理工艺的优化运行提供了新的方法和途径。这种模型辅助的优化运行方法可以模拟污水处理过程中的生化反应，通过数值计算来确定污染物的降解速率，得到不同进水负荷条件下适宜的运行参数，从而提出多情景下污水处理工艺的优化运行条件。

本章将结合实际案例介绍运用活性污泥数学模型及其软件在污水处理厂优化运行中的应用。

13.1　优化运行分析的准备工作[2]

13.1.1　污水处理厂的基本情况

某污水处理厂地处我国北方地区，采用倒置式 A/A/O 工艺对污水进行二级生物处理，并考虑除磷、脱氮的要求；剩余污泥直接经预浓缩、脱水处理后外运。一期设计水量为 20×10^4t/d，变化系数为 $K=1.3$；二期工程设计水量为 40×10^4t/d，变化系数为 $K=1.3$。污水处理厂的工艺流程见图 13.1，设计参数见表 13.1。该污水处理厂建设时间较早，当时尚未执行《城镇污水处理厂污染物排放标准》GB 18918—2002。经过数年运行之后被要求实施 GB 18918—2002 标准中的一级 B 排放标准。由于受纳水体是河流，且水质为Ⅴ类水，所以对总氮（TN）的排放要求有所放宽。鉴于上述情况需要通过模拟分析提出优化运行的方案，在尽量少投资的情况下，实现处理出水一级 B 的排放标准，并尽可能地降低能耗和药剂用量。

污水处理厂设计参数　　**表 13.1**

设计参数	BOD_5	SS	COD	NH_4-N	TP
设计原污水浓度（mg/L）	200	250	400	25	8
设计出水浓度（mg/L）	20	20	60	15	1
去除率（%）	90.0	92.0	85.0	40.0	87.5
日处理量（kg/d）	36000	46000	68000	2000	1400

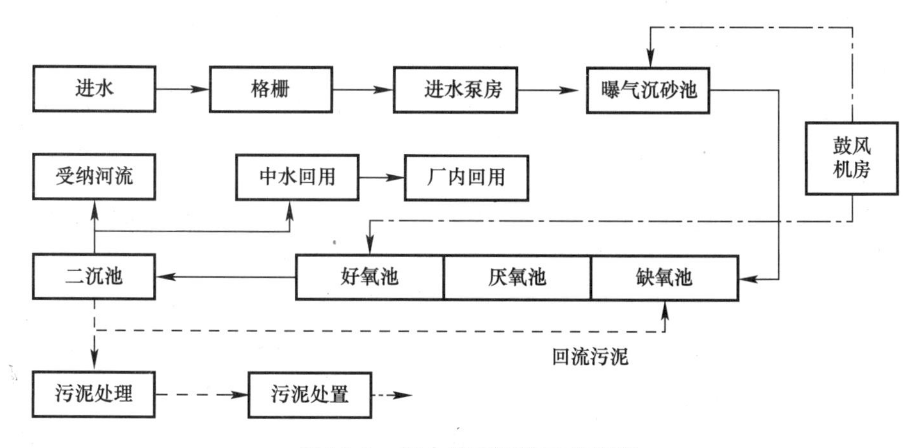

图 13.1 污水处理厂的工艺流程

格栅间分为 4 条渠道，经两道粗、中格栅后进入集水池，经提升泵将污水抽至出水井，出水在堰后汇合流入 4 条渠道进入细格栅，经细格栅流入曝气沉砂池，曝气沉砂池分为两个系列，每个系列由两条出水池组成，池长 20m，宽 5m，水深 5m，后流入曝气池进水井，用配水器通过钢管将污水分配进入曝气池缺氧段和厌氧段，曝气池分为 4 组，每组由三个廊道组成，其中缺氧区位于第一廊道的起始端，长 51m；紧接着是厌氧区，长 85.9m；随后是好氧区，长 331.1m；污水经出水薄壁堰板进入曝气池出水渠，出水渠上设置 A、B 两个出水井（出水井 A 中设置 1 格桨叶式搅拌器，除磷药剂加入出水井后与曝气池出水充分混合），污水通过出水井 A 的两条 *DN*1600 钢管进入二沉池沉淀；最后处理后的污水排放，剩余污泥进脱水机房进行处理。其中各构筑物的参数见表 13.2：

污水处理厂各构筑物的参数 **表 13.2**

构筑物名称	数量 N	长 L（m）	宽 B（m）	高 H（m）
进水渠道	4		1.8	1.850（出渣高度）
细格栅	4		2	
曝气沉砂池	4	20	5	5（2）
曝气池缺氧段	4	51	10	6
曝气池厌氧段	4	83.9	10	6
曝气池好氧段	4	331.1	10	6
二沉池	20	59	8	5

13.1.2 污水处理厂工艺流程的概化

污水处理厂工艺流程的概化是全厂模型化的第一步工作，也是将模型应用到实际污水处理厂的首要步骤。工艺概化的好坏会直接影响到模拟结果，因而对于不同污水处理厂和处理工艺都要进行细致的分析以选择适宜的概化表达。概化的目的是将实际污水处理厂的工艺流程、构筑物、传感器等抽象出来，使其适合于用模型方式表达[1]。

由于该厂生物处理系统的 4 条廊道是平行的，所以只需要选其中的 1 条廊道进行模拟分析。本案例中采用污水处理厂生物处理工艺的 4 条廊道中的最后一条廊道为例，因而流量为总流量的四分之一，二沉池也相应只有 20 座中的 5 座。对于这一组工艺，又根据生物反应器缺氧、厌氧和好氧段的长度，以及不同好氧区的曝气强度，分为具有不同反应条件的生物反应器。使用 WEST 软件概化工艺的结果如图 13.2 所示：

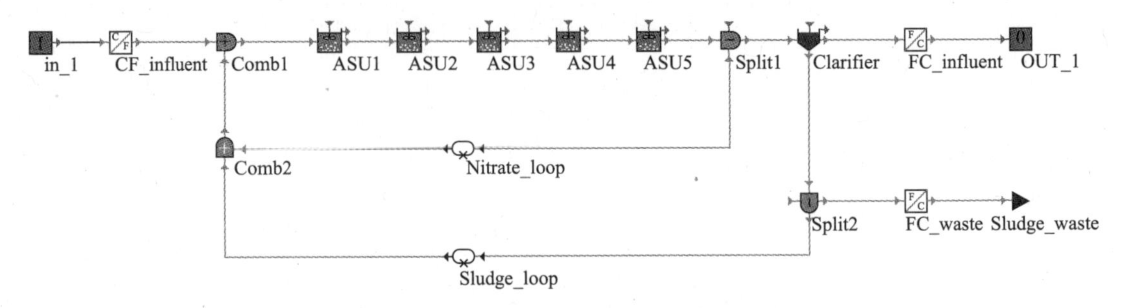

图 13.2　污水处理厂概化工艺流程

如图 13.2 所示，整体工艺流程被概化为：进水（由于清河污水处理厂没有初沉池，此处的进水为原水经格栅和曝气沉砂池等简单预处理后的生物反应器进水），1 个缺氧反应器（ASU1），1 个厌氧反应器（ASU2），3 个好氧反应器（ASU3、ASU4、ASU5），二沉池，污泥回流，出水，剩余污泥。

13.1.3　描述污水处理过程的数学模型选择[3]

描述污水处理生物化学过程的数学模型是全厂模拟化的核心所在。随着数学模型在污水处理中的重要性日益明显，继国际水质协会（IAWQ）开发并推广了活性污泥系列模型（ASM1，ASM2，ASM2d，和 ASM3）后，越来越多的数学模型不断涌现出来，用于描述各种不同生物化学过程及工艺流程，包括好氧、缺氧及厌氧生物反应器，沉淀、过滤等。面对众多纷繁复杂的数学模型，如何为实际污水处理厂的特定工艺流程选择一个适宜的模型相当重要。模型选择可基于以下原则进行：

（1）首先，模型必须能描述该污水处理厂的工艺流程。例如传统活性污泥法工艺的污水处理厂可以采用很多种数学模型，而含有厌氧单元的污水处理厂可选择的数学模型有限，不包括厌氧生物过程的数学模型无法对该厂工艺过程进行全面的描述和模拟。

（2）其次是该厂（或该地区）的出水水质要求：根据各污水处理厂出水水质要求的不同，应选用的模型也相应不同，例如以去除 COD 和氨氮为主要目标的工艺过程可以考虑采用 ASM1 或 ASM3；但是 ASM1 和 ASM3 不能对包含除磷目标的工艺有完整的表达，这时可以考虑采用 ASM2、ASM2d 或者 TUDP 等其他模型。

（3）模型的稳定性是该模型能否在实际水厂长期应用的保证：模型的适用性必须建立在其稳定性之上，任何新建立的模型都需要经过长时间的校正和应用并且达到稳定结果后才能被考虑应用于实际污水处理厂。新建立的模型往往对实际污水处理过程的模拟有许多不确定的结果，建议在作污水处理厂全厂模型化时采用被普遍接受的稳定性较好的成熟模型。

（4）最后是模型水质参数的可获取性：描述污水处理过程的数学模型大多具有大量的水质参数和动力学、化学计量学参数，在选取模型的时候一定要注意模型中的各种参数尤其是水质参数能否直接或者间接得到，是否易于获取。

本案例中的污水处理厂采用的是倒置式 A/A/O 工艺，被选用的模型必须能够同时提供厌氧、缺氧和好氧过程的描述；同时《城镇污水处理厂污染物排放标准》GB 18918—2002 中要求城镇污水处理厂的排放水质执行一级 B 标准（$BOD_5 \leqslant 20mg/L$，$SS \leqslant 20mg/L$，

COD≤60mg/L，磷酸盐≤1.0mg/L，氨氮≤8mg/L，总氮≤20mg/L)，这就要求模型必须能够描述碳、氮、磷的去除过程。

能够描述厌氧、缺氧和好氧工艺并包含脱氮除磷过程的模型有 ASM2、ASM2d 和 TUDP 等。ASM2d 模型是污水生物处理工艺设计与运行数学模拟课题组的重要工作成果，它提出了包含碳、氮和磷去除过程在内的综合性生物处理工艺过程动态模拟理论。虽然 ASM2d 模型还有很多限制条件，但它作为模拟生物除磷脱氮的基础，为生物除磷脱氮综合模型的进一步开发提供了一个很有用的框架。此外，ASM2d 是在 ASM1 和 ASM2 的基础上开发的，而这两个模型已经经过了 10 余年的考验，积累了丰富经验，并被认为比较稳定可行。因而选用 ASM2d 作为污水处理厂全厂模型化的生物反应器模型。

由于该污水处理厂的工艺流程中没有初沉池，故只需要为二沉池选择一个沉淀池模型即可。

13.1.4 动态实时模拟与日均模拟结果的验证

在实际污水处理厂中，即使可以假设进水中各组分的组成相对稳定，但进水流量却是在实时变化的，因而在动态实时模拟时需要考虑到流量变化引起模拟结果的波动。在此我们先采用某污水处理厂某月进水的日平均浓度值进行模拟，然后再加入该月每日的时流量变化，模拟结果如图 13.3 所示。

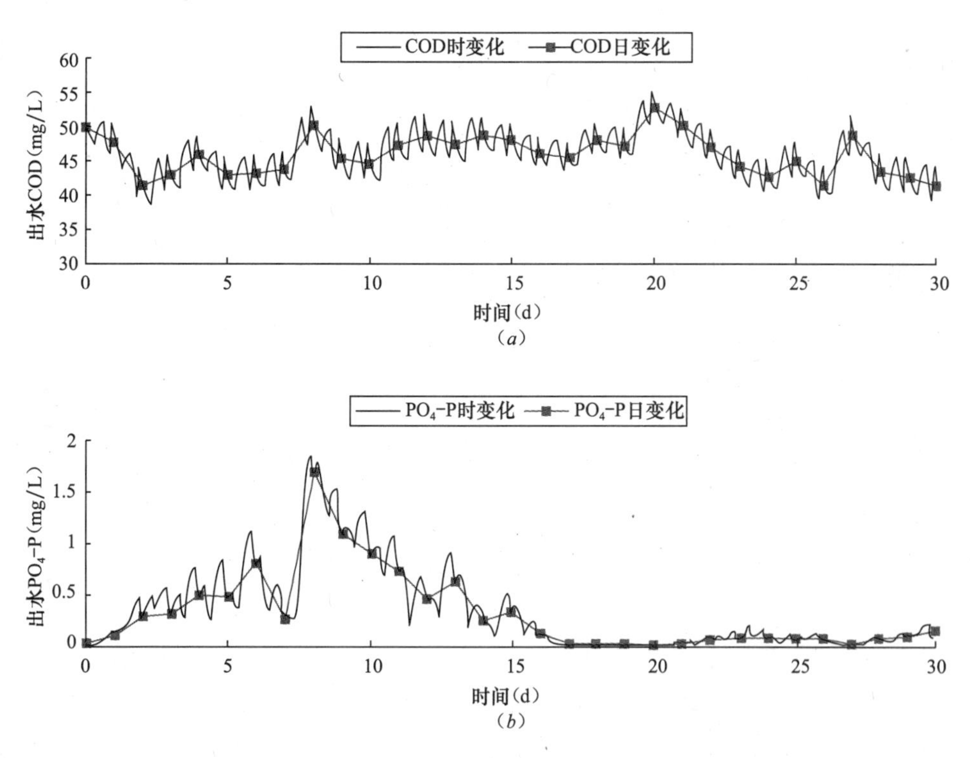

图 13.3 实时模拟与日均模拟结果的比较

图 13.3 中的曲线表明，由于每日时流量的波动，使实时模拟结果也随之上下起伏，但实时模拟结果的曲线始终在日均值模拟曲线的附近波动。这表明采用日均值进行模型校准和校准后的模型是有效的，实时模拟的结果能反应流量变化带来的出水水质实时变化。

13.1.5　反应器运行状态验证

反应器运行状态验证就是对反应器运行过程中的部分操作进行验证，根据该污水处理厂提供的运行参数数据，选取了反应器内部的混合液悬浮固体浓度、污泥停留时间和回流污泥浓度这三个能代表反应器状态的参数，将其模拟结果与实际结果进行对比，如图 13.4 所示。

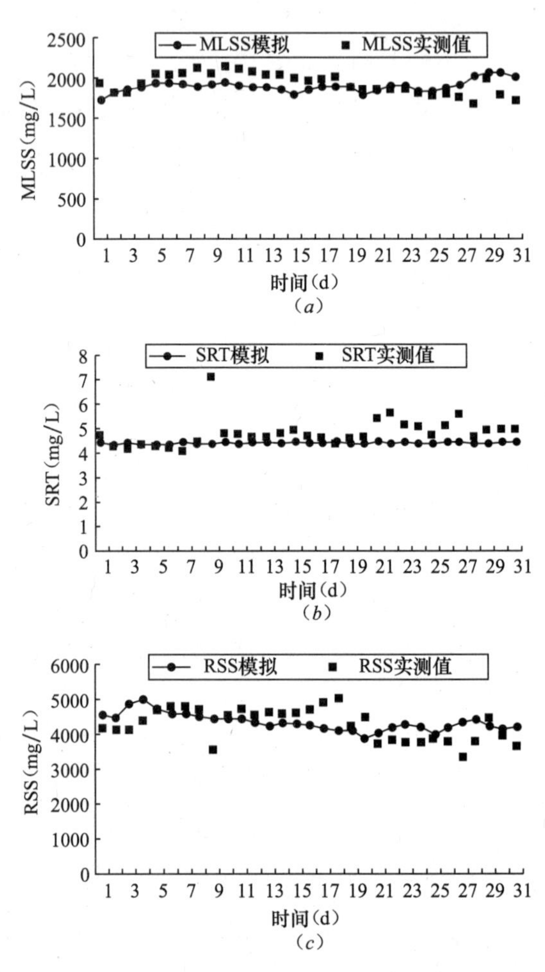

图 13.4　反应器内部参数的模拟结果与实测结果比较

图 13.4 中曲线表明，反应器内 MLSS 的模拟值和测量值较为吻合，说明反应器内部各种微生物积累情况的模拟与实际较为接近；SRT 的模拟值较为稳定，原因是在模拟过程中维持了恒定的污泥排放量，这与实际排放量的变化有一定的出入，此外，RSS 的浓度与测量结果也存在一定误差，这是因为在模拟时采用了恒定的固液分离率引起的误差所致。此外，这三个反应器运行参数不是 ASM2d 中的模型组分，所以不是直接模拟获得的，而是从相关模拟参数的计算获得，因而存在误差的累积。但是图中三个参数的模拟曲线和测量曲线的趋势走向及均值大小接近，可以认为模拟结果与实际情况基本相符。

13.1.6　反应器沿程变化验证

仅以最终处理出水的水质和某几个运行参数来验证模型与实际处理工艺的相符程度还不够充分。因为各种污染物质在工艺流程中的沿程变化是未知的，如果它们在该污水处理工艺中沿程变化的模拟值能够和实际测量数据相符合，则模拟结果就更具可靠性。图 13.5 是对该污水处理厂的缺氧区、厌氧区和好氧区分别进行氮、磷浓度测试的结果与模拟值的验证结果。

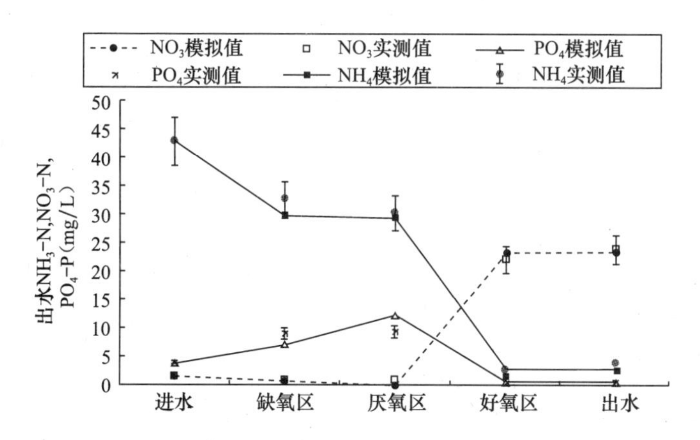

图 13.5 反应器沿程氮磷浓度模拟与测量结果的比较

图 13.5 表明，缺氧一厌氧一好氧沿程硝酸盐氮的模拟与实际结果非常接近，氨氮的结果也较符合实际情况，而磷酸盐在缺氧和厌氧条件下的模拟与实际结果略有出入，这是因为该污水处理厂的实际运行中不能实现严格的厌氧，缺氧区和厌氧区无法严格区分，因而磷的释放大部分在缺氧区就完成了，而在模拟中将缺氧区和厌氧区严格分开，因而磷的释放大部分在厌氧区完成。

在运用 ASM 模型时，首先要对模型的进水组分进行划分使其适合模型输入的需要，还要对部分模型参数进行校正，这两个基本步骤完成后，模型就可认为已适于实际污水处理厂的工艺条件并可应用于实际模拟。这些步骤在第 10 章和第 11 章中已有介绍，在此不再重复。需要注意的是在长期应用过程中，仍需关注对进水组分已作的分析以及参数校正是否符合实际污水处理厂的变化规律，同时需要考查模型输出对进水成分变化和模型参数的敏感性。

13.2 对本案例污水处理厂存在问题的分析

对本案例污水处理厂运行进行优化的目的是：在保证各出水指标达标（该污水处理厂执行一级 B 排放标准）的前提下，提高污水处理工艺脱氮除磷的效率。

首先我们运用专家系统对该污水处理厂的运行情况和出水水质数据作了一系列的分析，发现问题如下：

（1）该污水处理厂的好氧区停留时间较长，高于一般普通活性污泥法对好氧区停留时间的要求，说明该厂在提高处理能力方面还有一定的空间。

（2）出水的总氮基本高于 25mg/L，原因可分为三个方面：第一是进水的碳源可能不足，不能满足反硝化过程对碳源的需求；第二是该厂的污泥停留时间偏短，出水的氨氮偏高；第三是缺氧区的停留时间偏短，ORP 值偏高，对反硝化过程会有负面影响。

（3）该污水处理厂一度通过大量排泥的方式将出水磷的指标维持在较低的水平，但是

SRT 比较短（6～8d），污泥浓度偏低，由于硝化菌积累不足，且有机负荷偏高，出水氨氮浓度不够稳定。

针对上述问题优化研究的方法是提出改进的策略，设计多种优化途径和措施，通过模拟计算比较不同方案的效果，综合选取一个或几个较优方案，供污水处理厂采用。

以下是对上述问题提出的优化运行的策略：

（1）调整好氧区和厌氧区的停留时间，将部分好氧区在某些季节改成厌氧区运行，由此加强生物除磷和反硝化脱氮的功能。

（2）在充分发挥生物除磷功能的基础上，增加辅助化学除磷以保证出水总磷浓度的达标。

（3）对主要运行参数进行模拟计算，得到优化的污水处理工艺运行条件。

（4）对优化后的运行条件进行技术经济分析。

13.3　反应器停留时间的优化

13.3.1　优化研究方法

对污水处理工艺的分析结果指出：该污水处理厂好氧区停留时间过长，且好氧硝化满足出水要求。若在保证硝化的前提下适当减少反应器中好氧区停留时间，增加厌氧区停留时间，是否对除磷有利呢？本案例采用改变好氧区长度的方法来考查好氧区停留时间对该污水处理厂脱氮除磷效果的影响。为了便于比较，以好氧区长度的 10%为一个单位进行调整（图 13.6），先将好氧区加长 10%，即将一部分厌氧区变为好氧（图 13.7），再将好氧区减少 10%，即将一部分好氧区停止曝气变为厌氧（图 13.8）。同时，由于气温对微生物活性有一定影响，且会影响到污水处理过程，所以对不同季节（分别考虑夏秋季、春季和冬季三种情况）的运行进行模拟。

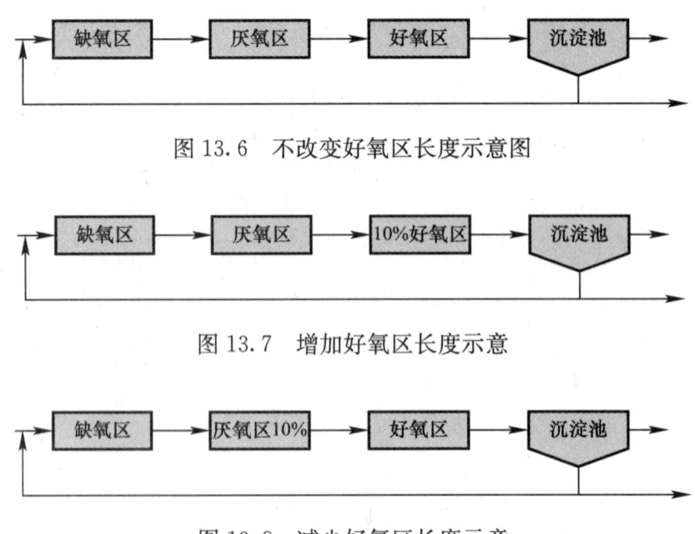

图 13.6　不改变好氧区长度示意图

图 13.7　增加好氧区长度示意

图 13.8　减少好氧区长度示意

13.3.2　模拟结果分析与讨论

夏秋季运行的模拟结果，如图 13.9 所示：

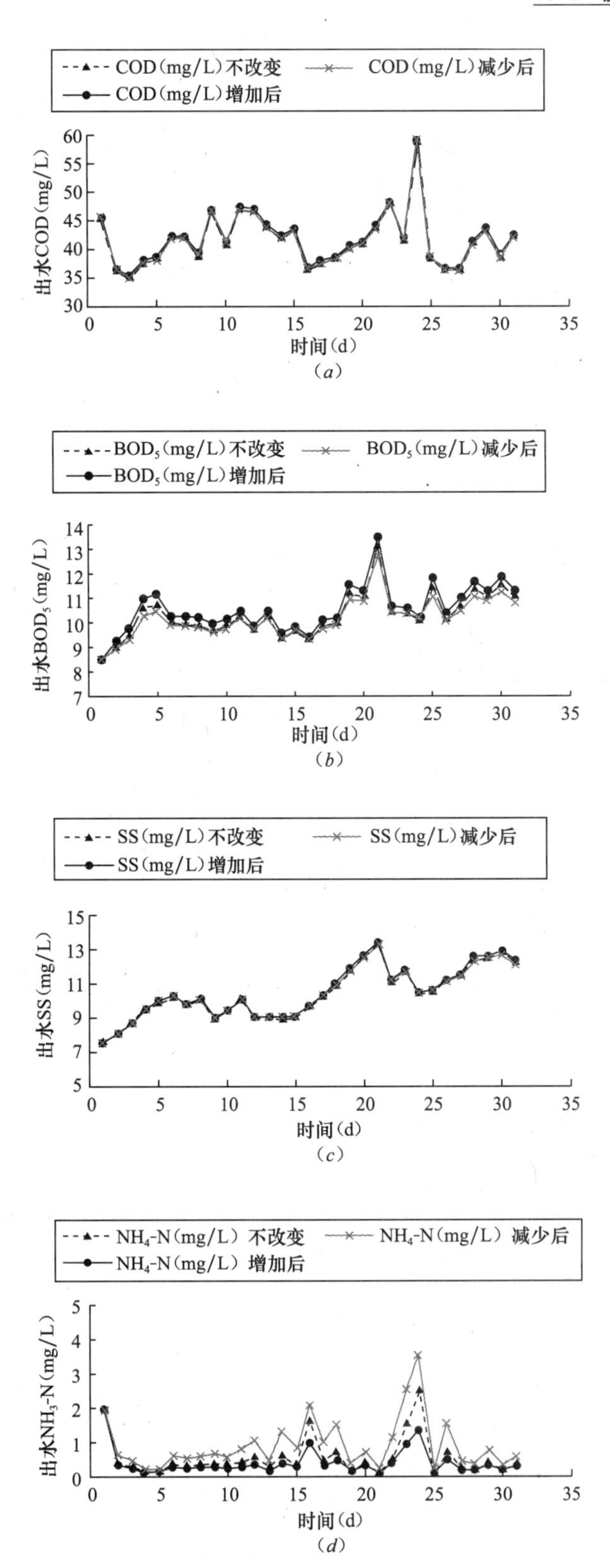

图 13.9 改变好氧区长度夏秋季模拟结果（一）

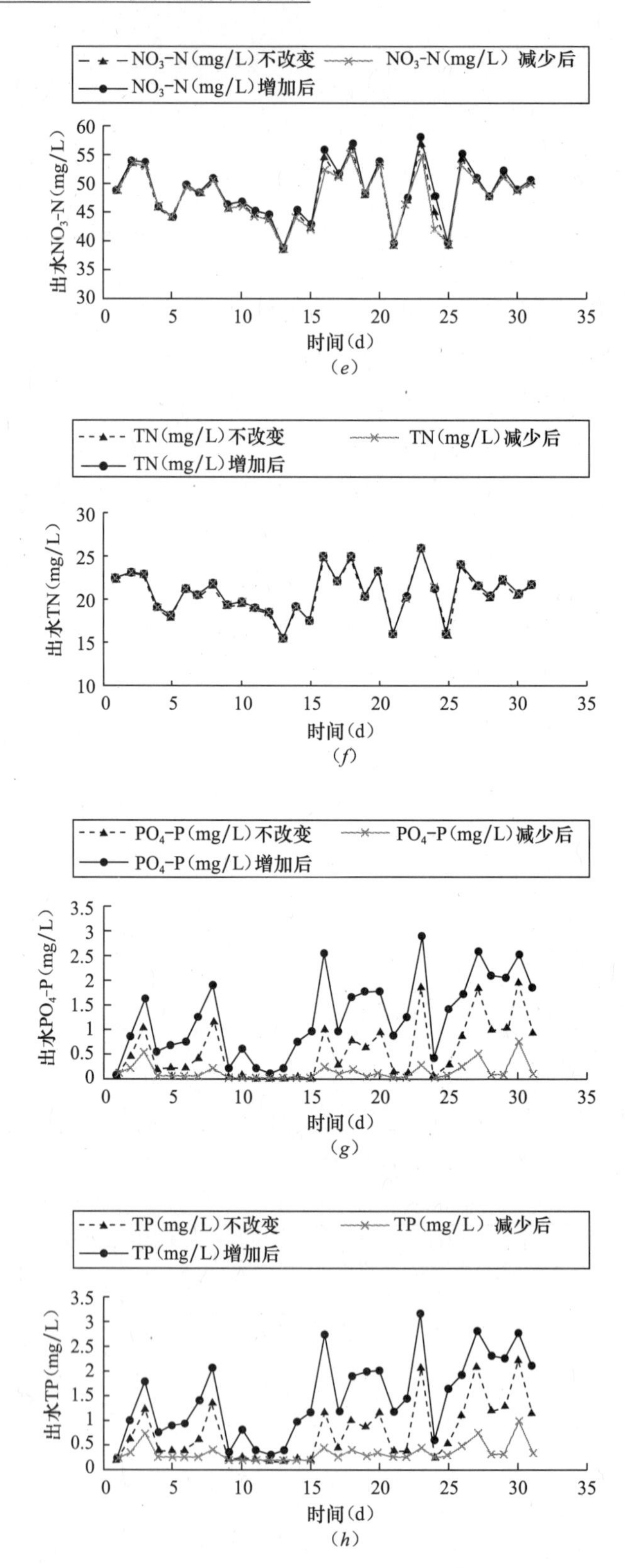

图 13.9　改变好氧区长度夏秋季模拟结果（二）

图 13.9 的模拟结果表明，减少好氧区长度对磷酸盐的去除有利，而出水氨氮浓度虽有升高，但未超过排放标准，其他水质参数所受影响不大。与不改变好氧区长度对比，考查在增加和减少好氧区长度时各出水指标的相对变化，结果如表 13.3 所示。

夏秋季环境温度适宜，硝化菌生长良好，活性较高，硝化受好氧区停留时间的影响很小，出水中氨氮浓度较低，此时若减少好氧区长度，在保证出水氨氮达标的同时可促进生物除磷的效果。

改变厌氧区或好氧区长度后夏秋季运行模拟结果比较　　表 13.3

出水指标	COD	BOD_5	SS	NH_4-N	NO_3-N	TN	PO_4-P	TP
增加好氧区长度	→	微小↗	→	微小↘	微小↗	→	↗	↗
减少好氧区长度	→	微小↘	→	略有↗	略有↗	→	↘	↘

春季运行的模拟结果，如图 13.10 所示：

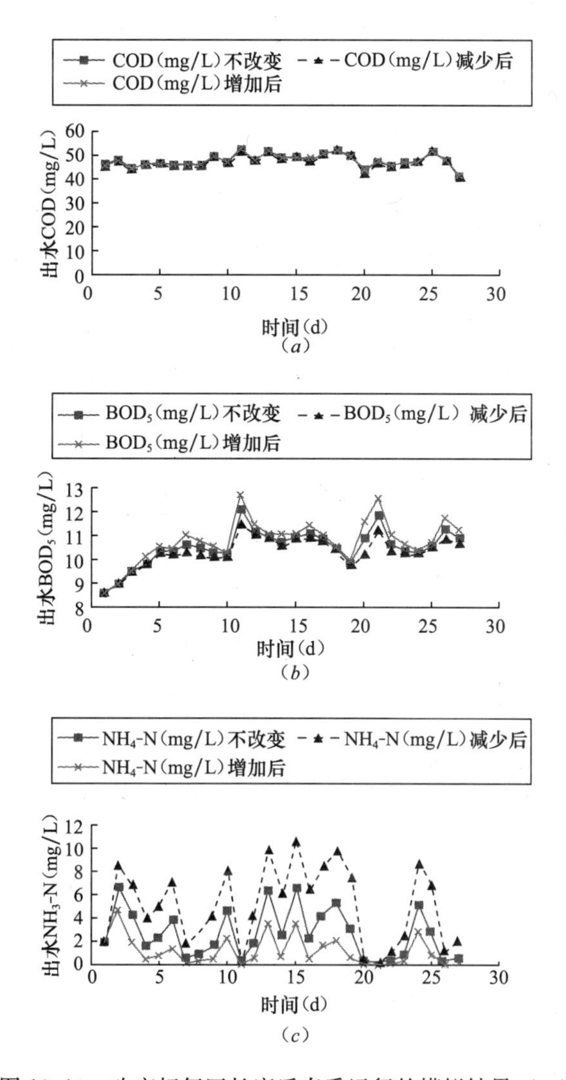

图 13.10　改变好氧区长度后春季运行的模拟结果（一）

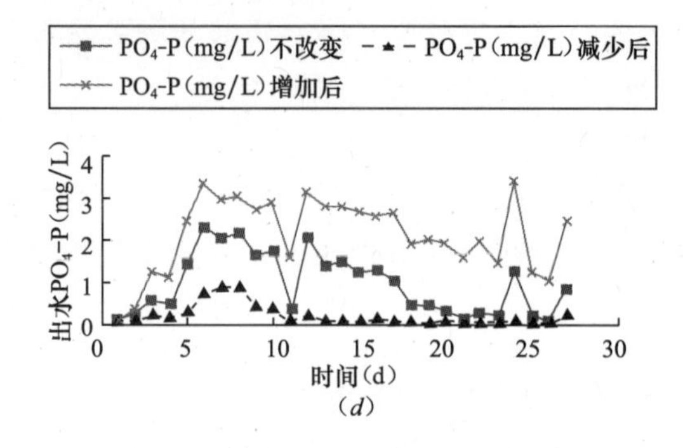

图 13.10　改变好氧区长度后春季运行的模拟结果（二）

以不改变好氧区长度为对比标准，考查在增加和减少好氧区长度时各出水指标的相对变化，结果如表 13.4 所示。

改变好氧区长度后春季运行的模拟结果比较　　表 13.4

出水指标	PO_4-P	NH_4-N	BOD	COD
增加好氧区长度	↗	↘	→	→
减少好氧区长度	↘	↗	→	→

春季环境温度适中，硝化菌活性尚可，出水氨氮能满足标准，但硝化反应受好氧区停留时间的影响较大。此时若减少好氧区长度，在提高磷去除的同时也能保证对出水氨氮的要求，但若想维持好氧区长度不变即维持出水氨氮效果而获得更好的除磷效果，建议采用化学除磷方法。

冬季运行的模拟结果，如图 13.11 所示：

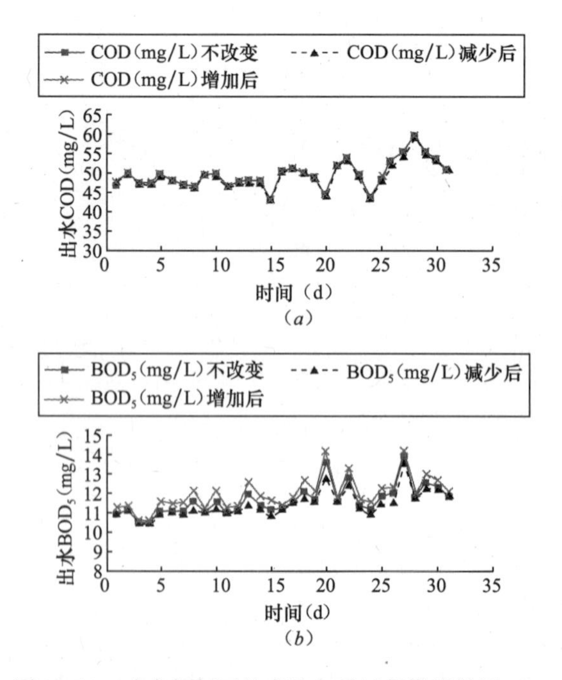

图 13.11　改变好氧区长度的冬季运行模拟结果（一）

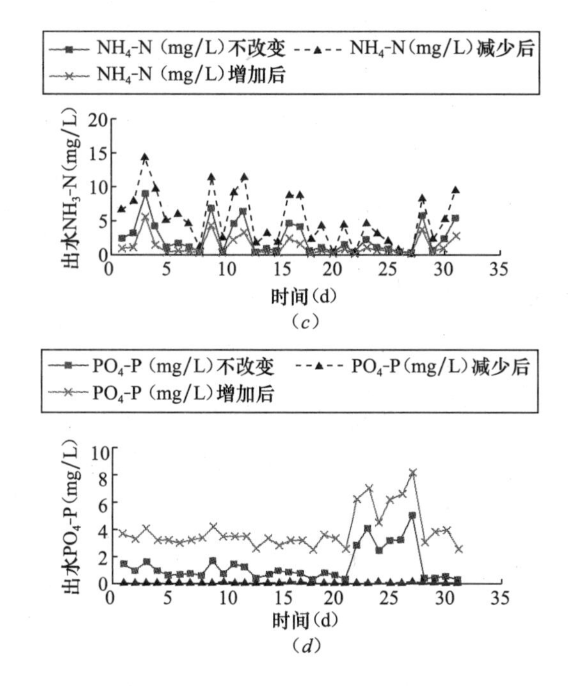

图 13.11 改变好氧区长度的冬季运行模拟结果（二）

以不改变好氧区长度为对比标准，考查在增加和减少好氧区长度时各出水指标的相对变化，结果如表 13.5 所示。

改变好氧区长度后冬季运行的模拟结果比较 **表 13.5**

出水指标	PO_4-P	NH_4-N	BOD	COD
增加好氧区长度	↗	↘	→	→
减少好氧区长度	↘	↗	→	→

冬季该厂的污水温度略低（11～13℃），硝化菌生长较缓慢，且受好氧区停留时间影响较大，出水氨氮基本满足标准；此时若减少好氧区长度，对磷的去除较为有利，但会影响出水氨氮的浓度。建议在不减少好氧区长度的情况下，利用化学除磷达到较好的除磷效果。

13.3.3 反应器停留时间优化的结论

表 13.6 的结论表明，在春夏秋季可以适当减少好氧区长度（同时增加厌氧区相应长度）而达到优化出水氮、磷的目的，且减少好氧区长度能降低曝气量从而降低运行的能耗；冬季可以不改变好氧区长度，采用化学除磷强化处理效果；而在任何情况下增加好氧区长度都是无益的，因而在以后的优化方案中，不考虑好氧区增加的情况。

反应器停留时间优化的结论 **表 13.6**

季节	不改变好氧区长度	增加好氧区长度、减少相应厌氧区长度	减少好氧区长度、增加相应厌氧区长度
夏秋季	出水氨氮低，磷达标	出水磷超标	出水氨氮低，可优化除磷
春季	氮磷基本达标	出水磷超标	氨氮达标，可优化除磷
冬季	磷易超标	出水磷超标	氨氮可能超标，磷可达标

13.4　同步化学除磷

显然，仅通过调整好氧区长度不能完全达到脱氮除磷的优化目的。由于该污水处理厂好氧区的停留时间长，使硝化反应充分，从而保证了氨氮的去除效果，但是利用低污泥龄提高磷的去除效果会不利于氨氮的去除，需要补充其他优化方案。

13.4.1　化学除磷方法的选择

国际运行经验表明，采用生物除磷方法，磷的去除量一般约为 BOD_5 去除量的 3.5%～4.5%（泥龄 5～20d），其中 MLSS 中的磷含量平均为 5%[4]。出水中颗粒性磷的含量取决于出水中的 SS（10mg/L 的 SS 含磷量为 0.5mg/L），一般单采用生物除磷工艺很难满足出水含磷量低于 0.5mg/L 的排放要求。在污水处理厂实际运行中，常通过化学法来进一步除磷。

因而在上一节改变好氧区的优化计算基础之上，可考虑采用化学法优化除磷效果，如表 13.7 所示，化学除磷有三种投加方式，前沉析、同步沉析和后沉析。

三种化学除磷法的对比[5]　　**表 13.7**

类　型	优　点	缺　点
前沉析	1. 能降低生物处理设施的负荷，平衡其负荷的波动变化，因而可以降低能耗；	1. 总污泥产量增加；
	2. 与同步沉析相比，活性污泥中有机成分不会增加；	2. 对反硝化反应造成困难（底物分解过多）；
	3. 现有污水厂易于实施改造	3. 对改善污泥指数不利
同步沉析	1. 通过污泥回流可以充分利用沉析药剂；	1. 采用同步沉析工艺会增加污泥产量；
	2. 如果是将药剂投加到曝气池中，可采用价格较便宜的二价铁盐药剂；	2. 采用酸性金属盐药剂会使 pH 下降到最佳范围以下，这对硝化反应不利；
	3. 金属盐药剂会使活性污泥重量增加，从而可以避免活性污泥膨胀；	3. 磷酸盐污泥和生物剩余污泥是混合在一起的，因而回收磷酸盐是不可能的，此外在厌氧状态下污泥中磷会再溶解；
	4. 同步沉析设施的工程量较小	4. 由于回流泵会使絮凝体破坏，但可通过投加高分子絮凝助凝剂减轻这种危害
后沉析	1. 磷酸盐的沉析是和生物净化过程相分离的，互相不产生影响； 2. 药剂的投加可以按磷负荷的变化进行控制； 3. 产生的磷酸盐污泥可以单独排放，并可以加以利用，如用做肥料	后沉析工艺所需要的投资大、运行费用高，但当新建污水处理厂时，采用后沉析工艺可以减小生物处理二次沉淀池的尺寸

Morse 认为工艺方式不同，投加位置也应该不同[6]。该污水处理厂已经建设并运行，后沉析需要投资改建，故不采用后沉析方式；而采用前沉析则不适合该污水处理厂的工艺过程，一方面影响缺氧区的反硝化作用，另一方面使厌氧区不能发挥其作用，而且药剂投加量也相对较大；采用同步沉析法，若将药剂投加在好氧区，经过微生物对磷的过量摄取，水中磷的浓度已较低，可以节省药剂量，而且不会因为化学污泥的积累影响生物处理工艺的正常运行[7]。特别是采用优化运行模型时，只在可能发生出水磷超标的情况下投加

药剂，其药耗和产泥量都会显著减少。

此外，在好氧区进行同步化学除磷也有三个投加点，该污水处理厂的好氧区相当长，可以选择在好氧区的前段、中间和末端投加，以下将讨论和对比这些情况。

13.4.2 同步化学除磷的优化方法

化学除磷一般选用铝盐、铁盐和石灰。其反应方程式分别如下：

$Al^{3+}+PO_4^{3-}$——$AlPO_4\downarrow$　　pH6～7

$Fe^{3+}+PO_4^{3-}$——$FePO_4\downarrow$，$3Fe^{2+}+2PO_4^{3-}$——$Fe_3(PO_4)_2\downarrow$ pH5～5.5

$5Ca^{2+}+3PO_4^{3-}+OH^-$——$Ca_5(PO_4)_3OH\downarrow$　pH≥8.5

对于投加石灰的化学除磷，在 pH>10 条件下，污水中的碳酸氢根碱度和石灰发生反应生成碳酸钙沉淀。石灰法除磷所需的石灰投加量基本上取决于污水的碱度，而不是污水的含磷量[8]，在反应器内同步沉析可能会消耗大量的药剂。表 13.7 中也提到，同步沉析可以使用价格相对便宜的二价铁盐药剂，故本案例以投加二价铁盐作为除磷剂进行处理效果的模拟。

Clark 指出同步化学除磷投加铁盐和水中磷酸盐的合适比例为 P：Fe=1：1.25[9]，Valve 的研究指出投加 9mg/L 的铁盐可以有较好地实现同步化学除磷的效果[10]。参考上述文献，本案例采用硫酸亚铁 $FeSO_4$ 为除磷剂，有效成分为 $180gFe/kgFeSO_4$，在 10℃时的饱和溶解度为 $400gFeSO_4/L$，则饱和溶液中有效成分为 $72gFe/LFeSO_4$。

设置 P：Fe=1：1.25，同时由于 Fe^{2+}：$PO_4{}^{3-}$=3：2，则对于稳态进水，按照曝气池末端溶解的正磷酸盐浓度为 2mg/L 计算，可以得到投加铁盐溶液的体积为：

$50000m^3/d\times 2gPO_4/m^3\times 1.25\times 1.5/72000g/m^3=2.60m^3/d$

故加药方案 1：投加浓度为 72g/L 的饱和铁盐 $2.6m^3/d$。

同时考虑到污泥回流，和反应器模拟时假定的完全混和状态，以及化学药剂可能与含磷污泥发生沉淀反应，实际被沉淀的正磷酸盐应该高于好氧区末端的 2mg/L，按照进水磷酸盐浓度为 8mg/L 再进行一组计算，得到投加铁盐体积为：

$50000m^3/d\times 8gPO_4/m^3\times 1.25\times 1.5/72000g/m^3=10.4m^3/d$

故加药方案 2：投加浓度为 72g/L 的饱和铁盐 $10.4m^3/d$。

模拟这两种加药量下的出水情况，并与不加药的情况作比较。同时结合优化方案 1，考查好氧区长度调整和季节变化下化学除磷加药量的影响。

13.4.3 同步化学除磷的不同加药点比较

好氧区同步沉析也有几种不同的加药位置，先对好氧区前端、中间和末端三种情况作个比较，加药量均为 $2.6m^3/d$。结果如图 13.12 和图 13.13 所示。

图 13.12 是在好氧区不同投加点投加除磷剂的效果对比。

如图 13.12、图 13.13 所示，在好氧区前中后不同加药点投加除磷剂的出水磷浓度基本一样，因而在模拟过程中不用考虑它们的区别。但在实际工艺过程中，末端正磷酸盐的浓度较低，且并不是理想的完全混和状态，故实际所需的加药量应该相对少一些，而且对前端生物除磷的影响相对较小，以下就采用好氧区末端的同步化学除磷作进一步的模拟。

13.4.4 好氧区末端同步化学除磷

结合优化方法 1，在 3 组加药量（0、$2.6m^3/d$、$10.4m^3/d$）下对不同季节与不同好氧区长度条件下的运行进行模拟计算。

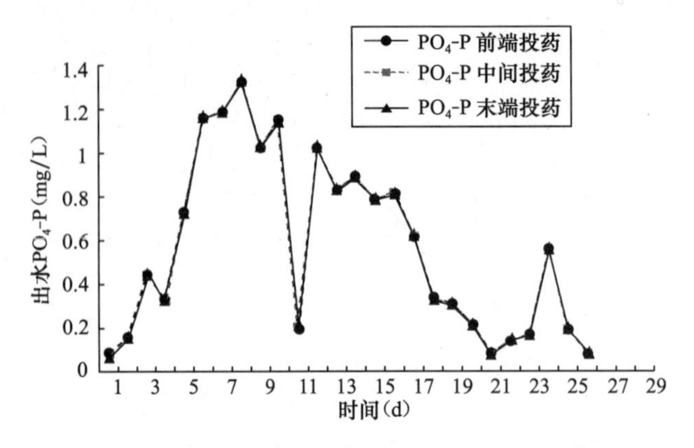

图 13.12　不改变好氧区长度时不同加药点的效果比较

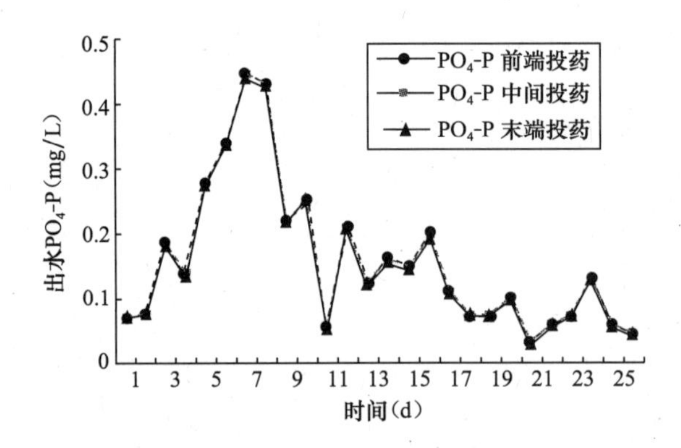

图 13.13　减少好氧区长度时不同加药点的效果比较

春季运行（4 月）的模拟结果如图 13.14 所示。

由于不同加药量对 COD 和 BOD_5 的影响均很小，加药量为 10.4m^3/d 时出水磷酸盐的浓度相对较低，而且较稳定，出水氨氮的浓度略微升高，但影响非常小可以忽略（图 13.14 (*b*)），所以后面分析时只需要提供出水磷酸盐浓度的模拟结果即可。

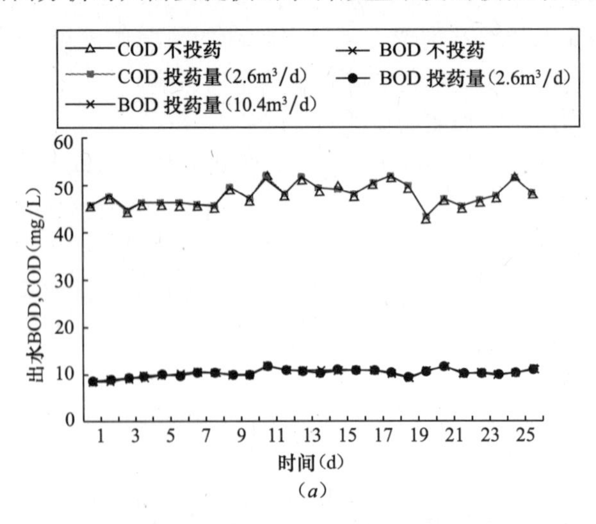

图 13.14　春季好氧区长度不变时加药除磷的模拟结果（一）

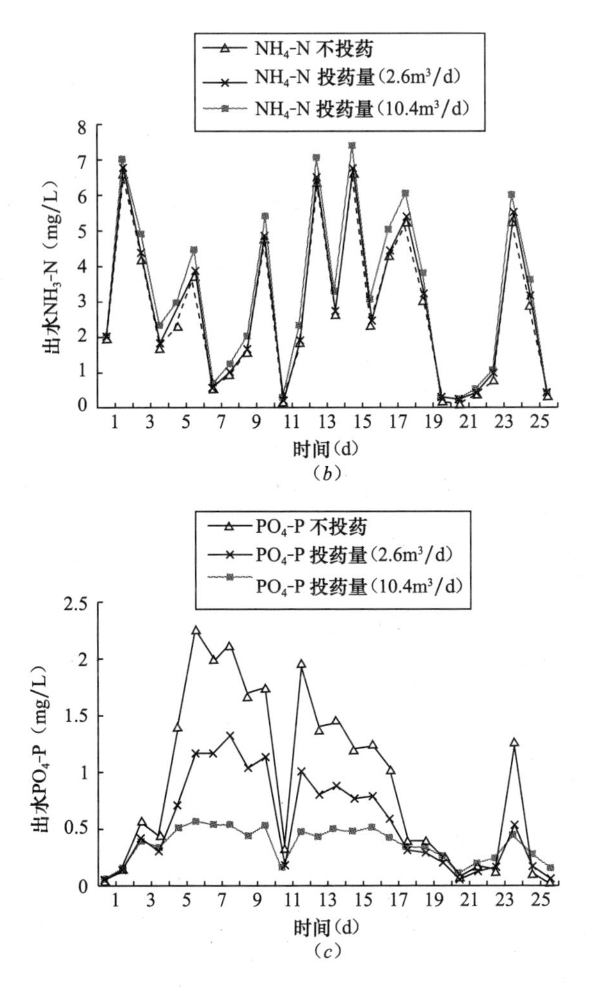

图 13.14 春季好氧区长度不变时加药除磷的模拟结果(二)

图 13.15 的结果表明,加药量在 $10.4m^3/d$ 时,开始能降低出水磷浓度,但后面浓度反而升高,且加药效果差于 $2.6m^3/d$,说明化学药剂对好氧区已经低浓度的磷酸盐有害无益。这可能是由于好氧末端磷酸盐浓度低,大量药剂回流到缺氧和厌氧区与污泥中或释放出来的磷酸盐反应,影响到前段厌氧释磷的效果,并使好氧区生物除磷效果降低所致。

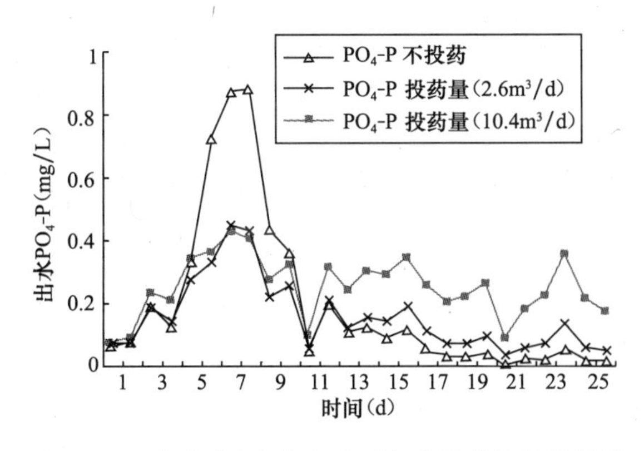

图 13.15 春季减少好氧长度时加药除磷的模拟结果

冬季（1 月）运行的模拟结果如图 13.16 所示。

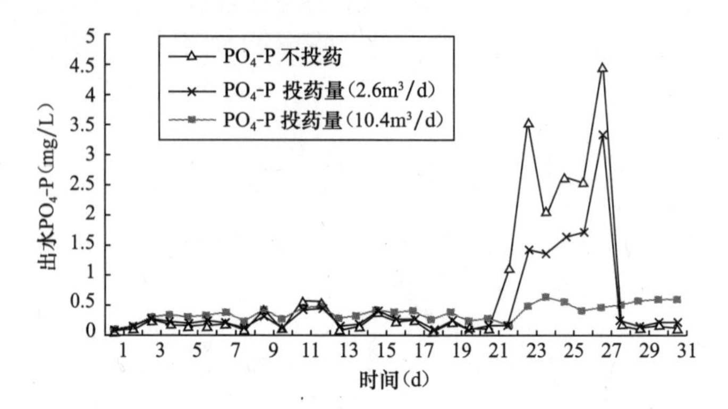

图 13.16　冬季好氧区长度不变时加药除磷的模拟结果

图 13.16 中曲线末端由于出水磷浓度相对偏高，此时加药除磷的效果就显示出来了。

图 13.17 中显示的结果与图 13.15 中的规律比较一致，由于减少好氧区长度使出水磷处于低浓度时，过量加药反而会起相反的作用。但由于减少好氧区长度会使氨氮的去除效

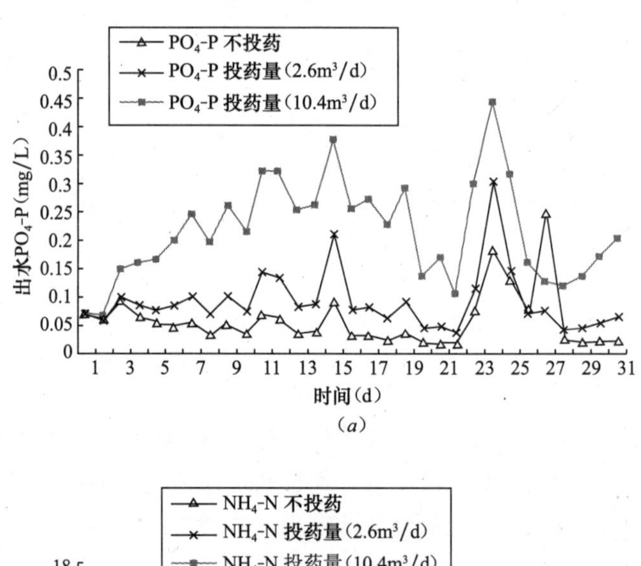

（*a*）

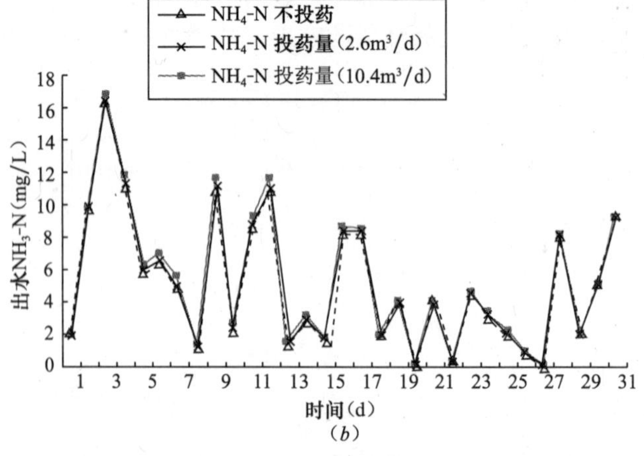

（*b*）

图 13.17　冬季减少好氧区长度时加药除磷的模拟结果

果变差，冬季应该首先考虑在不改变好氧区长度的条件下采用化学药剂同步除磷，或者在减少好氧区长度时采用其他方法优化去除氨氮的效果。

夏秋季（9 月）运行的模拟结果如图 13.18、图 13.19 所示。

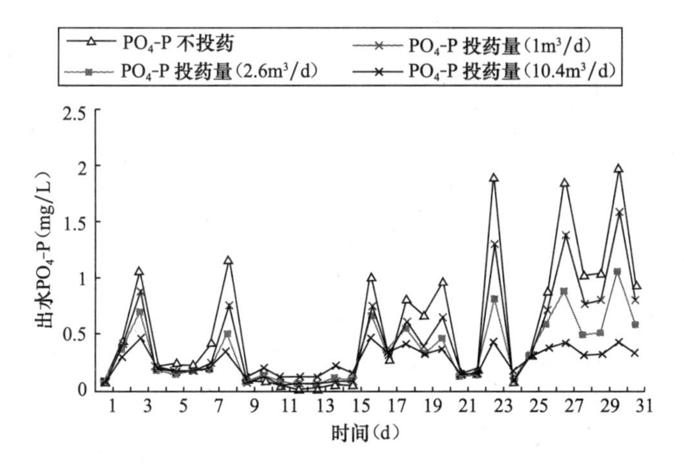

图 13.18 夏秋季好氧区长度不变时加药除磷的模拟结果

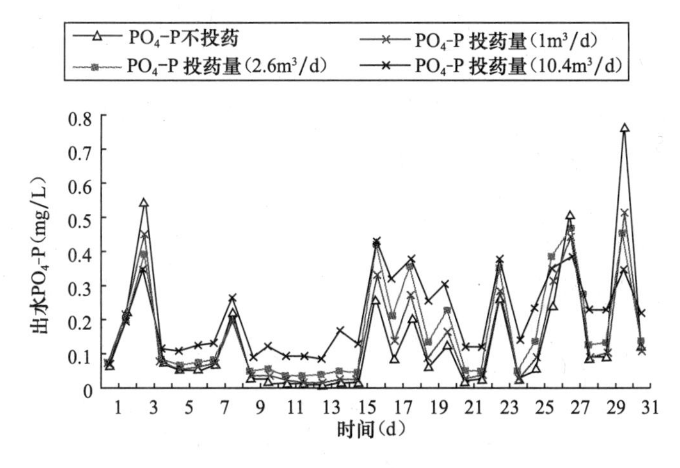

图 13.19 夏秋季减少好氧区长度时加药除磷的模拟结果

夏秋季出水氨氮较低，此时采用减少好氧区长度便可达到优化除磷的目的，若用化学除磷不仅效果不明显，而且浪费药剂。故通常状况下在夏季可以停用化学法除磷。

13.4.5 同步化学除磷优化的结论

在上述模拟计算的基础上，本案例还进行了一些探索性模拟：

（1）某月共 30d，出水磷浓度超标，前 15d 加药，后 15d 不加药。模拟结果显示前 15d 出水磷显著降低，但厌氧区释磷效果受到影响；后 15d 出水磷回升，且前段厌氧释磷同时回升。说明回流的药剂对厌氧区存在一定的影响。

（2）在 30d 内每隔 1d 加药，出水磷浓度随加药波动变化，但是前段厌氧区磷的浓度能基本维持稳定。

由此提出优化建议方案：运用在线监测或实时模拟，若进水磷浓度较高，或者模拟得到好氧池末端磷浓度偏高时，可以考虑末端加药除磷。加药装置采用流量控制方式，采用固定药剂浓度，将进水磷浓度或者好氧池末端磷模拟结果作为控制器输入，控制药剂投加的流量。

同步化学除磷优化的结论如表 13.8 所示，冬季运行氨氮和磷酸盐浓度都能保证达到排放标准，但是总氮还需进一步优化。

同步化学除磷优化的结论 **表 13.8**

季节	不改变好氧区长度	减少好氧区长度（同时增加厌氧区相应长度）
夏秋季	进水磷浓度高时适当加药	不需加药
春季	进水磷浓度高时适当加药	进水磷浓度高时适当加药
冬季	进水磷浓度高时适当加药，需优化总氮	不需加药，但需其他方法优化总氮

13.5 工艺参数的优化

对一个已经建成的污水处理厂来说，优化工艺运行参数是一种比改变工艺方案、修改或增加构筑物等方法更为方便快捷的优化方式。由前两节两种优化方案的不同组合，可以使该污水处理厂春夏秋三季都获得较好优化效果，而冬季气温低，微生物活性低，需要采用其他方式加强脱氮除磷效果，本节以冬季数据为例，对几个主要的运行参数进行优化模拟和比较。

13.5.1 污泥龄的优化

对该污水处理厂的诊断分析结果表明，该厂的污泥停留时间偏低，SRT＝4～5d，这会使反应器中微生物浓度积累不够，尤其不利于硝化菌的生长，因此建议将污泥龄提高至6～7d。

首先，采用降低排泥量的方式，将排泥量 Q_W 设为四组不同值：2450m³/d，2205m³/d，1960m³/d 和 1715m³/d。模拟计算得到的相应结果如图 13.20 所示。

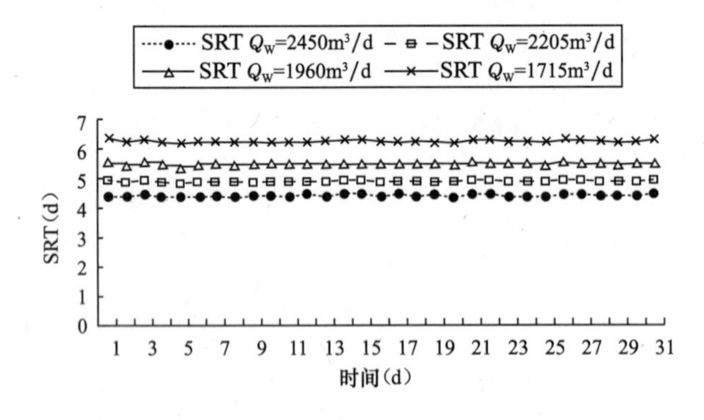

图 13.20 减少排泥量延长 SRT 模拟结果

其次，可以通过回流比来优化污泥龄，将回流比（R）设为四组不同值：50%，60%，70%和 80%。模拟结果如图 13.21 所示。

比较上述两种不同方法，减少排泥量与延长 SRT 有较好的对应关系，且由于减少排泥量会使剩余污泥产量显著减少，因而污泥处理总费用下降；增加回流比也能使 SRT 延

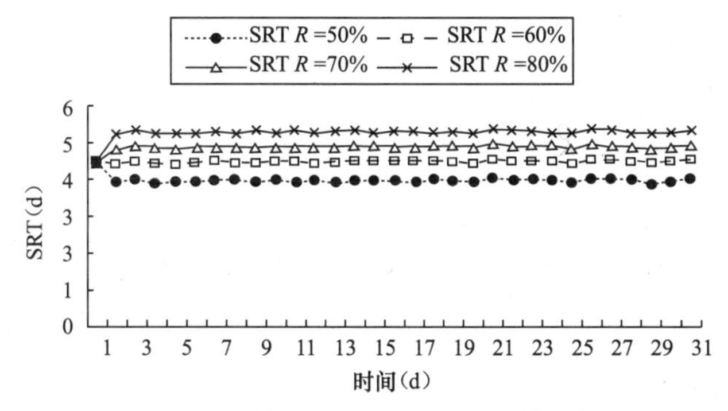

图 13.21 增加回流比延长 SRT 的模拟结果

长，但效果不显著，且提高回流比会使运行的动力费用显著增加。因而对比这两种情况，延长污泥龄的较优方法是减少剩余污泥的排放量。

延长 SRT 对出水中磷的浓度有一定影响，这是不可避免的，如图 13.22 所示，但从长远角度来看，对于整个污泥系统还是有利的。

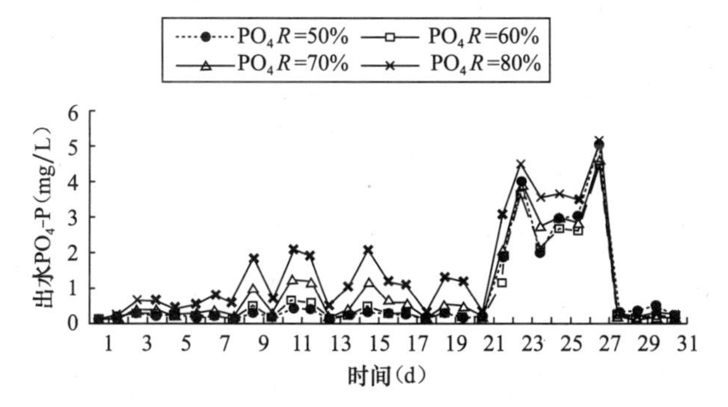

图 13.22 延长 SRT 对出水中磷酸盐浓度的影响

13.5.2 污泥浓度的优化

对该污水处理厂的诊断分析结果表明，该厂曝气池的污泥浓度偏低，MLSS＜2000mg/L，这会使污泥负荷偏高，不利于有机物质和营养物质的去除。可以考虑将污泥浓度提高到 2500～3000mg/L 左右。

首先，采用降低排泥量的方式，将排泥量 Q_W 设为四组不同值：2450m³/d，2205m³/d，1960m³/d 和 1715m³/d。模拟计算得到的相应结果如图 13.23 所示。

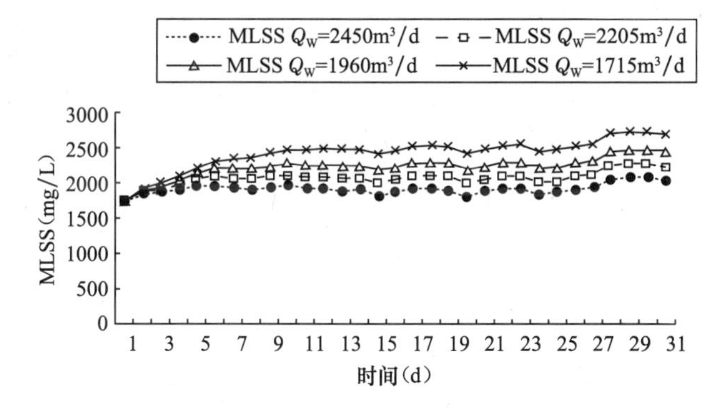

图 13.23 减少排泥量提高 MLSS 浓度的模拟结果

其次，可以通过调整回流比来优化 MLSS 的浓度，将回流比（R）设为四组不同值：50%，60%，70%和 80%。模拟计算得到的相应结果如图 13.24 所示。

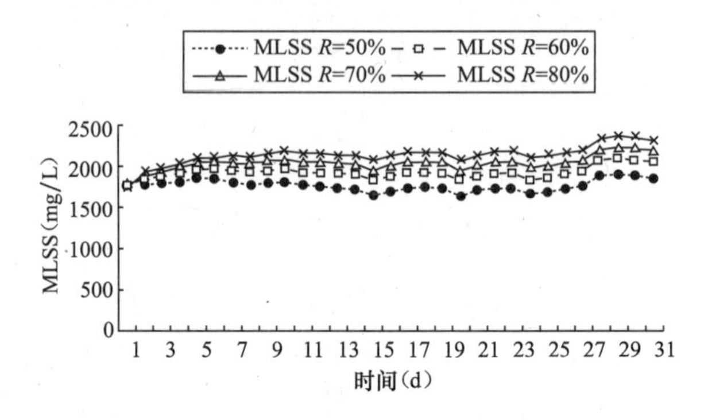

图 13.24　增加回流比提高 MLSS 浓度的模拟结果

比较上述两种不同方法，减少排泥量与 MLSS 浓度的增加有较好的对应关系，MLSS 浓度变化明显，且由于减少排泥量可减少剩余污泥产量，使污泥处理总费用下降；增加回流比也能提高污泥浓度，但效果不明显，且提高回流比会使运行的动力费用增加。对比这两种情况，提高污泥浓度的较优方法是减少剩余污泥的排放量。

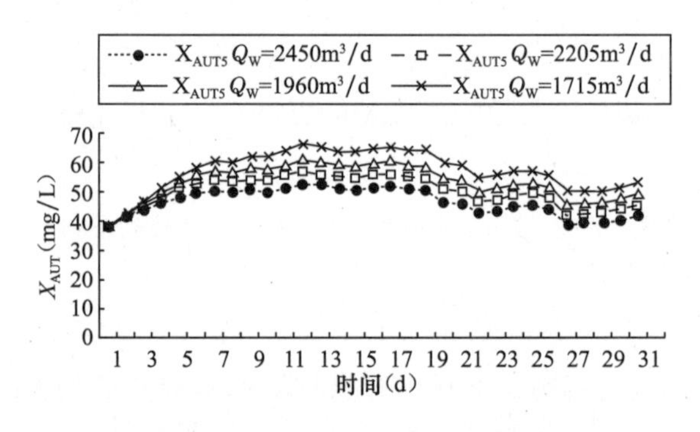

图 13.25　硝化细菌积累的模拟

如图 13.25 所示，反应器内污泥浓度的增加，会使不同种类的微生物浓度随之积累，尤其是对于世代时间较长的硝化细菌来说更为有利。该污水处理厂由于长期处于较低污泥浓度条件下运行，造成反应器内硝化细菌的积累不足，若将剩余污泥排放量减少，可使硝化细菌得以积累，从而提高硝化效率。

13.5.3　内回流比的优化

该污水处理厂出水中的总氮主要由硝酸盐氮构成，如何降低硝酸盐氮的浓度，强化反硝化作用也是脱氮优化的重点。该厂的倒置 A/A/O 工艺设置了好氧区到缺氧区的内回流线路，但是没有启用。这里可以将内回流比调整作为脱氮的一种优化方案。

内回流比（r）分别设置为 5%，10%，15%，20%，25%和 30%，并与无内回流的模拟结果进行比较，如图 13.26 所示：

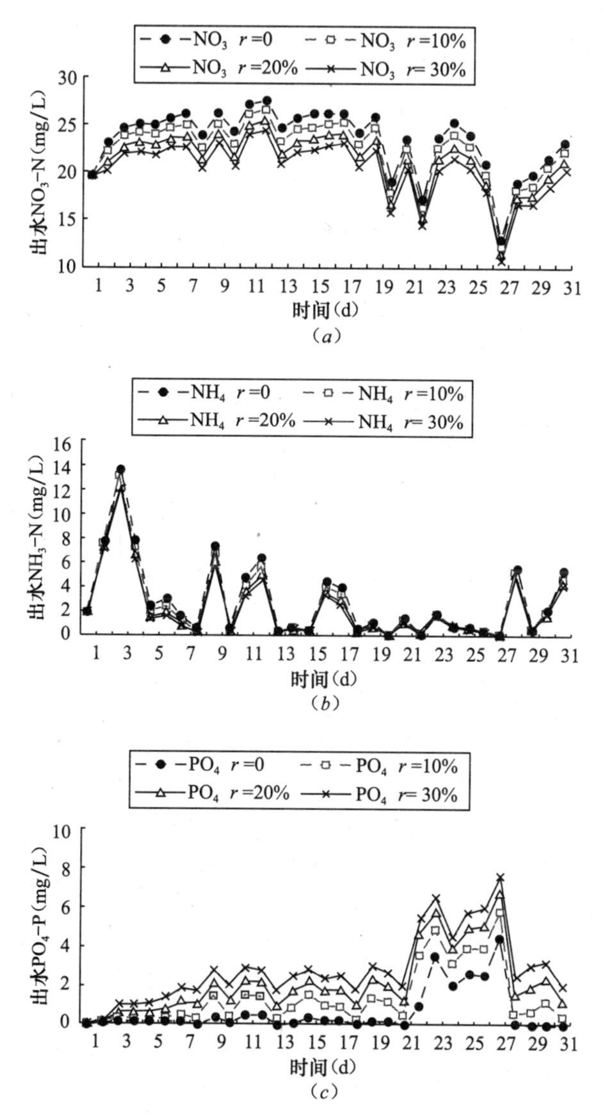

图 13.26　增加内回流比的脱氮除磷模拟结果

内回流比每增加 5%，硝酸盐氮就下降约 0.5～0.6mg/L，这说明增加内回流比的确可以促进反硝化，但是效果并不明显，这有可能是反硝化过程受到进水碳源的限制；同时出水正磷酸盐上升 0.3～0.4mg/L，说明反应器前端反硝化过程与释磷过程竞争基质，从而影响生物除磷效果。因此，我们对缺氧区和厌氧区的碳源情况进行模拟，结果如图 13.27 所示。

图 13.27 中，$S_{A1}+S_{F1}$ 为缺氧区的碳源浓度，S_{A2} 为厌氧区的碳源浓度。模拟结果表明，增加内回流比后，反应器前端碳源消耗显著增加，ASM2d 中考虑了聚磷菌在缺氧情况下的反硝化作用，在缺氧区反硝化细菌和聚磷菌竞争碳源，导致后续厌氧过程细胞内聚物 PHA 的合成受到限制，最终影响了出水中磷的浓度。

13.5.4　运行参数优化的结论

运行参数优化的结论见表 13.9。综合考虑这几种因素，适当减少排泥量并在必要时提高内回流比是可行的。

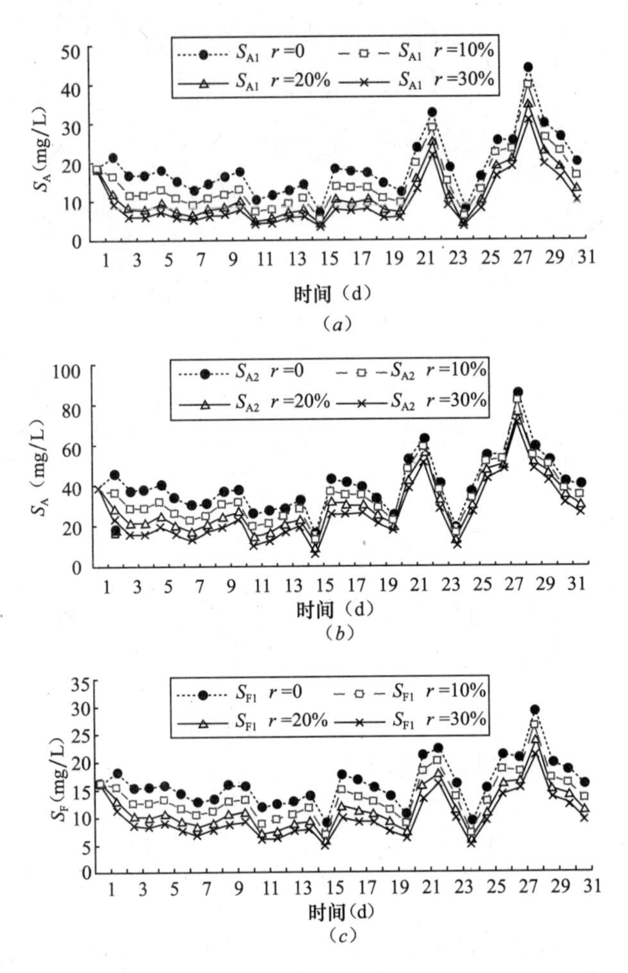

图 13.27　反应器前端碳源消耗的模拟结果

运行参数优化的结论　　**表 13.9**

参数	SRT	MLSS	NH_4-N	TN	PO_4-P	费用
排泥量↘	↗	↗	↘	↘	↗	↘
回流比↗	↗	↗	↘	↘	↗	↗
内回流比↗	→	→	↘	↘	↗	↗

13.6　综合优化运行策略的结论与案例分析

13.6.1　综合优化运行策略的结论

以上采用几种不同优化方案进行了模拟和比较，若将这几种方案组合起来，可以达到更好的效果。表 13.10 为污水处理厂不同季节的运行提供了两种优化方案。

综合优化运行策略的结论 表 13.10

季节	方案 1 不改变好氧区长度	方案 2 减少好氧区长度
夏秋季	减少排泥，进水磷浓度高时适当加药	减少排泥，不需加药
春季	减少排泥，进水磷浓度高时适当加药	减少排泥，进水磷浓度高时适当加药
冬季	减少排泥，进水磷浓度高时适当加药，增加内回流	减少排泥，进水磷浓度高时适当加药，增加内回流

13.6.2 综合优化运行策略的案例分析

依据表 13.10 的综合优化运行策略，选择冬季的优化方案 2 进行模拟计算。

首先，选取冬季（1 月）的进水水质数据，如图 13.28 所示。其中，进水中的磷酸盐在第 23～28d 出现较高浓度。

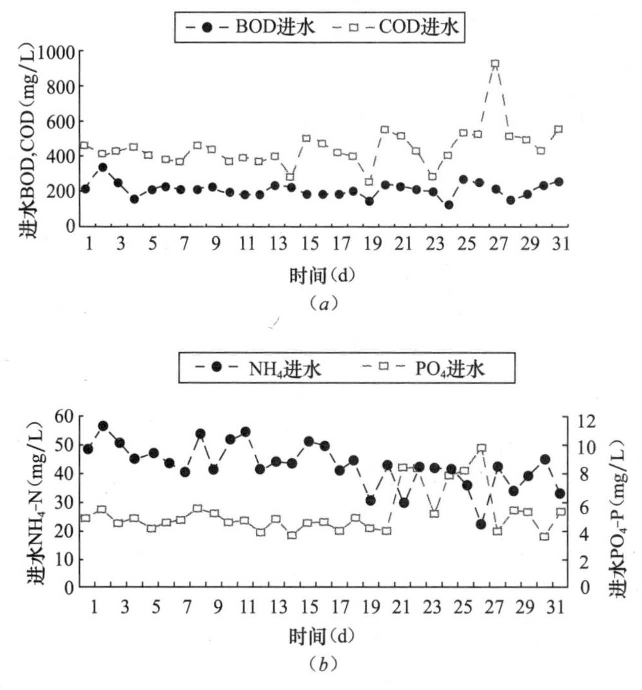

图 13.28 冬季（1 月）污水处理厂的进水水质数据

其次细化优化方案 2：减少好氧区长度 10%，减少排泥量至 $1800m^3/d$，内回流比为 20%，回流比为 70%，且在第 23～28d 进水磷浓度在 8mg/L 附近时投加浓度为 72g/L 的饱和亚铁盐（$FeSO_4$）$10.4m^3/d$。

通过模拟计算，可以得到上述综合优化策略的模拟结果，并与未经优化的模拟结果进行比较，结果如图 13.29 所示。

图 13.29 表明，优化后出水磷酸盐的浓度显著降低，基本满足出水排放标准的要求；氨氮浓度略有下降，满足出水排放标准的要求；总氮浓度平均下降了 5mg/L 左右。

在实际运行中有可能进一步减少化学除磷剂量的投加量，因为在模拟计算中，推流式倒置 A/A/O 工艺的好氧区被分为 3 个 CSTR，药剂投加在最后一个完全混合反应器中。从模拟计算的角度上来看，投加的药剂量会与污水中溶解的和污泥吸附的磷酸盐充分混合发生反应，而在实际情况中，经过好氧池中微生物对磷的过量摄取，水中磷酸盐的浓度已较低，投加的除磷剂会首先与污水中溶解性磷酸盐反应，从而降低污水的磷酸盐浓度。

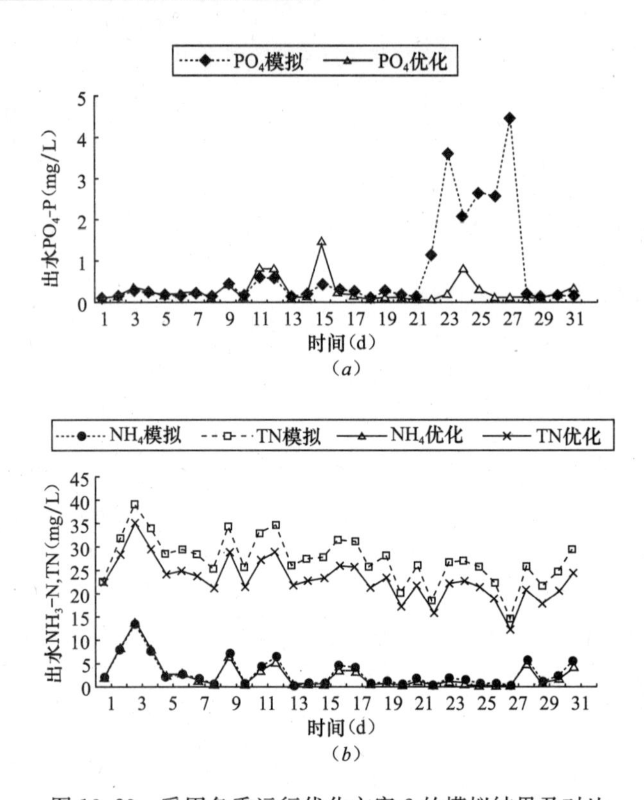

图 13.29 采用冬季运行优化方案 2 的模拟结果及对比

13.7 综合优化运行策略的技术经济分析

为了评价工艺和控制策略的优劣，Benchmark 提出了一个评价方法及指标体系，包括出水水质参数，出水超标率及各种耗能[11]。本案例分析采用 Benchmark 的评价指标对此综合优化运行策略进行能耗和经济分析，由于 Benchmark 是基于欧洲污水处理标准开发的基于 ASM1 的评价指标，故此处将其修改为基于我国城镇二级污水处理厂一级排放标准的基于 ASM2d 的评价指标。

1）出水水质参数

$$EQ = \frac{1}{T \times 1000}\int_{t_0}^{t_7}[\beta_1 \mathrm{TSS_t} + \beta_2 \mathrm{COD_t} + \beta_3 \mathrm{BOD_t} + \beta_4 \mathrm{TKN_t} + \beta_5 \mathrm{NO_t}]Q_e(t)\mathrm{d}t \quad (13.1)$$

式中：β——出水组分在出水水质评价中的权重，

$\beta_1 = \beta_{\mathrm{TSS}} = 2$，

$\beta_2 = \beta_{\mathrm{COD}} = 1$，

$\beta_3 = \beta_{\mathrm{BOD}} = 2$，

$\beta_4 = \beta_{\mathrm{TKN}} = 20$，

$\beta_5 = \beta_{\mathrm{NO}} = 20$。

根据我国二级污水处理厂的一级排放标准，沿用 Benchmark 的权重系数，可改写为：

$$EQ = \frac{1}{T \times 1000}\int_{t_0}^{t_7}[\beta_1 \mathrm{SS_t} + \beta_2 \mathrm{COD_t} + \beta_3 \mathrm{BOD_t} + \beta_4 \mathrm{NH_t} + \beta_5 \mathrm{PO_t}]Q_e(t)\mathrm{d}t \quad (13.2)$$

$\beta_1=\beta_{SS}=2$

$\beta_2=\beta_{COD}=1$

$\beta_3=\beta_{BOD}=2$

$\beta_4=\beta_{NH}=20$

$\beta_5=\beta_{PO}=20$

计算得，$EQ_0=8360.03$，$EQ_1=7742.29$，$IQ_0=IQ_1=150103.9$

2）出水超标率

用超标时间所占比例来表示，统计时间间隔为15min。Benchmark采用的出水标准为总氮＜$18g/m^3$，COD＜$100g/m^3$，氨氮＜$4g/m^3$，总悬浮物TSS＜$30g/m^3$，BOD_5＜$10g/m^3$。此处统计间隔为1d，我国二级污水处理厂的一级排放标准为氨氮（冬季，T＜12℃）＜$15g/m^3$，COD＜$60g/m^3$，磷酸盐＜$0.5g/m^3$，悬浮物SS＜$20g/m^3$，BOD_5＜$20g/m^3$。

$VI_0=25.8\%$，$VI_1=12.9\%$（均为磷酸盐的超标率）

若考虑出水总氮＜$20g/m^3$（国标GB 18918—2002一级B标准），则总氮超标率为$VI_0=77.4\%$，$VI_1=25.8\%$。

3）泵的耗能

$$PE=\frac{ER}{T}\int_{t_0}^{t_7}[Q_a(t)+Q_{ras}(t)+Q_{was}(t)]dt \tag{13.3}$$

式中：Q_a、Q_{ras}和Q_{was}分别代表内回流、污泥回流和剩余污泥的流量。能量效率$ER=0.04kWh/m^3$。

$PE_1=0.04\times(50000\times20\%+50000\times70\%+1800)=1872$

$PE_0=0.04\times(50000\times60\%+2450)=1298$

4）曝气的耗能

$$AE=\frac{24}{T}\int_{t_0}^{t_7}\sum_{i=1}^{i=5}[c_1K_La_i(t)+c_2K_La_i(t)^2]dt \tag{13.4}$$

式中：$c_1=7.8408kWh$，$c_2=0.4032kWh$。K_La_i为第i个反应池的氧传质系数。

$AE_1=24\times[7.8408\times(9+9+9)+0.4032\times(9^2+9^2+9^2)]=7432.30$

$AE_0=24\times[7.8408\times(10+10+10)+0.4032\times(10^2+10^2+10^2)]=8548.42$

5）搅拌的耗能

$$ME=\frac{24}{T}\int_{t_0}^{t_7}\sum_{i=1}^{i=5}[E_fV_im(t)dt] \tag{13.5}$$

式中V_i为第i个反应池容积；连续流$E_f=0.010kW/m^3$，m（t）表示是否搅拌。

$$ME_1=ME_0=0$$

6）综合分析

利用评价指标来比较不同控制策略对污水处理厂运行的效果，比如出水水质、操作费用、超标率等。为了简化控制策略选优的过程，可以将Benchmark已经提供的指标综合为三个指数，如下所示。

（1）成本指数（Cost Index，CI）

$$CI=\frac{(AE+PE+ME)\cdot UP_{electricity}+P_{sludge}\cdot UP_{sludge}}{Q_{effluent}} \tag{13.6}$$

其中，AE、PE 和 ME 分别为曝气总耗能、泵的耗能和搅拌耗能，P_{sludge} 为剩余污泥产率，$UP_{electricity}$ 为电力单价，取 0.6￥/kWh，UP_{sludge} 为污泥处置单位费用，取 0.4￥/kgSS。

$$CI_1 = [(1872 + 7432.30 + 0) \times 0.6 + 1800 \times 0.4]/50000 = 0.1260 \text{ 元}$$

$$CI_0 = [(1298 + 8548.32 + 0) \times 0.6 + 2450 \times 0.4]/50000 = 0.1378 \text{ 元}$$

以 20×10^4 t/d 的处理量计算，则该污水处理厂全年运行费用可节省：

$$(CI_0 - CI_1) \times 365 \times 200000 = 86.14 \text{ 万元}$$

另外，若加上投加化学除磷剂的成本，以全年 10% 的天数需要投加除磷剂 $FeSO_4$ 10m^3/d 进行计算（实际情况中，春夏秋三季可以不用投加，冬季时也可以根据实际情况减少药剂投加量），饱和亚铁盐（$FeSO_4$）溶液的价格按 300 元/吨计算，则全年投加除磷剂的费用为：

10%×365×300×10=10.95 万元

（2）处理指数（Treatment Index，TI）

$$TI = \frac{IQ_{inlet} - EQ_{effluent}}{EQ_{effluent}} \tag{13.7}$$

其中 IQ_{inlet} 为进水水质指数；$EQ_{effluent}$ 为出水水质指数。

TI_1=（150103.9−7742.29）/7742.29=18.388

TI_0=（150103.9−8360.03）/8360.03=16.955

（3）超标指数（Violation Index，VI）

$$VI = \sum(a_i\%) \tag{13.8}$$

其中 a_i% 为第 i 个水质指标的超标率。

成本指数 CI 的含义是污水处理厂的运行成本，数值越小表示成本越低。处理指数 TI 的含义是单位水量的处理效果，数值越大表示处理能力越强。超标指数 VI 的含义是系统平均超标时间，越小越好。处理指数除以成本指数，就得到单位成本效率，也就是单位费用能够达到的处理效果。

$$TI_0/CI_0 = 123.08$$

$$TI_1/CI_1 = 145.87$$

综合评价结果如表 13.11 所示。

综合优化运行策略的技术经济分析结果[2]　　**表 13.11**

指标	优化前	优化后
剩余污泥产率（kgSS/d）	2450	1800
曝气总耗能（kWh/d）	8548.42	7432.30
泵的耗能（kWh/d）	1298	1872
出水指标 EQ	8360.03	7742.29
总氮超标率	77.4%	25.8%
磷酸盐超标率	25.8%	12.9%

综合优化运行策略及方案是在专家系统分析和模拟计算的基础上比选出来的，尚未经过实际运行的验证，只能为污水处理厂运行管理人员提供优化运行的建议，具有一定的指导作用。本章主要为初学者提供一个运用模型软件进行污水处理厂优化运行工作的参考案

例。每一座污水处理厂都有自身的特点，初学者在参照以上案例进行模拟计算时需要考虑具体污水处理厂的水量、水质及工艺特点，对以上介绍的工作步骤进行适当调整，才能获得较好的模拟效果。

13.8 小结

通过本章学习，掌握如何使用污水处理工艺模型和情境分析来优化工艺运行。

城市污水处理出水的排放标准日趋严格，要求更加准确有效地控制工艺运行条件。城市污水处理厂进水的水量和水质随时间变化，一般来说，需要在高进水负荷时确保处理出水的达标排放，在低进水负荷时实现节能降耗。

本章给出了一个例子来说明如何运用数值模拟方法来优化工艺运行的参数，包括工艺设计方面的停留时间、化学除磷，以及工艺运行方面的排泥量、内外回流比等。首先是建立工艺概化模型，选择合适的动力学模型；其次是通过动态模拟、沿程水质测试等进行模型参数率定和校正；然后是针对工艺设计进行情景优化；最后是针对工艺运行的操作变量进行情景优化。

在基于模拟的优化运行过程中，工艺问题的诊断与分析是关键步骤，经常需要依赖运行经验和专家知识。优化情景的选择和相关参数的设计，一般需要考虑到工艺运行的实际条件，在合理的范围内取值。情景分析之后的优化结论，主要是在趋势和规律性上为运行提供指导和支持。模型计算的结果需要经过生产性试验验证后，才能用于实际污水处理系统的运行。

本章参考文献：

[1] 施汉昌，邱勇，沈童刚. 城市污水处理厂全流程模拟软件 BioWIN 的应用研究，第十四届中国科协年会：水资源保护与水处理技术国际学术研讨会论文集，2009，9.

[2] 徐丽捷. 基于 ASM2d 的污水处理厂运行决策支持系统的研究. 清华大学博士论文，2005.

[3] 徐丽婕，王志强，施汉昌. 污水处理厂全程模型化的软件选择，中国给水排水，2004（20）：21-23.

[4] 邱维，张智. 城市污水化学除磷的探讨. 重庆环境科学，2002，24（2）：81-84.

[5] 唐建国，林洁梅. 化学除磷的设计计算. 给水排水，2000，26（9）：17-21.

[6] Morse GK，Brett SW，Guy JW，et al. Review-Phosphorus removal and recovery technologies. The Science of the Total Environment，1998. 212：69-81.

[7] 施汉昌，柯细勇，徐丽婕. 用化学法强化生物除磷的优化控制. 中国给水排水，2002，18（7）：35-38.

[8] 郑兴灿，李亚新. 污水除磷脱氮技术. 北京：中国建筑工业出版社，1998.

[9] Clark T，Stephenson T，Pearce P. A. Phosphorus removal by chemical precipitation in a biological aerated filter. WatRes，1997，31（10）：2556-2563.

[10] Valve M，Rantanen P，Kallio J. Enhancing biological phosphorus removal from municipal wastewater with partial simultaneous precipitation. WatSciTech，2002. 46（4-5）：249-255.

[11] Copp JB. The COST Simulation Benchmark：Description and Simulator Manual（a product of COST Action 624 & COST Action 682）. European Cooperation in the field of Scientific and Technical Research，2001.